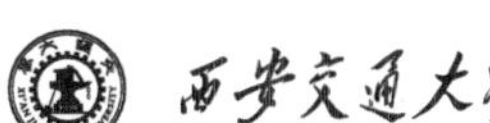

本科“十三五”规划教材

普通高等教育仪器类专业“十三五”系列教材

智能仪器电路设计

毕宏彦 徐光华 梁 霖 刘方华 编著

西安交通大学出版社
XI'AN JIAOTONG UNIVERSITY PRESS

内容简介

本书系统阐述了智能仪器的电路设计技术，包括仪器的处理器(8051单片机和STM32单片机原理与接口技术)，通信技术(USB、RS-232C、RS-485、CAN总线等常用通信方法的原理和接口技术)，数据采集技术[信号处理(滤波、放大)电路、信号隔离与选通技术、D/A转换技术、A/D转换技术等]，人机交互技术[仪器的键盘、显示器(数码管、液晶屏等)的接口电路设计技术]，以及智能仪器设计实例(以铁轨参数检测仪设计开发为例，介绍了智能仪器的设计开发流程及每个环节的工作内容)。

本书既可作为测控仪器专业本科生教材使用，也可作为研究生和本科生学习仪器设计的参考书。本书有大量的图表资料，也可以作为现场技术人员的工具书使用。

图书在版编目(CIP)数据

智能仪器电路设计/毕宏彦等编著.—西安：西安交通大学出版社，2017.2(2023.8重印)
ISBN 978-7-5605-9416-3

Ⅰ.①智… Ⅱ.①毕… Ⅲ.①智能仪器—电路设计
Ⅳ.①TP216

中国版本图书馆CIP数据核字(2017)第027474号

书　　名　智能仪器电路设计
编　　著　毕宏彦　徐光华　梁霖　刘方华
策划编辑　屈晓燕
文字编辑　季苏平

出版发行　西安交通大学出版社
(西安市兴庆南路1号　邮政编码710048)
网　　址　http://www.xjtupress.com
电　　话　(029)82668357　82667874(市场营销中心)
(029)82668315(总编办)
传　　真　(029)82668280
印　　刷　西安日报社印务中心

开　　本　787mm×1 092mm　1/16　**印张**　17.625　**字数**　429千字
版次印次　2017年3月第1版　2023年8月第5次印刷
书　　号　ISBN 978-7-5605-9416-3
定　　价　40.00元

如发现图书印装质量问题，请与本社市场营销中心联系。
订购热线：(029)82665248　(029)82667874
投稿热线：(029)82664954
读者信箱：eibooks@163.com

前　言

本书系“十三五”规划教材，是根据测控仪器专业本科生教学需要编写的。随着计算机在仪器领域的广泛应用，基于计算机处理器的智能仪器技术在飞速发展。本书就是适应这一发展趋势，为广大学生和仪器专业技术人员编写的。本书系统阐述了智能仪器的电路设计技术，包括仪器的处理器、通信技术、数据采集技术、人机交互技术、智能仪器设计实例等。在编写中力求知识新颖，实用性强。本书既可作为测控仪器专业本科生教材使用，也可作为研究生和本科生学习仪器设计的参考书。本书有大量的图表资料，也可以作为现场技术人员的工具书使用。

本书分为两部分，第Ⅰ部分是教材，第Ⅱ部分是实验指导书。

本书第1章是智能仪器概述；第2章学习智能仪器常用的8位和32位处理器，重点学习8051单片机和STM32单片机；第3章学习智能仪器通信技术，包括USB、RS-232C、RS-485、CAN总线等常用通信方法的原理和接口技术；第4章学习数据采集技术，包括信号处理（滤波、放大）电路、信号隔离与选通技术、D/A转换技术和A/D转换技术等；第5章学习人机交互技术，包括仪器的键盘、显示器（数码管、液晶屏等）的接口电路设计技术；第6章是智能仪器设计实例，以铁轨参数检测仪设计开发为例，介绍了智能仪器的设计开发流程及每个环节的工作内容。

结合教材内容，实验指导书共设计了基于8051单片机的10个实验，包括并行接口的存储器读写实验、I^2C串行接口的存储器读写实验、RS-232C通信实验、键盘输入实验、液晶图形与字符显示实验、开关量输入与输出实验、定时器/计数器实验、用ADC0809进行A/D转换数据采集实验、用V/F变换方法进行A/D转换数据采集实验、海量数据存储与保存实验等。

本书内容丰富，资料翔实，既可以作为专业课教材，也可以供广大技术人员参考使用。

本书第1、2、5章由毕宏彦教授编写；第3章由徐光华教授编写；第4章由梁霖副教授编写；第6章由刘方华高级工程师编写。实验指导书由毕宏彦教授和研究生张坤、路静、梅燕编写。研究生杨俊、胡江参加了本书图稿的编辑整理工作。全书由毕宏彦统稿。

西安交通大学教务处、西安交通大学机械工程学院、西安交通大学出版社和本书策划编辑屈晓燕老师对本书的立项、编审、出版给予了热忱帮助，在此一并表示诚挚的谢意。

本书错误和疏漏之处在所难免，恳请读者批评指正。

西安交通大学

《智能仪器电路设计》编写组

2016年8月

目　录

第Ⅰ部分　智能仪器电路设计教材

第Ⅱ部分 智能仪器电路设计实验指导书

第Ⅰ部分

智能仪器电路设计教材

第1章　智能仪器概述

仪器是人们对具有特定功能的精密机器或小型机器的称谓，主要用于实现机械量、几何量、电磁量、光学量、化学量等物理量的检测、计量、分析、控制、存储、显示、记录等功能。机械量主要有速度、加速度、应力、应变、压力、真空度、温度、湿度、声音、噪声、振动、转动速度、转动惯量、流量、流速等；几何量主要有长度、方向、位置等；电磁量主要有电压、电流、电场强度、磁场强度、电信号的幅频特性等；光学量主要有光信号的强度、色度、波长等；化学量主要有化学成分、离子浓度、反应方向、反应速度、反应中的热效应、熵、焓等。例如，用于测定方向与位置的经纬仪，用于航空航天航海的各种导航仪，办公用的扫描仪、绘图仪、投影仪，各种光学显微镜、电子显微镜、普通望远镜、射电望远镜，各种医用分析仪器、各种治疗仪等，品种繁多，不胜枚举。这些仪器广泛应用于工业、农业、科研、国防、医疗、教育等领域，成为人们探索自然、改造自然必不可少的工具，在生产、生活与科研中发挥着重要作用。

仪器是人们在生产实践中创造出来的，是随着生产实践的发展而发展的。随着生产水平的提高和科学技术的进步，人们不断地创造出品种更多、功能更强的仪器。尤其是随着计算机芯片在仪器中的使用，仪器的性能发生了质的飞跃，从机械和电子逻辑电路的仪器发展到了智能仪器，能够智能化地处理相关的事务，其程序内可以植入各种智能理论和算法，能够实现更加复杂的功能。

智能仪器的设计涉及到机械结构、电路、程序、智能理论与算法等多个知识领域，每个领域都有丰富的可以自成一体的学科体系，本课程主要学习智能仪器电路的设计技术。

1.1　仪器分类及其特点

仪器分类方法有多种，有根据用途来分类的，有根据结构和机电性能特点来分类的。

1.1.1　根据用途分类

根据用途分类，主要有下面各类仪器仪表。

1. 工业仪器仪表

工业仪器仪表是用来对工业生产过程进行检测和控制的仪器仪表。它主要包括检测仪表、显示仪表、调节控制仪表和执行器四大部分。工业仪器仪表在工业生产中起到了不可估量的作用，过去一些人工很难完成的工作，今天已经由仪器掌控，完美实现。

2. 科学测试分析仪器

测试分析仪器是用来测定分析物质成分、化学结构的仪器仪表。空气、水、土壤和岩石等等物质到底是由什么组成的，这些都可以通过各类测试分析仪器搞个明白。一条金项链是真是假，一测便知。目前，测试分析仪器种类繁多，如电化学式分析仪器、光学式分析仪器、热学式分析仪器、物性分析仪器以及质谱仪、波谱仪、色谱仪等。

3. 电子测量仪器

电子测量仪器是用来测量电压、电流、电阻、电容、电感、相位、频率、功率等电特性的测量仪器，包括各种电阻电感电容测试仪、晶体管特性图示仪、通用示波器、频谱分析仪、数字电压表、逻辑分析仪、功率表等等。

4. 医用仪器仪表

医用仪器仪表是实现医学诊断、治疗、监护的专用仪器仪表，包括各种体温计、血压计、肺功能机、心电图机、脑电图机、生化分析仪器、各种监护设备、透视照相设备等等。

5. 航天航空仪器仪表

航天航空仪器仪表包括人造卫星、宇宙飞船、火箭及各种飞行器使用的控制、制导、操纵运行的仪表，还包括各种航空基地使用的专用仪器仪表和遥感仪器。随着航空航天事业的发展，人们不仅在地球上旅行变成了非常简单的事，而且还登上了月球，并已揭开了金星的神秘面纱。航天飞机在茫茫宇宙中飞行，正在探索太空新的秘密。

6. 航海航船仪器仪表

在浩瀚的大海中，轮船的安全航行离不开仪器仪表，我国古代发明的指南针，就是航海中最古老的仪表。现在航海船舶仪器仪表已今非昔比，船舰用上了自动驾驶仪、无线电导航仪，其他还有方位仪、计程仪、测深仪、雷达系统等等。

另外，现代仪器仪表还包括各种标准计量仪器、环境保护仪器、海洋仪器仪表、天文仪器仪表、气象仪器仪表、地质勘探仪器仪表、车辆交通仪器仪表、农业专用仪器仪表等等，真可谓门类众多，数不胜数。

1.1.2　根据仪器构造和机电性能特征分类

根据仪器构造和机电性能特点，可以将仪器分为机械式仪器和电子仪器，电子仪器又可分为智能仪器和普通电子仪器。其分类见图 1.1.1。

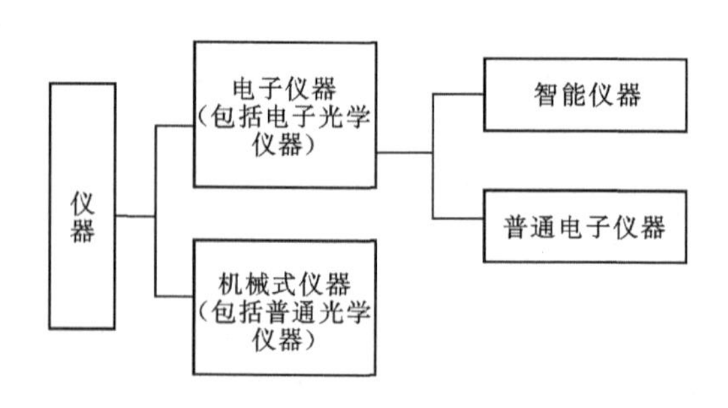

图 1.1.1　仪器分类

1. 机械式仪器

机械式仪器是单纯由机械部件组成的仪器，也包括普通光学仪器。在电器元件问世之前的几千年，人类所发明的仪器都是机械式仪器。它们大多数具有精密的机械结构，在科研与生产中发挥了重要作用。例如，我国古代科学家张衡发明的侯风地动仪，就成功地测报了多次地震，有些地震发生在很远的地方，也测到了其方位与大小，代表了世界上当时地震研究的最高水平。现在仍有许多机械工程师在研究机械式仪器，并取得了举世瞩目的成就。小的机械式仪器有听诊器、血压计、水平仪、经纬仪、机械钟等；大的机械式仪器有枪弹检测器，一台高射机枪子弹检测器占地 $20m^2$，重达 5t，结构复杂精巧，价值数百万元。有些机械式仪器有相当高的精度，可以实现相当复杂的功能。例如，西安交通大学林超江教授主持研究的用于热电厂发电机汽机水位自动调节的汽液两相流水位计，在全国各热电厂推广使用以来，节能效果显著，取得了巨大的社会经济效益。各种精密复杂的机械式仪器还在不断发展之中。

2. 电子仪器

电子仪器是主要由电子元件和软件实现其功能的仪器，也包括电子光学仪器。电子仪器是种类最多，功能最复杂，发展最快的仪器。电子仪器分为普通电子仪器和智能仪器两大类。

1)普通电子仪器

普通电子仪器具有以下特点：

(1)机械结构比较复杂精巧，没有智能单元。

(2)信息显示方式比较简单，指针式或者指示灯显示。

(3)功能比较单一。

(4)内部电路一般是模拟电路或者数字逻辑电路。

(5)没有运算和通信功能。

例如万用电表、电流表、电压表、电度表、兆欧表、普通示波器、各种电测仪器等。普通电子仪器精度较高，价格低，用量大。

2)智能仪器

智能仪器带有微处理器，通常由机械结构、电路硬件和程序软件三部分组成。硬件是智能仪器的电路基础，针对不同的检测控制要求，采用不同的电路可以组成各种功能的智能仪器仪表。硬件通常由主机电路、信息输入输出接口、人机交互部件、电源等组成，而主机电路通常是由微处理器 CPU、只读存储器 ROM、读写存储器 RAM、输入输出接口和定时计数电路等组成，或者它本身就是一个集多种功能于一身的单片机。软件包括一系列程序，主要有监控程序、中断处理程序及实现各种算法的分析与控制程序。监控程序是仪器仪表软件的核心，它接受和分析各种命令，并管理和协调整个程序的执行。中断处理程序是在人机交互部件或其他外围设备提出中断申请时，主机响应后直接转去执行的程序，以便进行实时任务处理。控制运算程序用来实现智能仪器仪表的数据处理和控制功能。

正是上述硬件和软件的融合，使得智能仪器仪表具有了“智能”。智能仪器仪表的出现，使得仪器仪表的发展产生了一个新的飞跃。第一片微处理器出现的 1971 年，美国 Booton 公司就开始研制带微处理器的仪器。到 1973 年便研制出 76A 型电容电桥，成为第一台采用微处理器的智能仪器仪表。20 世纪 80 年代以来，智能仪器仪表的发展极为迅速，日新月异。它遍及各类电桥、数字电压表、示波器等许多测量仪器中。微处理器与传感器相结合，出现了智能传感器。智能控制仪表已从简单的 PID(比例、积分、微分)调节发展到各种最优控制，如自适应控制、模糊控制、专家系统、人工智能等等。特别是在分析仪器中，已广泛实现了智能化。例如美国生产的MAT—331高分辨率质谱仪，其内部存有3.3万张质谱图，该仪器就像一名熟练的化学家。智能仪器仪表广泛应用于科学技术领域、工业检测控制、广播通信电视、医疗卫生、环境保护等各行各业，智能仪器仪表正在向着微型化、集成化、多功能化的方向发展。

当然，智能仪器的发展与智能理论的发展是相互促进的，智能理论有着丰富的知识可以作为独立的一个知识领域去研究，多年来有许多人围绕智能理论和技术进行研究和探索，获得了诸多成果，建立了庞大的智能理论体系，包括推理理论、学习理论、控制理论、自然语言理解、图像识别与处理等。有许多人工智能和机器智能的著述出版发行。

概括地说，智能仪器是带有智能单元和监控分析程序的电子仪器，也包括带有智能单元的光学仪器，例如电子显微镜、生化分析仪、各类色谱仪等。智能仪器是对传统仪器的继承和发展。随着生产实践和科学技术的发展，人们对仪器提出了更多的功能要求，智能化就是最重要的一条。人们不断地开发出新的、功能强大的、智能化的仪器。智能仪器的基本特点如下：

(1)有智能单元——各种类型的计算机处理器(CPU)。

(2)有传感器信息采集单元。

(3)有功能强大的软件和目标模式库，有自学习能力，可以自动建模，可以进行各种分析判断；能进行复杂的模拟信号处理与数字信号处理(带通滤波、数字滤波，模式识别，新建模式，数值计算、分析、判断、存储)。

(4)信息显示方式多样化(LED显示，LCD显示，CRT显示)。

(5)一般具有数字通信功能。

(6)一般具有控制功能。

(7)有些具有遥测、遥信、遥控功能。

根据功能要求，不同的智能仪器采用不同的计算机芯片。大型复杂仪器用高档微型计算机作为智能单元。小型简单仪器根据需要选用各种单片微型计算机(MCU)，简称为单片机或微控制器。中等的采用数字信号处理器DSP或者用ARM处理器等作为智能单元。也有多处理器并用的复杂系统。由于智能仪器是将计算机系统嵌入到仪器中去，因此它也属于一种典型的嵌入式系统(Embedded System)。

本课程主要学习智能仪器电路的设计技术。在智能仪器设计中，根据仪器的功能要求，分为电路设计、结构与外观设计和软件设计三项内容。电路是仪器实现既定功能的基本载体之一，仪器的所有功能开发都是以电路和机械结构为基础的。而本书的主要内容是智能仪器的电路设计技术。

1.2 智能仪器电路结构

智能仪器电路通常由智能单元、信号选通与隔离电路、信号调理电路、模数转换器、存储器、输出锁存与驱动电路、显示器、键盘、网络接口与通信电路、电源电路等组成。有些仪器本身还带有传感器。智能仪器的电路结构如图1.2.1所示。

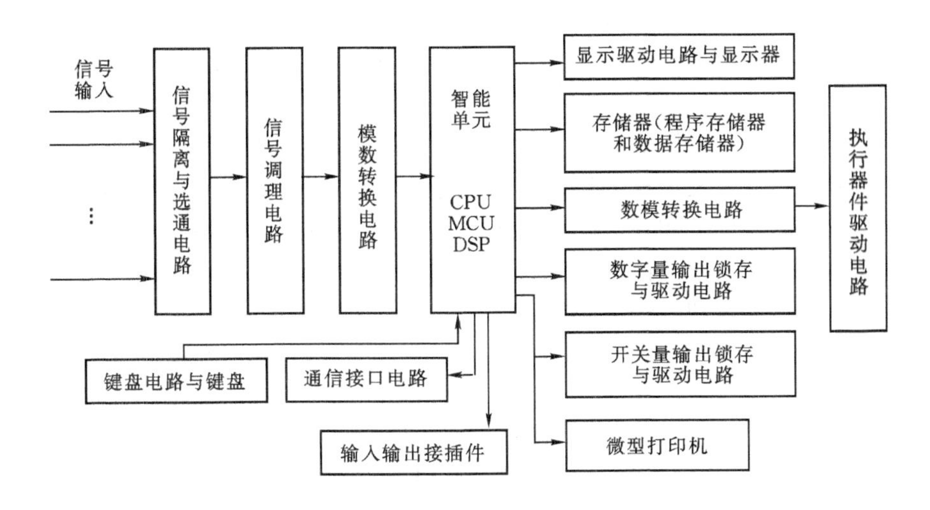

图 1.2.1　智能仪器结构框图

1.3　智能仪器的智能单元

智能单元是仪器的大脑和核心，对仪器的性能起着关键的作用。根据仪器的复杂程度和速度要求，可选用相应类型的计算机处理器。在选用处理器时，既要考虑其功能和速度指标，还要考虑产品开发的难易程度、开发工作量和开发效率。这些都与处理器有关，因此处理器的选择很重要。

对于要求速度快、运算量大、存储量大、功能复杂的仪器，最好选用 PC 机(微型计算机)作为其智能单元。这主要是考虑到 PC 计算机具有强大的运算能力和海量存储器以及极高的运算速度。再加上熟悉 PC 计算机的人员比较多，软件的开发比较方便，仪器的开发速度比较快。例如，现在各大医院普遍使用的人体器官与组织的扫描仪器 CT、彩超、核磁共振等仪器都是采用 PC 机作为智能单元的。这些仪器具有强大的对复杂图像进行分析处理的能力，对扫描过程能进行精密控制，对扫描信号的采集和处理具有极高的速度，以便尽量减少扫描时间，从而减少对人体的伤害。PC 机的学习，有多门专业课，本书不予陈述。

对于中等复杂程度的仪器，可以选用 32 位的 ARM、DSP 等处理器作为其智能单元。ARM 现在已经有多个版本，最新的版本是 V7，比 ARM11(V6)有更好的性能。本书在智能单元一章，将对基于 V7 架构的 ARM 芯片进行学习，重点学习近年来应用最火的 STM32 系列 ARM 芯片。

对于功能较为简单的仪器，选用 8 位单片机就可以了。8 位单片机品种繁多，技术进步日新月异，可以用百花齐放来形容。本书重点学习 8051 单片机和 STM8 单片机。在编排次序上，先安排学习资料最为丰富、应用最为广泛、架构最优秀的 8051 单片机，为单片机的学习打下一个基础，然后再学习 32 位的 STM32 单片机，最后学习由 STM32 化简而来的正在异军突起、应用日渐广泛的 8 位单片机 STM8。

处理器的选用原则是，在保证仪器性能的前提下，一定要选择开发软件与硬件环境好、性能优良、资料丰富、开发人员对其比较熟悉、能长期生产供货的处理器。

开发的软件环境指的是采用何种集成开发软件，目前应用最为广泛的单片机通用开发软件有 keil、IAP、南京伟福的 VW 等，有些单片机生产商还开发了针对自己单片机的开发软件平台，例如意法半导体 ST 公司的 STVD 就是针对他们的 STM8 系列单片机而推出的集成开发软件，Atmel 公司的 ICCAVR 和 Atmel Studio 就是针对他们的 AVR 单片机而推出的集成开发软件。这些开发软件安装在 PC 机上运行，可以进行 CPU 选择、程序的编写、编辑、修改、编译、目标代码下载、程序的仿真运行、断点设置、变量观察等各种操作。

程序的仿真运行包括了软件仿真和硬件仿真。软件仿真不需要目标电路板和处理器，只需要在软件中选定处理器即可仿真；硬件仿真需要有仿真器和电路板以及目标 CPU。不管进行软件仿真还是硬件仿真，程序的编写和编译仿真都是一样的，只要在选项中选定了 CPU，就会按照所选的 CPU 进行编译，从而生成针对所选 CPU 的目标代码，然后可以进行各种仿真操作，可以进行全速、单步、运行到光标、运行到断点等各种操作，可以在屏幕上看到各种变量的运行数据。对于数据采集和单片机通信等部分程序的仿真，软件仿真是无法进行的，只能在硬件仿真中进行。

考虑开发效率和产品将来的更新换代，在满足使用要求的情况下，要尽量选用资料丰富、开发环境好、有发展前途的处理器。如果选择了资料少、开发环境差，或者准备停产，或者已经停产的处理器，将是很大的失误。

1.4　智能仪器外围电路设计

在根据功能要求选定了处理器之后，就是外围电路设计和试验了。要根据仪器的功能要求，确定电路各个部分的元器件及其电路连接关系。元器件的选用也要尽量选用比较新颖、性能优良、有前途的元器件，不要选用已停产和将要停产的元器件。对所确定的元器件和电路，还要进行试验，看电路的动作能否满足要求。有些电路功能试验可以在试验板上焊接元件进行试验，不好在试验板上搭建电路的元件，只能设计制作印刷电路板 PCB，然后将元件焊在 PCB 上，进行试验。对电路的功能进行测试后，根据测试结果再进行电路修改，直到完善。

通常电路设计只有仪器开发总工作量的 20%～30%，智能仪器软件的设计开发则是仪器开发中工作量最大的部分，所有的内外端口处理、信息输入输出、数据采集、数字滤波、模式建立、模式识别、数据库、数据采集、通信等都要进行大量的软件开发和试验。

1.5　智能仪器的发展方向

21 世纪是科学技术高速发展的时期，智能仪器也会有快速的更新和发展，主要有以下特点：

(1)仪器要有更快的工作速度，更高的检测精度和运算精度，更精密的机械结构，更好的输出控制功能。

(2)功能更多，体积更小。

(3)人机界面更好，更易于操作。

(4)温度稳定性更好。

(5)抗干扰、冲击、振动的能力更强。

(6)实现网络化，具有更好的信息载体和信息共享的能力。

第2章　智能仪器的处理器

智能仪器的智能单元的核心部件是计算机处理器，大型复杂仪器宜用PC微机处理器，中小型仪器宜用各种类型的8位单片机和32位单片机ARM及DSP。对于功能比较简单的仪器，其智能单元以8位单片机为主。对于功能比较复杂，速度要求比较高的仪器，要选用32位单片机ARM或者DSP。由于PC机的专著很多，本书不予赘述。本章从基础部分学起，先学习最具代表性的8位单片机8051系列，再学习最具代表性的32位ARM单片机STM32，最后简要学习功能强大的8位单片机STM8S。

2.1　单片机概述

2.1.1　单片机特点

计算机是应数值计算要求而诞生的。长期以来，电子计算机技术都是为了满足海量高速数值计算要求而发展的。直到20世纪70年代，电子计算机在数字逻辑运算、推理、温度适用性、实际控制方面有了长足的进展后，在技术上才具备了进入实际工业控制现场的条件。工业控制现场对计算机的要求与普通计算机的性能有很大的不同，主要表现在以下方面：

(1)能对现场设备进行自动控制和人机交互的操作控制。

(2)能嵌入到便携式仪器仪表中去。

(3)能在工业现场环境中可靠运行。

(4)有强大的控制功能，对外部信息能及时捕捉，对控制对象能灵活地实时控制，有实现控制功能的指令系统，有强大的扩展能力等。

单片机正是适应这些要求而被开发出来的，它的出现，是计算机技术发展史上的一个重要事件，它是计算机从数值计算进入到智能化控制领域的标志。它既具有快速的运算处理能力，又有丰富灵活的接口，加上其单片集成，使其抗震动性能、抗电磁干扰的能力都比普通计算机好得多，单片机有唯一的专门为测控应用设计的体系结构与指令系统，因此，单片机广泛应用于生产过程控制、分布式控制、智能仪器仪表、嵌入式系统等。

由于单片机有专门为测控应用设计的体系结构与指令系统，它最能满足控制系统和智能仪器的应用要求，因此，它广泛地应用在中、小型工控领域和各类仪器仪表中，是电子系统智能化的重要工具。由于单片机技术的飞速发展，单片机的运行速度越来越高，性能越来越强大，在仪器系统中的应用更为广泛和灵活。

2.1.2　8位单片机系列产品简介

在分布式控制系统和智能仪器仪表中，8位单片机的应用很多，用量很大。早期的8位单片机产品主要有Intel公司的8051系列，Phlip公司的80C51系列，Motorola公司的68xx和Zilog公司的Z8xx系列。近年来以8051为基核的51系列单片机发展迅速，品种和功能大大扩展，指令执行速度增长为原 8051 的数倍，被广泛应用。尤其是 ATMEL 公司的 89C5x，89S5x 系列和 AVR 系列，Philip 公司的 OTPROM 系列，Winbond 公司的 W77Ex，W78Ex 系列，Silicon 公司的 C8051F 系列，ST 公司的 STM8 系列，Microchip 公司的 PIC 系列，深圳宏晶公司的 STC 系列单片机等都非常著名，其性价比高，销售量大。常用 8 位单片机产品见表 2.1.1。

表 2.1.1 8 位单片机主要产品

公司	型号	片内RAM	片内ROM	定时/计数器	监视定时器	并行I/O	串行I/O	A/D	D/A	DMA	中断
Phlip	P89C51RA2	512B	8KB	4×16b		4	UART				5
	P89C51RB2	512B	16KB	4×16b		4	UART				6
	P89C51RC2	512B	32KB	4×16b		4	UART				5
	P89C51RD2	1KB	64KB	4×16b		4	UART				6
Intel	80(C)31	128B	0KB	2		4	UART				5
	80(C)51	128B	4KB	2		4	UART				5
	80(C)52	256B	8KB	3×16b		4	UART				6
	80C51FA	256B	8KB	3×16b		4	UART				7
	80C51FB	256B	16KB	3×16b	有	4	UART	4×8b			7
	80C152JA	256B	8KB	2	有	5	UART		有		11
	80C152JB	256B	8KB	2		7	UART			2	11
Moto-rola	6801	128～192B	2～4KB	3			SIO				7
	68HC11	192～512B	4KB	4	有	4	UART	有	有		18
	6804/6805	32～176B	0.5～8KB	8		2～4	UART				2～5
	68HC05	96～176B	2～16KB	8	有	4	UART	有	有		
Zilog	Z86C71	236B	8KB	2×16b		3					8
	Z8800	272B	8～16KB	2×16b		3				有	7
Atmel	89C1052	128B	1KB	2×16b	有	2	UART				5
	89C2051	128B	2KB	2×16b	有	2	UART				5
	89C51	128B	4KB	2×16b	有	4	UART				5
	89C52	256B	8KB	3×16b	有	4	UART				6
	89C55	256B	20KB	3×16b	有	4	UART				6
	89C5115	512B	16KB	3×16b	有	3	UART				6
	89C51RB2	1280B	16KB	3×16b	有	4	UART				6
	89C51RC2	1280B	32KB	3×16b	有	4	UART				6
	89C51RD2	1280B	64KB	3×16b	有	4	UART				6
Win-bond	W78E516B	512B	64KB	3×16b		4	UART				6
	W78IE52	256B	64KB	3×16b	有	4+1/2	UART				8

续表

公司	型号	片内 RAM	片内 ROM	定时/计数器	监视定时器	并行 I/O	串行 I/O	A/D	D/A	DMA	中断
Cygnal Silicon	C8051f020/021	4352B	64KB	5×16b	有	8(20/2)4	2×UART	12b	2×12b		22
	C8051f022/023	4352B	64KB	5×16b	有	(21/3)	2×UART	10b	2×12b		22
	C8051F040/060	4352B	64KB	5×16b	有	8/7	CAN2.0B	12b			22
	C8051F206	1024B	8KB	3×16b	有	4	SCI/SPI				21
	C8051F320/340	5376B	64KB	5×16b	有	4	USB2.0				22
	各种专用单片机										
ST	STM8S103F3	1KB	8KB	3	有	3	3	10b			16
	STM8S105K6	1KB	32KB	4	有	5	3	10b			23
	STM8S207MB	2KB	128KB	5	有	7	4	10b			37
	STM8S208MB	2KB	128KB	5	有	7	5	10b			37
STC	STC89C51	256B	8KB	2	有	4	1				5
	STC12C5A60S2	1280B	60KB	4	有	5	3	10b			9
	STC15F2K60S2	2KB	60KB	4	有	5	3	10b			9
	STC15W4K56S4	4KB	56KB	5	有	5	3	10b			9
Microchip	PIC16F916	256B	14KB	2	有	4	1	10b			
	PIC18F4685	3328B	96KB	3	有	4	1	10b			5
	PIC18F66J16	3904B	96KB	3	有	4	1	10b			
	PIC18F87J11	3904B	128KB	3	有	8	2	10b			

目前，国内外公认的8位单片机标准体系结构是Intel的8051系列，由于其卓越的功能和丰富的指令系统，而得到了广泛的应用。全世界围绕8051所作的软件开发、仿真机开发、技术书籍、资料、教材和系统集成工作，超过了其他任何单片机。8051系列拥有最多的硬件和软件开发资源，使得应用8051的产品或者系统，设计开发周期短，速度快，成本低，效率高。又由于8051系列大批量的生产供货，其综合成本大大降低，生产工艺更加成熟，使其芯片的质量得到很好的保证，并具有极低的价格。因此，采用8051开发的产品有较低的成本和高的可靠性，具有很强的市场竞争力。8051已被多家计算机厂家作为基核，发展了许多兼容系列。尤其是ATMEL公司将51基核与FLASH存储器技术相结合，研制了功能更强的51系列单片机，风靡全球，为众多的设计开发人员所钟爱。其推出的89C51RD系列单片机，片内集成了从8KB到64KB的FLASH程序存储器和1280B的RAM，其推出的AVR－MEGA系列单片机，片内集成了从8KB到256KB不等的程序存储器和1024B到8KB不等的RAM，性能优异。尽管ATMEL公司在2016年被MICROCHIP公司收购了，但他们所开发的单片机还在继续生产。目前，由其开发生产的MEGA2560单片机，在世界范围内被大量应用于3D打印机控制器上，作为主控芯片使用。

美国Sygana公司和Silicon公司开发的C8051F系列单片机，更将51单片机的功能发展到了极至。内含可多路输入的12位A/D转换器和12位D/A转换器，输入信号可编程分级放大。更具优越性的是，这种单片机内部结构采用流水线方式运行程序，处理指令的速度非常快，其中的 C8051F36x 已达到 100MIPS，1MIPS 意指每秒钟执行 100 万条指令，普通 8 位或 16 位单片机在规定的最高时钟频率下的指令运行速度仅为 1MIPS，也就是说其运行速度为普通 51 单片机的 100 倍。这类单片机内部程序存储器从 8KB 到 128KB 不等，为 FLASH 程序存储器，有最大为 8KB＋256B 的 RAM。其使用温度全部按工业级标准，为－40～＋85℃。使单片机有了更为强大而复杂的功能，从而具有更好的应用价值。

现今的 8 位单片机，根据片内存储器形式，有三种不同的结构：

(1)片内 ROM 型。在器件内部集成有一定容量的只能一次写入的只读存储器(掩膜 ROM)，如 8051 系列、OTPROM 系列单片机。

(2)片内 EPROM 型。片内含有一定容量可供用户多次编程的 EPROM 存储器，如 8751 系列、MEGA 系列、STM8 系列、STC 系列、PIC 系列单片机。

(3)片内 FLASHROM 型。片内含有一定容量可供用户多次编程的 FLASH(闪速)程序存储器，如 89C 系列、W78E 系列、C8051F 系列、STC 系列单片机。

这三种类型器件，其封装各不相同，适合于不同的应用需要。

其中的 C8051F 系列单片机，由于其功能的极大增强，其内部结构也有较大变化，其引脚封装形式已不同于普通的 8051 单片机，在使用时应该注意。就开发过程中的仿真方式来说，两者也完全不同。普通 51 单片机内部没有边界扫描电路，其使用的仿真机内有一个 CPU 和程序存储区，在仿真时要去掉电路板上的单片机，而将仿真头插在电路板的单片机插座中，由仿真器代替单片机，将程序代码下载到仿真器内，在仿真器内的 CPU 中运行程序代码，称此为侵入式仿真。这样容易损坏电路板上单片机插座的针脚。而 C8051F 系列单片机内部有边界扫描电路，仿真时不要去掉单片机，程序直接下载到单片机内部的程序区，通过边界扫描方式的 JTAG 接口进行实时仿真，仿真过程运行的就是单片机内的程序代码。称此为非侵入式仿真。

在选用单片机时也要考虑其封装形式，应优先选用封装小巧的芯片。单片机片内 ROM 大小也是选择的一个条件。应采用带有足够的内部 ROM 的单片机，这样就可以直接将程序写入单片机。如果需要修改程序，还可以擦除后再写。目前，人们大多数采用内带闪速程序存储器(FLASHROM)的 MCU，例如 Atmel 公司生产的 89C51，89C52，89C55，89C58 以及 MEGA 系列单片机，这些单片机的 ROM 为闪速存储器，可以快速擦除和编程，受到产品开发人员的普遍欢迎。加上其使用频率可高达 66MHz(83C5111 等多个品种)，可大大提高运算速度，因此近年来在应用系统中被广泛使用。但是，由于 FLASHROM 的可靠性不及一次写入性 ROM(one time program ROM，OTPROM)，因此在干扰特别大的环境下工作的系统，还是用 OTPROM 为好。本章从学习原理和应用的角度出发，重点介绍 51 单片机在控制系统和智能仪器中的应用技术。

为了适应一些速度更快、处理数据量更多的工业控制要求，后来又出现了 16 位单片机，16 位单片机在硬件集成度和软件性能方面都有很大提高。以 Intel 公司的 MCS8096 为例，它在一块芯片上集成了 12 万只以上的晶体管，片内有 16 位的 CPU，8KB 的 ROM，232B 的 RAM，8 通道(或 4 通道)10 位 A/D 转换器，4 个 16 位定时器，5 个 8 位并行 I/O 端口等。在软件方面，它的指令可支持位、字节、字、双字以及 8 位或 16 位带符号和不带符号数的运算，执行一条加法指令只需 1μs(主频为 12MHz 时)，完成 16 位×16 位乘法或 32 位/16 位除法指令只需

2.25μs。Intel 公司的 16 位单片机由于品种多、功能全，加上有较强的系统软件支持和较多的资料，其应用较为普遍。

ATMEL 公司推出的基于 51 基核的 16 位单片机 T151 和 T251，其综合性能比 Intel 的 16 位机更好。美国德州仪器公司出品的 16 位单片机 MSP430 系列也因其卓越的性能备受推崇，得到广泛应用，他们还不断推陈出新，推出了性能更强的一系列 MSP430 单片机，在仪器中应用广泛。

2.2　8051 单片机

2.2.1　8051 单片机的基本结构与功能

8051 单片机内部包含了一个独立的计算机硬件系统所必需的各个功能部件，还有一些重要的功能扩展部件。8051 内部有一个 8 位 CPU。8 位的意思是指 CPU 对数据的处理是按 8 位二进制数进行的。

8051 有强大的运算能力。它可以进行加、减、乘、除，逻辑与、或、异或、取反和清零等运算，并具有多种形式的跳转、判断转移及数据传送功能。在此基础上，8051 配置了丰富的指令系统。由于 8051 的时钟频率可达 12MHz，因此，它的指令执行速度很快。在时钟频率为 12MHz 时，绝大多数指令的执行时间仅为 1μs，少量指令的执行时间为 2μs，个别指令的执行时间为 4μs。这样，8051 不仅适用于一般的数据处理和逻辑控制，更适合于实时控制。尤其是近年来基于 51 内核的各种新型高速单片机的出现，使其在控制领域获得了更大的应用空间。

8051 的基本功能如下：

(1)8 位数据总线 16 位地址总线的 CPU。

(2)具有布尔处理能力和位处理能力。

(3)采用哈佛结构，程序存储器与数据存储器地址空间各自独立，便于程序设计。

(4)相同地址的 64KB 程序存储器和 64KB 数据存储器。

(5)0～8KB 片内程序存储器(8031 无，8051 有 4KB，8052 有 8KB，89C55 有 20KB，W78E58 有 32KB，W78E516B 有 64KB)。

(6)128 字节片内数据存储器(8051 有 256 字节)。

(7)32 根双向并可以按位寻址的 I/O 线。

(8)两个 16 位定时/计数器(8052 有 3 个)。

(9)一个全双工的串行 I/O 端口。

(10)6 源/5 向量中断结构，具有两个中断优先级。

(11)片内时钟振荡器。

8051 的功能如图 2.2.1 所示。

8051 的内部结构如图 2.2.2 所示。

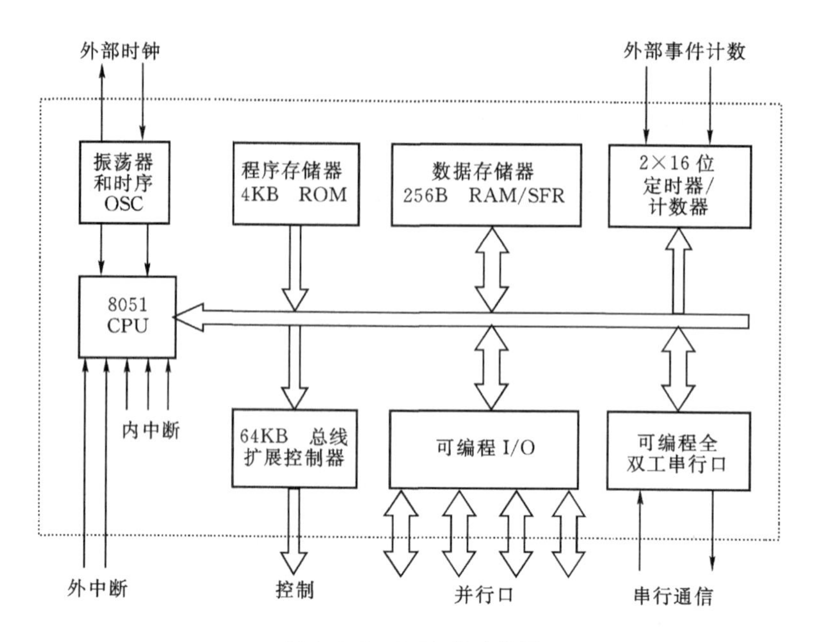

图 2.2.1　8051 的功能图

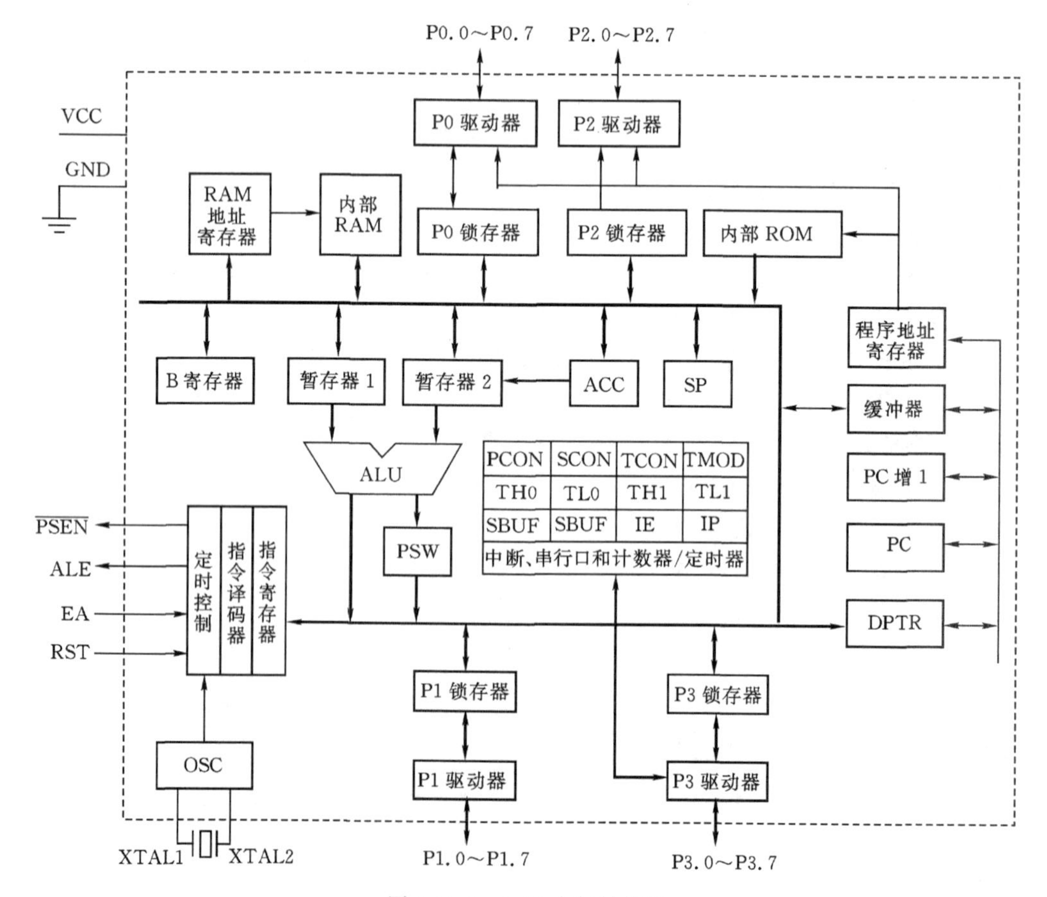

图 2.2.2　8051 内部结构图

2.2.2　8051 封装端口与引脚功能

1. 8051 系列单片机的封装与引脚

8051 系列单片机采用多种封装方式：HMOS 器件（8051）采用 40 脚双列直插式封装（PID）。CHMOS 器件既有双列直插式封装，还有方形封装（PLCC），有些采用贴片封装（TQFP）。图 2.2.3 所示为 8051 单片机的 DIP 封装、PLCC 封装及引脚配置图。NC 脚为空脚。

8051 各引脚功能如下：

VCC：正电源，接+5V。

VSS：电源地，接地。

ALE/PROG：访问外部存储器或片外 I/O 器件时，输出地址锁存信号 ALE。在不访问外部存储器和非 EPROM 编程状态下，ALE 输出为振荡器频率的六分之一。必须注意，在每次访问外部数据存储器时，要少一个 ALE 脉冲。STC12C5A60S2 单片机只有在访问片外挂在地址、数据、控制总线上的设备时，才有 ALE 信号输出；其他时间，不输出 ALE 信号。

PROG：在对 EPROM 器件进行编程时用于输入编程脉冲。

$\overline{\text{PSEN}}$：外部程序存储器的读选通信号输出，低有效。在从外部程序存储器取指令或取数据期间，每个机器周期出现两次$\overline{\text{PSEN}}$负脉冲。$\overline{\text{PSEN}}$负脉冲的作用是使程序存储器的数据端口解除高阻态，从而将地址总线上的地址所选中的程序存储器中的单元的数据输出到数据总线上，把指令或数据读入到 CPU 中。在访问外部数据存储器时，该引脚不输出负脉冲。

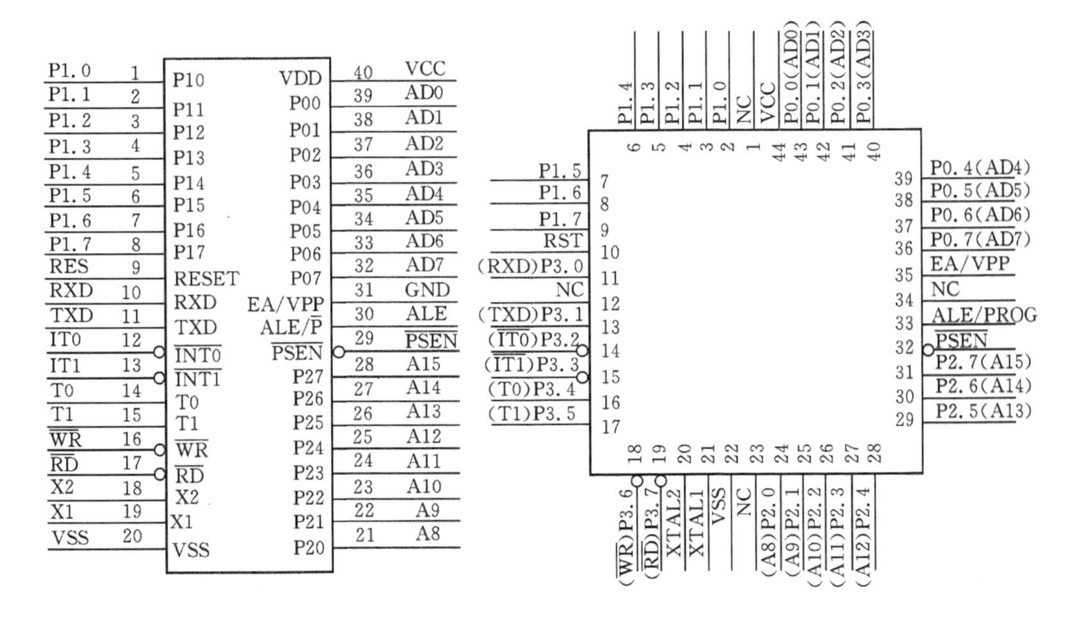

图 2.2.3　8051 引脚图

EA/VPP：EA 为内外程序存储器选择，VPP 为编程电压输入。若 EA 保持高电平，那么在访问程序存储器时，则地址为 0000H 至 0FFFH（对于 8051/8751/80C51）时或地址为 0000H 至 1FFFH（对于 8052/8752/80C52）时，执行的是片内程序存储器的程序。超出此范围将自动执行片外程序存储器的程序。如果EA保持低电平,那么在访问程序存储器时,从地址为0000H开始的指令都取自于片外程序存储器。由于现在的51单片机程序区都处于单片机内部,不需要在外部扩展程序存储器,程序指令的读取都来自于片内程序区,因此EA引脚都要接高电平,即连接到单片机的正电源引脚。对于内部有EPROM的单片机,在对片内EPROM编程期间,此引脚用于施加编程电压,有些单片机需要的编程电压比单片机的工作电压高。

2. 8051系列单片机的端口

何谓单片机的端口,单片机的端口指的是可以一次操作的多个口线的组合,在片内这些口线是由一个8位或16位锁存器来控制的。例如51单片机的4个端口,每个端口都有一个8位锁存器管理该端口的每一位。每个端口主要由4部分组成:端口锁存器、输入缓冲器、输出驱动器和引至芯片外的引脚。8051单片机有P0,P1,P2,P3共4个8位并行输入输出端口。它们都是双向端口,每一条口线都能独立地用来作为输入或输出。作输出时数据可以锁存,作输入时数据可以缓冲,但这4个端口的功能不完全相同。图2.2.4给出了4个端口中各个端口1位的逻辑图。从图中可以看到,P0口和P2口内部各有一个2选1的选择器,受内部控制信号的控制,在如图位置则是处在I/O工作方式。4个端口在I/O方式时,特性基本相同,具体有以下几点:

(1)作为输出口用时,内部带锁存器,故可以直接和外设相连,不必外加锁存器。

(2)作为输入口用时,有两种工作方式,即所谓读端口和读引脚。读端口时实际上并不从外部读入数据,而只是把端口锁存器中的内容读入到内部总线,经过某种运算和变换后,再写回到端口锁存器。属于这类操作的指令很多,如对端口内容取反等。而读引脚时才真正地把外部的数据读入到内部总线。口线结构中各有两个输入缓冲器,CPU根据不同的指令,分别发出“读端口”或“读引脚”信号,以完成两种不同的读操作。

(3)在端口作为外部输入线,也就是读引脚时,要先通过指令,把端口锁存器置1,然后再执行读引脚操作,否则就可能读入出错。若不先对端口置1,端口锁存器中原来状态有可能为0,加到输出驱动场效应管栅极的信号为1,该场效应管就导通,对地呈现低阻抗。这时,即使引脚上输入的是信号1,也会因端口的低阻抗而使信号变低,使得外加的信号1读入后不一定是1。如果先执行置1操作,则可以驱动场效应管截止,引脚信号直接加到三态缓冲器,实现正确的读入。由于在输入时还必须附加置1操作,所以这类I/O口被称为“准双向”口。

这4个端口特性上的差别主要是P0,P2和P3都还有第二功能,而P1口则只能用作I/O口。当然对8052来说,其P1.0和P1.1也有第二功能。各口线的电气逻辑结构如图2.2.4所示。

8051的芯片引脚中没有专门的地址总线和数据总线,在向外扩展存储器和接口时,由P2口输出地址总线的高8位A15～A8,由P0口输出地址总线的低8位A7～A0,同时对P0口采用了总线复用技术,P0口又兼作8位双向数据总线D7～D0,即由P0口分时输出低8位地址和输入/输出8位数据。在不作总线扩展用时,P0口和P2口可以作为普通I/O口使用。

P0口的8位:P0.7～P0.0。由图2.2.4可以看出,P0口在片内没有上拉电阻,在驱动场效应管的上方有一个提升场效应管,它只是在对外部存储器进行读写操作,用作地址/数据线时才起作用。这时,内部控制信号使MUX开关倒向上端,从而使地址/数据信号通过输出驱动器输出。在其他情况下,上拉场效应管处于截止状态。因此,P0口线用作输出时为开漏输出,必须外接上拉电阻,通常该上拉电阻为10kΩ。如果向位锁存器写入1,使驱动场效应管截止，则引脚"浮空"，这时可用于高阻抗输入。P0口在作为普通I/O口输出数据时，必须外接上拉电阻，否则其输出的高电平信号无法表达。

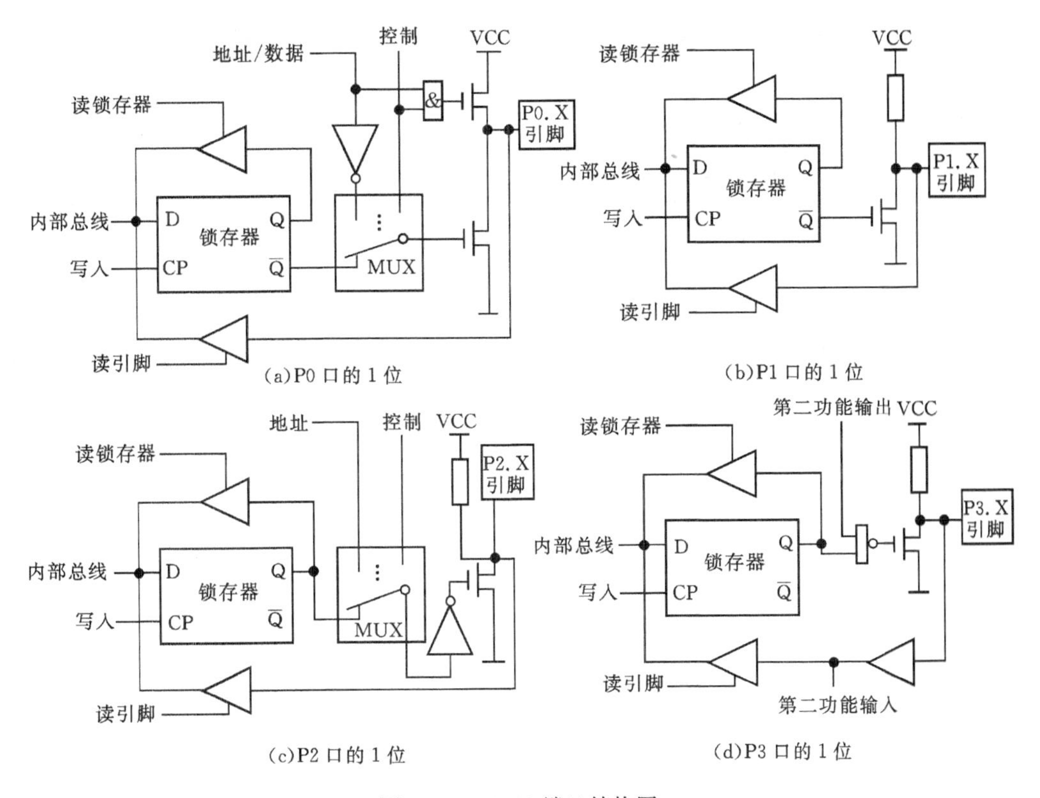

图 2.2.4　8051端口结构图

Pl口的8位：P1.7～P1.0。P1口是一个内部带有上拉电阻的8位双向I/O口，据测试，该上拉电阻数值较大，在30～50kΩ。若要以该口线输出高电平以驱动外部电流驱动型器件，必须外接上拉电阻以增强驱动能力。若作为低电平吸入电流驱动外部电流驱动型器件，且需要的驱动电流小于1mA时，可以直接由P1口线驱动。

在8032/8052中，Pl口各位除作通用I/O口使用外，P1.0还可作为定时器T2的计数触发输入端，P1.1还可作为定时器T2的外部控制输入端T2EX。

P2口的8位：P2.7～P2.0。P2口既可用作通用I/O口，也可用作高8位地址总线。作为通用I/O口使用时，其驱动能力与P1口相同，其处置方法与P1口相同。在对片内EPROM编程和程序验证时，它输出高8位地址。

P3口的8位：P3.7～P3.0。P3口是一个带内部上拉电阻的8位双向I/O口。作为通用I/O口使用时，其驱动能力与P1口相同，其处置方法与P1口相同。P3口除了可作为通用双向I/O口外，还有第二功能，因此称其为多功能口。8051系列单片机的P3口各位的第二功能见表2.2.1。

4个端口的负载能力也不相同。P1，P2，P3口都能驱动4个LSTTL门，并且不需外加电阻就能直接驱动CMOS电路。P0口在驱动TTL电路时能带8个LSTTL门，但驱动CMOS电路时若作为地址/数据总线，可以直接驱动，而作为I/O口时，需外接上拉电阻。

表 2.2.1　P3 口各位的第二功能

口线	第二功能	口线	第二功能
P3.0	RXD(串行输入通道)	P3.4	T0(定时器 T0 外部输入)
P3.1	TXD(串行输出通道)	P3.5	T1(定时器 T1 外部输入)
P3.2	INT0(外中断 0)	P3.6	$\overline{WR}$(外部数据存储器写选通)
P3.3	INTl(外中断 1)	P3.7	$\overline{RD}$(外部数据存储器读选通)

2.2.3　时钟电路

8051 外接晶体振荡器和补偿电容，就能构成时钟产生电路，如图 2.2.5 所示。CPU 的所有操作均在时钟脉冲同步下进行。片内振荡器的振荡频率 f_{OSC} 非常接近晶振频率，一般多在 1.2～12MHz 之间选取。XTAL2 输出 3V 左右的正弦波。图中 C1 和 C2 是补偿电容，其值在 5～30pF 之间选取，其典型值为 30pF。改变 C1 和 C2 可微调 f_{OSC}。也可以由外部提供时钟信号，作为振荡器输入信号，如图 2.2.6 所示。

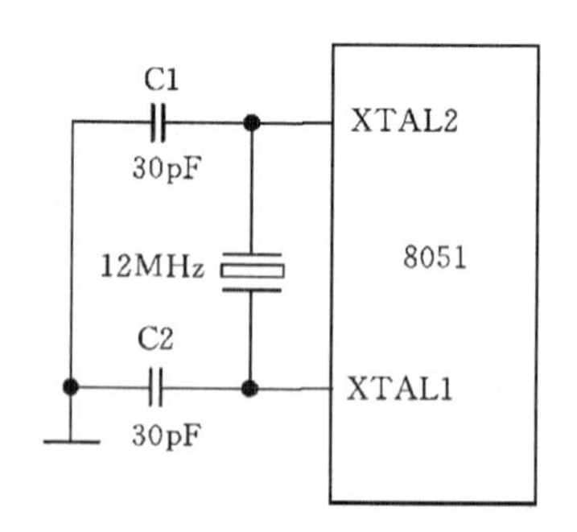

图 2.2.5　8051 晶振接法

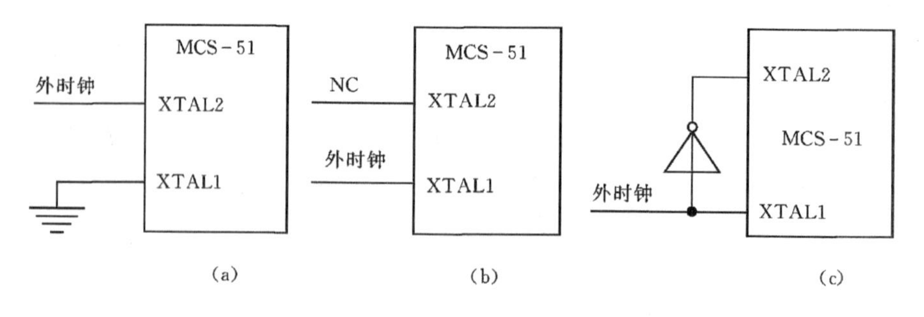

图 2.2.6　8051 外部时钟接法

2.2.4　复位和复位电路

计算机在启动运行时都需要复位，以便 CPU 和系统中的其他部件都处于某一确定的初始状态，并从这个状态开始工作。最重要的是将程序地址寄存器 PC 清零，使程序从头执行（从地址 0000H 执行）。在 8051 芯片内，有一个施密特触发器介于内部复位电路与外部 RST 引脚之间。引脚 RST 是施密特触发器的输入端，施密特电路的输出端接复位电路的输入。当主电源 VCC 已上电且振荡器已起振后，若在 RST 引脚上保持高电平两个机器周期（即 24 个振荡周期），就可以使 8051 复位。若一直保持 RST 为高电平，就使 8051 每个机器周期复位一次。复位之后，PC 寄存器的内容为 0000H，ALE，$\overline{PSEN}$，P0，Pl，P2，P3 口的输出均为高电平。复位以后内部寄存器的状态如表 2.2.2 所示。

表 2.2.2　8051 复位后寄存器的内容

寄存器	内容	寄存器	内容	寄存器	内容
PC	0000H	IE(8051)	0xx00000b	SBUF	不定
ACC	00H	IE(8052)	0x000000b	PCON(HMOS)	0xxxxxxxb
B	00H	TMOD	00H	PCON(CHMOS)	0xxx0000b
PSW	00H	TCON	00H	TH2(8052)	00H
SP	07H	TH0	00H	TL2(8052)	00H
DPTR	0000H	TL0	00H	RCAP2H(8052)	00H
P0～P3	FFH	TH1	00H	RCAP2L(8052)	00H
IP(8051)	xxx00000b	TL1	00H		
IP(8052)	xx000000b	SCON	00H		

注：表中的 x 为任意值，可以是 0，也可以是 1。

RST 变为低电平后，就退出了复位状态，CPU 从初始状态开始工作。由于复位后，程序指针寄存器 PC 为 0000H，因此，8051 单片机复位后从 0000H 执行程序。

内部 RAM 不受复位的影响。VCC 上电时，RAM 的内容是不定的。

8051 的复位电路如图 2.2.7 所示。图(a)为上电自动复位电路，图(b)为上电自动复位加手动复位电路。

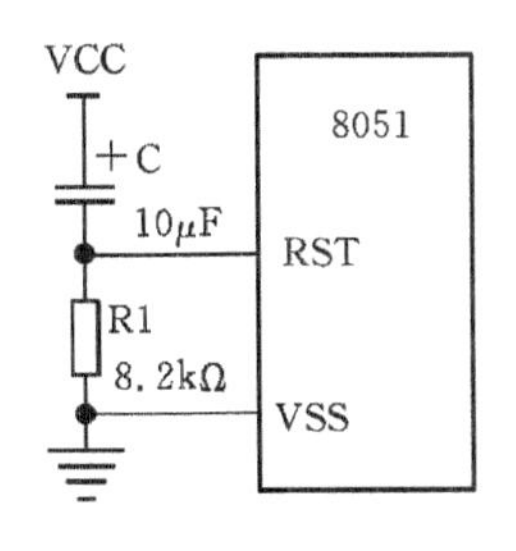

(a)上电自动复位电路

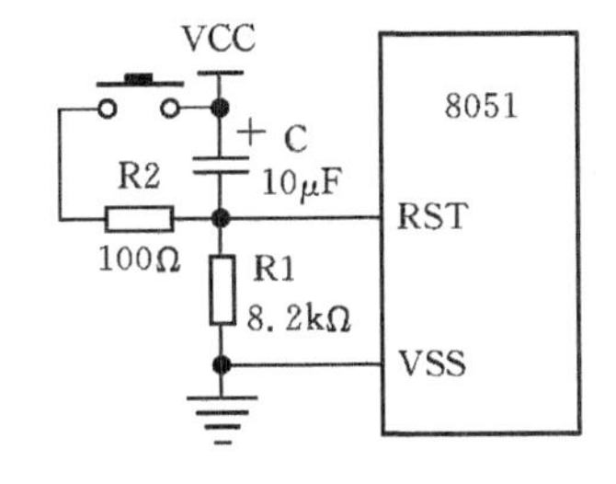

(b)上电自动复位与手动复位电路

图 2.2.7　8051 的复位电路

上电自动复位电路的工作原理是

$$V_{CC} = V_C + V_{R1}$$

V_C是电容C两端的电压；V_{R1}是电阻R1两端的电压，也是单片机复位引脚上的电压。在未加电时，$V_{CC}=V_C=V_{R1}=0$。V_{CC}为阶跃函数，上电时，V_{CC}在$t=0$瞬时即可以达到工作电压5 V。因为电路中电阻R1的限流作用，电路对电容C的充电电流为有限值，电容上的电压不能突变，而是按照指数曲线变化。其值为$V_C=V_{CC}(1-e^{\frac{t}{R1C}})$。

在刚上电的一段时间内，V_C上的电压低，而电阻R1上的电压高，则单片机复位引脚RST上的电压就高。由于复位端口内部是一个斯密特触发器输入比较电路，因此其复位端口RST上的电压大于斯密特触发器的高电平跳变点即可。对8051单片机，该高电平维持两个机器周期(24个时钟周期)以上，单片机就可以复位。若所采用的晶振频率为12 MHz，R1与C的数值取图2.2.7中的数值即可；若晶振频率低于12MHz，应该适当加大电容C和电阻R1，以满足复位的时间要求，保证可靠的复位。图(b)中加了手动复位按钮，为了减小按键时的脉冲电流干扰，在手动复位开关上串联了一只100 Ω的限流电阻。按键接通后，由R1和R2组成分压电路，由于R2的阻值很小，只有100Ω，其上面分担的电压可以忽略不计，因此电压主要由R1承担。因此手动复位时，R1上的电压几乎等于电源电压，从而使RST上保持高电平而使单片机复位。

若复位电路失效，加电后CPU从一个随机的状态开始工作，系统就不能正常运行。在电路调试时，如发现电路不工作，首先要检查复位电路，检查RST引脚上的电平信号是否正常。

2.2.5 存储器结构

8051的存储器为哈佛结构，有两个分开的，可以各自独立寻址的程序存储器与数据存储器空间。其存储器结构如图2.2.8所示。

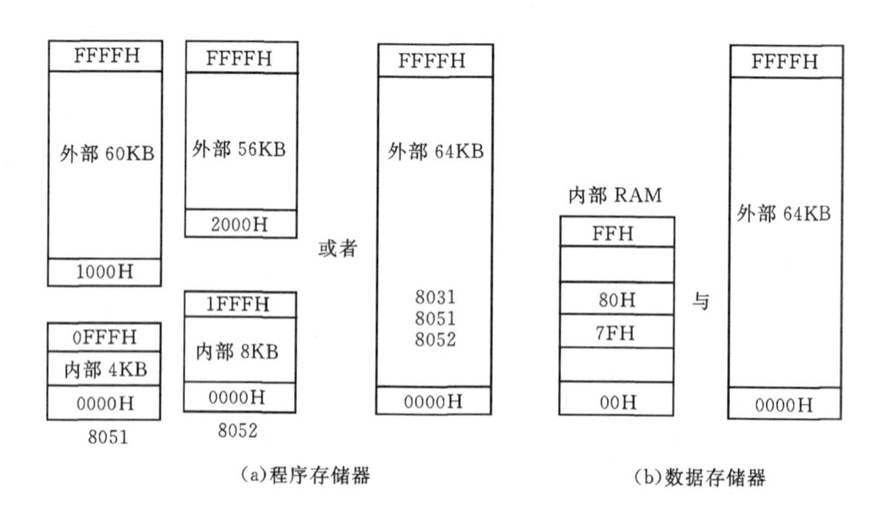

图 2.2.8 8051存储器结构

8051有片内片外从0000H～FFFFH地址连续的共64KB的程序存储器(包括片内ROM或EPROM)。当EA接低电平，访问程序存储器时，从PC=0000H开始的指令都取自于片外程序存储器。当EA接高电平，访问程序存储器时，则PC为0000H～0FFFH(对于8051/

8751/80C51/89C52)或PC为0000H～1FFFH(对于8052/8752/80C52/89C52),执行的是片内程序存储器的程序。超出此范围将自动执行片外程序存储器的程序。对89C51RD和51F来说,64KB程序存储区全位于片内。

8051的数据存储器包括片外0000H～FFFFH共64KB数据存储器(包括存储器地址映射的片外I/O设备),片内RAM和专用寄存器SFR区。8051片内RAM为00H～7FH共128字节,可以直接寻址或间接寻址,SFR区只能直接寻址(地址80H～FFH)。

8052的存储器配置,除了与8051相同的部分外,还增加第二个片内RAM区(80H～FFH)。这部分RAM只能通过寄存器间接寻址进行访问。

1. 工作寄存器区0区～3区

地址从00H～1FH,共32个字节。每8个字节(记作R0～R7)构成一个区,共有4个区。工作寄存器区的选择由程序状态字PSW中的RSl位和RS0位的值来决定,有关指令将在后面讨论。在8051芯片复位后,系统自动指向工作寄存器0区。

工作寄存器R0～R7在编程中极为有用,它一般用作数据缓冲寄存器。如果不用作工作寄存器,这个区域中的32个字节可以直接按字节访问,把它们作为数据存储器来使用。

2. 位寻址区

该区域地址从20H～2FH,共16个字节,128位,使用指令可以寻址到位地址,它们的位地址为00H～7FH。

位地址表示方法与片内RAM字节地址的表示方法是一样的,都是00H～7FH,但字节操作同位操作的指令形式是不一样的,在使用时应注意它们的区别。

这个区域的位地址还有另一种表示方法,即用它们的字节地址加位数来表示。例如,位0到位7可写成20.0～20.7,位08H到0FH可写成21.0～21.7等。其中,“.”号之前的数字为该字节的字节地址,“.”号之后为该位在该字节中的位号。

位寻址区是布尔处理器的一部分。该区域的16个字节也可按字节访问。

3. 数据区

地址从30H～7FH,共80个字节,可作为用户数据存储器,按字节访问。用户堆栈通常放置在该区域。

不同的51单片机,其片内数据存储器的大小不同,存储器容量从128字节到8448字节不等,上边所介绍的是标准的MCS-51单片机的内部存储器,它分为三部分,详见表2.2.3。

表2.2.3　8051单片机片内数据存储器

RAM地址	(MSB)(LSB)	地址序号	区别
7FH ⋮ 30H		127 ⋮ 48	数 据 区

续表

RAM 地址	(MSB)(LSB)								地址序号	区别
2FH	7F	7E	7D	7C	7B	7A	79	78	47	位寻址区
2EH	77	76	75	74	73	72	71	70	46	
2DH	6F	6E	6D	6C	6B	6A	69	68	45	
2CH	67	66	65	64	63	62	61	60	44	
2BH	5F	5E	5D	5C	5B	5A	59	58	43	
2AH	57	56	55	54	53	52	51	50	42	
29H	4F	4E	4D	4C	4B	4A	49	48	41	
28H	47	46	45	44	43	42	41	40	40	
27H	3F	3E	3D	3C	3B	3A	39	38	39	
26H	37	36	35	34	33	32	31	30	38	
25H	2F	2E	2D	2C	2B	2A	29	28	37	
24H	27	26	25	24	23	22	21	20	36	
23H	1F	1E	1D	1C	1B	1A	19	18	35	
22H	17	16	15	14	13	12	11	10	34	
21H	0F	0E	0D	0C	0B	0A	09	08	33	
20H	07	06	05	04	03	02	01	00	32	
1FH 18H	3 区								31 24	工作寄存器区
17H 10H	2 区								23 16	
0FH 08H	1 区								15 8	
07H 00H	0 区								7 0	

2.2.6　指令部件

(1)程序计数器 PC。它是一个 16 位寄存器，是指令地址寄存器，用来存放下一条需要执行的指令的地址。其寻址能力为 64KB。

(2)指令寄存器 IR。它用来存放当前正在执行的指令。

(3)指令译码器 ID。该寄存器对 IR 中的指令操作码进行分析解释，产生相应的控制信号。

(4)数据指针 DPTR。DPTR 是一个 16 位地址寄存器，既可以用于寻址外部数据存储器，也可以寻址外部程序存储器中的表格数据。DPTR 可以寻址 64KB 地址空间，由高位字节

DPH 和低位字节 DPL 组成。这两个字节也可以单独作为 8 位寄存器使用。使用时，应先对 DPTR 赋值，可用指令 MOV DPTR，# data。这样，DPTR 即指向了以 16 位常数 data 为地址的存储单元，这就是所谓数据指针的含意，在此基础上就可以进行以 DPTR 为地址指针的数据传送等操作。如 8051 执行指令"MOVX A，@DPTR"，就能把 DPTR 所指向的外部数据存储器中地址为 data 的单元的数据送入累加器 A 中。如 8051 执行指令"MOVC A，@A＋DPTR"，就能把 DPTR 所指向的外部程序存储器中地址为(A)＋data 的单元的数据送入累加器 A 中，此处(A)表示累加器 A 中的数据。

2.2.7　特殊功能寄存器区

8051 把 CPU 中的专用寄存器、并行端口锁存器、串行口与定时器/计数器内的控制寄存器等集中安排到一个区域，离散地分布在地址从 80H～FFH 范围内，这个区域称为特殊功能寄存器区。

特殊功能寄存器区共有 128 个字节，占有片内 80H～FFH 共 128 字节地址区域，在性质上它属于数据存储器。

8051 共有 21 个特殊功能寄存器，其中程序计数器 PC 在物理上是独立的。该区域实际上定义了 20 个特殊功能寄存器，它们占据 21 个字节(数据指针 DPTR 占两个字节)。访问特殊功能寄存器，只能使用直接寻址方式。该区域内的其他字节均无定义，访问它们是无意义的。特殊功能寄存器的定义见表 2.2.4。表中前边有"*"号的寄存器可以位寻址，前边有"＋"号的寄存器仅 8052 单片机才有。

表 2.2.4　特殊功能寄存器的符号、名称及地址

符号	名称	地址
* Acc	累加器	0E0H
* B	B 寄存器	0F0H
* PSW	程序状态字	0D0H
SP	堆栈指针	81H
DPTR	数据指针(2 字节)	
DPL	低位字节	82H
DPH	高位字节	83H
* P0	P0 口	80H
* P1	P1 口	90H
* P2	P2 口	0A0H
* P3	P3 口	0B0H
* IP	中断优先级控制	0B8H
* IE	中断允许控制	0A8H
TMOD	定时器/计数器方式控制	89H

续表

符号	名称	地址
* TCON	定时器/汁数器控制	88H
* +T2CON	定时器/计数器 2 控制	0C8H
TH0	定时器/计数器 0 高位字节	8CH
TL0	定时器/计数器 0 低位字节	8AH
THl	定时器/汁数器 1 高位字节	8DH
TL1	定时器/计数器 1 低位字节	8BH
+TH2	定时器/计数器 2 高位字节	0CDH
+TL2	定时器/计数器 2 低位字节	0CCH
+RCAP2H	定时器/计数器 2 捕捉寄存器高位字节	0CBH
+RCAP2L	定时器/计数器 2 捕捉寄存器低位字节	0CAH
* SCON	串行控制	98H
SUF	串行数据缓冲器	99H
PCON	电源控制	87H

几种最常用的寄存器介绍如下：

1. 累加器 Acc

Acc 是一个具有特殊用途的 8 位寄存器，主要用来存放操作数或者存放运算结果。

8051 指令系统中多数指令的执行都要通过累加器 Acc 进行。因此，在 CPU 中，累加器的使用频率是很高的。作为一个寄存器，累加器 Acc 又可简写为累加器 A。

2. 寄存器 B

B 也是一个 8 位的寄存器，通常用来和累加器配合，进行乘法、除法运算。例如在乘法指令“MUL A,B”和除法指令“DIV A,B”中，B 用来寄存另一个操作数及部分结果。对其他指令，B 可作为一个工作寄存器使用。

3. 程序状态字 PSW

PSW 是一个可编程的 8 位寄存器，用来寄存当前指令执行结果的有关状态。8051 有些指令的执行结果会自动影响 PSW 有关位（称为标志位）的状态，在编程时要加以注意。同时，PSW 中各位的状态也可通过指令设置。PSW 各标志位的定义如下：

位	D7	D6	D5	D4	D3	D2	D1	D0
名称	CY	AC	F0	RS1	RS0	OV	—	P

CY(PSW. 7)：进位标志。累加器 A 的最高位有进位（加法）或借位（减法）时，CY=1，否则 CY=0。在布尔处理机中，它是各种位操作指令的“累加器”。CY 亦可简记为 C。

AC(PSW. 6)：辅助进位标志。当累加器 A 的 D3 位向 D4 位有进位或借位时，AC=1，否则 AC=0。它主要用于 BCD 码操作。

F0(PSW.5):用户通用标志位。用户可以根据需要用指令将其置位或清零,从而可通过测试 F0 的状态来控制程序的转向。

RS1(PSW.4):寄存器区选择位 1。

RS0(PSW.3):寄存器区选择位 0。RS1 和 RS0 可由指令置位或清零,用来选择 8051 的工作寄存器区。其选择方式见表 2.2.5。

表 2.2.5　RS1,RS0 与工作寄存器组的关系

RS1	RS0	寄存器区	地址
0	0	0	00H～07H
0	1	1	08H～0FH
1	0	2	10H～17H
1	1	3	18H～1FH

OV(PSW.2):溢出标志位。当带符号数运算(加法或减法)结果超出(－127～＋127)范围时,有溢出,OV=1;否则 OV=0。溢出产生的逻辑条件是:OV=D6C+D7C。其中,D6C 表示位 6 向位 7 的进位(或借位),D7C 表示位 7 向 CY 的进位(或借位)。

—(PSW.1):用户定义标志位。

P(PSW.0):奇偶校验位。在每个指令周期由硬件按累加器 A 中"1"的个数为奇数或偶数而置位或清零。若累加器中包含奇数个 1,则 P=1;若累加器中包含偶数个 1,则 P=0。因此,奇偶位 P 可用于指示操作结果(累加器 A 中)的 1 的个数的奇偶性。

4. 堆栈指针 SP

存储单元在作为数据堆栈使用时,是不能按字节任意访问的,有专门的堆栈操作指令把数据送入或移出堆栈,堆栈为程序中断、子程序调用等临时保存一些特殊信息(例如某些工作寄存器的内容)提供了方便。

堆栈指针 SP 用来指示堆栈的位置。当用户需要设置堆栈时,总是先要定义堆栈在片内 RAM 的哪一个单元开始,这个起始单元称为栈底。

8051 的堆栈可以设置在片内 RAM 的任何地方。堆栈指针 SP 是一个 8 位寄存器,它的地址为 81H。复位操作后,堆栈指针初始化为 07H。当用户开辟堆栈时,必须首先对 SP 赋值,以确定堆栈的起始位置(即栈底)。随着数据进出堆栈的操作,堆栈指针 SP 的内容是随时在变化的。8051 的堆栈采用地址增量型。当执行 PUSH 操作时,一个字节数据压入堆栈即进栈,SP 内容自动加 1;当执行 POP 操作时,一个字节数据从堆栈弹出即出栈,SP 内容自动减 1。SP 始终指向堆栈中地址最高的单元,即指向栈顶。堆栈及其操作见示意图 2.2.9。

在使用堆栈时应注意,堆栈的深度(即开辟了多少字节作为堆栈)在程序中是没有标识的,在片内 RAM 中,哪些为工作寄存器,哪些为变量区,哪些为堆栈区,编译连接程序都会自动给予设置,通常在留出工作寄存器和变量区以后,自动确定好 SP 的位置。

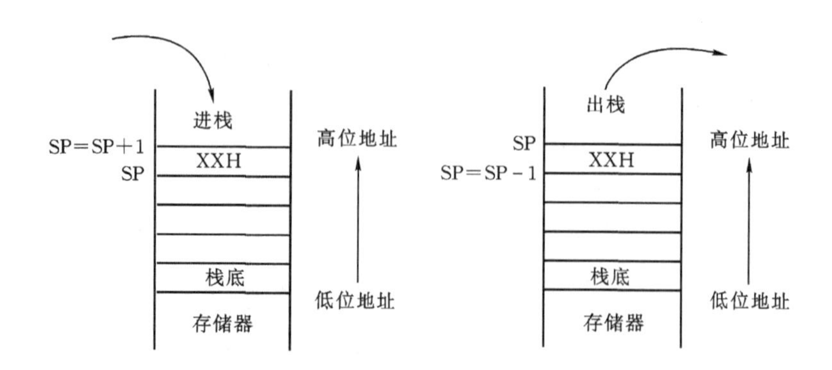

图 2.2.9 堆栈示意图

5. 并行口寄存器 P0,P1,P2,P3

P0,P1,P2,P3 是 8051 单片机端口以 I/O 方式工作时对输出数据进行锁存的寄存器。

6. 中断用寄存器 IE,IP

IE 为中断允许寄存器,8051 的中断系统允许接受 5 个独立的中断源,即两个外部中断、两个定时器/计数器中断以及串行口中断。外部中断申请通过 INT0 和 INT1(即 P3.2 和 P3.3)输入,输入方式可以是电平触发(低电平有效),也可以是边沿触发(下降沿有效)。两个定时器中断请求是当定时器溢出时向 CPU 提出的,即当定时器由状态全 1 转为全 0 时发出的。第五个中断请求是由串行口发出的,串行口每发送完一个数据或接收完一个数据,就可提出一次中断申请。设置 IE 内部的相应位为 1 或 0,就可以决定对哪些中断源允许中断,对哪些不允许。

IP 为中断优先级寄存器。8051 单片机可以设置两个中断优先级,即高优先级和低优先级,由中断优先控制寄存器 IP 来控制。

7. 定时器/计数器 T0,T1 及其控制寄存器 TMOD,TCON

8051 内部有两个 16 位可编程定时器/计数器,记为 T0 和 T1。16 位是指它们都是由 16 个触发器构成,故最大计数模值为 65535。可编程是指它们的工作方式由指令来设定,或者当计数器用,或者当定时器用,并且计数(定时)的范围也可以由指令来设置。这种控制功能是通过定时器方式控制寄存器 TMOD 来完成的。

如果需要,定时器在计到规定的定时值时可以向 CPU 发出中断申请,从而完成某种定时的控制功能。在计数状态下同样也可以申请中断。定时器控制寄存器 TCON 用来负责定时器的启动、停止以及中断管理。

在定时工作时,时钟由单片机内部提供,即系统时钟经过 12 分频后作为定时器的时钟。计数工作时,时钟脉冲(计数脉冲)由 P3.4,P3.5 输入。

8. 串行口用寄存器 SBUF,SCON,PCON

8051 单片机内部有一个可编程的、全双工的串行接口。有一个发送数据用的特殊功能寄存器 SBUF 和一个接收数据用的特殊功能寄存器 SBUF,两个 SBUF 占用内部 RAM 的同一个地址 99H。发送数据的 SBUF 由地址信号和写信号共同控制其访问,接收数据的 SBUF 由地址信号和读信号共同控制其访问。因此,可以同时收/发数据,收/发操作都是对同一地址

99H 进行的。SCON 是串行口控制寄存器,用于控制串行口的工作。PCON 的最高位 SMOD 用于波特率倍频设置,其值为 1 时波特率翻倍,其值为 0 时波特率为原值。

2.2.8　布尔处理器

在 8051 内部有一个结构完整、功能很强的布尔处理器,即位处理器。它在硬件上是一个完整的系统,包括一个位累加器(借用 PSW 中的 C 位),可位寻址的 RAM,可位寻址的寄存器及并行 I/O 口。同时,8051 的运算器具有极强的位运算能力。与此相适应,8051 的位处理器在软件方面,有一个功能丰富的位操作指令子集。

布尔处理器是 8051 的独特结构,这使它在控制领域内的应用具有一定的优势。

2.2.9　8051 单片机程序执行方式

1. 全速执行方式

全速执行方式是单片机的基本工作方式。所执行的程序可以在内部 ROM、外部 ROM 或者同时放在内外 ROM 中。若程序放在外部 ROM 中(如对 8031),则应使 EA=0;否则,须令 EA=1。由于复位之后 PC=0000H,所以程序的执行总是从地址 0000H 开始的。但是,真正的程序一般不可能从 0000H 开始存放,因此,需要在 0000H 单元开始存放一条转移指令,从而使程序跳转到真正的程序入口地址。

2. 单步执行方式

单步执行方式是使程序的执行处于外加脉冲(通常用一个按键产生)的控制下,一条指令一条指令地执行,即按一次键,执行一条指令。

单步执行方式可以利用 8051 的中断控制来实现。其中断系统规定,从中断服务程序返回以后至少要执行一条指令后才能重新进入中断。将外加脉冲加到 INT0 输入。令 INT0 平时为低电平,通过编程规定 INT0 信号是低电平有效,因此不来脉冲时总是处于响应中断的状态。在中断服务程序中要安排这样的指令:

```
JNB    P3.2,$      ;$为重复执行本句程序。若 INT0=0,不往下执行
JB     P3.2,$      ;若 INT0=1,不往下执行
RETI       ;返回主程序执行一条指令
```

因此,只有 INT0 上来一个正脉冲,才能通过第一、第二两条指令,返回主程序并执行一条指令。因 INT0 此时已回到 0,故重新进入中断,在第一条指令处等待正脉冲的到来,从而实现来一个脉冲执行一条指令的单步操作。

2.2.10　8051 单片机低功耗操作方式

CMOS 型单片机有两种低功耗操作方式:节电操作方式和掉电操作方式。在节电方式时,CPU 停止工作,而 RAM、定时器、串行口和中断系统继续工作。在掉电方式时,仅给片内 RAM 供电,片内所有其他的电路均不工作。

CMOS 型单片机用软件来选择操作方式,由电源控制寄存器 PCON 中的有关位控制。这些有关的位是:

IDL(PCON.0):节电方式位。IDL=1 时,激活节电方式。

PD(PCON.1):掉电方式位。PD=1时,激活掉电方式。

GF0(PCON.2):通用标志位。

GF1(PCON.3):通用标志位。

1. 节电方式

一条将IDL位置1的指令执行后,80C51就进入节电方式。这时提供给CPU的时钟信号被切断,但时钟信号仍提供给RAM、定时器、中断系统和串行口,同时CPU的状态被保留,也就是栈指针SP、程序计数器PC、程序状态字PSW、累加器Acc及通用寄存器的内容被保留起来。在节电方式下,VCC仍为5V,但消耗电流由正常工作方式的24mA降为3.7mA。

可以有两条途径退出节电方式恢复到正常方式。

一种途径是有任一种中断被激活,此时IDL位将被硬件清除,随之节电状态被结束。中断返回时将回到进入节电方式的指令后的一条指令,恢复到正常方式。

PCON中的标志位GF0和GF1可以用作软件标志,若置IDL=1的同时也置GF0=1,GF1=1,则节电方式中激活的中断服务程序查询到此标志便可以确定服务的性质。

退出节电方式的另一种方法是靠硬件复位,复位后PCON中各位均被清0。

2. 掉电方式

一条将PD位置1的指令执行后,80C51就进入掉电工作方式。掉电后,片内振荡器停止工作,时钟冻结,一切工作都停止,只有片内RAM的内容被保持,SFR内容也被破坏。掉电方式下VCC可以降到2V,耗电仅50μA。

退出掉电方式恢复正常工作方式的唯一途径是硬件复位。应在VCC恢复到正常值后再进行复位,复位时间需10ms,以保证振荡器再启动并达到稳定。实际上复位本身只需24个振荡周期(2~4μs),但在进入掉电方式前,VCC不能掉下来,因此要有掉电检测电路。

2.2.11　8051单片机编程和校验方式

对于内部集成有EPROM或FLASHROM的8051单片机,可以进入编程或校验方式。

1. 内部EPROM/FLASHROM编程

编程时,时钟频率应在4~6MHz的范围内,其余有关引脚的接法和用法如下:

(1)P1口和P2口的P2.0~P2.3为EPROM的4KB的高位地址输入,P1口为低8位地址。

(2)P2.5~P2.6以及$\overline{\text{PSEN}}$应为低电平。

(3)P0口为编程数据输入。

(4)P2.7和RST应为高电平,RST的高电平可为2.5V,其余的都以TTL的高低电平为准。

(5)EA/VPP端加+12.5V的编程脉冲,此电压要求稳定,不能大于12.5V,否则会破坏EPROM。在EA/VPP出现正脉冲期间,ALE/PROG端上加50ms的负脉冲,完成一次写入。

单片机的EPROM或FLASHROM编程一般要用专门的单片机编程器来完成。

2. EPROM/FLASHROM程序校验

在程序的保密位尚未设置,无论在写入的当时或写入之后,均可将片上程序存储器的内容读出进行校验。在读出时,除P2.7脚保持为TTL低电平之外,其他引脚与EPROM/

FLASHROM 的连接方式相同。要读出的程序存储器单元地址由 P1 口和 P2 口的 P2.0～P2.3 送入，P2 口的其他引脚及$\overline{PSEN}$保持低电平，ALE、EA 和 RST 接高电平，校验的单元内容由 P0 口送出。在校验操作时，需在 P0 口的各位外部加上拉电阻 10kΩ。

3. 程序存储器的保密位

许多单片机内部都有一个保密位。一旦将该位写入便有了保密功能，就可禁止外部对片内程序存储器进行读写。将保密位写入以建立保险的过程与正常写入的过程相似，对 51 系列单片机，其加密仅只 P2.6 脚要加 TTL 高电平，而不是像正常写入时加低电平。而 P0 口、P1 口和 P2 口的 P2.0～P2.3 的状态随意。加上编程脉冲后，就可将保密位写入。

保密位一旦写入，内部程序存储器便不能再被写入和读出校验，而且也不能执行外部程序存储器的程序。只有 EPROM/FLASHROM 全部擦除时，保密位才能被一起擦除，也才可以再次写入。

实际上，仪器设计开发人员只需了解上述编程原理即可，具体编程工作，只需使用市售的编程器即可方便快捷地对芯片编程、校验和加密。

2.2.12　8051 的机器周期与指令周期

CPU 完成一种基本操作所需要的时间称为机器周期。例如取指令周期，它所执行的操作是，CPU 从程序存储器读一个字节的指令码到指令寄存器。单片机的各种指令功能，都是由几种基本的机器周期实现的。基本的机器周期有取指周期、存储器读周期、存储器写周期等。

8051 的一个机器周期由 6 个状态组成，分别为 S1 至 S6。每个状态时间为 2 个振荡器周期。一个机器周期共 12 个振荡器周期。如果振荡器频率为 12MHz，则 1 个机器周期的时间为 1μs。

为了叙述方便，又把每个状态的两个振荡器周期称为相位 1(P1)和相位 2(P2)，1 个机器周期的 12 个振荡器周期分别为 S1P1，S1P2，…，S6Pl，S6P2 等。

CPU 执行一条指令所需要的时间称为指令周期。由于指令的功能不同，指令的长度(字节数)也不同，因此，每条指令的指令周期是不一样的，也就是说执行一条指令所需的机器周期数不同。按机器周期划分，8051 的指令有单周期、双周期及四周期指令三种。

2.2.13　8051 访问片外存储器的时序

弄清 CPU 访问片外存储器的时序，是正确设计接口的关键。而 8051 的时序主要是地址信号、指令读取、数据信号、控制信号 ALE，$\overline{PSEN}$，$\overline{RD}$，$\overline{WR}$等在时间上的严密配合。

在不对片外操作时，ALE 为低电平，$\overline{PSEN}$，$\overline{RD}$和$\overline{WR}$均为高电平，这些引脚均无效。在访问片外程序存储器期间，在 ALE 引脚，每个机器周期(12 个振荡周期)出现两次正脉冲。只有在访问(读或写)片外数据存储器(包括存储器影射的 I/O 设备)时，每个机器周期少一个 ALE 正脉冲。在这个缺少的 ALE 正脉冲处代之的是$\overline{RD}$(在读操作时)或$\overline{WR}$(在写操作时)的负脉冲(负脉冲宽度比 ALE 正脉冲宽度大)。在每个 ALE 正脉冲的下降沿前后，P0 口输出的低 8 位地址 A7～A0 有效且稳定。片外地址锁存器就利用 ALE 正脉冲的高电平选通地址锁存器，把 A7～A0 送到锁存器，然后利用 ALE 的下跳沿把低 8 位地址锁存在地址锁存器的输出端口，从而使低 8 位地址在读或写过程中一直有效。因为在整个对片外操作期间，P2 口只用作高 8 位地址 A15～A8，而且一直有效且稳定，所以一般高 8 位地址不需锁存。在地址有效期间，被选通的外部存储器的单元就可以在$\overline{RD}$或$\overline{WR}$控制信号的作用下被读出或写入数据。

CPU 执行一条指令分两个阶段：取指阶段和执行阶段。取指阶段从程序存储器取出若干字节的指令码（包括操作码和操作数）放到 CPU 的指令寄存器中；执行阶段对指令的操作码（指令第一字节）进行译码，并执行该指令的功能。取指令实际上是对程序存储器的读访问，其时序见图 2.2.10。取指令是以$\overline{PSEN}$信号作为读控制信号的，$\overline{PSEN}$信号线必须和程序存储器的输出允许端$\overline{OE}$相连。在程序存储器被选通且$\overline{PSEN}$信号有效期间，程序存储器的输出端口才与数据总线接通，在其他时间其数据输出端口都呈现高阻态。在程序存储器没有被选通时，不管$\overline{PSEN}$信号是否有效，其数据输出端口都呈现高阻态。从图 2.2.10 中可见，在每个机器周期，ALE 信号两次有效，一次在 S1P2 到 S2P1 之间，一次在 S4P2 到 S5P1 之间。每出现一次 ALE 信号，CPU 进行一次取指操作。在从片外程序存储器取指令期间，每个机器周期出现两次$\overline{PSEN}$负脉冲。应利用$\overline{PSEN}$脉冲上跳前的低电平把程序存储器的指令数据选通到数据总线上，CPU 在$\overline{PSEN}$上跳时把数据总线上的数据通过 P0 口读到指令寄存器中锁存，并且$\overline{PSEN}$的上跳沿封锁程序存储器的输出线。在不取指令期间，$\overline{PSEN}$脚为高电平（无效）。

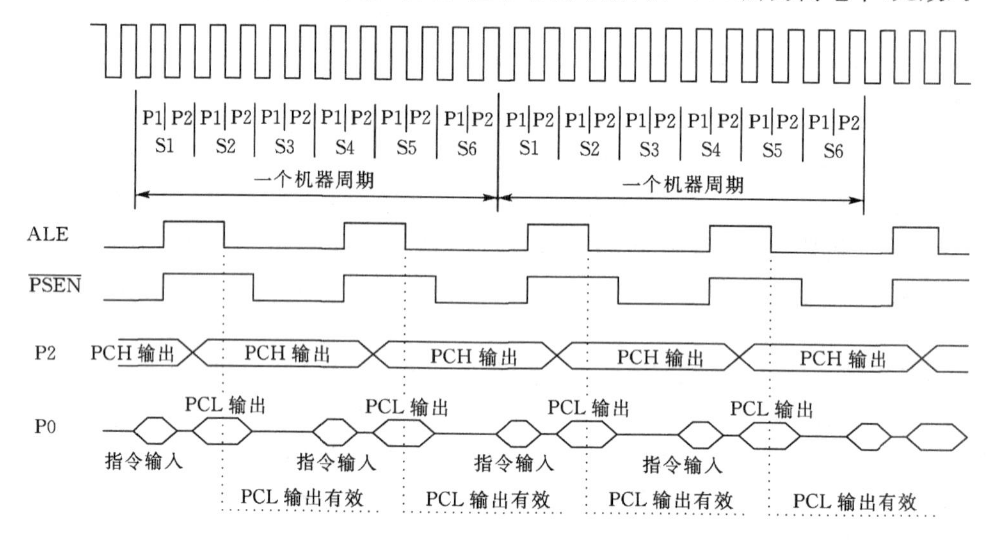

图 2.2.10　8051 访问外部程序存储器时序图

在访问片外数据存储器时，主要由地址总线、片选线、ALE、$\overline{RD}$、$\overline{WR}$等信号控制，其时序见图 2.2.11。$\overline{RD}$是读片外数据存储器（包括 I/O 设备）控制线，通常与存储器的输出允许端$\overline{OE}$相连。在数据存储器被选通且$\overline{RD}$或$\overline{WR}$信号有效期间，存储器的输出端口才与数据总线接通，在其他时间其数据输出端口都呈现高阻态。在读片外数据存储器期间，首先是地址与片选信号有效，将所选的存储器内由地址决定的单元与芯片的内部数据总线接通，然后出现一次$\overline{RD}$负脉冲。在该脉冲到来期间，存储器按读方式将其内部总线与外部数据总线接通，把所选单元内的数据送到数据总线上，再由 CPU 从 P0 口将总线上的数据读入到累加器 A 中，$\overline{RD}$的上跳变封锁数据存储器的数据端口，使其又恢复平常的高阻态，然后，地址与片选信号消失，完成一次读操作。不读片外数据存储器时，$\overline{RD}$一直为高电平。$\overline{WR}$是向片外数据存储器（包括 I/O 设备）写数据的控制线。在向片外数据存储器写数据期间，首先是地址信号有效，选中片外存储器及相应的存储单元，此时，存储器内部数据总线与被选中的存储单元的每一位对应接通，然后出现一次$\overline{\text{WR}}$负脉冲。在该脉冲到来期间，存储器按写入方式将其内部总线与外部数据总线接通，随之 CPU 通过 P0 口把数据送上数据总线，使数据进入所选的存储单元，总线上的数据要稳定并持续到$\overline{\text{WR}}$上跳变之后一段时间。$\overline{\text{WR}}$的上跳变把数据锁存在数据存储器里。在不对片外数据存储器进行写操作时，$\overline{\text{WR}}$一直为高电平(无效)。

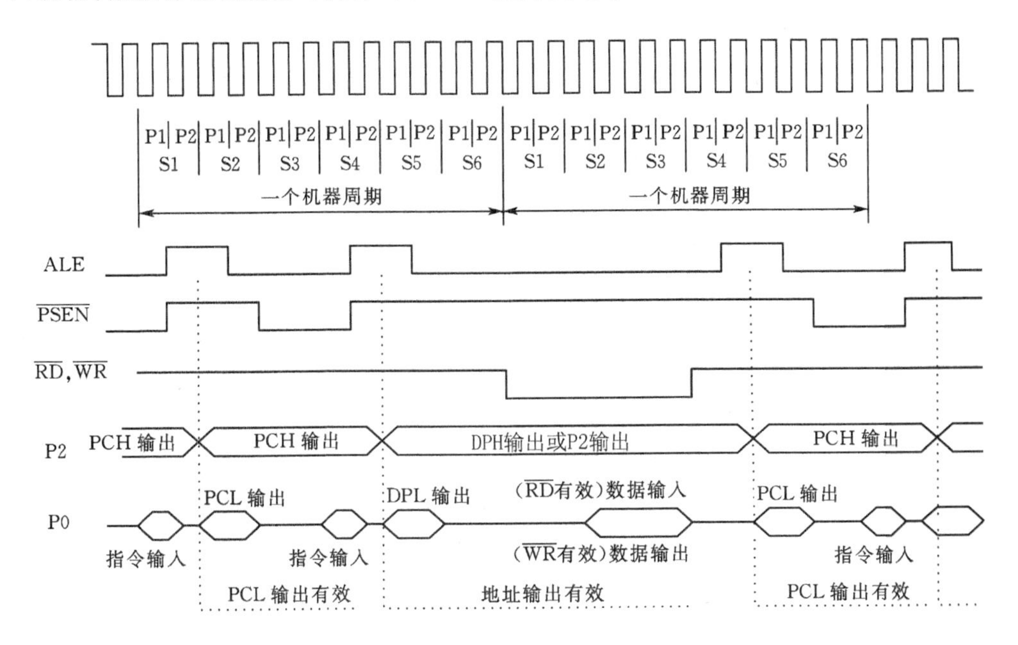

图 2.2.11　8051 访问外部数据存储器时序图

8051 有 111 条指令，按指令功能和指令长度，安排了几种基本时序。有 1 字节 1 周期指令；2 字节 1 周期指令；1 字节 2 周期指令；2 字节 2 周期指令；3 字节 2 周期指令及 1 字节 4 周期指令等。下面对几种主要时序作以简单介绍。

1. 单字节、单周期指令时序

执行一条单字节单周期指令时，在 S1 期间读入操作码，把它送入指令寄存器，接着开始执行，并在本周期的 S6P2 执行完毕。在本周期的 S4P2 期间还要照常读入下一个指令字节，但 CPU 不予处理，PC 也不加 1，也就是说此次读取无效。

2. 双字节单周期指令时序

在执行一条 2 字节单周期指令时，在 S1 期间读入指令操作码字节并将它锁存在指令寄存器，在 S4 期间读入指令第 2 字节，指令在本周期的 S6P2 期间执行完毕。

3. 单字节双周期指令时序

在执行一条单字节双周期指令时，在第 1 个周期的 S1 期间读入操作码并锁存，然后开始执行。在本周期的 S4 期间及下一个周期的两次读操作均无效，指令在第二周期的最后一个状态 S6P2 执行完毕。

2.2.14　8051 的系统扩展

在很多应用场合，8051 自身的存储器和 I/O 资源不能满足要求，这时就要进行系统扩展。

目前，存储器和 I/O 接口电路已经使用各种规模的集成电路工艺制作成常规芯片或是可编程的芯片。系统扩展，就是实现单片机与这些芯片的接口以及编程使用。

1. 外部总线的扩展

8051 受到引脚的限制，没有对外专用的地址总线和数据总线，那么在进行对外扩展存储器或 I/O 接口时，需要首先扩展对外总线。

8051 提供了引脚 ALE，在 ALE 为高电平期间，P0 口上输出低 8 位地址 A7～A0。通常外接地址锁存器，用 ALE 的下降沿作锁存信号，将 P0 口上的地址信息锁存到锁存器，直到 ALE 再次为高。在 ALE 为 0 期间，P0 口传送数据，即作数据总线口。这样就把 P0 口扩展为地址/数据总线复用口。

另外，P2 口可用于输出地址高 8 位 A15～A8，所以对外 16 位地址总线 A15～A0 由 P2 口和低 8 位地址锁存器构成。

8051 引脚中的输出控制线（如 $\overline{RD}$，$\overline{WR}$，$\overline{PSEN}$，ALE）以及输入控制线（如 EA，$\overline{INT0}$，$\overline{INT1}$，RST，T0，T1）等构成了外部控制总线 ControlBus(CB)。

通常用作单片机的地址锁存器的芯片有 74HC373，74HC573 等。

由于最新设计出售的基于 51 内核的单片机，已经全部将程序存储器设计在单片机内部，程序存储区的容量从 8KB 到 128KB 不等，在应用中可以根据程序目标代码的多少直接选用相应的单片机，因此不需要在单片机外部扩展程序芯片，这里就不再介绍程序存储器的扩展方法了。

2. 外部数据存储器的扩展

8051 外部数据存储器的扩展分为并行接口扩展和串行接口扩展。并行接口扩展的存储器寻址范围为 64KB，并与外部 I/O 接口统一编址。外部 RAM 和外部 I/O 接口的读写控制信号为 $\overline{RD}$ 和 $\overline{WR}$，它们由 MOVX 指令产生。串行接口扩展存储器目前主要是 I^2C 器件，每片存储器容量大小不等，每片最大为 64KB，一个 8051 可以接多个这样的存储器。下边介绍并行接口 RAM 的扩展。

外部 RAM 在 64KB 范围寻址时，地址指针为 DPTR；若对外部 RAM 按页面寻址（256 字节为一页），则用 R0 或 R1 作页内地址指针，P2 口作页地址指针。

外部数据存储器扩展时，数据存储器的地址线和数据线与单片机的对应总线相连，低 8 位地址通过地址锁存器锁存，控制信号中主要是读信号 $\overline{RD}$ 和写信号 $\overline{WR}$。8051 的 $\overline{RD}$ 信号与外部 RAM 的输出允许 $\overline{OE}$ 相连，8051 的 $\overline{WR}$ 信号与外部 RAM 的写信号 $\overline{WE}$ 相连。外部 RAM 的片选信号与外部 I/O 接口的片选信号由译码逻辑电路产生。

常用的静态 RAM 芯片有 6264(8KB)、62256(32KB)、62512(64KB)等。在使用上，即便是很复杂的仪器系统，作为数据缓存的 RAM 的需求一般也不大于 5KB，因此选择一片 6264 通常已足够用。但是，有些仪器的数据需要较长时间保存，在系统停电后数据也不丢失，则必须使用 EEPROM，因此可选用 28xx 存储器。因为 EEPROM 的价格现在已经大大降低，为了电路板紧凑可靠，最好根据容量需求选用一片 EEPROM，最多不要多于两片。由于串行 EEPROM 体积小，最好优先选用。下面以 6264 芯片为例，讨论 RAM 的并行扩展方法。

6264 是 8K×8 的 SRAM 芯片。SRAM 是静态 RAM，不需要定时刷新。其引脚在表 2.2.6中已有表述，6264 和 8051 的连接电路如图 2.2.12 所示。具体说明如下：

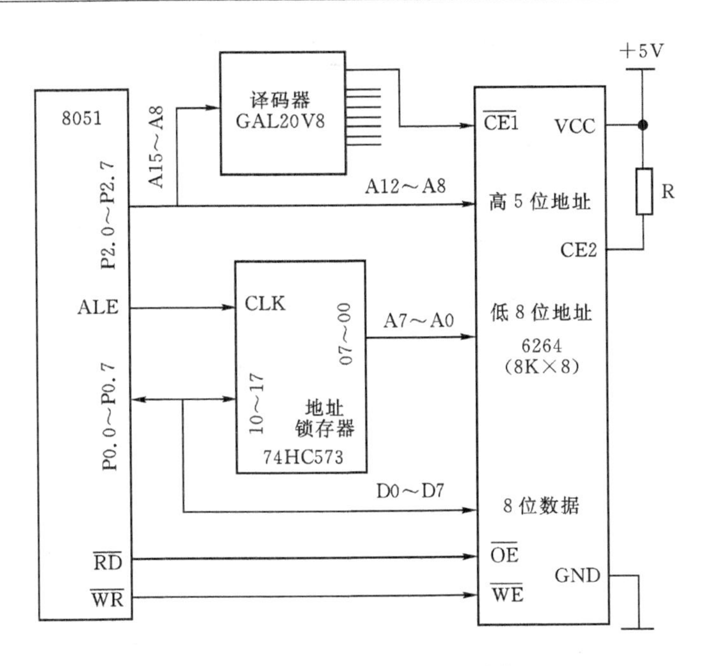

图 2.2.12　8051 与 6264 的连接

A12～A0:地址线,高 5 位地址线直接与 8051 的高 5 位地址线(A12～A8)相连,低 8 位与地址锁存器 74HC573 的输出相连。该锁存器的输入端与 8051 的数据与低 8 位地址复用口线 P0 口相连,接收并锁存来自 8051 的低 8 位地址,使得 6264 的地址输入端口在被访问期间,13 位地址一直有效。

$\overline{CE1}$:片选线 1,低电平有效。

$\overline{WE}$:写允许线,低电平有效。

D07～D00:双向数据线。

CE2:片选线 2,高电平有效;可通过上拉电阻 R 接到 VCC,也可以直接接到 VCC。在后备电池供电时,为保证在电源切换瞬时数据不丢失,CE2 必须接到后备电池的正极。

$\overline{OE}$:读允许线,低电平有效。

2.2.15　8051 的中断系统

8051 的中断系统由以下几个寄存器控制:

(1)中断允许寄存器 IE。其地址为 A8H。其各位定义如下:

位	D7	D6	D5	D4	D3	D2	D1	D0
名称	EA	未定义	ET2	ES	ET1	EX1	ET0	EX0

IE 各位的功能说明见表 2.2.6。

表 2.2.6　中断允许寄存器 IE

<table>
<tr><th>位名称</th><th colspan="2">功能说明</th></tr>
<tr><td>EA</td><td>中断总控制位</td><td rowspan="8">EA:为 1 允许中断,为 0 禁止所有中断
其他各位:在 EA=1 时,为 1 允许中断,为 0 禁止中断。在 EA=0 时,禁止所有中断</td></tr>
<tr><td>未定义</td><td></td></tr>
<tr><td>ET2</td><td>定时/计数器 T2 中断允许位</td></tr>
<tr><td>ES</td><td>串行口中断允许位</td></tr>
<tr><td>ET1</td><td>定时/计数器 T1 中断允许位</td></tr>
<tr><td>EX1</td><td>外部中断 1 中断允许位</td></tr>
<tr><td>ET0</td><td>定时/计数器 T0 中断允许位</td></tr>
<tr><td>EX0</td><td>外部中断 0 中断允许位</td></tr>
</table>

(2)中断优先级寄存器 IP。其地址为 B8H。其各位定义如下:

位	D7	D6	D5	D4	D3	D2	D1	D0
名称	未定义	未定义	PT2	PS	PT1	PX1	PT0	PX0

IP 各位功能说明见表 2.2.7。

表 2.2.7　中断优先级寄存器 IP

<table>
<tr><th>位名称</th><th colspan="2">功能说明</th></tr>
<tr><td>PT2</td><td>定时/计数器 T2 中断优先级设定位</td><td rowspan="6">8051 中断优先级分为两级。该位为 1,则该中断为高优先级;为 0,则该中断为低优先级。
如果同一优先级的几个中断申请同时发生,则其响应中断的顺序为:EX0,ET0,EX1,ET1,ES,ET2</td></tr>
<tr><td>PS</td><td>串行口中断优先级设定位</td></tr>
<tr><td>PT1</td><td>定时/计数器 T1 中断优先级设定位</td></tr>
<tr><td>PX1</td><td>外部中断 1 中断优先级设定位</td></tr>
<tr><td>PT0</td><td>定时/计数器 T0 中断优先级设定位</td></tr>
<tr><td>PX0</td><td>外部中断 0 中断优先级设定位</td></tr>
</table>

低优先级的中断服务会被高优先级的中断所打断,即当有一个低优先级的中断被响应,CPU 正在执行其中断服务程序时,又有一个没有禁止的高优先级的中断申请到来,如果此时 EA=1,则 CPU 会停止当前的中断服务程序,转去执行刚发生的高优先级的中断服务程序,执行完后,再接着执行刚停止的低优先级的中断服务程序。

同一级别的中断不能互相中断对方。

各中断的入口地址见表 2.2.8。

表 2.2.8　中断入口地址

中断源	中断入口地址
定时器 2	002BH
串行口	0023H
定时器 1	001BH
外中断 1	0013H
定时器 0	000BH
外中断 0	0003H

(3)定时器控制与中断方式控制寄存器 TCON。其地址为 88H。其各位的定义与功能见表 2.2.9。

TF1,TF0 是定时器 T1,T0 溢出标志,也是 T1,T0 的中断请求标志。定时器 T1、T0 溢出时,该位被自动置 1。CPU 检测到其为 1 时,就根据中断优先级及当前是否有中断决定是否响应这个中断,响应 T1,T0 中断后,TF1,TF0 被自动清零。TF1,TF0 也可以由程序查询和清零。

表 2.2.9　定时器控制与中断触发方式控制寄存器 TCON

位	D7	D6	D5	D4	D3	D2	D1	D0
名称	TF1	TR1	TF0	TR0	IE1	IT1	IE0	IT0
说明	用于 T1		用于 T0		用于中断控制			

TR1,TR0 是定时器 T1,T0 的启动控制位,由程序设定。设其为 1 时,定时器开始工作。设其为 0 时,定时器停止工作。

IT1,IT0 是外中断 1、0 的中断触发方式控制位。ITX 为 0 时,为电平触发方式,外中断引脚上的低电平将触发中断。低电平必须保持一定的时间,直到中断被响应为止。在电平触发方式,外中断引脚上低电平的到来不会引起下跳沿触发标志位 IE1,IE0 的变化。ITX 为 1 时,为下跳沿触发方式,在这种方式下,外中断引脚上由高到低的电平下跳将使 IEX 被自动置位(为 1), CPU 响应这个中断后,IEX 被自动清零。

2.2.16　8051 的定时器/计数器

8051 和 8052 都有 16 位加 1 定时器/计数器 T0 和 T1,与 T0 和 T1 有关的专用寄存器有:

1. 方式控制寄存器 TMOD(地址 89H)

TMOD 用于规定 T0 和 T1 的工作方式,其各位定义如下:

位	D7	D6	D5	D4	D3	D2	D1	D0
名称	GATE	$C/\overline{T}$	M1	M0	GATE	$C/\overline{T}$	M1	M0
说明	用于定时器/计数器 T1				用于定时器/计数器 T0			

M1 和 M0 是工作方式选择位，如表 2.2.10 所示。

表 2.2.10 定时器/计数器工作方式选择

M1	M0	方式	功能
0	0	方式 0	13 位定时器/计数器
0	1	方式 1	16 位定时器/计数器
1	0	方式 2	计数初值重新装入的定时器/计数器
1	1	方式 3	对 T0 分为两个独立的 8 位定时/计数器，对 T1 停止计数

$C/\overline{T}$：定时或计数方式选择位。若 $C/\overline{T}=0$，则 T0(或 T1)为定时器方式，以内部振荡频率的 1/12 为计数信号；若 $C/\overline{T}=1$，为计数方式，以引脚 T0(P3.4)和 T1(P3.5)的脉冲为计数脉冲。

GATE：门控位，若 GATE=1，则 TX(T0 或 T1)计数器受引脚 $\overline{INTX}$($\overline{INT0}$或$\overline{INT1}$)和 TRX(TR0 或 TR1)共同控制。当$\overline{INTX}$和 TRX 都是 1 时，TX 计数，否则 TX 停止计数。若 GATE=0，则 T0 和 T1 不受$\overline{INT0}$(或$\overline{INT1}$)引脚控制，而只受 TRX 控制，此时，TRX 为 1，TX 计数；TRX 为 0，停止计数。

2. 定时器/计数器寄存器的 TH1，TL1，TH0，TL0

TH1 和 TL1 分别为定时器/计数器 T1 的高 8 位和低 8 位；TH0 和 TL0 分别为 T0 的高 8 位和低 8 位。它们均可由软件置初值。两组作用相似，讨论其中 1 组即可，现讨论 TH1 和 TL1。

(1)T1 工作于方式 0。此时，TH1 是 T1 的高 8 位，TL1 是 T1 的低 5 位，于是由 TH1 和 TL1 组成 T1 的 13 位计数器。T1 加 1 计数到 1FFFH 后，再加 1 便溢出，置 TF1 为 1。

(2)T1 工作于方式 1。此时，由 TH1 和 TL1 组成 T1 的 16 位计数器，其他一切与 T1 工作于方式 0 相同。

(3)T1 工作于方式 2。此时，TL1 是 T1 的 8 位计数器，TH1 是计数初值寄存器。T1 在 TL1 的初值的基础上加 1 计数。当 T1 计数到 FFH 再加 1 溢出时，便把 TF1 置为 1，同时把 TH1 送到 TL1，于是 T1 又在 TL1 的新值基础加 1 计数，如此周而复始。

(4)T1 或 T0 工作于方式 3。T1 与 T0 的情况不同。当 T0 工作于方式 3 时，把 T0 分成两个 8 位定时器/计数器。一个与方式 0 时很相似，差别只在于现在不是 13 位计数器，而是 8 位计数器。此计数器由 TL0 承担，计数溢出时置 TF0=1。另一个是 8 位定时器，对振荡频率的 12 分频(fosc/12)计数，计数器由 TH0 承担，计数溢出时置 TF1=1。TH0 是否计数由 TR1 控制，若 TR1=1，允许计数，若 TR1=0，禁止计数。此时，定时器/计数器 T1 只可用作串行口的波特率发生器。

2.2.17 8051 的串行接口

8051 单片机有一个全双工的异步串行通信接口，它有四种工作方式。四种方式各有特点，但也有共同点：发送(输出)和接收(输入)都是数据的最低位在先。

1. 与串行口有关的寄存器

1) 数据缓冲器 SBUF(地址 99H)

SBUF 是可直接寻址的专用寄存器，在物理上它对应着两个寄存器，一个是接收寄存器 SBUF(RX)，另一个是发送寄存器 SBUF(TX)，它们的地址都是 99H。读 SBUF 就是读接收寄存器，写 SBUF 就是写发送寄存器。

2) 串行口控制寄存器 SCON(字节地址 98H)

SCON 用于控制和监视串行口的工作状态，其各位定义如下：

位	D7	D6	D5	D4	D3	D2	D1	D0
名称	SM0	SM1	SM2	REN	TB8	RB8	TI	RI

SM0,SM1：串行口的方式选择位，如表 2.2.11 所示。

表 2.2.11　串行口工作方式

SM0	SM1	方式	功能	波特率
0	0	0	同步移位寄存器	振荡频率 $f_{osc}/12$
0	1	1	8 位 UART	可变(T1 或 T2 溢出率/n)
1	0	2	9 位 UART	$f_{osc}/32$(SMOD=1)或 $f_{osc}/64$(SMOD=0)
1	1	3	9 位 UART	可变(T1 或 T2 溢出率/n)

表中的 SMOD 是特殊功能寄存器 PCON 的 D7 位的值，由软件赋值。

SM2：允许方式 2 或 3 的多机通信控制位。

在串行工作方式 0 时，不用 SM2 位，应置 SM2＝0。

只在串行口工作于方式 2 或 3 的接收状态时，SM2 位才对串行的工作有影响。在接收完 9 位数据 D0～D8 后，若 RI＝1，则把接收的所有数据丢失；若 RI＝0 且 SM2＝0，则把接收到的前 8 位数据 D0～D7 装入 SBUF，把第 9 位数据 D8 装入 RB8，并置“1”RI，请求中断；若 RI＝0，但 SM2＝1，那么只有 D8 为 1 时，才把 D0～D7 装入 SBUF，把 D8 装入 RB8，并置 RI＝1，否则，把接收的数据全部丢失，RI 仍为 0，不请求中断。

REN：允许串行接收控制位。

无论串行口工作于方式 0,1,2 或 3 的哪一种，只有先用软件置 REN＝1，才允许串行口接收数据。由软件清“0”REN 来禁止接收。REN 是 RXD/P3.0 引脚功能选择位。

TB8：预置发送的第 9 位数据。

在串行口工作于方式 2 或方式 3 的发送状态时，TB8 是待发送的第 9 位数据。TB8 需用软件置位或复位。其他情况用不到 TB8。

RB8：接收到的第 9 位数据。

方式 0 不用 RB8。串行口工作于方式 1 时，装入 RB8 的是停止位。工作于方式 2 和 3 时，把接收到的第 9 位数据装入 RB8。工作于方式 2 或方式 3 的多个 8051 单片机通信时，

RB8 实际上来自发送机的 TB8。

TI:发送中断标志。

在方式 0 发送完第 8 位数据时,由内部硬件自动置 TI=1,请求中断;在其他方式串行发送的停止位开始时,由硬件置 TI=1,请求中断。TI 必须由软件清"0"(撤消中断请求)。

RI:接收中断标志。

在方式 0 接收完第 8 位数据时,由内部硬件自动置 RI=1,请求中断;在其他方式串行接收的停止位开始时,由硬件置 RI=1,请求中断。RI 必须由软件清"0"(撤消中断请求)。

3)电源管理寄存器 PCON

其最高位 D7 位名为 SMOD,SMOD 位决定通信波特率是否翻倍。若 SMOD=1,则在晶振频率和重装入值不变的情况下,通信波特率与 SMOD=0 时相比,会翻倍。

2. 波特率产生

从表 2.2.12 可知,串行口工作于方式 0 和方式 2 时,波特率是基本固定的;工作于方式 1 和方式 3 时,波特率是由定时器 1 的溢出率决定的,每溢出 32 次,发送或者接收 1 位数据。其波特率值为

$$\text{方式 1,3 波特率}=(\text{定时器 1 的溢出率})\times\frac{2^{\mathrm{SMOD}}}{32}$$

定时器 1 的溢出率取决于定时器工作方式控制寄存器 TMOD 的设定。在通信应用中,设置定时器 1 为定时器方式,在这种方式下,T1 对机器周期计数(对普通的 8051 单片机,一个机器周期为 12 个时钟周期),且须运行于自动重新装载方式。此时,TMOD 的高 4 位应为 0010B,而自动重装入的值放在 TH1 中,这时波特率的产生公式为

$$\text{方式 1,3 波特率}=\frac{2^{\mathrm{SMOD}}}{32}\times\frac{f_{\mathrm{OSC}}}{12\times[256-(\mathrm{TH1})]}$$

在这种情况下,应禁止定时器 1 中断。定时器 1 产生的常用波特率见表 2.2.12。

表 2.2.12　定时器 1 产生的常用波特率

波特率	f_{OSC}/MHz	SMOD	定时器 1		
			$\mathrm{C}/\overline{\mathrm{T}}$	方式	重装入值
方式 0(最大):1Mb/s	12	×	×	×	×
方式 2(最大):375kb/s	12	1	×	×	×
方式 1,3: 62.5kb/s	12	1	0	2	FFH
19.2kb/s	11.0592	1	0	2	FDH
9.6kb/s	11.0592	0	0	2	FDH
4.8kb/s	11.0592	0	0	2	FAH
2.5kb/s	11.0592	0	0	2	F4H
1.2kb/s	11.0592	0	0	2	E8H
137.5b/s	11.0592	0	0	2	1DH
110b/s	6	0	0	2	72H
110b/s	12	0	0	1	FEEBH

2.3　C8051F 系列与 STC 系列多功能 8 位单片机

2.3.1　C8051F 单片机特性

C8051F 系列单片机是完全集成的混合信号系统级芯片，具有与 8051 兼容的微控制器内核，与 MCS-51 指令集完全兼容。除具有标准 8051 的数字外设部件外，片内还集成了数据采集和控制系统中常用的模拟部件和其他数字外设及功能部件。表 2.3.1 所列为 C805lF 系列单片机的特性。

表 2.3.1　C8051F 系列单片机特性

型号	MIPS(峰值)	FLASH存储器/KB	RAM/B	SMBus/I^2C	SPI	UART	定时器(16位)	可编程计数器阵列	内部振荡器	数字I/O端口/位	ADC分辨率/位	ADC最大速度/ksps	ADC输入/位	电压基准	温度传感器	DAC分辨率/位	DAC输出/位	电压比较器	封装
C8051F000	20	32	256	√	√	1	4	√	√	32	12	100	8	√	√	12	2	2	64TQFP
C8051F001	20	32	256	√	√	1	4	√	√	16	12	100	8	√	√	12	2	2	48TQFP
C8051F002	20	32	256	√	√	1	4	√	√	8	12	100	4	√	√	12	2	1	32LQFP
C8051F005	25	32	2304	√	√	1	4	√	√	32	12	100	8	√	√	12	2	2	64TQFP
C8051F006	25	32	2304	√	√	1	4	√	√	16	12	100	8	√	√	12	2	2	48TQFP
C8051F007	25	32	2304	√	√	1	4	√	√	8	12	100	4	√	√	12	2	1	32LQFP
C8051F010	20	32	256	√	√	1	4	√	√	32	10	100	8	√	√	12	2	2	64TQFP
C8051F011	20	32	256	√	√	1	4	√	√	16	10	100	8	√	√	12	2	2	48TQFP
C8051F012	20	32	256	√	√	1	4	√	√	8	10	100	4	√	√	12	2	1	32LQFP
C8051F015	25	32	2304	√	√	1	4	√	√	32	10	100	8	√	√	12	2	2	64TQFP
C8051F016	25	32	2304	√	√	1	4	√	√	16	10	100	8	√	√	12	2	2	48TQFP
C8051F017	25	32	2304	√	√	1	4	√	√	8	10	100	4	√	√	12	2	1	32LQFP
C8051F018	25	16	1280	√	√	1	4	√	√	32	10	100	8	√	√	—	—	2	64TQFP
C8051F019	25	16	1280	√	√	1	4	√	√	16	10	100	8	√	√	—	—	2	48TQFP
C8051F020	25	64	4352	√	√	2	5	√	√	64	12	100	8	√	√	12	2	2	100TQFP
C8051F021	25	64	4352	√	√	2	5	√	√	32	12	100	8	√	√	12	2	2	64TQFP
C8051F022	25	64	4352	√	√	2	5	√	√	64	10	100	8	√	√	12	2	2	100TQFP
C8051F023	25	64	4352	√	√	2	5	√	√	32	10	100	8	√	√	12	2	2	64TQFP
C8051F206	25	8	1280	—	√	1	3	—	√	32	12	100	32	—	—	—	—	2	48TQFP

续表

型号	MIPS(峰值)	FLASH存储器/KB	RAM/B	SMBus/I²C	SPI	UART	定时器(16位)	可编程计数器阵列	内部振荡器	数字I/O端口/位	ADC分辨率/位	ADC最大速度/ksps	ADC输入/位	电压基准	温度传感器	DAC分辨率/位	DAC输出/位	电压比较器	封装
C8051F220	25	8	256	—	√	1	3	—	√	32	8	100	32	—	—	—	—	2	48TQFP
C8051F221	25	8	256	—	√	1	3	—	√	22	8	100	22	—	—	—	—	2	32LQFP
C8051F226	25	8	1280	—	√	1	3	—	√	32	8	100	32	—	—	—	—	2	48TQFP
C8051F230	25	8	256	—	√	1	3	—	√	32	—	—	—	—	—	—	—	2	48TQFP
C8051F231	25	8	256	—	√	1	3	—	√	22	—	—	—	—	—	—	—	2	32LQFP
C8051F236	25	8	1280	—	√	1	3	—	√	32	—	—	—	—	—	—	—	2	48TQFP
C8051F 320/340	20	64	5376	√	USB2.0		5	√	√	32	12		8×8	√	√	12	2	2	64TQFP
C8051F 12x/13x		128	8448	√	√	√	5	√	√	64	12			√	√	12	2	2	100 TQFP

C8051F 特点如下：

(1)MCU 中的外设或功能部件包括模拟多路选择器，可编程增益放大器，ADC，DAC，电压比较器，电压基准，温度传感器，SMBus/I²C，UART，SPI、可编程计数器/定时器阵列(PCA)，定时器，数字 I/O 端口，电源监视器，看门狗定时器(WDT)和时钟振荡器等。所有器件都有内置的 FLASH 程序存储器和 256B 以上的内部 RAM，有些器件内部还有位于外部数据存储器空间的 RAM，即 XRAM。

(2)C8051F 系列单片机采用流水线结构，机器周期由标准的 12 个系统时钟周期降为 1 个系统时钟周期，处理能力大大提高，有些芯片的峰值性能可达 100MIPS。

(3)C8051F 系列单片机具有能独立工作的片上系统(SOC)。每个 MCU 都能有效地管理模拟和数字外设，可以关闭单个或全部外设以节省功耗。FLASH 存储器还具有在系统重新编程能力，可用于非易失性数据存储，并允许现场更新 8051 固件。应用程序可以使用 MOVC 和 MOVX 指令对 FLASH 进行读或改写，每次读或写 1 个字节。这一特性允许将程序存储器用于非易失性数据存储以及在软件控制下更新程序代码。

(4)片内 JTAG 调试支持功能允许使用安装在最终应用系统上的产品 MCU 进行非侵入式(不占用片内资源)、全速、在系统调试。该调试系统支持观察和修改存储器和寄存器，支持断点、单步、运行和停机命令。在使用 JTAG 调试时，所有的模拟和数字外设都可全功能运行。

(5)每个 MCU 都可在工业温度范围(－40～＋85℃)内用 2.7～3.6V 的电压工作。端口

I/O,/RST 及 JTAG 引脚都容许 5V 的输入信号电压。

(6)C8051F 系列器件使用 Cygnal 的专利 CIP-51 微控制器内核。CIP-51 与 MCS-51 指令集完全兼容,可以使用标准 8031/8051 的汇编器和编译器进行软件开发。CIP-51 内核具有标准 8052 的所有外设部件,包括 3 个 16 位的计数器/定时器、一个全双工 UART、256B 内部 RAM 空间、128B 特殊功能寄存器(SFR)地址空间及 4 个 8 位的 I/O 端口。CIP-51 还另外有增加的模拟和数字外设或功能部件。

(7)CIP-51 采用流水线结构,与标准的 8051 结构相比,指令执行速度有很大的提高。在一个标准的 8051 中,除 MUL 和 DIV 以外的所有指令都需要 12 个或 24 个系统时钟周期。而对于 CIP-51 内核,70%指令的执行时间为 1 个或 2 个系统时钟周期,只有 4 条指令的执行时间大于 4 个系统时钟周期。

(8)C8051F 系列 MCU 与标准 8051 相比,在 CPU 内核的内部和外部有几项关键性的改进,提高了整体性能,更易于在应用中使用。

(9)扩展的中断系统向 CIP-51 提供 22 个中断源(标准 8051 只有 6 个中断源),允许大量的模拟和数字外设中断微控制器。中断驱动的系统需要较少的 MCU 干预,却有更高的执行效率。在设计多任务实时系统时,这些增加的中断源是非常有用的。

(10)MCU 可有多达 7 个复位源:一个片内 VDD 监视器、一个看门狗定时器、一个时钟丢失检测器、一个由比较器 0 提供的电压检测器、一个软件强制复位、CNVSTR 引脚及$\overline{RST}$引脚。$\overline{RST}$引脚是双向的,可接收外部复位或将内部产生的上电复位信号输出到$\overline{RST}$引脚。除了 VDD 监视器和复位输入引脚以外,每个复位源都可以由用户用软件禁止。

(11)MCU 内部有一个能独立工作的时钟发生器,在复位后被默认为系统时钟。如有需要,时钟源可以在运行时切换到外部振荡器。外部振荡器可以使用晶体、陶瓷谐振器、电容、RC 或外部时钟源产生系统时钟。这种时钟切换功能在低功耗系统中是非常有用的,它允许 MCU 从一个低频率(节电)外部晶体源运行,当需要时再周期性地切换到高速(可达 16MHz)的内部振荡器。

C8051F020 是 8051F 系列中有代表性的芯片,图 2.3.1 是其内部结构图。从结构图可以看出,该系列芯片确实结构复杂,功能强大,远非普通的 8051 芯片可比。在比较高级的智能仪器中采用 C8051F 系列,可以使仪器具有强大的数据采集、数据处理和实时控制的能力。

CIP-51 具有下列特点:

(1)与 MCS-51 指令集完全兼容。

(2)在时钟频率为 25MHz 时的峰值执行速度为 25MIPS。

(3)0～25MHz 的时钟频率。

(4)扩展的中断处理系统。

(5)片内调试电路。

(6)程序和数据存储器安全机制。

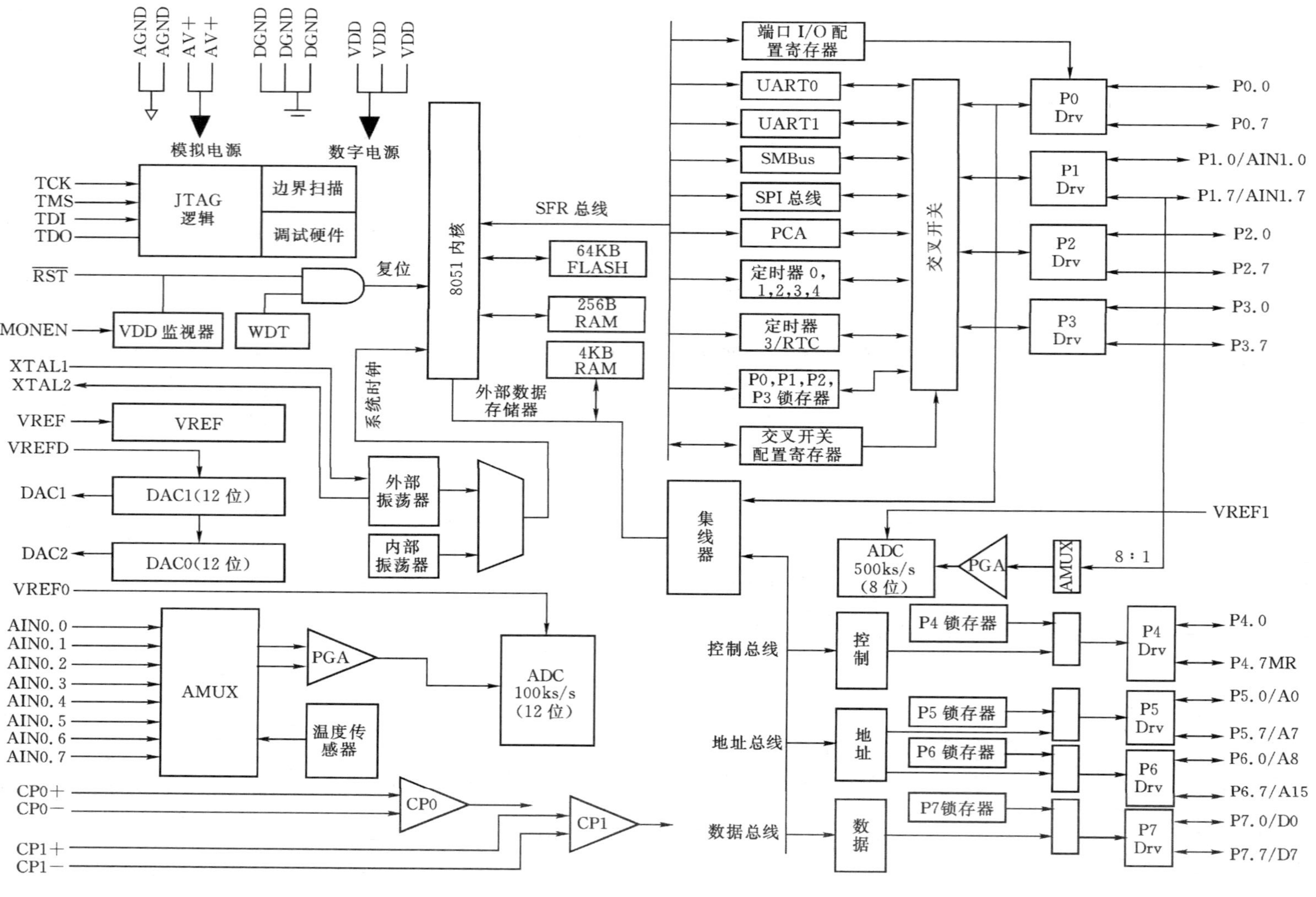

图 2.3.1 C8051F020 内部结构图

2.3.2　C8051F的中断系统

C8051F包含一个扩展的中断系统，支持22个中断源，每个中断源有两个优先级。中断源在片内外设与外部输入引脚之间的分配随器件的不同而变化。每个中断源可以在一个SFR中有一个或多个中断标志。当一个外设或外部源满足有效的中断条件时，相应的中断标志被置为逻辑1。

如果中断被允许，在中断标志被置位时将产生中断。一旦当前指令执行完，CPU产生一个LCALL到预定地址，开始执行中断服务程序ISR。每个ISR必须以RETI指令结束，使程序回到中断前执行的那条指令的下一条指令。如果中断未被允许，中断标志将被硬件忽略，程序继续正常执行(中断标志置1与否不受中断允许/禁止状态的影响)。

每个中断源都可以用一个SFR(IE－EIE2)中的相关中断允许位来允许或禁止，但必须先将EA位(IE.7)置1，以保证每个单独的中断允许位有效。不管每个中断允许位的设置如何，EA位清0将禁止所有中断。

某些中断标志在CPU进入ISR时被自动清除，但大多数中断标志不是由硬件清除的，必须在ISR返回前用软件清除。如果中断标志在CPU执行完中断返回(RETI)指令后仍然保持置位状态，则会立即产生新的中断请求。CPU将在执行完下一条指令后再次进入该ISR。

2.3.3　STC系列多功能单片机

深圳宏晶公司的STC单片机是单片机中的佼佼者，有多种系列产品，有STC89C系列、STC10/11系列、STC12C系列、STC15系列等几百种型号。内部采用流水线结构，速度快，功能强大，可靠性好，价格低。尤其值得称道的是，STC单片机具有良好的抗干扰能力，其端口的抗干扰性能优于其他所有单片机，而且该单片机具有在系统编程(ISP)功能和在应用编程(IAP)功能。该系列单片机上市以来，迅速普及，应用广泛。

STC89C系列主要特点如下：

(1)加密性强。

(2)抗干扰性能好。具体如下：

① 高抗静电(ESD保护)；

② 轻松过2kV/4kV快速脉冲干扰(EFT测试)；

③ 宽电压，不怕电源抖动；

④ 宽温度范围，－40～85℃；

⑤ I/O口经过特殊处理；

⑥ 单片机内部的电源供电系统经过特殊处理；

⑦ 单片机内部的时钟电路经过特殊处理；

⑧ 单片机内部的复位电路经过特殊处理；

⑨ 单片机内部的看门狗电路经过特殊处理。

(3)以下三大措施，大大降低单片机时钟对外部的电磁辐射。

① 禁止ALE输出；

② 如选6时钟/机器周期，外部时钟频率可降一半；

③ 单片机时钟振荡器增益可设为1/2Gain。

(4)超低功耗。

① 掉电模式：典型功耗小于0.1μA；

② 空闲模式：典型功耗为2mA；

③正常工作模式：典型功耗为4～7mA。

④掉电模式可由外部中断唤醒，适用于电池供电系统，如水表、气表、便携设备等。

(5)在系统可编程，无需编程器，可远程升级。

(6)有内部集成专用复位电路，原复位电路可以保留，也可以不用，不用时RESET脚直接短接到地或者可以作为通用I/O口。

STC12C/LE系列主要性能如下：

(1)速度快。RISC型CPU内核(流水线结构)的速度比普通8051快6～12倍。

(2)适应电压范围宽。STC12C系列3.4～5.5V，STC12LE系列2.0～3.8V。

(3)低功耗设计。空闲模式、掉电模式(可由外部中断唤醒)可选。

(4)工作频率为0～35MHz，相当于普通8051单片机在0～420MHz下的速度。

(5)时钟：外部晶体或内部RC振荡器可选。

(6)512B/1KB/2KB/3KB/4KB/5KB/8KB～64KB的片内FLASH程序存储器，擦写次数10万次以上。

(7)256B～1280B片内RAM数据存储器。

(8)片内高速A/D子系统。

(9)片内可编程计数器阵列(PCA)。

(10)两个全双工UART串行通信口。

(11)PWM发生器。

(12)片内看门狗。

(13)片内电压监视器。

STC单片机不足之处是其在开发过程中，没有好的仿真工具可以使用，尽管他们也尝试开发了有仿真功能的芯片，但效果不佳，影响了该单片机的推广应用。

2.4 STM系列单片机

2.4.1 STM32和STM8系列单片机简介

在对诸多单片机进行了分析对比后发现，在现今流行的几十种类型的单片机中，法国意法半导体(ST)公司的STM32系列单片机和STM8系列单片机，具有先进的技术和丰富强大的功能，在单片机世界中独领风骚，深受测控工程师们的喜爱。这类单片机不仅性能优越，还有一个极大的优势就是他们公司为这些单片机推出了完备的固件库。固件库对单片机程序的开发效率有极大的提升，有了固件库，人们就只需要调用固件库里的函数，就可以实现所有对寄存器的操作，而不需要一遍遍地查找寄存器，再查找相应的寄存器位，再对这些位进行设置。另外，用寄存器位设置编写的程序，也很难维护修改或移植。时间一久，连编程者都记不清这些位是干什么的，在程序修改维护时又得一遍遍地查找单片机的技术手册，弄清楚这些寄存器位的功能后才能进行修改。一款单片机有几十个到几百个特殊功能寄存器，有些是8位的，有些是16位的，STM32的特殊功能寄存器都是32位的，而且有几百个这样的32位特殊功能寄存器。要记住这些寄存器的各个位是干什么的，是很困难的，要进行程序移植就更加困难。为此，一些单片机生产厂家组织力量开发自己的单片机的固件库，以利于自己单片机的推广应用。而在所有单片机中，ST公司的单片机固件库是做得最好的，在开发中给工程师提供了极大的方便，使得STM系列单片机近年来在计算机控制系统和智能仪器中有了迅猛发展和广泛的应用，具有明显长远的应用前景。因此，学习STM系列单片机也是本课程的重点之一。

由于视频音频信号采集、压缩、回放对系统速度的要求高，ARM公司研究设计了一类32位的ARM单片机，主要用于有视频音频处理需求的手持式设备，例如手机、复读机、掌上电脑、掌上游戏机等。ARM内核由ARM公司设计，各芯片制造厂家购买其设计，然后自己配置封装后大量生产。ARM已经有多个版本，在有视音频处理需求的手持设备上应用广泛。后来ARM公司根据测控市场需求，开发了专用于测控的32位ARM处理器STM32系列单片机。此类单片机在系统结构上属于ARM最高级别的V7架构。RAM芯片的发展如图2.4.1所示。

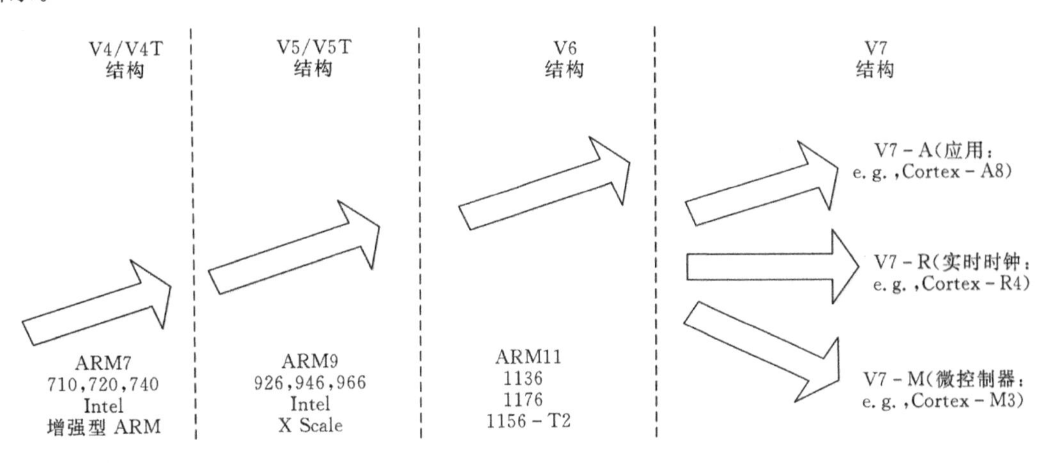

图2.4.1　ARM发展简图

STM32FXX是基于Cortex - M3内核的新型32位嵌入式微处理器，具有高性能、低功耗、低价格的特点，是当前在嵌入式控制系统中应用最火的一类高性能的ARM处理器。它能支持32位广泛的应用，支持包括高性能、实时功能、数字信号处理，以及低功耗、低电压操作，同时拥有一个完全集成和易用的开发平台。它适合应用在各种高可靠、低成本、低功耗的嵌入式控制系统和智能仪器中。它可以带操作系统，也可以不带操作系统，因此在很多高性能应用场合可替代多种普通单片机。

STM32系列32位单片机，基本的内部资源如下：

(1)多达80个快速I/O口，所有I/O口均可以映像到16个外部中断，几乎所有端口都允许5V信号输入。每个端口都可以由软件配置成输出(推挽或开漏)、输入(带或不带上拉或下拉)或其他的外设功能口。

(2)2个12位A/D转换器，多达16个外部输入通道，转换速率可达1MHz，转换范围为0～3.6V；具有双采样和保持功能；内部嵌入有温度传感器，可方便地测量处理器温度值。

(3)灵活的 7 路通用 DMA 存储器直接访问,可以管理存储器到存储器、设备到存储器和存储器到设备的数据传输,无须 CPU 干预。通过 DMA 可以使数据快速地移动,这就节省 CPU 的资源来进行其他操作。DMA 控制器支持环形缓冲区的管理,避免了控制器传输到达缓冲区结尾时所产生的中断。它支持的外设包括定时器,ADC,SPI,I^2C 和 USART 等。

(4)调试模式:支持标准的 20 脚 JTAG 仿真调试以及针对 Cortex－M3 内核的串行单线调试(SWD)功能。通常默认的调试接口是 JTAG 接口。

(5)内部包含多达 7 个定时器。

(6)含有丰富的通信接口:3 个 USART 异步串行通信接口、2 个 I^2C 接口、2 个 SPI 接口、1 个 CAN 接口和 1 个 USB 接口,为实现数据通信提供了方便。

以 STM32 为应用的产品线非常广泛,是由于其基于工业标准的内核,有大量的工具和软件支持,使该系列芯片成为众多产品的理想选择,不管是小终端,还是一个大型的平台。

2.4.2　STM32 系列划分

STM32 系列有多种类型,每类有多个不同的型号。

1. STM32 类型划分

STM32 系列从内核上分,可分为 Cortex-M0/-M0＋,Cortex-M3,Cortex-M4 和 Cortex-M7。从应用上分,大体分为高性能型、主流型和超低功耗型。从应用上分类,具体见表 2.4.1。该表也显示了几类芯片的性能指标。

表 2.4.1　从应用角度对 STM32 的分类表

内核	Cortex M0	Cortex M3	Cortex M4	Cortex M7
高性能芯片		STM32　F2	STM32　F4	STM32　F7
		398CoreMark 120MHz 150DMIPS	608CoreMark 180MHz 225DMIPS	1082CoreMark 216MHz 462DMIPS
主流芯片	STM32　F0	STM32　F1	STM32　F3	寿命 保证 十年
	106CoreMark 48MHz 38DMIPS	177CoreMark 72MHz 61DMIPS	245CoreMark* 72MHz 90DMIPS*	
低功耗芯片	STM32　L0	STM32　L1	STM32　L4	
	75CoreMark 32MHz 26DMIPS	93CoreMark 32MHz 33DMIPS	273CoreMark 80MHz 100DMIPS	

表 2.4.1 中的 CoreMark 和 DMIPS 是用来测量嵌入式系统中央处理单元(CPU)性能的标准。CoreMark 标准于 2009 年由 EEMBC 组织的 Shay Gla-On 提出,并且试图将其发展成为工业标准,从而代替陈旧的 Dhrystone 标准。代码使用 C 语言写成,包含如下的运算法则:列举(寻找并排序)、数学矩阵操作(普通矩阵运算)和状态机(用来确定输入流中是否包含有效数字),最后还包括 CRC(循环冗余校验)。其数值就是每秒钟运行 CoreMark 程序的次数。这

个数值越大，说明CPU的综合性能越好。现在计算机业界最新通用的标准是按照处理器每兆赫兹(MHz)能执行的CoreMark程序的次数衡量处理器的性能，因此通常看到的是每兆赫兹能执行的次数，再用该次数乘以计算机主频，就得到每秒钟执行CoreMark程序的次数了。表2.4.1中直接给出了每秒执行的次数，就不用读者二次计算了。

表2.4.1中的DMIPS是用老式测试标准Dhrystone benchmark进行测试的，其数值是每秒钟执行Dhrystone benchmark程序的次数，单位是百万次每秒。计算机业界长期以来通用的标准是，按照处理器每兆赫兹(MHz)能执行Dhrystone benchmark程序的次数衡量处理器的性能，因此通常看到的是每兆赫兹能执行Dhrystone benchmark程序的次数。表中直接给出了每秒执行的次数，也就不用读者二次计算了。

表2.4.1中给出的CoreMark和DMIPS的数值都是在这些处理器额定主频下测得的，表中也给出了这些处理器的主频。

表2.4.1中给出了高性能、主流和低功耗三类处理器的性能指标。

2. STM32系列划分下的资源说明

1)通用资源

通用资源即STM32系列都支持的资源，具体如下。

通信外设：有通用同步异步串行通信接口USART、串行通信总线接口SPI、串行接口I^2C；

定时器：多个通用定时器；

直接内存存取：多个DMA通道；

看门狗和实时时钟：2个看门狗，一个实时时钟RTC；

PLL和时钟电路：集成的调节器锁相环PLL和时钟电路；

数模转换：多至3个12位D/A转换器；

模数转换：多至4个12位A/D转换器(转换速度最高可达每秒5兆次)；

振荡器：1个主振荡器和1个32 kHz的振荡器；

内部振荡器：内部有1个低速RC振荡器和1个高速RC振荡器；

工作温度：−40～ +85℃并且可以高至125℃的运行温度范围；

低电压：低电压2.0～3.6 V或者1.65 V/1.7 V～3.6 V(取决于其产品系列)；

内部温度传感器：1个内部温度传感器。

2)各类别的区别

高性能类，高度的集成和丰富的连接：

STM32F7：极高性能的MCU类别，支持高级特性；Cortex ©-M7内核；512KB到1MB的Flash。

STM32F4：支持访问高级特性的高性能DSP和FPU指令；Cortex ©-M4内核；128KB到2MB的Flash。

STM32F2：性价比极高的中档MCU类别；Cortex ©-M3内核；128KB到1MB的Flash。

主流型类，灵活、扩展的MCU，支持极为宽泛的产品应用：

STM32F3：升级F1系列各级别的先进模拟外设；Cortex ©-M4内核；16KB到512KB的Flash。

STM32F1：基础系列，基于 Cortex ©-M3 内核；16KB 到 1MB 的 Flash。

STM32F0：入门级别的 MCU，它扩展了 8 位/16 位处理器；Cortex ©-M0 内核；16KB 到 256KB 的 Flash。

超低功耗类，极小电源开销的产品应用：

STM32L4：优秀的超低功耗性能，Cortex ©-M4 内核，128KB 到 1MB 的 Flash。

STM32L1：经过市场验证并得出答案的 32 位应用的类别；Cortex ©-M3 内核；32KB 到 512KB 的 Flash。

STM32L0：完美符合 8 位/16 位应用而且超值设计的类别；Cortex ©-M0＋内核；16KB 到 192KB 的 Flash。

3）各类别拥有的资源

STM32 系列各类别除了拥有共用的资源，还各自拥有本类别的一些独特资源，具体见图2.4.2。

为了简化硬件设计，控制系统综合成本，降低系统功耗，除了 Cortex-ARM 处理器内核外，处理器基于 AMBA 片内总线结构集成了大量的功能模块，能够最大限度地减少外部电路。处理器集成的功能如下：

（1）内核：ARM32 位的 Cortex™-M3CPU。最高 72MHz 工作频率，在存储器的 0 等待周期访问时可达 1.25DMips/MHz(Dhrystone 2.1)。

（2）单周期乘法和硬件除法。

（3）存储器：

① 从 64KB 到 512KB 的闪存程序存储器；

② 从 20KB 到 512KB 字节的 SRAM。

（4）时钟、复位和电源管理。

① 2.0～3.6V 供电和 I/O 引脚；

② 上电/断电复位(POR/PDR)、可编程电压监测器(PVD)；

③ 4～16MHz 晶体振荡器；

④ 内嵌经出厂调校的 8MHz 的 RC 振荡器；

⑤ 内嵌带校准的 40kHz 的 RC 振荡器；

⑥ 产生 CPU 时钟的 PLL；

⑦ 带校准功能的 32kHzRTC 振荡器。

（5）低功耗。

① 睡眠、停机和待机模式；

② VBAT 为 RTC 和后备寄存器供电；

（6）2 个 12 位 A/D 转换器，1μs 转换时间(多达 16 个输入通道)。

① 转换范围：0～3.6V；

② 双采样和保持功能；

③ 温度传感器。

（7）DMA：

① 7 通道 DMA 控制器；

② 支持的外设：定时器，ADC，SPI，I^2C 和 USART。

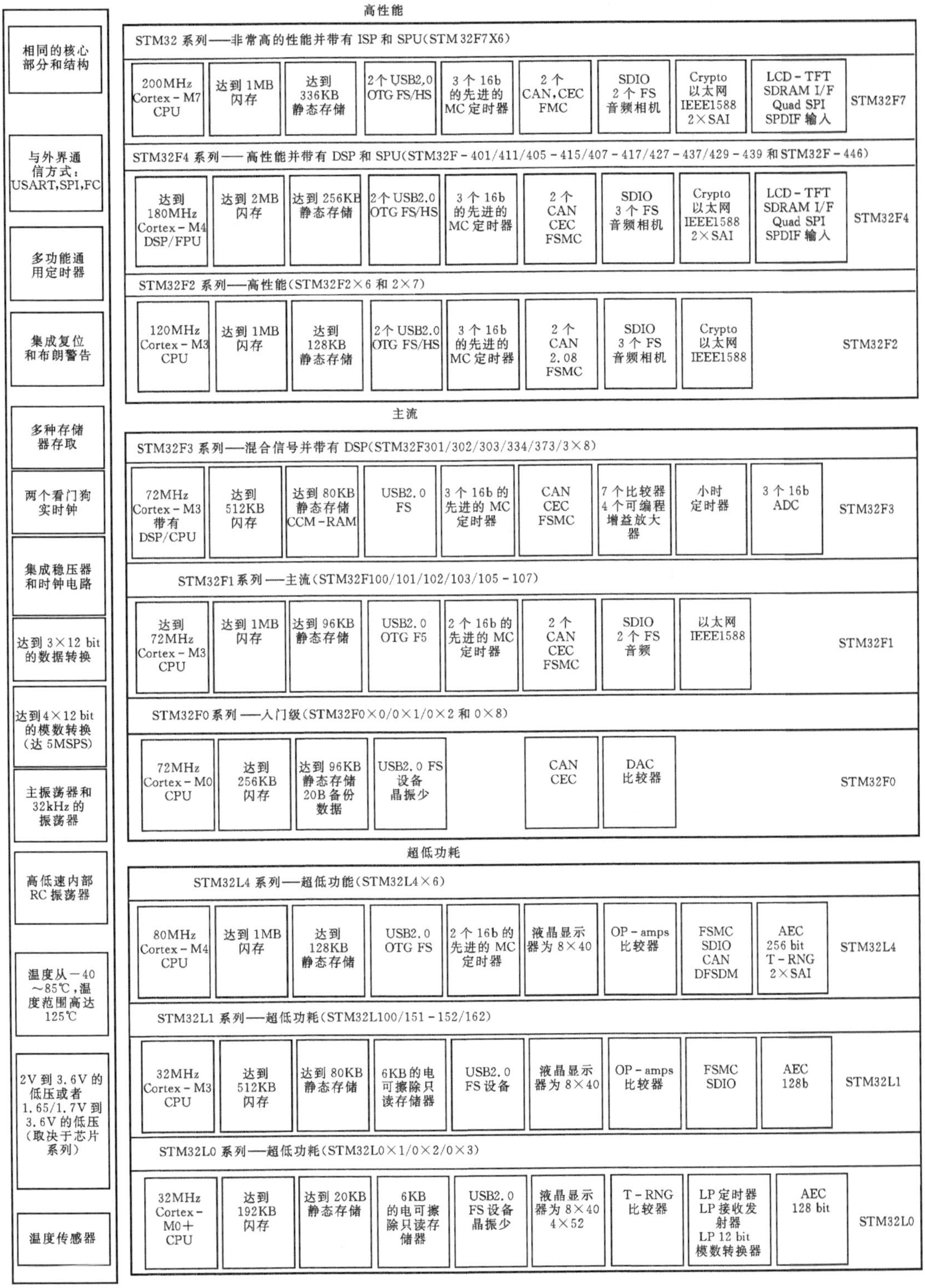

相同的核心部分和结构

与外界通信方式：USART,SPI,FC

多功能通用定时器

集成复位和布朗警告

多种存储器存取

两个看门狗实时钟

集成稳压器和时钟电路

达到 3×12 bit 的数据转换

达到4×12 bit 的模数转换（达 5MSPS）

主振荡器和 32kHz 的振荡器

高低速内部 RC 振荡器

温度从−40～85℃，温度范围高达 125℃

2V 到 3.6V 的低压或者 1.65/1.7V 到 3.6V 的低压（取决于芯片系列）

温度传感器

高性能

STM32 系列——非常高的性能并带有 ISP 和 SPU(STM32F7X6)

200MHz Cortex-M7 CPU	达到 1MB 闪存	达到 336KB 静态存储	2个 USB2.0 OTG FS/HS	3 个 16b 的先进的 MC 定时器	2 个 CAN,CEC FMC	SDIO 2 个 FS 音频相机	Crypto 以太网 IEEE1588 2×SAI	LCD-TFT SDRAM I/F Quad SPI SPDIF 输入	STM32F7

STM32F4 系列——高性能并带有 DSP 和 SPU(STM32F-401/411/405-415/407-417/427-437/429-439 和 STM32F-446)

达到 180MHz Cortex-M4 DSP/FPU	达到 2MB 闪存	达到 256KB 静态存储	2个 USB2.0 OTG FS/HS	3 个 16b 的先进的 MC 定时器	2 个 CAN CEC FSMC	SDIO 3 个 FS 音频相机	Crypto 以太网 IEEE1588 2×SAI	LCD-TFT SDRAM I/F Quad SPI SPDIF 输入	STM32F4

STM32F2 系列——高性能(STM32F2×6 和 2×7)

120MHz Cortex-M3 CPU	达到 1MB 闪存	达到 128KB 静态存储	2个 USB2.0 OTG FS/HS	3 个 16b 的先进的 MC 定时器	2 个 CAN 2.08 FSMC	SDIO 3 个 FS 音频相机	Crypto 以太网 IEEE1588	STM32F2

主流

STM32F3 系列——混合信号并带有 DSP(STM32F301/302/303/334/373/3×8)

72MHz Cortex-M3 带有 DSP/CPU	达到 512KB 闪存	达到 80KB 静态存储 CCM-RAM	USB2.0 FS	3 个 16b 的先进的 MC 定时器	CAN CEC FSMC	7 个比较器 4 个可编程增益放大器	小时定时器	3 个 16b ADC	STM32F3

STM32F1 系列——主流(STM32F100/101/102/103/105-107)

达到 72MHz Cortex-M3 CPU	达到 1MB 闪存	达到 96KB 静态存储	USB2.0 OTG F5	2 个 16b 的先进的 MC 定时器	2 个 CAN CEC FSMC	SDIO 2 个 FS 音频	以太网 IEEE1588	STM32F1

STM32F0 系列——入门级(STM32F0×0/0×1/0×2 和 0×8)

72MHz Cortex-M0 CPU	达到 256KB 闪存	达到 96KB 静态存储 20B 备份数据	USB2.0 FS 设备 晶振少	CAN CEC	DAC 比较器	STM32F0

超低功耗

STM32L4 系列——超低功能(STM32L4×6)

80MHz Cortex-M4 CPU	达到 1MB 闪存	达到 128KB 静态存储	USB2.0 OTG FS	2 个 16b 的先进的 MC 定时器	液晶显示器为 8×40	OP-amps 比较器	FSMC SDIO CAN DFSDM	AEC 256 bit T-RNG 2×SAI	STM32L4

STM32L1 系列——超低功耗(STM32L100/151-152/162)

32MHz Cortex-M3 CPU	达到 512KB 闪存	达到 80KB 静态存储	6KB 的电可擦除只读存储器	USB2.0 FS 设备	液晶显示器为 8×40	OP-amps 比较器	FSMC SDIO	AEC 128b	STM32L1

STM32L0 系列——超低功耗(STM32L0×1/0×2/0×3)

32MHz Cortex-M0+ CPU	达到 192KB 闪存	达到 20KB 静态存储	6KB 的电可擦除只读存储器	USB2.0 FS 设备 晶振少	液晶显示器为 8×40 4×52	T-RNG 比较器	LP 定时器 LP 接收发射器 LP 12 bit 模数转换器	AEC 128 bit	STM32L0

图 2.4.2　各类别拥有资源汇总图

(8)多达 80 个快速 I/O 口:26/37/51/80 个 I/O 口,所有 I/O 口可以映像到 16 个外部中断;几乎所有端口均可容忍 5V 信号。

(9)调试模式:串行单线调试(SWD)和 JTAG 接口。

(10)多达 8 个定时器:

① 3 个 16 位定时器,每个定时器有多达 4 个用于输入捕获/ 输出比较/PWM 或脉冲计数的通道和增量编码器输入;

② 1 个 16 位带死区控制和紧急刹车、用于电机控制的 PWM 高级控制定时器;

③ 2 个看门狗定时器(独立的和窗口型的);

④ 系统时间定时器:24 位自减型计数器。

(11)多达 9 个通信接口:

① 多达 2 个 I^2C 接口(支持 SMBus/PMBus);

② 多达 3 个 USART 接口(支持 ISO7816 接口、LIN、IrDA 接口和调制解调控制);

③ 多达 2 个 SPI 接口(18Mb/s);

④ CAN 接口(2.0B 主动);

⑤ USB 2.0 全速接口。

(12)CRC 计算单元,96 位的芯片唯一代码。

以 STM32F10x 系列单片机为例,其功能组成详见图 2.4.3。

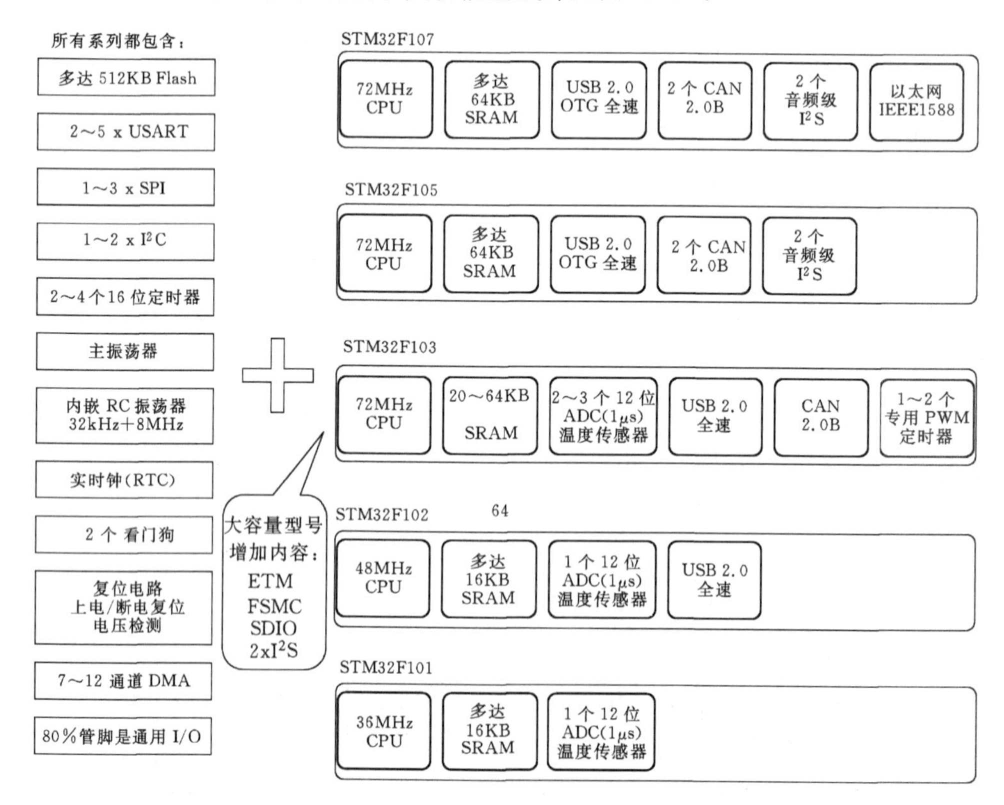

图 2.4.3 STM32F10x 芯片的功能组成图

以如此丰富的功能加上快速的计算能力，STM32系列单片机足以胜任绝大部分测控系统和智能仪器的需求。

2.4.3　STM32F10x单片机的系统结构

1. STM32F10x系列单片机的系统总线

STM32F10x是STM32目前应用最多的单片机系列，它有四个驱动单元：分别为Cortex™-M3内核、DCode总线(D-bus)和系统总线(S-bus)、通用DMA1控制器和通用DMA2控制器；四个被动单元：分别为内部SRAM、内部闪存存储器、灵活的静态存储器控制器FSMC、AHB到APB的桥(AHB2APBx)，它连接所有的APB设备。这些都是通过一个多级的高性能总线构架相互连接的，如图2.4.4所示。

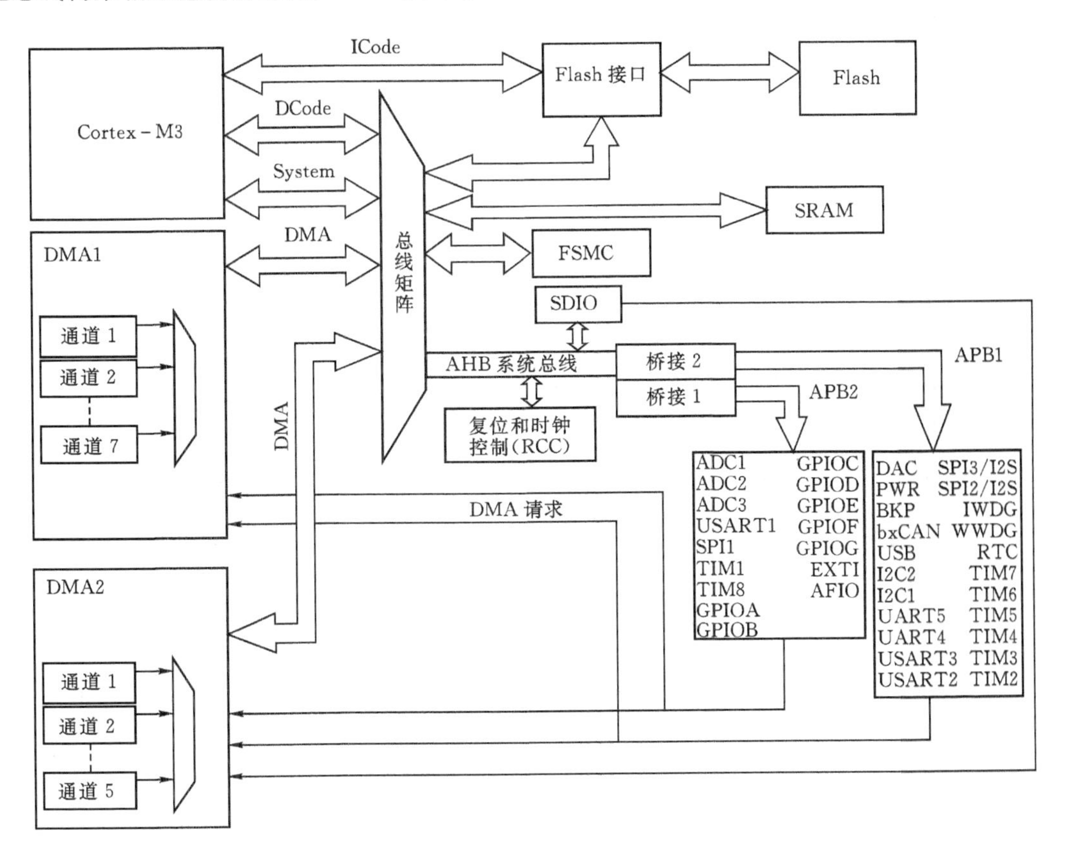

图2.4.4　STM32F10x系列单片机系统结构图

从系统结构图可见，STM32F10x系列单片机通过ICode总线读取程序指令，通过DCode总线访问SRAM和外部设备，通过系统总线SystemBus控制指令和数据的传送。在SRAM与外部设备之间进行的数据传送，全部经由两个DMA控制器共12个DMA通道进行传送。所有的数据传送都要经过总线矩阵。内核与外设的数据传送全部经由高速系统总线AHB system bus，再经过两个桥Bridge1和Bridge2分别连接到两套应用总线APB2和APB1上，16个外设挂接在高速应用总线APB2上，另外22个外设挂在普通应用总线APB1上。

2. STM32F10x 系列单片机的供电系统

单片机的供电系统对其稳定可靠运行非常重要，因此各种单片机对供电都有自己的具体要求。STM32F10x 系列单片机的供电比较灵活，需要一个电压范围必须在 2.0～3.6V 的简单供电。外部电源 VDD 进入单片机后，在其内部分为两路：一路以 VDD 电压供给 A/D 模块、I/O 模块、时钟电路、复位电路等；另一路经过一个内部稳压器降压为 1.8V 供给 CPU 核心电路使用，这些核心电路包括 CPU 核、数字电路和内部存储器。

在 STM32 内部，有一个实时时钟电路和不大的备份关键数据的后备存储区，这些被称为后备电路，它们位于一个单独的电源备份域。STM32 的后备电路有两个可选的电源，主电源 VDD 和后备电池供电电路。在主电路 VDD 有电时，内部供电开关将片内后备电路与 VDD 接通，由 VDD 给后备电路供电；在主电路失电时，内部供电开关将片内后备电路与后备电池接通，由后备电池给后备电路供电。当 STM32 的其余部分被放置在一个 Deep Power Down 状态时，它可以是由电池备份保存数据的。如果设计不使用电池备份，那么 VBAT 必须连接到 VDD。

STM32F103VE 供电系统结构如图 2.4.5 所示。

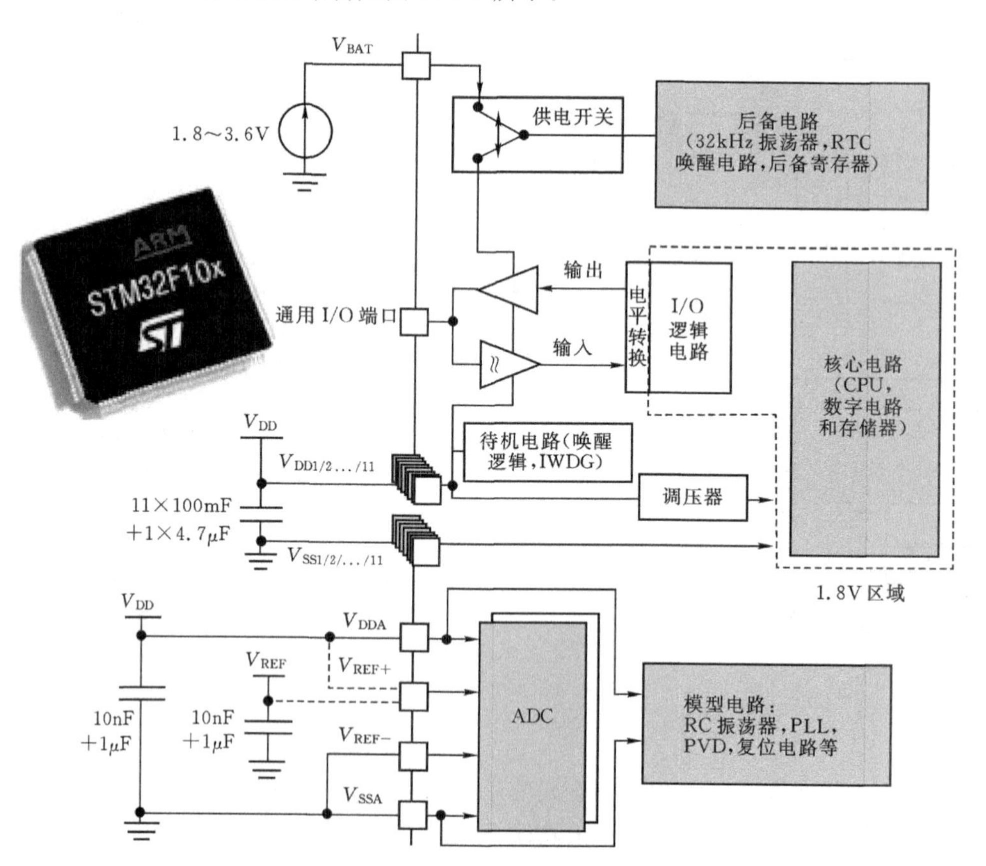

图 2.4.5　STM32F103VE 芯片的供电系统结构图

3. STM32F10x芯片的时钟系统

STM32F103VE时钟系统比较复杂灵活，有内部时钟源、外部时钟源，有一套完善的时钟控制与保护系统。对不需要高速时钟的设备，可以将时钟分频到一个合适的较低的频率，以减少高频干扰并降低功耗。对于系统暂时不用的设备，可以通过有关寄存器位关掉其时钟以降低功耗。STM32F10x的时钟结构如图2.4.6所示。

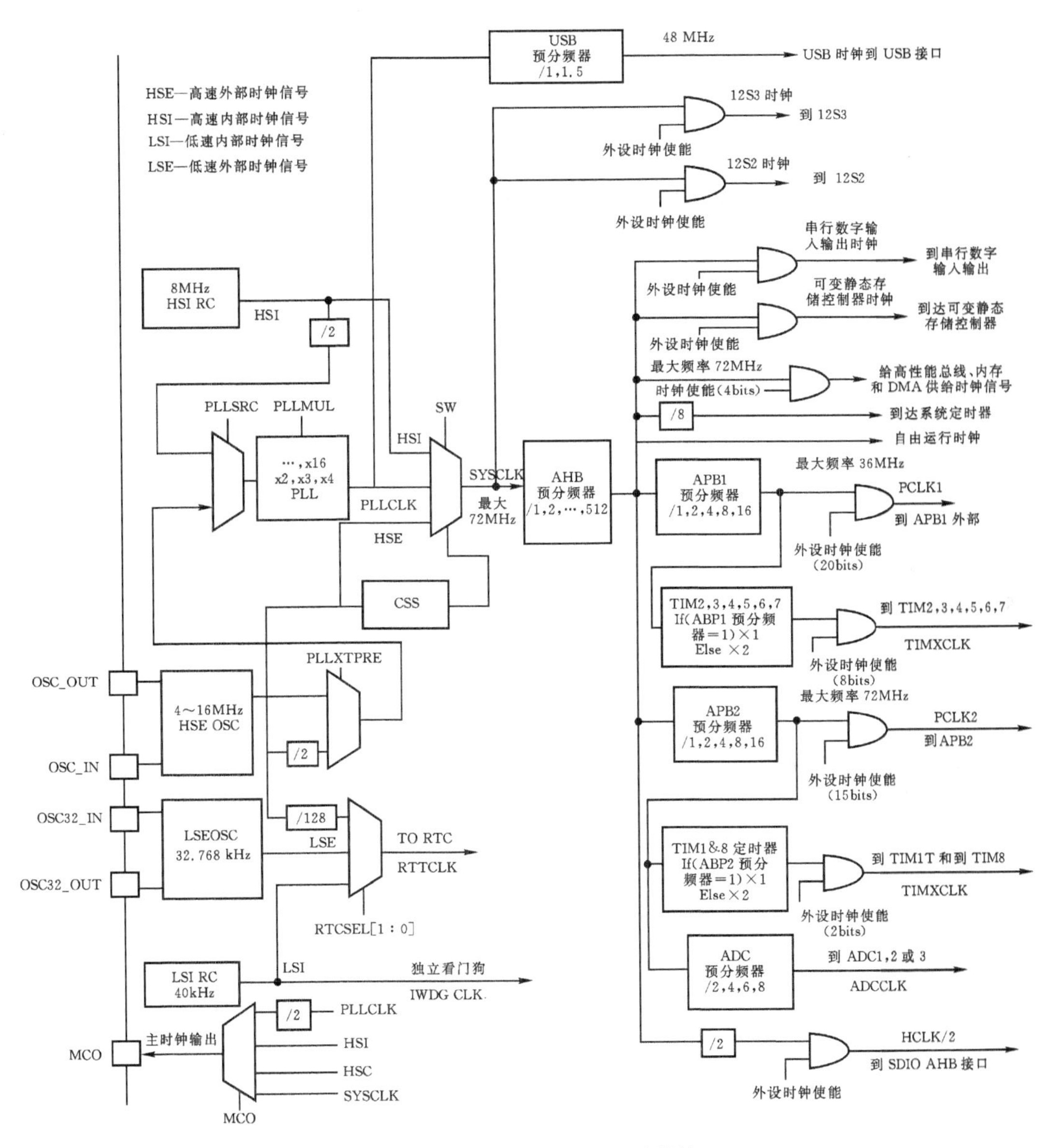

图2.4.6　STM32F10x的时钟结构

三种不同的时钟源可被用来驱动系统时钟(SYSCLK)：

(1)HSI振荡器时钟，内部8MHz高频时钟源。

(2)HSE振荡器时钟，外部高频时钟源。

(3)PLL时钟。

这些设备有以下 2 种二级时钟源：

(1)40kHz 低速内部 RC，可以用于驱动独立看门狗和通过程序选择驱动 RTC。RTC 用于从停机/待机模式下自动唤醒系统。

(2)32.768kHz 低速外部晶体也可用来通过程序选择驱动 RTC(RTCCLK)。

当不被使用时，任一个时钟源都可被独立地启动或关闭，由此优化系统功耗。

STM32 处理器的时钟频率可以由内部或外部高速振荡器或内部锁相环提供，锁相环可由内部或外部高速振荡器驱动，因此无需外部振荡器也可以运行在 72MHz 的时钟频率。不足之处是，内部振荡器并不是准确的和稳定的 8MHz 时钟源。为了使用串行通信外设或做任何精确的计时功能，应使用外部振荡器。无论哪个振荡器被选择，锁相环(PLL)必须被用来为 Cortex 核心提供全速 72MHz 的时钟频率。所有的振荡器锁相环(PLL)和总线配置的寄存器位于复位和时钟控制(RCC)组。

复位后 STM32 将从 HSI 振荡器得到它的 CPU 时钟。在这个时候外部振荡器是关闭的。全速运行 STM32 的第一步是切换到 HSE 振荡器和等待它稳定。复位后 STM32 从内部高速振荡器运行。外部振荡器可以在 RCC 控制寄存器中打开。一个 ready 位可以用来表示外部振荡器是否稳定。当外部振荡器稳定后，硬件会自动将 RCC 中的 ready 位置 1。一旦外部振荡器稳定后，它可以被选择作为 PLL 的输入。PLL 的输出频率是通过选择一个存储在 RCC_PLL_configuration 寄存器的整数乘法值定义。在一个 8 MHz 振荡器的情况下，PLL 必须将输入频率乘以 9 以便产生最大的 72MHz 的时钟频率。一旦 PLL 乘法器已被选中，PLL 可以在控制寄存器中被启动。一旦它是稳定的，则 PLL 就绪位将被设置，PLL 的输出可以被选择作为 CPU 的时钟源。

一旦 HSE 振荡器打开，它可以用来驱动 PLL。一旦 PLL 是稳定的，它就可以成为系统时钟了。控制时钟的寄存器有以下 12 个：

时钟控制寄存器(RCC_CR)；

时钟配置寄存器(RCC_CFGR)；

时钟中断寄存器(RCC_CIR)；

APB2 外设复位寄存器(RCC_APB2RSTR)；

APB1 外设复位寄存器(RCC_APB1RSTR)；

AHB 外设时钟使能寄存器(RCC_AHBENR)；

APB2 外设时钟使能寄存器(RCC_APB2ENR)；

APB1 外设时钟使能寄存器(RCC_APB1ENR)；

备份域控制寄存器(RCC_BDCR)；

控制/状态寄存器(RCC_CSR)；

AHB 外设时钟复位寄存器(RCC_AHBRSTR)；

时钟配置寄存器 2(RCC_CFGR2)。

通过以上 12 个寄存器，就能设置和控制所有与时钟有关的事情。

4. STM32F10x 的引脚封装

STM32F10x 有三种不同引脚数的封装，分别为 64P，100P，144P。其 100P 封装的芯片引脚如图 2.4.7 所示。设计时要根据系统需求的 I/O 端口数目选择合适引脚数的芯片，而且要留有一定的冗余端口，以备开发中增加一些设计之初未曾考虑到的功能对端口的需求，以及产品扩展升级时对端口的需求，使得后续开发比较简捷容易。

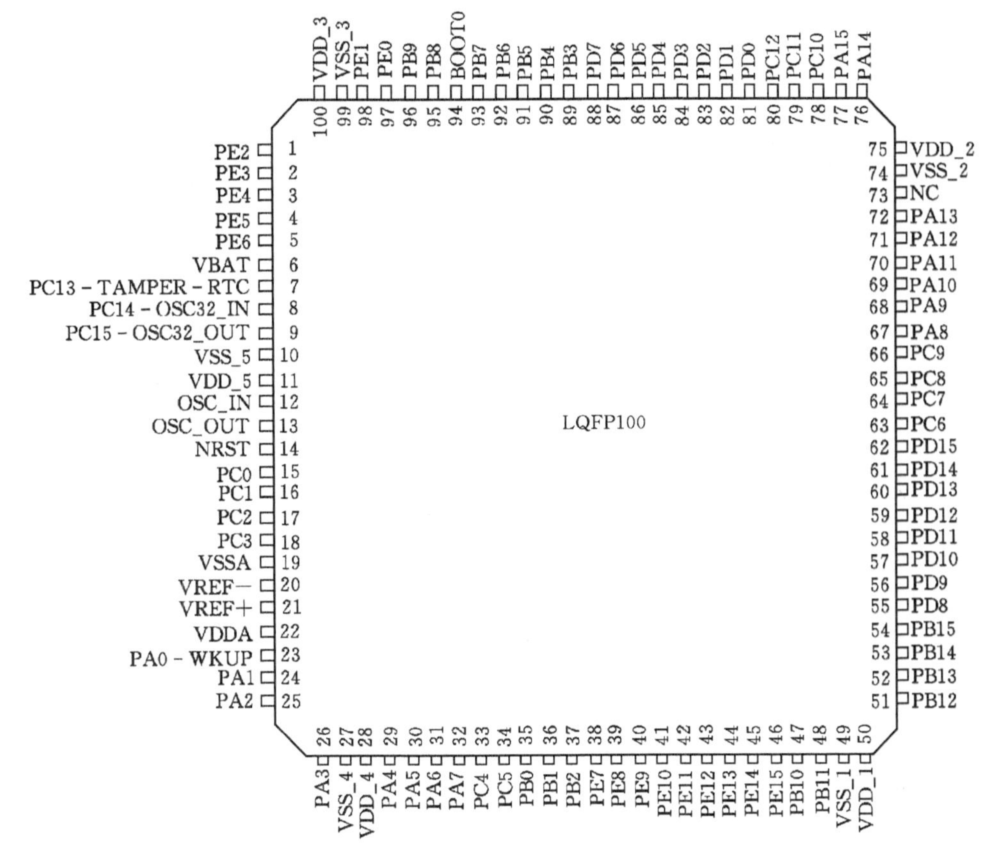

图 2.4.7 STM32F103VE100P 芯片的引脚图

STM32F10x 的封装形式多样，有 QFN32，LQFP48，LQFP64，LQFP100，LQFP144，BGA100，BGA144 等多种。具体见图 2.4.8 所示。

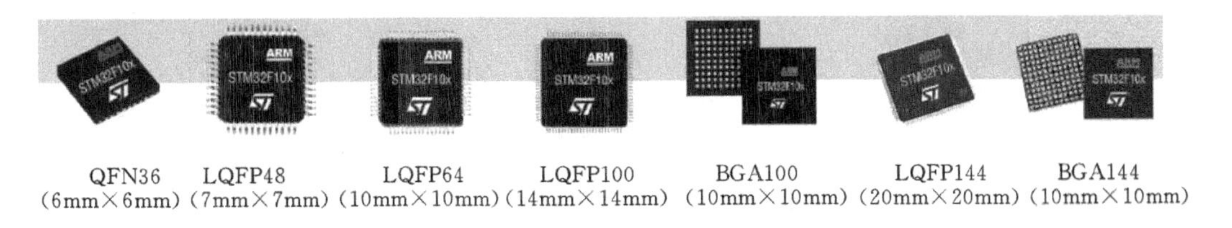

图 2.4.8 STM32F10x 的封装形式

5. STM32F10x 的端口结构与功能

计算机与外界的联系就是其引脚，人们就是通过将计算机芯片的引脚与其他电路或者器件相连接来使用计算机的。在单片机领域，通常说的端口，是指具有相同地址的多位 I/O 口，例如 STM32 有 7 个 I/O 端口，从 PORTA，PORTB 到 PORTG。每个端口有 16 个引脚，对一个端口的访问(访问即读或者写操作)，实际上是对该端口上的 16 个引脚的访问；而不像 8051 单片机那样可以对一个端口上的某一个引脚进行访问。STM32 访问端口时，总是 16 位一次性访问。每个 I/O 端口位可以自由编程，然而 I/O 端口寄存器必须按 32 位字被访问(不允许半字或字节访问)。端口位置位/复位寄存器 GPIO_BSRR 和端口位复位寄存器 GPIO_BRR 允许对任何 GPIO 寄存器的读/更改的独立访问；这样，在读和更改访问之间产生中断 IRQ 时不会发生危险。

通常说引脚，指的是 CPU 的任意一个引脚。但是，引脚不等同于端口，例如电源 VCC，GND 等是引脚而不是端口。通用 I/O 口的某个引脚只是这个引脚所在的端口中的一位，而不能说这一位就是这个端口。对计算机芯片的端口要有透彻的了解，才能使用它。与普通计算机相比，单片机的端口结构要复杂得多，这是我们在学习 8051 单片机时就已经熟知的。而与 8051 单片机相比，STM32 系列单片机端口结构更为复杂。其原因主要是 STM32 系列单片机的片内外设太多，往往一个引脚被多个片内外设使用。换言之，就是从一个引脚看进去，其内部往往要与多个片内外部设备相连接。在特定的时刻，一个引脚只能被挂在该引脚上的多个片内外设的某一个外设使用，即与挂在该引脚上的某一个片内外设相连通。而此时挂在该引脚上的其他片内外设都要与该引脚断开连接。

一个端口有多种输入输出方式。可以通过相关寄存器的设置，将端口内的每个引脚分别配置为输入或者输出，同时确定其为何种输入方式或者何种输出方式。因此，了解 STM32 的端口结构，掌握端口的使用方法，是熟练使用该单片机的重要环节。

STM32Fxx 的 I/O 口任一位的端口结构如图 2.4.9 所示。

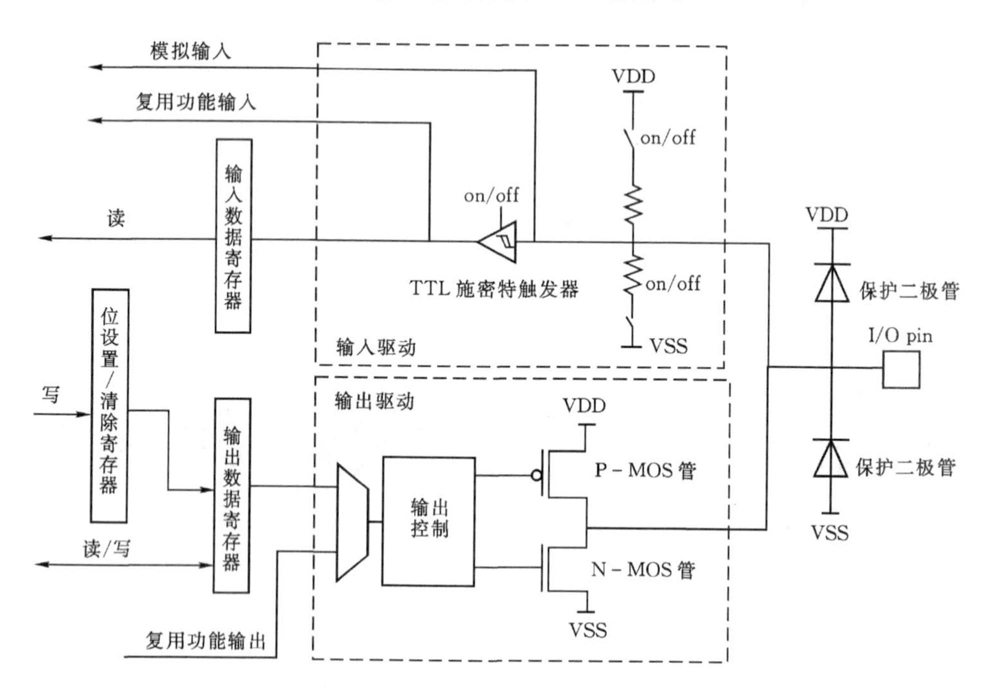

图 2.4.9 STM32Fxx 的端口结构

1)STM32Fxx 的端口作为输入口的工作方式

从图 2-10 可见，STM32Fxx 的端口被配置为输入口使用时，其端口内输出驱动的两个推挽 CMOS 管 P-MOS 和 N-MOS 都处于关断状态，这是在将端口设置为输入时自动实行的，也就是说，作为输入口使用时，其输出口是关闭的。其端口内输入口线上有上拉电阻和下拉电阻，这两个电阻的阻值对不同的端口有所不同，上拉电阻为弱上拉，其阻值在50～100kΩ，下拉电阻也在这个数量上下。通过相关寄存器的设置，可以将上拉电阻接通或者下拉电阻接通或者都不接通，也就是将其设置为上拉输入或者下拉输入或者浮空输入。在输入方式下，通常有以下4种方式：

(1)GPIO_Mode_AIN 模拟输入。

(2)GPIO_Mode_IN_FLOATING 浮空输入。

(3)GPIO_Mode_IPD 下拉输入。

(4)GPIO_Mode_IPU 上拉输入。

模拟输入、上拉输入和下拉输入，这几个概念很好理解，从字面便能轻易读懂，也就是来自于外部的模拟电压输入或者来自于外部的逻辑电平经上拉或者下拉输入。

通常在端口作为模拟电压信号输入口用于进行A/D转换时，必须同时断开上拉电阻与下拉电阻，使端口处于高阻态，这样可以避免上拉电阻或下拉电阻对模拟信号电压的干扰。模拟信号电压进入端口后，可以不受影响地直接进入片内的A/D转换器，进行A/D转换，获得输入信号电压的数值。

上拉输入和下拉输入通常用于数字逻辑信号输入，是给信号增加片内驱动的。如果输入逻辑信号本身很强，也可以不用上拉或者下拉驱动。输入逻辑电平信号进入端口后，还要经过一个斯密特触发器TTL Schmitt trigger整形，变为更加正规的逻辑电平信号，然后进入输入数据寄存器input data register被CPU读取，或者作为复用功能Alternate function input输入到片内的某个由程序设置选通的外部设备，例如各个定时器的触发输入、计数脉冲信号输入、串行接口数据输入等。

浮空输入：对于浮空输入可以这样理解，浮空输入状态下，上拉电阻与下拉电阻都处于断开状态，输入口对外部呈现高阻态。I/O口的电平状态完全由外部输入决定。在该引脚悬空的情况下，读取该端口的电平是不确定的。

STM32Fxx单片机复位后，其端口都处于浮空输入状态。这对于单片机自身和单片机所带的外部设备都是最为安全的。

2)STM32Fxx的端口作为输出口的工作方式

STM32Fxx的端口被配置为输出口使用时，其内部线的输入部分呈现高阻态，输出纯粹由两个CMOS管驱动。

从图2.4.9可见，STM32Fxx的输出就是逻辑电平信号输出。

这些输出的逻辑电平信号来自于CPU数据总线的输出寄存器Output data register或者片内外部设备经由复用线Alternate Function Output的输出。具体选择哪个数据源的数据输出，是通过设置相关寄存器实现的。配置为通用I/O时，选择CPU数据总线的数据输出；配置为复用功能输出时，选择片内外设的数据输出。由于通过设置相关寄存器就能够选择输出的数据源，因此端口在一个时间段上可能被配置为复用功能输出，在另一个时间段上可能被配置为通用I/O输出，这些可以根据端口在不同的时间段上的使用需求决定，然后由程序灵活地更改设置，以选用所需要的输出数据源。

不管输出数据源是哪一种，端口都只有两种输出方式，就是开漏输出open-drain或者推挽输出push pull。

何为开漏输出？就是输出口两个 MOS 管（推挽管）的上管始终被关闭，只靠其下管通断输出数据的情况。输出数据为 0 时，下管开通，输出口被拉到低电平；输出数据为 1 时，下管被关闭，输出为悬空。因此，开漏输出要求在单片机外面的电路板上要有上拉电阻，才能将高电平输出去，否则输出的数据为 1 时，输出端口上出现不了预想的高电平。

开漏形式的电路有以下几个特点：

(1)利用外部电路的驱动能力，减少 IC 内部的驱动。当 IC 内部 MOS 管下管导通时，驱动电流是从外部的 VCC 流经上拉电阻，再通过下管到地。IC 内部仅需很小的栅极驱动电流。

(2)一般来说，开漏是用来连接不同电平的器件，匹配电平用的。这是因为开漏引脚不连接外部的上拉电阻时，只能输出低电平，如果需要同时具备输出高电平的功能，则需要接上拉电阻，很大的一个优点是通过改变上拉电源的电压，便可以改变传输电平。比如，加了上拉电阻就可以提供 TTL/CMOS 电平输出等。

(3)开漏输出提供了灵活的输出方式，但是也有其弱点，就是带来上升沿的延时。因为上升沿是通过外接上拉无源电阻对负载充电，所以当电阻选择小时延时就小，但功耗大；反之功耗小，但延时大。因此，负载电阻的选择要兼顾功耗和速度。如果对延时有要求，则建议用下降沿输出作为控制信号。

(4)可以将多个开漏输出的 Pin，连接到一条线上。通过一只上拉电阻，在不增加任何器件的情况下，形成"与逻辑"关系。在所有引脚连在一起时，外接一上拉电阻，如果有一个引脚输出为逻辑 0，相当于接地，与之并联的回路"相当于被一根导线短路"，所以外电路逻辑电平便为 0，只有都为高电平时，与的结果才为逻辑 1。这也是 I^2C，SMBus、CAN 等总线判断总线占用状态的原理。

推挽输出，就是根据输出数据为 0 还是为 1，使得端口上的两个驱动管互非开通。在输出数据为 0 时，下管开通，上管关闭，输出端口上呈现低电平；在输出数据为 1 时，上管开通，下管关闭，输出端口上呈现高电平。这种推挽方式的数据输出，其驱动能力是比较强的。

考虑到数据源的来源有两种，因此输出口总共可以被配置为如下 4 种输出方式：

(1)开漏输出_OUT_OD ——I/O 输出 0 接 GND，I/O 输出 1 悬空，需要外接上拉电阻，才能实现输出高电平。当输出为 1 时，I/O 口的状态由上拉电阻拉为高电平，但由于是开漏输出模式，这样 I/O 口也就可以由外部电路改变为低电平或不变。

(2)推挽输出_OUT_PP ——I/O 输出 0 时，片内接通 GND 输出；I/O 输出 1 时，片内接通 VCC 输出。

(3)复用功能的开漏输出_AF_OD——片内外设功能（例如 TX1，MOSI，MISO. SCK. SS）。

(4)复用功能的推挽输出_AF_PP ——片内外设功能（例如 I^2C 的 SCL，SDA）。

2.4.4 STM32 端口设置

1. 端口设置原则

通常有 5 种方式使用某个引脚功能，它们的设置方式如下：

(1)作为普通 GPIO 输入：根据需要配置该引脚为浮空输入、带弱上拉输入或带弱下拉输入，同时不要使能该引脚对应的所有复用功能模块。

(2)作为普通 GPIO 输出：根据需要配置该引脚为推挽输出或开漏输出，同时不要使能该引脚对应的所有复用功能模块。

(3)作为普通模拟输入：配置该引脚为模拟输入模式，同时不要使能该引脚对应的所有复用功能模块。

(4)作为内置外设的输入：根据需要配置该引脚为浮空输入、带弱上拉输入或带弱下拉输入，同时使能该引脚对应的某个复用功能模块。

(5)作为内置外设的输出：根据需要配置该引脚为复用推挽输出或复用开漏输出，同时使能该引脚对应的某个复用功能模块。

注意：如果有多个复用功能模块对应同一个引脚，只能使能其中之一，其他模块保持非使能状态。

为了便于设计师灵活使用端口，STM32 还将许多内置外设内连到另外的引脚上，如果一个内置外设原来引脚被其他设备占用了，还可以通过重映射功能将该设备与其内连的那个引脚接通，从而使用这个引脚作为该设备的对外连接端口。

例如要使用 STM32F103VET6 的 PB6，PB7 引脚作为 TIM4_CH1 和 TIM4_CH2 使用，则需要配置其为复用推挽输出或复用开漏输出，同时使能 TIM4，TIM4_CH1，TIM4_CH2，并且还要将挂在该引脚上的其他内置外设设置为非使能状态，例如 I^{2}C1 设置为非使能状态。

如果在这种请况下还要使用 STM32F103VET6 的 I^{2}C1，则需要对其进行重映射，经过对其进行重映射配置后，I^{2}C1 就被映射到了它所内连的 PB8，PB9 两个引脚上了，然后再按复用功能的方式配置这两个引脚，并将其与外部电路的 I^{2}C 总线相连即可实现 I^{2}C 通信。

STM32 大部分内置外设有重映射设计，每种设备的重映射配置在其技术参考手册上都有详细说明，可以根据需要灵活使用。

2. 端口设置寄存器

每个 GPIO 端口有两个 32 位设置寄存器(GPIOx_CRL，GPIOx_CRH)，两个 32 位数据寄存器(GPIOx_IDR，GPIOx_ODR)，一个 32 位置位/复位寄存器(GPIOx_BSRR)，一个 16 位复位寄存器(GPIOx_BRR)和一个 32 位锁定寄存器(GPIOx_LCKR)。STM32 端口工作方式通过对以上寄存器的设置就可以实现，具体说明如下：

1)端口工作方式设置寄存器(GPIOx_CRL，GPIOx_CRH)

GPIOx_CRL 为每个端口低 8 位设置寄存器，GPIOx_CRH 为每个端口高 8 位设置寄存器。GPIOx_CRL 寄存器内容见表 2.4.2，其功能见表 2.4.3。

表 2.4.2　GPIOx_CRL 寄存器内容

31　30	29　28	27　26	25　24	23　22	21　20	19　18	17　16
CNF7[1:0]	MODE7[1:0]	CNF6[1:0]	MODE6[1:0]	CNF5[1:0]	MODE5[1:0]	CNF4[1:0]	MODE4[1:00]
rw　rw	rw　rw	rw　rw	rw　rw	rw　rw	rw　rw	rw　rw	rw　rw
15　14	13　12	11　10	9　8	7　6	5　4	3　2	1　0
CNF3[1:0]	MODE3[1:0]	CNF2[1:0]	MODE2[1:0]	CNF1[1:0]	MODE1[1:0]	CNF0[1:0]	MODE0[1:00]
rm　rm	rm　rm	rm　rm	rm　rm	rm　rm	rm　rm	rm　rm	rm　rm

表 2.4.3　GPIOx_CRL 寄存器功能

位 31:30 27:26 23:22 19:18 15:14 11:10 7:6 3:2	CNFy[1:0]:端口 x 配置位(y=8,…,15) 软件通过这些位配置相应的 I/O 端口,请参考表 2.4.4 端口位设置规则。 在输入模式(MODE[1:0]=00): 00:模拟输入模式 01:浮空输入模式(复位后的状态) 10:上拉/下拉输入模式 11:保留 (以上为 CNF[1:0]的数值) 在输出模式(MODE[1:0] >00): 00:通用推挽输出模式 01:通用开漏输出模式 10:复用功能推挽输出模式 11:复用功能开漏输出模式 (以上为 CNF[1:0]的数值)

从表 2.4.3 可见,端口任一位的工作方式都可以通过这个寄存器相关位的设置来确定。

端口设置寄存器高位 GPIO_CRH,实现对端口高 8 位的设置。其内容与功能和 GPIO_CRL 相似。端口位设置规则见表 2.4.4。端口模式位 MODE1:MODE0 的功能见表 2.4.5。

表 2.4.4　端口位设置规则

配置模式		CNF1	CNF0	MODE1	MODE0	PxODR 寄存器
通用输出	推挽式(Push-Pull)	0	0	01 10 11 见表 2.4.5		0 或 1
	开漏(Open-Drain)		1			0 或 1
复用功能输出	推挽式(Push-Pull)	1	0			不使用
	开漏(Open-Drain)		1			不使用
输入	模拟输入	0	0	00		不使用
	浮空输入		1			不使用
	下拉输入	1	0			0
	上拉输入					1

表 2.4.5　端口模式位 MODE1:MODE0 的功能

MODE[1:0]	意义
00	保留
01	最大输出速度为 10MHz
10	最大输出速度为 2MHz
11	最大输出速度为 50MHz

2)端口输入数据寄存器 GPIO_IDR

该寄存器用于实时读取外部引脚上的 16 位数据,不管这些数据是输入数据还是输出数据,都能够被实时读取回来,放在该寄存器内。

3)端口输出数据寄存器 GPIO_ODR

在端口作为输出口时,输出数据就存放在该寄存器内。在端口作为输入口时,GPIO_ODR 中对应的位为 1 还是为 0,会决定输入是上拉还是下拉。因为 STM32 一个端口有 16 个引脚,所以 GPIO_ODR 的低 16 位数据才是输出给引脚的。虽然在其内部,STM32 是按照 32 位操作的,但是对于端口输出数据的操作,只有低 16 位有效。

4)端口位置位/复位寄存器 GPIO_BSRR

该寄存器用于端口输出控制,可以将端口位设置为输出为 1 或者 0。该寄存器的高 16 位为 BRy,用于对 GPIO_ODR 数据位的清除,如果 BRy 某一位为 1,则 GPIO_ODR 中对应的数据位被清除为 0。其低 16 位为 BSy,用于对 GPIO_ODR 中对应的数据位的数据置 1,如果 BSy 某一位为 1,则 GPIO_ODR 中对应的数据位被置 1。该寄存器内容见表 2.4.6。其功能见表 2.4.7。

表 2.4.6　GPIO_BSRR 寄存器

31	30	29	28	27	26	25	24	23	22	21	20	19	18	17	16
BR15	BR14	BR13	BR12	BR11	BR10	BR9	BR8	BR7	BR6	BR5	BR4	BR3	BR2	BR1	BR0
w	w	w	w	w	w	w	w	w	w	w	w	w	w	w	w
15	14	13	12	11	10	9	8	7	6	5	4	3	2	1	0
BS15	BS14	BS13	BS12	BS11	BS10	BS9	BS8	BS7	BS6	BS5	BS4	BS3	BS2	BS1	BS0
w	w	w	w	w	w	w	w	w	w	w	w	w	w	w	w

表 2.4.7　GPIO_BSRR 寄存器功能

位	功能
位 31:16	BRy:清除端口 x 的位 y(y=0,…,15),这些位只能写入并只能以字(16 位)的形式操作。 0:对对应的 ODRy 位不产生影响; 1:清除对应的 ODRy 位为 0。 注:如果同时设置了 BSy 和 BRy 的对应位,BSy 位起作用
位 15:0	BSy:设置端口 x 的位 y(y=0,…,15),这些位只能写入并只能以字(16 位)的形式操作 0:对对应的 ODRy 位不产生影响 1:设置对应的 ODRy 位为 1

5)端口位复位寄存器 GPIO_BRR

该寄存器用于对端口位的复位操作控制。其高 16 位不用,低 16 位为清除设置控制位。

其内容见表 2.4.8。其功能见表 2.4.9。

表 2.4.8 GPIO_BRR 寄存器

31	30	29	28	27	26	25	24	23	22	21	20	19	18	17	16
保留															
15	**14**	**13**	**12**	**11**	**10**	**9**	**8**	**7**	**6**	**5**	**4**	**3**	**2**	**1**	**0**
BR15	BR14	BR13	BR12	BR11	BR10	BR9	BR8	BR7	BR6	BR5	BR4	BR3	BR2	BR1	BR0
w	w	w	w	w	w	w	w	w	w	w	w	w	w	w	w

表 2.4.9 GPIO_BRR 寄存器的功能

位 31:16	保留
位 15:0	BRy:清除端口 x 的位 y(y=0,…,15),这些位只能写入并只能以字(16 位)的形式操作。 0:对对应的 ODRy 位不产生影响; 1:设置对应的 ODRy 位为 0

从上面的几个寄存器功能可知,端口数据的输出,不但可以通过对输出数据寄存器 GPIO_ODR 对应位写入数据实现,也可以通过对 GPIO_BSRR 和 GPIO_BRR 两个寄存器的设置,实现对输出数据寄存器 GPIO_ODR 的更改,这就为端口位数据输出的更改提供了多种灵活的方法。

6)端口配置锁定寄存器 GPIO_LCKR

该寄存器用于锁定端口位的数据。当执行正确的写序列设置了位 16(LCKK)时,该寄存器用来锁定端口位[15:0]的配置。位 16 用于锁定 GPIO 端口的配置。在规定的写入操作期间,不能改变 LCK[15:0]。当对相应的端口位执行了 LOCK 序列后,在下次系统复位之前将不能再更改端口位的配置。

GPIO_LCKR 寄存器内容见表 2.4.10,其功能见表 2.4.11。

表 2.4.10 GPIO_LCKR 寄存器

31	30	29	28	27	26	25	24	23	22	21	20	19	18	17	16
保留															LCKK
															rw
15	**14**	**13**	**12**	**11**	**10**	**9**	**8**	**7**	**6**	**5**	**4**	**3**	**2**	**1**	**0**
LCK15	LCK14	LCK13	LCK12	LCK11	LCK10	LCK9	LCK8	LCK7	LCK6	LCK5	LCK4	LCK3	LCK2	LCK1	LCK0
rw	rw	rw	rw	rw	rw	rw	rw	rw	rw	rw	rw	rw	rw	rw	rw

表 2.4.11　GPIO_LCKR 寄存器功能

位 31:17	保留
位 16	LCKK:锁键,该位可随时读出,它只可通过锁键写入序列修改。 0:端口配置锁键位激活; 1:端口配置锁键位被激活,下次系统复位前 GPIOx_LCKR 寄存器被锁住。 锁键的写入序列: 写 1→写 0→写 1→读 0→读 1 最后一个读可省略,但可以用来确认锁键已被激活。 注:在操作锁键的写入序列时,不能改变 LCK[15:0]的值。 操作锁键写入序列中的任何错误将不能激活锁键
位 15:0	LCKy:端口 x 的锁位 y(y=0,…,15);这些位可读可写,但只能在 LCKK 位为 0 时写入。 0:不锁定端口的配置; 1:锁定端口的配置

2.4.5　STM32 系列单片机的开发板

目前,因为使用 STM32 系列单片机的人越来越多,网上的使用笔记资料非常丰富,不懂之处在网上搜索学习,很快就可以弄明白,许多应用程序可以在网上找到并下载,经过适当的修改就可以应用于工程,加上网上丰富的硬件电路设计资料,再加上 ST 公司为 STM32 开发的比较成熟的固件库,使得 STM32 开发工作现在越来越简便易行,因此 STM32 系列单片机的应用十分广泛,成为近年来单片机应用的主流。许多公司推出了他们的开发板,这些开发板给用户开发单片机系统提供了极大的方便,同时对技术人员和学生学习这些单片机也起到了极好的推动作用。利用成熟的开发板进行产品的前期开发,成为单片机系统开发的首选方法,使得一款产品的开发,一开始就有一个硬件平台,就可以直接上手开发试验产品预计的一些基本功能,然后再完善电路和程序。这样可以大大加快开发进度,提高开发效率。

市售的基于 STM32 系列单片机的开发板,比较著名的有硕耀开发板、百为开发板、红牛开发板等。这些都是国产开发板,性能稳定,价格低廉,并配送大量资料和开发实例,很适合于开发使用,也说明了国内在基于 STM32 的控制系统开发方面已经积累了一定的经验和人才。有些开发板设计精良,制作质量良好,用户只需要做一些外围电路与其相连就能组成系统,可以直接用于实际控制工程。这就大大减少了产品开发的工作量,提高了开发效率,而且直接采用人家批量生产的板子,通常要比自己做的数量很少的开发板质量好,稳定性和可靠性有保证。这些开发板被广泛用于各种实用控制系统的开发,方便快捷,使得用户不必要自己制作开发板,仅以此为核心硬件,只需要设计一些外围接口电路或功率接口电路与其预留的 I/O 插针相连,就可以进行控制系统的开发工作。图 2.4.10 是硕耀的开发板,其开发板型号为 HY-STM32_100P。图 2.4.11 是硕耀 STM32F103VE100 开发板功能原理框图。

硕耀的这款开发板比较紧凑,板上资源有:4 只键的键盘,一个 320×240 彩色液晶接口,4 只 LED 指示灯,串行 FLASH 存储器,SD 卡接口,USB 接口,RS232 接口,蜂鸣器,用于连接 JTAG 仿真器的 JLINK 接口,可以通过跳线连接的 2 路模拟电压量输入接口、2 路 PWM 输出接口、CAN 通信的 RX 和 TX 接口。板上有 40 根引出插针，可以被用户用来连接外部设备。可见，其虽然小巧，但功能却十分丰富，作为学习和实验板非常合适。

图 2.4.10　硕耀 STM32F103VE100P 开发板实物图

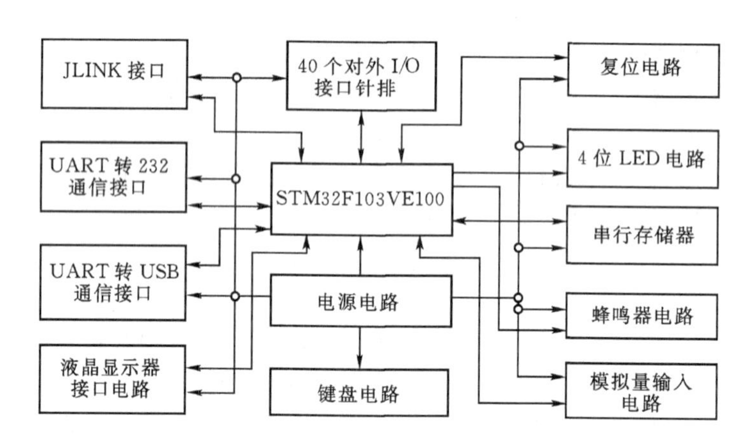

图 2.4.11　硕耀 STM32F103VE100 开发板功能原理框图

百为开发板采用 STM32F103VE144 处理器，在板上扩展了 120 根插针作为电源和 I/O 连接口，另外扩展了一个 320×240 彩色液晶显示器接口。板上资源有：串行 FLASH 存储器，SD 卡接口，USB 接口，RS232 接口，用于连接 JTAG 仿真器的 JLINK 接口，CAN 通信的 RX，TX 接口。由于其扩展出来的 I/O 口很多，因此作为产品开发板是很合适的，可以给用户很大的选择空间。

这款开发板的功能是十分强大的，在工程中能用到的功能都有了，板上有 120 只引出插针，其中除了电源插针 VCC，GND 和复位信号 RST 等 8 根外，其他 112 根都是 I/O 引脚插针，给用户使用提供了丰富的 I/O 接口。我们在开发 3D 打印机时就是使用百为的这款板子，省去了设计、制作、调试板子的大量宝贵时间，极大地提高了开发速度和开发效率，也节省了一定的人工和器材费。通过 3D 打印机的开发，我们深切感到，采用开发板进行产品开发最为便捷。开发完成后，再设计实用的电路板投入批量生产。

图 2.4.12 是百为 STM32F103VE144 开发板，图 2.4.13 是该开发板的功能原理框图。

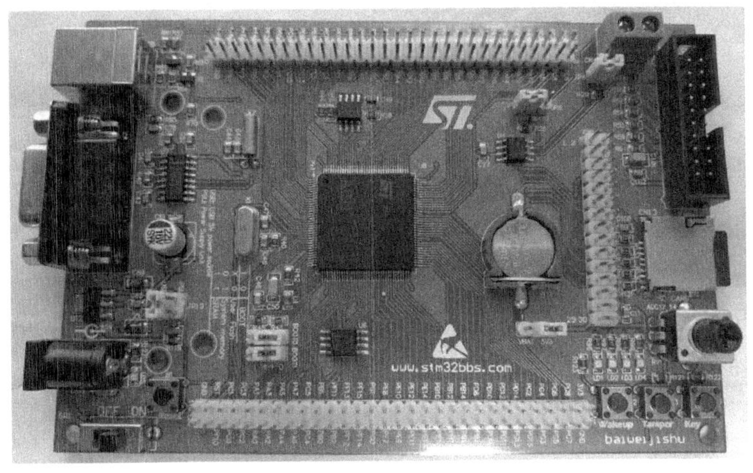

图 2.4.12　百为开发板实物图

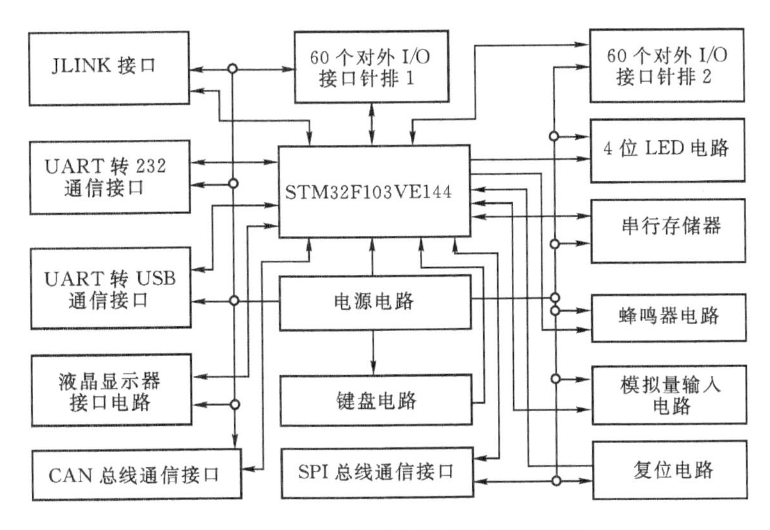

图 2.4.13　百为开发板功能原理框图

从开发板实物照片可见，其元器件的布局和布线是经过精心设计的，完全遵循了器件按信号流向布局以最大程度地减少电磁干扰等原则。我们在使用中感到，该电路板性能优良，稳定可靠。

2.5　STM32 软件开发

STM32 的软件开发在著名的 KEIL 平台上开发。将 KEIL 软件安装在 PC 机上，再通过仿真器将 PC 机与开发板相连，就可以进行软件的开发了。在软件开发中，使用固件库可以大大提高软件的开发效率。

2.5.1　固件库的使用

单片机所有规定的操作都是根据相关寄存器的数值进行的，这些相关寄存器的内容，有些是在程序初始化时由程序员设定的，有些是在程序运行过程中由程序修改的。设置也好，修改也好，都是为了实现某些硬件功能，这就涉及到对这些寄存器中每一位的含义的了解。对于STM32系列单片机，每一个单片机内部有上百个这样的寄存器，每个寄存器有32位，要记住这些寄存器及其每一位的功能，是很费力的事情，也是不必要的。只需要在设计程序和修改程序时，根据功能去查找相关的寄存器及其位的含义，再根据功能要求设置或者修改这些位。但是，对那么多的寄存器设置或者修改时，要在STM32技术手册中一遍遍地去查找这些寄存器，弄清楚这些位的含义，也是极其费力的事情，还容易出错，编程效率很低；而且在后来程序修改维护和给其他单片机上移植时，就更麻烦了。这是因为时间长了，由于记忆覆盖，即使原来是自己设计的程序，也看不明白了，这是程序员常见的情况，这时候又得从头去查每一个用到的寄存器，又要花费很大的精力和时间。怎么办才好呢？

ST公司帮助我们去除了这个最麻烦、最费劲的工作，就是开发了针对具体每一类单片机的固件库。这些固件库把单片机的所有功能设计为一个个函数，在每个功能函数内将要设置的寄存器的位按照功能要求进行了设置，并且把这些固件库的最新版本在其官网上公开，便于用户下载使用。在程序设计时，只需要根据功能需求调用固件库中相应的函数，而不需要再去查找具体的寄存器与寄存器位。这就极大地简化了程序员的工作，极大地提高了程序编写效率，而且这种调用固件库编写的程序，简洁明了，可读性好，便于理解、修改和移植。具有比较完备的固件库是STM32单片机的重要特色，这也是ST32系列单片机大受欢迎的原因之一。

如图2.5.1所示，在KEIL工作界面内，左边的一栏内是工程菜单树，可以看到工程内所使用的启动文件startup_STM32F10x_hd.s、用户文件夹USR、固件库文件夹FWlib、系统文件夹CMSYS，启动文件、固件库文件和系统文件均来源于下载的固件库文件STM32_LIB_Vxx，这里使用的是STM32_LIB_V3.5。

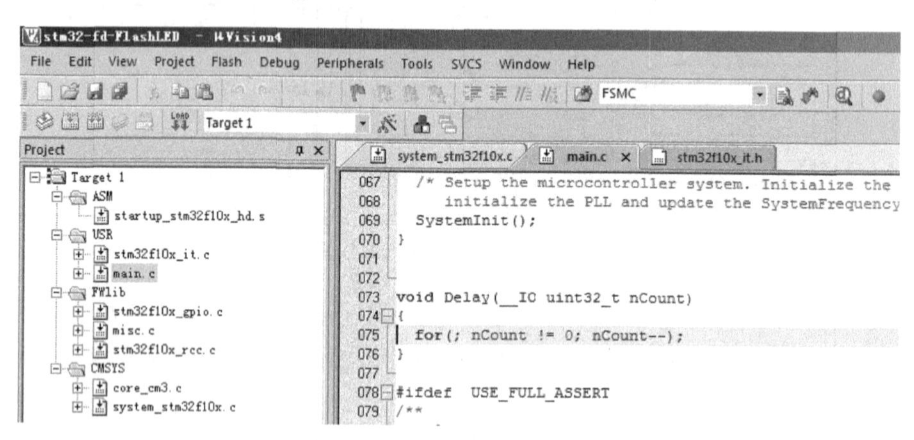

图2.5.1 工程菜单树

鼠标点击工程菜单树中每个.C程序前边的“＋”号或双击文件名，会出现下拉菜单，显示每个.C程序所包含的诸多头文件，如图2.5.2和图2.5.3所示。

图2.5.2是点开用户程序看到的其包含的头文件。图2.5.3是点开固件库看到的其包含的头文件。

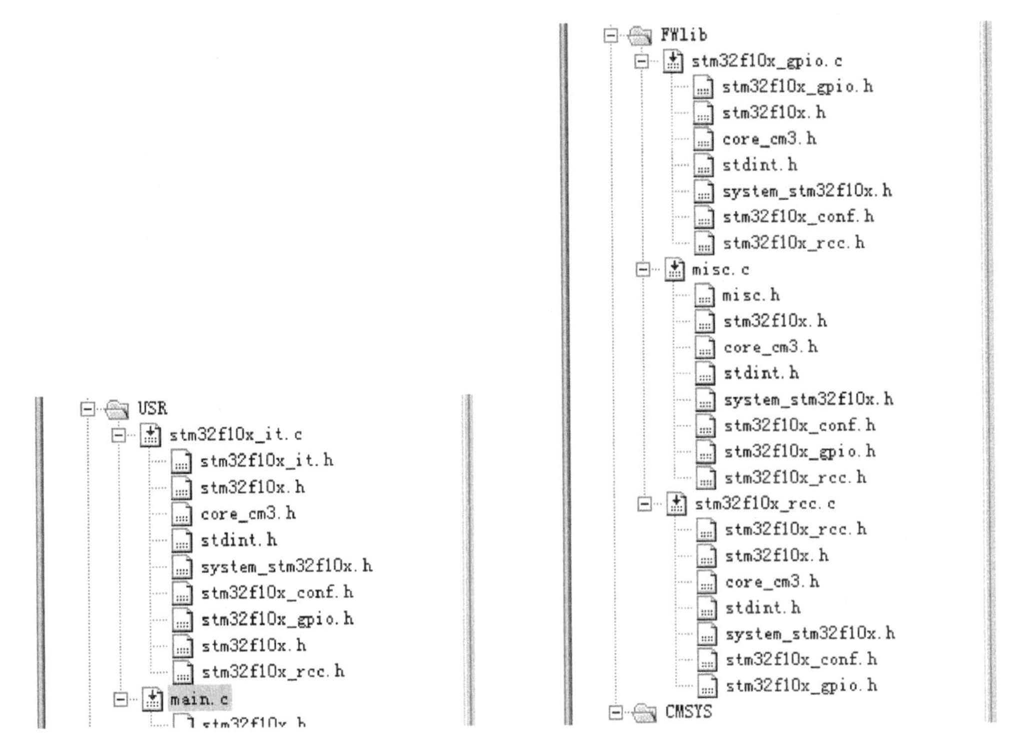

图 2.5.2　用户程序包含的头文件　　　　图 2.5.3　固件库程序包含的头文件

图 2.5.4 是点开系统程序看到的其包含的头文件。图中除了用户程序中的 main.c 以外，其他程序都来自于固件库。用户程序中的中断服务程序 STM32F10x_it.c 虽然源自于固件库，但因为用户会根据自己的中断服务需求设置中断服务程序，所以对于一个具体的工程，这个修改过的中断服务程序就隶属于这个工程，成为了该工程的用户程序之一。

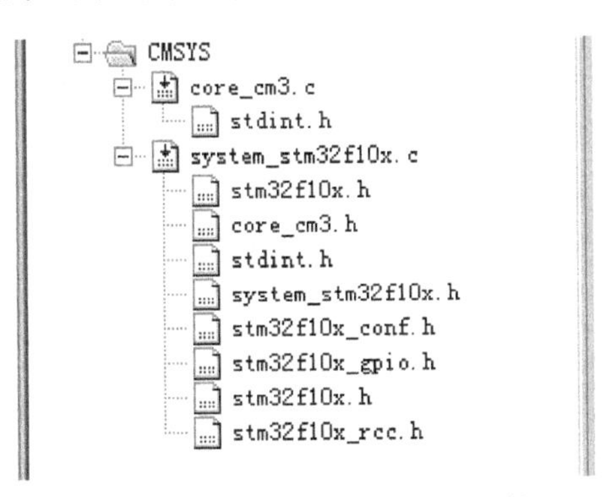

图 2.5.4　系统程序包含的头文件

固件库程序 FWlib 和系统程序 CMSYS 中的所有程序及其包含的头文件都不要修改，是单片机的固有硬件的接口函数，用户只需要调用它们即可。通过图 2.5.2、图 2.5.3、图 2.5.4，可以清楚地看到开发一个工程所要用到的所有头文件。同时也会发现，这些菜单树中的一些头文件，同时被几个程序包含调用。编译器在编译连接过程中，会简化目标代码，将各个.c 程序包含的同一个头文件的目标代码只保留一个。

由此可知，固件库的使用极为重要，程序员应该首先掌握固件库使用方法。

2.5.2 程序设计

STM32 程序编写采用 C 语言。调用固件库里的函数，使得凡是与寄存器操作相关的语句，程序的编写变得简便多了。但是，涉及到数据计算和数据处理的程序，需要用户自行编写。尤其是一个工程中需要大量的变量和变量数组，这些都需要程序员仔细分析和设计，确定好变量的属性，尽量多使用局部变量。对全局变量要斟酌使用，以节省内存空间。不过，在程序设计之初，不要太在意这个，那些在两个以上程序模块中使用的变量，就可以设计为全局变量。最后内存不够时，再想办法变通。好在 C 语言的通用性很好，因此，那些复杂的算法，可以直接到网上下载 PC 机或其他计算机使用的成熟的算法程序模块，而不需要自己编写，自己编写还容易出错。这样也能提高程序的编程效率。

STM32 软件开发主要包括以下 7 项内容：

(1)时钟配置：用于确定选用外部时钟还是内部时钟，配置片内外部设备的时钟及其分频系数，使能要使用的片内外部设备的时钟，关闭暂不使用的片内外设的时钟。

(2)I/O 口配置：用于设置所有外部使用的 I/O 口，I/O 口的设置需要仔细分析，把每个用到的 I/O 口列表，确定每个 I/O 口的具体功能，分析每个口线的使用性质和需求，才能将其正确的配置。

(3)所有使用到的片内外设的配置：包括了程序要用到的片内外设的功能设置及其引脚配置。在设置其引脚时，要与 I/O 口配置结合起来进行。片内外设主要是各个定时器、通信单元 UART/SPI/I^2C/CAN/USB、AD 转换器、看门狗等。

通用 IO(GPIO)、复用 IO(AFIO)以及外部中断也属于片内外设，也是挂接在 APB 总线上的，但由于其设置比较复杂，所以将这三项独立出来进行设置。

(4)DMA 使用：采用 DMA 进行存储器与外设之间的直接数据传送，大大提高了数据传输速率和工作效率。

(5)中断配置：要为所有用到的外部中断或内部中断设计中断服务程序。

(6)如果使用 μC-OS 操作系统，还要对工作内容进行具体的任务划分，将其划分为相对独立的几个任务，并且要设计开发每个任务的程序，设计任务之间数据传送的通信方法。

(7)工作程序设计：包括整个控制系统所要实现的所有功能的程序。

下面以 3D 打印机程序设计为例，说明程序设计的主要方法。

3D 打印机要通过 x 方向和 y 方向的两个步进电机的运动，控制打印头在 xy 平面内的运动，实现一层的打印。在一层打印完后，通过 z 轴步进电机的运动，使基体下移一层的距离，再进行新一层的打印。在打印过程中，打印头的送丝电机按照所控制的速度转动送丝，在空行程，停止送丝。有两个打印头，一个打印粗丝，一个打印细丝，因此 3D 打印机要控制的电机共有 5 个，每个电机都是混合步进电机。每个都经过细分驱动控制器控制其速度和转动方向，以实现所控制对象的受控运动。

对 5 个步进电机的控制，实际上是利用 5 个定时器，将其设置为 PWM 波发生器，将由其指定的引脚输出的 PWM 波送给细分驱动控制器，控制对应电机的转速，再由一路 I/O 口送出转动方向信号给细分驱动控制器，控制电机的转动方向，实现工件的打印。

我们选用的核心控制板就是图 2.4.12 所示的 STM32F103VE-144P 开发板。设定的各个电机的定时器、所选用的定时器通道、通道所在的单片机引脚、各路的细分数以及各电机转动方向控制引脚如下：

出丝电机有两个：一个出细丝，用于打印整体；一个出粗丝，用于打印底座。出细丝的电机代号为 M1，出粗丝的电机代号为 M2。M1 使用单片机定时器 1 的通道 1（TIM1_CH1）输出控制脉冲，从 PA8 引脚输出。M1 的细分驱动器的细分数定为 16，M1 转动方向由单片机的 PE2 引脚输出控制，PE2 输出高电平时为正转，否则为反转。M2 使用单片机定时器 5 的通道 4（TIM5_CH4）输出控制脉冲，从 PA3 引脚输出。M2 的细分驱动器的细分数定为 16，M2 转动方向由单片机的 PF4 引脚输出控制，PF4 输出高电平时为正转，否则为反转。

Z 轴电机 M_Z 使用单片机定时器 2 的通道 3（TIM2_CH3）输出控制脉冲，从 PA2 引脚输出。M_Z 的细分驱动器的细分数定为 32，M_Z 转动方向由单片机的 PF3 引脚输出控制，PF3 输出高电平时为正转，否则为反转。

X 轴电机 M_X 使用单片机定时器 3 的通道 3（TIM3_CH3）输出控制脉冲，从 PB0 引脚输出。M_X 的细分驱动器的细分数定为 32，M_X 转动方向由单片机的 PF1 引脚输出控制，PF1 输出高电平时为正转，否则为反转。

Y 轴电机 M_Y 使用单片机定时器 4 的通道 3（TIM4_CH3）输出控制脉冲，从 PB8 引脚输出。M_Y 的细分驱动器的细分数定为 32，M_Y 转动方向由单片机的 PF2 引脚输出控制，PF2 输出高电平时为正转，否则为反转。

细分数 n 指的是通过细分驱动控制器使得步进电机每个脉冲步进量为其不细分时的 $1/n$。通过设置细分驱动器上的 DIP 多路开关可以设置细分数，细分驱动控制器一般都可以实现 n 为 8，16，32，64，128 细分。经过细分后，步进电机的步距变小到只有原来的 $1/n$，使得打印的物品表面比较光滑，可以提高尺寸精度。

1. 时钟配置

时钟配置主要是使能外部时钟，使能 PLL 锁相环时钟等。程序如下：

```
void RCC_Configuration(void)
{
  RCC_DeInit();                      //时钟系统复位
  RCC_HSEConfig(RCC_HSE_ON);         //使能外部高速时钟
  HSEStartUpStatus = RCC_WaitForHSEStartUp();  //等待外部高速时钟就绪
  if(HSEStartUpStatus == SUCCESS)  //在外部时钟稳定可用后，执行以下操作
    {
   RCC_HCLKConfig(RCC_SYSCLK_Div1);    //将系统时钟传给高速时钟寄存
                                         器 HCLK
   RCC_PCLK2Config(RCC_HCLK_Div1);    //将高速时钟 HCLK 给予 PCLK2
   RCC_PCLK1Config(RCC_HCLK_Div2);    //将高速时钟 HCLK 分频后给予
                                        PCLK1
   FLASH_SetLatency(FLASH_Latency_2);    //FLASH 存储区等待
   FLASH_PrefetchBufferCmd(FLASH_PrefetchBuffer_Enable);
                                       //使能 FLASH 区程序预取缓冲
```

```
    RCC_PLLConfig(RCC_PLLSource_HSE_Div1, RCC_PLLMul_9);
                                        //PLLCLK = 8MHz * 9 = 72 MHz
    RCC_PLLCmd(ENABLE);  //使能 PLL(Enable PLL)
    while(RCC_GetFlagStatus(RCC_FLAG_PLLRDY) == RESET)
                                  //(Wait till PLL is ready 等待 PLL 稳定)
      {}
    RCC_SYSCLKConfig(RCC_SYSCLKSource_PLLCLK);
                                          //选择 PLL 作为系统时钟源
    while(RCC_GetSYSCLKSource() ! = 0x08)
      //(Wait till PLL is used as system clock source 等待直到 PLL 作为系统时钟源)
    {   }
    }
  GPIOA and GPIOB clock enable;//使能 GPIOA 和 GPIOB 的时钟
```

使能其他要用到的片内外设的时钟,可以将系统所有要用的片内外设的时钟在此处进行设置,也可以在各个片内外设的配置程序中设置其时钟。

}

2. I/O 口配置

I/O 口是计算机与外界联系,实现数据采集、输出控制、通信数传等功能的通道。STM32 单片机也是如此。它的 I/O 口有 8 种工作方式,任何一个引脚当时处于何种工作方式,都必须根据工作需求进行设置。I/O 口的设置,可以统一在 GPIO Configuration()函数中一次性设置,也可以在该函数中设置部分 I/O 口,而将片内外设要用到的 I/O 口在外设配置程序中设置。

不管以何种方式设置,都得在初始阶段对本控制系统要用到的所有 I/O 口进行列表,根据功能需求对其进行设置。有些 I/O 口在使用过程中的某些时刻,还要求变换为另外的功能,在变换时,也要重新设置以实现新的功能。再要改回原来的功能时,又要进行设置。也就是说,在要使用一个引脚实现某个功能之前,总是先要配置这个引脚,使得其能够实现需要的功能。

例如,3D 打印机有 3 个用于温度采集的模拟电压输入引脚,用于进行 A/D 转换。分别设计在 PH1,PH2,PH3 引脚上,有三个需要表达不同含义的指示灯分别设计在 PG11,PG12,PG13 引脚上,各个电机的 PWM 波输出控制各自在其使用的定时器配置程序中进行设置。还有各个电机的转动方向控制信号输出引脚也附带在各定时器配置程序中设置,其实电机转动方向的控制与定时器无关,只是由于一个定时器管一个电机,因此就将电机转动方向控制引脚的设置顺手放在了各个对应的定时器设置程序中了。

配置 A/D 转换和三个指示灯所用引脚的程序如下:

```
voidGPIO_Configuration(void)
{
GPIO_InitStructure.GPIO_Pin = GPIO_Pin_1|GPIO_Pin_2|GPIO_Pin_3;
                                              //选定 3 个引脚
  GPIO_InitStructure.GPIO_Mode = GPIO_Mode_AIN;  //设置其为模拟输入方式
```

```
    GPIO_InitStructure.GPIO_Speed = GPIO_Speed_50MHz;//设置引脚时钟速度
    GPIO_Init(GPIOH,&GPIO_InitStructure);    //将上述设置配置到 PH 口的 3 个引脚上
  //以上语句实现对 A/D 转换输入引脚的配置
    GPIO_InitStructure.GPIO_Pin = GPIO_Pin_11|GPIO_Pin_12|GPIO_Pin_13;
                                        //选定 3 个引脚,用于 LED 指示灯 D1,D2,D3
    GPIO_InitStructure.GPIO_Mode = GPIO_Mode_Out_PP;
                                                        //设置其为推挽输出方式
    GPIO_InitStructure.GPIO_Speed = GPIO_Speed_50MHz; //设置输出口时钟频率
    GPIO_Init(GPIOG,&GPIO_InitStructure);                 //将上述设置配置到 PG
                                                             口的 3 个引脚上
    //以上语句实现对 3 个指示灯输出引脚的配置
  }
```

3. 片内外设配置与 I/O 口配置

从上一节可知,所设计的 3D 打印机的出丝电机 M1 的 PWM 波所用的定时器为 TIM1,其 PWM 波输出引脚为 PA8,是 TIM1 的通道 1,其转动方向控制引脚是 PE2。对 TIM1 的设置,包括了对其输出引脚的设置程序 TIM1_GPIO_Config()和对其工作模式的设置程序 TIM1_Mode_Config()。

```
  void TIM1_GPIO_Config(void)
  { //出丝电机 M1 的 PWM 波输出引脚 PA8 和转动方向控制引脚 PE2 配置
    GPIO_InitTypeDef GPIO_InitStructure;
    RCC_APB2PeriphClockCmd(RCC_APB2Periph_GPIOA | RCC_APB2Periph_GPIOE, ENABLE);  //在此处开启 GPIOA 和 GPIOE 的时钟
    GPIO_InitStructure.GPIO_Pin =  GPIO_Pin_8;//送丝电机的 PWM 波输出口
    GPIO_InitStructure.GPIO_Mode = GPIO_Mode_AF_PP;     //复用推挽输出
    GPIO_InitStructure.GPIO_Speed = GPIO_Speed_50MHz;    //输出口时钟频率
    GPIO_Init(GPIOA,&GPIO_InitStructure);  //将上述设置配置到 PA 口上
    GPIO_InitStructure.GPIO_Pin = GPIO_Pin_2;  //决定送丝电机转动方向的信号输
                                                 出口
    GPIO_InitStructure.GPIO_Mode = GPIO_Mode_Out_PP;    //通用推挽输出
    GPIO_InitStructure.GPIO_Speed = GPIO_Speed_50MHz;    //输出口时钟频率
    GPIO_Init(GPIOE,&GPIO_InitStructure);  //将上述设置配置到 PE 口上
    GPIO_ResetBits(GPIOE, GPIO_Pin_2);  //初始送丝方向设置为低电平
  }
  void TIM1_Mode_Config(void) //TIM1 工作模式设置
  {
    TIM_TimeBaseInitTypeDef   TIM1_TimeBaseStructure;
    TIM_OCInitTypeDef   TIM1_OCInitStructure;
```

```
    RCC_APB2PeriphClockCmd(RCC_APB2Periph_TIM1, ENABLE);
                                                    //在此处开启 TIM1 的时钟
    TIM1_TimeBaseStructure.TIM_Period =999;
    TIM1_TimeBaseStructure.TIM_CounterMode = TIM_CounterMode_Up;
    TIM1_TimeBaseStructure.TIM_Prescaler = 719;
    TIM1_TimeBaseStructure.TIM_ClockDivision =  0x00;
    TIM1_TimeBaseStructure.TIM_RepetitionCounter = 0x0;
    TIM_TimeBaseInit(TIM1,&TIM1_TimeBaseStructure);
    TIM1_OCInitStructure.TIM_OCMode = TIM_OCMode_PWM1;
    TIM1_OCInitStructure.TIM_OutputState = TIM_OutputState_Enable;
    TIM1_OCInitStructure.TIM_OutputNState = TIM_OutputNState_Enable;
    TIM1_OCInitStructure.TIM_Pulse =500;
    TIM1_OCInitStructure.TIM_OCPolarity = TIM_OCPolarity_Low;
    TIM1_OCInitStructure.TIM_OCIdleState = TIM_OCIdleState_Set;
    TIM_OC1Init(TIM1,&TIM1_OCInitStructure);
    TIM_Cmd(TIM1,ENABLE);
}
```

按以上方法如法炮制，对 TIM2，TIM3，TIM4，TIM5 的 PWM 波输出口和电机转动方向控制输出口分别进行配置，程序与上面列举的相似，此处省略。

从上例可以看出，对 GPIO 的设置可以包含在片内外设的设置程序中，也就是片内外设用到了哪些引脚，就对这些引脚进行设置，不需要另外专门对引脚进行设置了。

篇幅所限，中断配置、通信配置、μC－OS 系统使用、工作程序设计等从略。

2.6 STM8 系列单片机

8 位单片机历经 30 多年的发展，虽然受到 16 位、32 位单片机的冲击，市场占有率不断下降，但产销量仍不断扩大，竞争也更加激烈。诸多半导体公司纷纷推出更具市场竞争力、性价比更高的 8 位单片机。法国 ST 公司推出的 STM8 系列单片机即是典型代表之一。在此首先把 STM8 系列单片机做一简要介绍，并与传统的 Intel80C51 系列单片机进行对比，然后介绍其调试原理与开发工具，最后就其开发应用中的一些问题做一些说明。

STM8 系列单片机又可细分为 3 个子系列：一般用途的 STM8S 系列单片机、汽车用途的 STM8A 系列单片机和低功耗用途的 STM8L 系列单片机。每个系列都还在不断完善和发展中。现以 STM8S 系列单片机与 Intel80C51 系列单片机对比的形式，对 STM8S 系列单片机性能指标做一简要介绍。

STM8S 系列单片机内部资源丰富，其特点及内部资源如图 2.6.1 所示。

最新的基于 8051 内核的单片机，其性能及内部资源与 STM8S 的相当，但是其三总线外扩，扩展能力比 STM8S 强大。

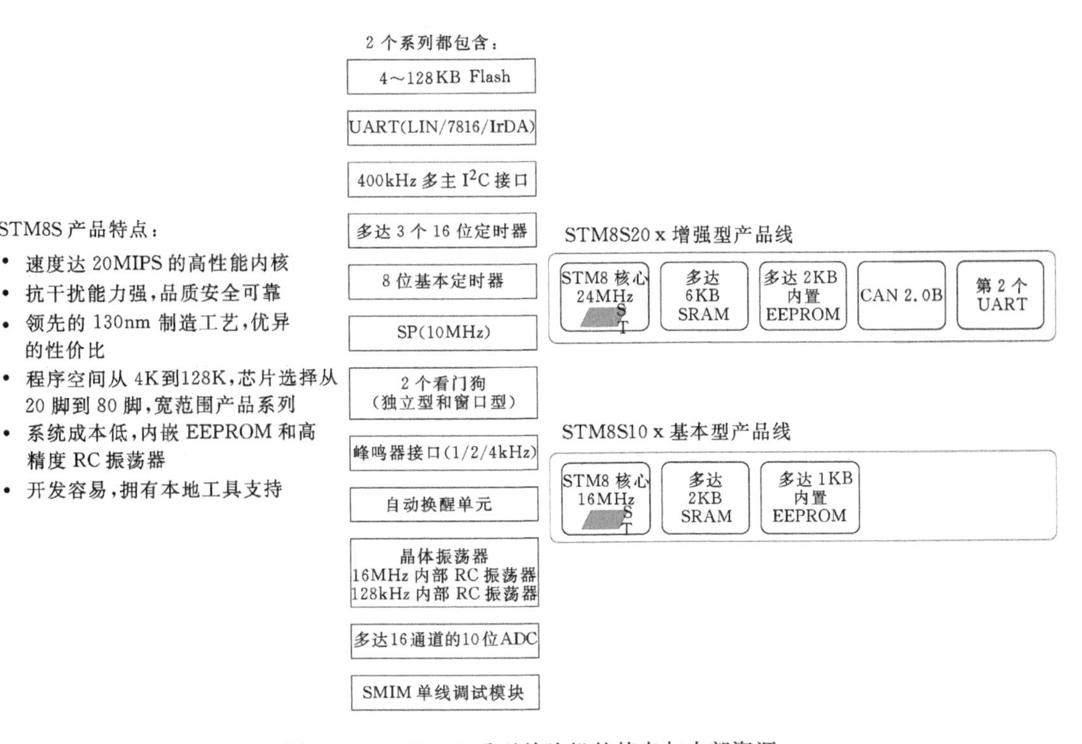

图2.6.1 STM8S系列单片机的特点与内部资源

2.6.1 STM8系列单片机特点

1. MCU性能优越

STM8系列单片机与80C51系列单片机都采用CISC指令系统。STM8系列MCU核最高运行速度达20MIPS(在最高20MHz时钟频率下)，而80C51MCU核最高运行速度只有1.33MIPS(在最高允许速度16MHz下)。

STM8系列具有内部16MHz RC振荡器，用于驱动内部看门狗(IWDG)和自动唤醒单元(AWU)的内部低功耗38kHz RC振荡器，以及上电/掉电保护电路，是80C51系列所不具备的。这在对时钟精度没有特殊要求的情况下，可降低外接元件数量，从而降低系统总成本。

STM8系列单片机有3种低功耗模式：等待模式、积极暂停(ActiveHalt)模式及暂停(Halt)模式，而80C51系列单片机则只有空闲(Idle)模式和掉电(PowerDown)模式。

2. 丰富的外围接口和定时器

Intel80C51系列单片机仅有UART接口、SPI接口、I²C接口类型和2～3个16位定时器(这些接口类型还不能同时在一颗芯片上实现)，STM8系列则有10位ADC，UART，SPI，I²C，CAN，LIN，IR(红外线远程控制)，LCD驱动接口，1～2个8位定时器，1～2个一般用途16位定时器，1个16位先进定时器，1个自动唤醒定时器和独立看门狗定时器。

3. 硬件调试接口SWIM

STM8系列单片机具有硬件单线接口模块，用于在片编程和无侵入调试。80C51系列单片机则不具备该功能。

4. 唯一身份(ID)号码

STM8 系列单片机具有 96 位唯一 ID 号码，可用于机器的身份识别。80C51 系列单片机也不具备该功能。

2.6.2　STM8 单片机的调试开发工具

1. 硬件调试开发工具

STM8 调试系统由单线调试接口(SWIM)和调试模块(DM)构成。SWIM 是基于异步、开漏、双向通信的单线接口。当 CPU 运行时，SWIM 允许以调试为目的对 RAM 和外围寄存器的无侵入式读写访问。而当 CPU 处于暂停状态时，SWIM 除允许对 MCU 存储空间的任何部分(数据 EEPROM 和程序存储器)进行访问，还可以访问 CPU 寄存器(A，X，Y，CC，SP)。这是因为这些寄存器映射在存储器空间，所以可以用与其他寄存器地址相同的方式进行访问。SWIM 还能够执行 MCU 软件复位。SWIM 调试系统的这些功能为 STM8MCU 的调试开发奠定了基础。ST 公司和 Raisonance 公司都在此基础上开发出了 ST－LINK 和 RLink 开发工具，极大地方便了单片机工作者。ST－LINK 价格较 RLink 低，因而更受青睐。STM8 系列单片机的仿真器 ST－LINK 最先由 ST 公司开发完成，现在流行的是其更新版本的 ST－LINK_V2 仿真器(见图 2.6.2)。ST－LINK_V2 仿真器不但可以仿真 STM8 系列单片机，还可以通过仿真器上的 JTAG 接口仿真 STM32 系列仿真机。其性能稳定可靠，价格低，实用性很好。

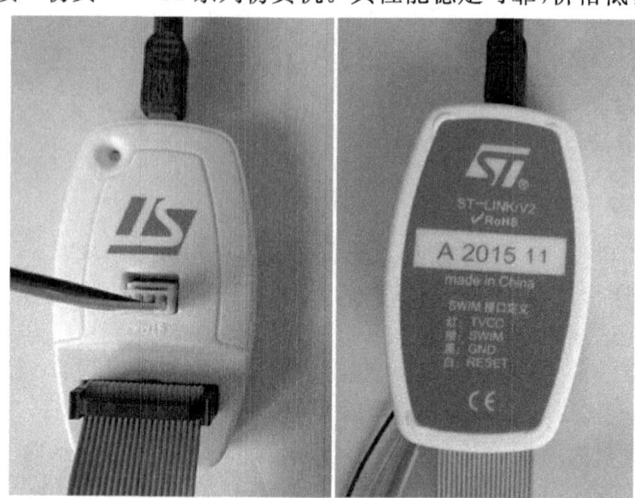

图 2.6.2　ST－LINK_V2 仿真器

国内也有多家公司开发或仿制了这种仿真器，ST 公司为了更大量地销售自己的单片机，对其仿真器是否被仿制不置可否。因为他们知道，仿真器不值钱，而开发成功的使用 STM 单片机的电子产品大量的市场销售，才会给他们带来丰厚利润，所以他们公开了自己仿真器的所有硬件和软件设计资料。这些在他们的官网上都可下载。

2. 软件开发工具

在编译器方面，Cosmic 软件公司和 Raisonance 软件公司均提供 16KB 代码限制的免费 C 编译器，并且可以申请一年有效的 32K 代码限制的免费 C 编译器许可证。ST 公司提供 STToolset 集成开发平台，支持 Cosmic 和 Raisonance 两种编译器，支持 ST－LINK；Raisonance 公司则提供 Ride7 集成开发环境，使用 RaisonanceC 编译器和 RLink。这两种开发环境均为免费系统。

STToolset 集成开发平台分为编程编译仿真工具 STVD 和程序下载工具 STVP 两个应用程序。STVD 的工作界面与 KEIL 的相似，如图 2.6.3 所示。

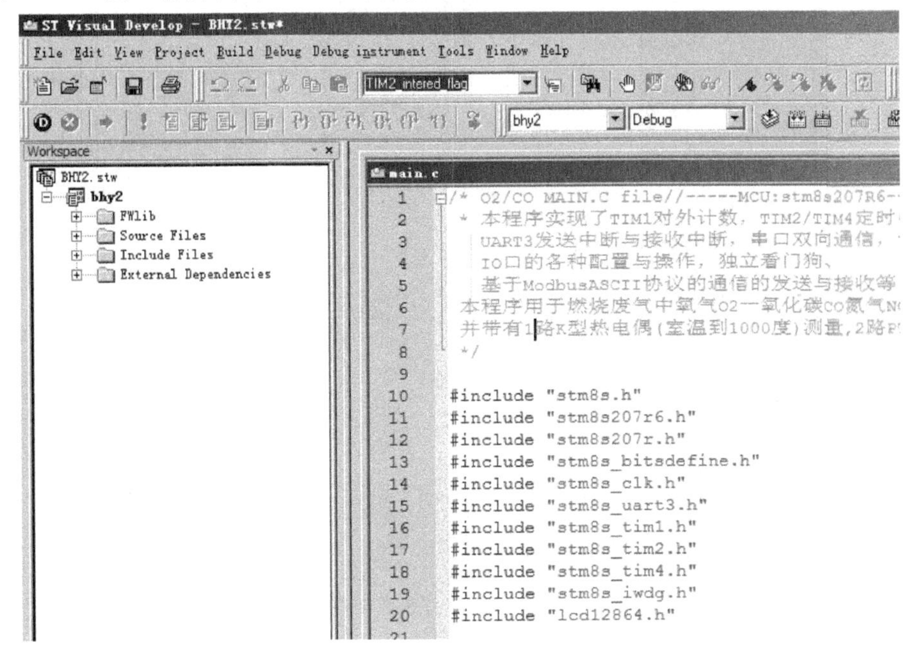

图 2.6.3 STVD 的工作界面

在其工作界面中可以看到与 KEIL 相同的布局，左边一栏为菜单树，表明了工程 bhy2 中使用的所有程序。右边为程序编辑区。

菜单树显示，名为 bhy2 的工程共有 4 个文件夹，分别为：

FWlib——本工程中使用的外设的驱动程序.c 程序；

Source Files——用户设计的本工程 C 语言源程序；

Include Files——所有本工程中.C 文件中使用的包含头文件；

External Dependenceies——所有本单片机的外设的头文件清单，哪个.C 程序中有本清单中的头文件，就会调用其参加编译。

需要说明，以上菜单树中的任一个文件夹都是用户在菜单树中添加到工程中的，其名称也都是用户随手命名的，只是其中的内容，却是不可随便乱写的，否则程序无法正确编译。

鼠标点击工程菜单树中每个文件夹前边的“+”号或者双击文件夹名称，会出现下拉菜单，显示每个文件夹中的程序，如图 2.6.4 所示。

从图中可见，本工程的固件库内有多个外设的.C 程序。

源程序有 3 个：main.c，stm8_interrupt_vector.c 和 stm8s_it.c。其中，主程序 main.c 由用户设计，中断向量程序 stm8_interrupt_vector.c 和中断定义程序 stm8_it.c 源自于 stm8s 系列单片机的固件库，也是 ST 公司开发公布的。Stm8s 单片机的固件库名为 STM8S_StdPeriph_Lib_VX，目前使用的是 V2.1.0 版本。中断定义程序不能更改。中断向量程序 stm8_interrupt_vector.c 中的内容要根据工程使用的那些中断更改。

从图 2.6.4 可以看出，STVD 与 KEIL 相比，其包含文件的放置更加科学，它把所有.C 程序内包含的头文件统一集中起来，放在包含文件夹 Include Files 中，使得菜单树简洁清晰。

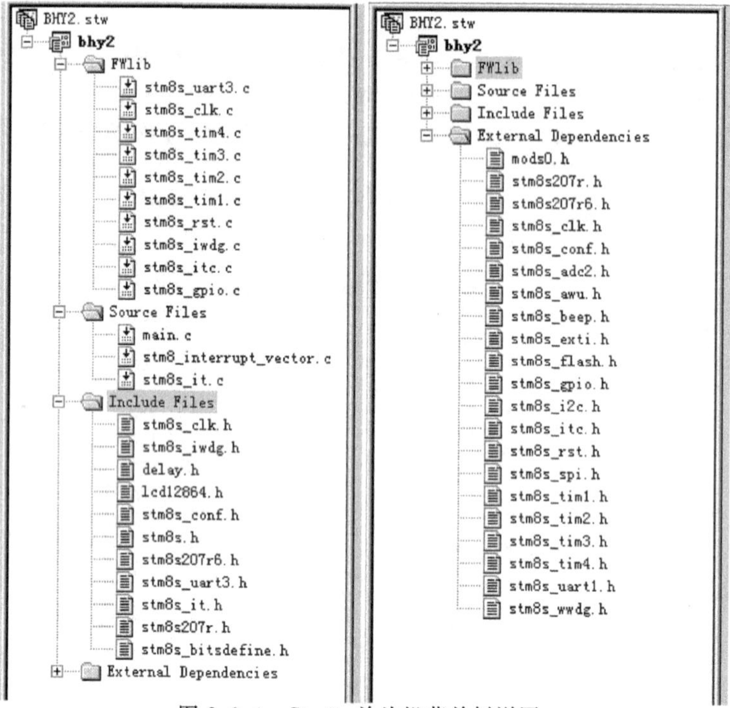

图 2.6.4　Stm8s 单片机菜单树详图

菜单树中的外部依赖性设备 External Dependencies 的头文件夹内，放置了该单片机几乎所有的外设头文件，有些在工程中并没有用到，也在此列出。虽然列出了很多的头文件，但是编译器在编译时，只编译那些在应用程序中包含过的头文件，并将其目标代码加入总目标代码中。那些没有被包含的头文件不参加编译，因此也不会增大目标程序代码。外部依赖性设备 External Dependencies 的头文件夹内的包含文件也是可以由用户添加或者删除的。图 2.6.5 为某个工程开发时的外设头文件。

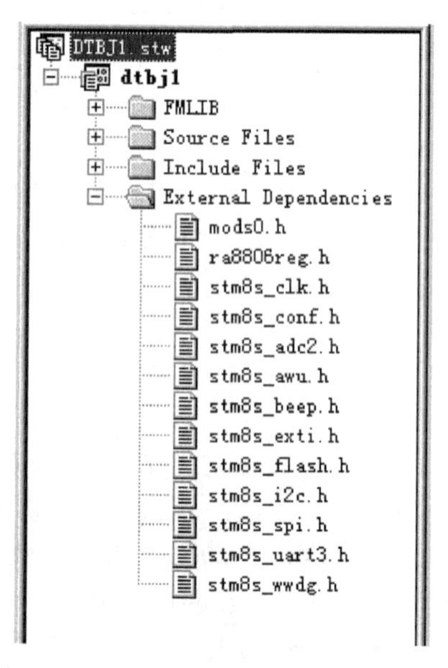

图 2.6.5　某个工程开发时的外设头文件

2.6.3　STM8系列单片机的应用开发

1. 适用场合

STM8S系列单片机内置16位先进的控制定时器模块，也有具有捕捉输入/比较输出功能的一般用途16位定时器，可广泛用于PWM控制算法的电机控制和工业仪器仪表应用；STM8A系列是针对汽车电子和严酷环境而开发的单片机；STM8L系列单片机则以低功耗应用见长，尤其适合电池供电的手持设备应用，如井下人员有源射频识别卡。也有STM8系列单片机不擅长的领域。除先进定时器外，其他定时器不具备对外部脉冲的计数功能，因此不能直接用于需要多路脉冲计数的仪表应用场合；需要外扩计数器和存储器等并行接口的芯片，则不如8051系列单片机来的方便。

2. 软件开发

要搞好软件开发，必须认真阅读数据手册。与以前单片机的单一数据手册不同，STM8单片机资料包括数据手册、用户手册、编程手册、技术手册、应用笔记等多个文件，内容十分详实，开发者必须潜心阅读，才能全面掌握其要义。

ST公司提供的一系列开发例程，大都采用了函数调用。通过这些函数源代码，可以加快学习与开发的速度。开发中需要特别注意之处：

(1)内/外部时钟切换。要严格按编程手册要求的顺序进行，一定要等待切换时钟稳定后才能进行切换。使用外部晶振，当外部时钟失效时，单片机自动切换到内部时钟，因此必须编写相应的时钟切换中断服务程序，以免由于时钟频率或精度的变化影响系统正常工作。

(2)寄存器读写顺序。对16位定时器读操作时要先读高位字节，再读低位字节，顺序不能搞错；对ARR寄存器写操作时也要求先写高位字节ARRH，再写低位字节ARRL，只能按字节写，而不能对ARR直接进行16位字赋值，因为CosmicC编译器对字的写操作采用LDW指令，而LDW指令是先写低位字节再写高位字节，次序正好相反。

3. IAP应用

STM8系列单片机支持最终产品交付后现场固件更新的在应用编程功能(IAP)，其优点是不用打开装有CPU板的机箱，就可以快速更新程序。这在产品新固件上市时是个很有用的特性，它使开发商在产品上市后可以轻易地修改固件错误或添加新的功能。STM8单片机使用用户引导加载程序固件把IAP功能整合到用户程序中。引导加载程序功能由外部引脚(PCB板的跳线端子)激活，通过可执行的ROM代码管理程序编程闪存程序块，支持多种通信接口(SPI，I^2C和UART)。需要注意的是，应用程序固件和用户引导加载程序固件必须作为两个不同项目开发。用户引导加载程序固件占据存储空间的UBC(用户启动代码)部分，为正确编程引导加载程序的应用程序固件，必须转移用户应用程序的起始地址和向量表地址，以避免在留作用户引导加载程序区域内的任何闪存进行的写操作。具体设置步骤如下：

(1)在集成开发环境下，单击“Project”→“Set-tings”，单击“Linker”，然后在“Category”(类别)选择“Input”，就可以根据用户引导加载程序、大小移动向量表和“代码、常数”部分了。

(2)修改定义用户引导加载程序项目main.h中定义变量MAIN_USER_RESET_ADDR，使其与新向量表地址一致。用下面一行代码实现：#defineMAIN_USER_RESET_ADDR 0x…(新向量表地址)。

STM8 系列单片机功能强大，价格较低，综合性价比极高，正在得到广泛应用。充分利用 STM8 单片机的强大功能，设计智能仪器，将会在产品市场上获得较大的竞争优势。

思考题与习题

2-1　如何简捷地判断 8051 是否在运行工作？

2-2　试述 8051 程序存储器和数据存储器的空间分布情况，其内部和外部程序存储器如何使用？

2-3　开机复位后，CPU 使用的是哪组工作寄存器？它们的地址是什么？

2-4　单片机中 CPU 是如何确定和改变当前工作寄存器组的？

2-5　在程序设计时，有时为什么要对堆栈指针 SP 重新赋值？如果 CPU 在操作中要使用 3 组工作寄存器，你认为 SP 的初值应为多大？

2-6　8051 的时钟周期、机器周期、指令周期是如何分配的？当振荡频率为 12MHz 时，一个机器周期为多少微秒？

2-7　当一台 8051 单片机运行出错或程序进入死循环，如何重新启动？

2-8　有几种方法使单片机复位？复位后各寄存器、RAM 中的状态如何？

2-9　当单片机在关机后又立刻开机，有时就不能正常启动，试分析原因，并提出解决办法。

2-10　试述 51 单片机的 PC 寄存器在执行中断服务程序前后整个时间段的内容变化情况。

2-11　8051 端口 P0～P3 作通用 I/O 口时，在输入引脚数据时应注意什么？

2-12　在 8051 扩展系统中，片外程序存储器和片外数据存储器使用相同的地址编址，是否会在数据总线上出现争总线现象？为什么？

2-13　8051 端口 P0 作通用 I/O 口时，外部器件连接应注意什么？为什么？

2-14　8051 的 EA 端有何功用？应如何处理？为什么？

2-15　目前所用的 C8051F 最高指令执行速度是 8051 单片机的多少倍？其速度快的主要原因是什么？

2-16　STM32F103 单片机内部 RAM 多大？内部程序区有多少？

2-17　STM32F103 单片机的 I/O 口怎么配置？

2-18　STM8S 单片机的开发环境怎么配置？

2-19　单片机的固件库在单片机开发中起什么作用？

第3章　智能仪器常用通信技术

数字通信是计算机的重要功能，也是智能仪器的重要功能。计算机与其他设备的通信主要是为了进行数据交换，有些是为了将下位机所采集到的数据传给具有大型数据库管理能力的上位计算机，有些是为了进行分布式测量与控制。现在计算机通信已经进入到人类生产与生活的各个领域，成为人们进行信息交流最常用的工具，尤其是网络技术的发展和普及，使计算机通信更加迅速和便捷。人们坐在计算机前，就可以和整个世界进行交流，获得所需的各种信息，或者将自己的信息和文件快速地传递给远方。

在智能仪器和分布式计算机控制系统中，广泛使用计算机通信来进行数据传送。使用最多的是通过计算机串行接口进行通信，通过将PC机上串行接口的RS-232C电平转换为RS-485电平组网进行多机通信(1200m以内)，或者将其转换为CAN总线电平组网，可以实现较远距离多机通信。另外在近距离内，计算机与许多外设的通信也采用串行总线USB进行通信。有些设备与计算机还通过并行接口进行通信。这里介绍最常用的RS-232C总线、RS-485总线、CAN总线、USB总线的通信技术和多机通信的组网技术及并行通信等技术。

3.1　USB接口

3.1.1　USB概述

USB(universal serial bus)通用串行总线，是微机与外设连接的快速输入输出标准。为了解决日益增加的PC外设与有限的主板插槽和端口之间的矛盾，1994年由Microsoft，Intel等PC大厂商专门制定了这种串行通信的标准，自1995年在Comdex上亮相以来至今已广泛地为各PC厂家所支持。1999年初提出了USB2.0规范，它向下兼容USB1.0/1.1。现在生产的PC机几乎都配备了USB接口，Microsoft的windows98，NT，2000，XP，win7，win10以及Mac OS，Linux，FreeBSD等流行操作系统都增加了对USB的支持。Microsoft，HP，Compaq，Intel，Agere，NEC和Philips是USB成员中致力于制定USB2.0标准的7个主要组织。经历了不断的发展，现在USB2.0版本已经被广泛使用。

现在，带USB接口的设备越来越多，如USB存储器、鼠标、键盘、数码相机、调制解调器、扫描仪、摄像机、电视、音箱等，许多智能仪器也配有USB通信接口。

USB之所以能得到广泛支持和快速普及，是因为它具备下列特点：

1)使用方便

使用USB接口可以连接多个不同的设备，支持热插拔。在软件方面，为USB设计的驱动程序和应用软件可以自动启动，无需用户干预。USB设备也不涉及IRQ冲突等问题，它单独使用自己的保留中断，不会同其他设备争用PC机有限的资源，为用户省去了硬件配置的烦恼。USB设备能真正做到“即插即用”。

2)速度加快

快速性能是USB技术的突出特点之一。USB1.1接口的最高传输速率是12Mb/s,比串口快了整整100倍,比并口快了10多倍。USB2.0接口的传输速率可达120～480Mb/s。

3)连接灵活

USB接口支持多个不同设备的串列连接,一个USB接口理论上可以连接127个USB设备。连接的方式也十分灵活,既可以使用串行连接,也可以使用集线器(Hub),把多个设备连接在一起,再同PC机的USB口相接。在USB方式下,所有的外设都在机箱外连接,不必打开机箱;允许外设热插拔,而不必关闭主机电源。USB采用"级联"方式,即每个USB设备用一个USB插头连接到一个外设的USB插座上,而其本身又提供一个USB插座供下一个USB外设连接用。通过这种类似菊花链式的连接,一个USB控制器可以连接多达127个外设。标准USB电缆长度为3m(低速5m),通过Hub或中继器可以使外设距离达到30m。

4)独立供电

使用串口、并口的设备都需要单独的供电系统,而USB设备则不需要,因为USB接口提供了内置电源,能够采用总线供电。USB总线提供最大达5V,500mA电流。因此,新的设备就不需要专门的交流电源了,从而降低了这些设备的成本并提高了性价比。

5)接口灵活方便

USB共有4种传输模式:控制传输(control)、同步传输(synchronization)、中断传输(interrupt)和批量传输(bulk),以适应不同设备的需要。USB还能智能识别USB链上外围设备的接入或拆卸。USB接口支持即插即用和热插拔,具有强大的可扩展性,为外围设备提供了低成本的标准数据传输形式。无论是键盘、鼠标、游戏摇杆之类的简单输入设备,还是打印机、扫描仪、存储设备、modem、摄像头之类的高级外部设备,都可以采用USB接口。所有使用PS/2、串行、并行传统接口的外围设备均可采用USB接口形式。

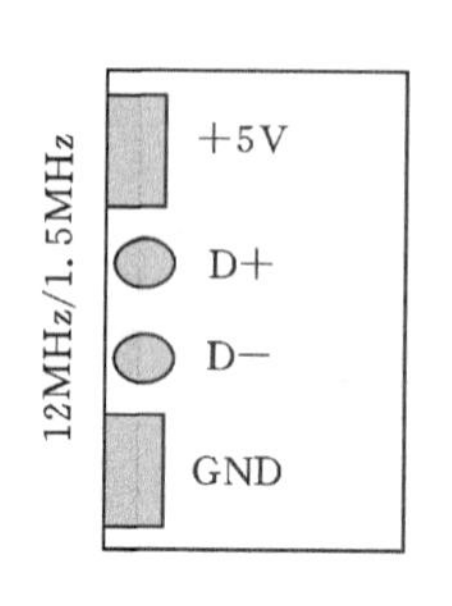

图3.1.1 USB接口

USB使用一个4芯的标准接口,2芯是数据线,另2芯分别是+5V电源线和地线。接头有两种,扁平的A型和梯形的B型。通常B型供集线器(Hub)的设备使用。图3.1.1所示为A型。

3.1.2 USB系统

USB是一种电缆总线,支持在主机和各式各样的即插即用的外设之间进行数据传输。由主机预定的标准协议使各种设备分享USB带宽,当其他设备和主机在运行时,总线允许添加、设置、使用以及拆除外设。

1. USB系统组成

一般USB系统被分成USB的连接、USB的设备和USB的主机。USB的连接是指设备和主机之间进行连接的交互动作。USB的物理连接是有层次性的星型布局,每个集线器在星型的中心,每条线段是点对点连接的。任何USB系统中,只有一个主机。USB设备和USB主机的接口称为主机控制器(host controller),它是硬件和软件综合实现的。根集线器是综合于主机系统内部的，用以提供 USB 的连接点。USB 的设备包括集线器和功能器件(function)。集线器为 USB 提供更多的连接点，一个 USB 系统最多可连接 127 个设备；功能部件是指键盘、打印机、数码相机等为系统提供具体功能的设备。

2. USB 的电气特性

在 USB 总线上的两个端点之间传送数据时，总是采用平衡发送差分接收的方式工作，这样可以极大地提高传输速率，并能减少噪声。驱动器和接收器采用差分电路可抵消噪声的干扰。USB 传送信号和电源是通过一种四线的电缆，图 3.1.2 中的两根双绞线是信号线 D＋和 D－，用于发送信号。USB 为适应不同的设备需要，具有不同的数据传输速率，可在用同一 USB 总线传输的情况下自动地动态切换。因为过多地使用低速模式，将降低总线的利用率，所以该模式只支持有限的个别低带宽的设备(如鼠标)。

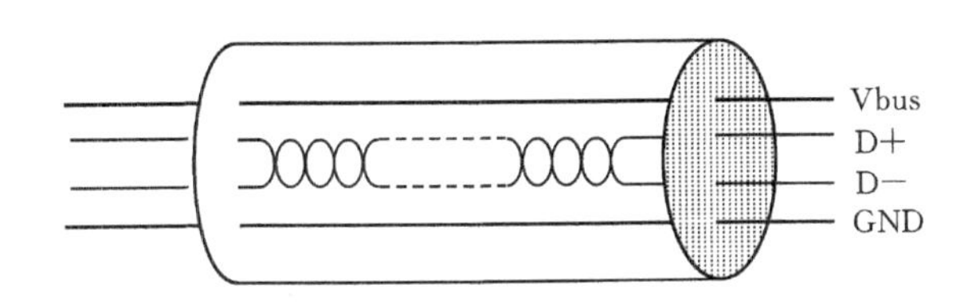

图 3.1.2　USB 电缆结构

电缆中还包括 Vbus 和 GND 两条线，为设备提供电源，Vbus 的电压为 5V。USB 设备可从总线和上行集线器上获得电压，也可以自行供电，设备获取的电量也可进行设置。USB 具有省电模式，即进入挂起状态。USB 支持两种类型的挂起方式：全部挂起和选择挂起。全部挂起是所有的 USB 设备进入挂起状态；选择挂起是仅被选择的设备进入挂起状态。当 3ms 内没有检测到总线行为时，设备将会进入挂起状态。当设备进入挂起状态时，它消耗的电流不超过 500μA。当设备被唤醒时(远程唤醒或由唤醒信号唤醒)，必须限制从总线上获取的电流，设备必须有足够大的分流电容，以保证当设备处在恢复过程时，从集线器获取的电流不超过端口的最大电流允许值。

3. 数据编码和解码

数据通过 USB 传输时，采用翻转非零码(None Return Zero Invert, NRZI)编码方式。在该编码方案中，"1"表示电平不变，"0"表示电平翻转。图 3.1.3 列出了一个数据流及其他的 NRZI 编码。

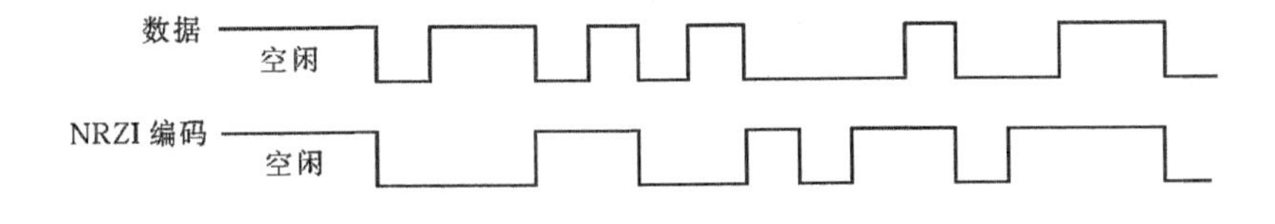

图 3.1.3　NRZI 编码

一长串和连续的 1 将会导致无电平跳变，从而引起接收器最终丢失同步信号，解决办法就是使用位填充法。位填充法规定，在连续传输 6 个 1 的情况下，强制在 NRZI 编码的数据流中加入跳变。这就确保接收器至少可以在每 7 个位的时间间隔内，会从数据流中检测到一次跳变，从而使接收器和传送的数据保持同步。

位填充操作从同步数据段开始，如图 3.1.4 所示，贯穿于整个传送过程，在同步数据段的数据“1”作为真正数据流的第一位。位填充操作毫无例外由传送端强制执行。接收端必须能对 NRZI 数据进行解码，识别插入位并去掉它们。如果接收端发现数据包中任一处有 7 个连续的“1”，则将会产生一个位插入错误，该数据包将被忽略。

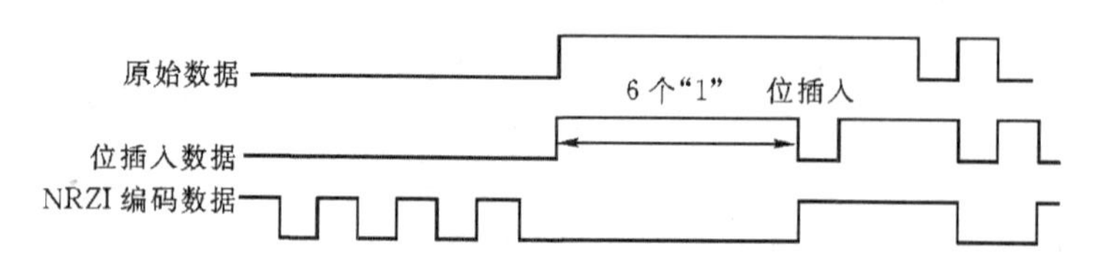

图 3.1.4　位填充操作

4. USB 的容错性能

USB 提供了多种机制，如使用差分驱动、接收和防护，以保证信号完整性；使用循环冗余码，以进行外设装卸的检测和系统资源的设置，对丢失和损坏的数据包暂停传输，利用协议自我恢复，以建立数据和控制信道，从而使功能部件避免了相互影响的负作用。这些机制的建立，极大地保证了数据的可靠传输。

在错误检测方面，协议中对每个包中的控制位和数据位都提供了循环冗余码校验，并提供了一系列的硬件和软件设施来保证数据正确性，提供的循环冗余码可对一位或两位的错误进行 100%的恢复。在错误处理方面，协议在硬件和软件上均有措施。硬件的错误处理包括汇报错误和重新进行一次传输，传输中若还遇到错误，由 USB 的主机控制按照协议重新进行传输，最多可再进行三次。若错误依然存在，则对客户端软件报告错误，使之按特定方式处理。

5. USB 主机

USB 主机是 USB 系统的核心，它包含在主板的配套芯片内。主机控制着所有对 USB 的访问，一个外设只有主机允许才有权力访问总线，主机同时也监测着 USB 的结构。

USB 主机包括三层——客户层、USB 系统层和主机控制器层，分别与设备相应的三层进行通信，如图 3.1.5 所示。

客户层在 USB 主机的最高层，它是设备驱动程序的集合。客户与功能部件之间进行逻辑的信息交流。

USB 系统层是主机的系统软件的一部分，是整个 USB 的管理中枢。在主机的三个层次中，USB 系统层处于承上启下的地位。向上，它提供向客户的接口；向下，它控制着主机控制器，使之完成 USB 所要求的工作。USB 系统层可进一步分为三个主要的组成部分：主机控制器驱动器（host controller driver，HCD）、USB 驱动器（USBDriver，USBD）和主机软件。HCD 将不同的具体的主机控制器映像到 USB 系统，使客户不必关心设备所连接的具体的主机控制器，而能实现与设备之间的通信。USB 系统可能有多个主机控制器，不同的主机控制器通过各自的 HCD 将自身映像进 USB 系统。在 USB 系统中，USBD 处于 HCD 的上层。USBD 通过 HCD 所提供的 HCD 接口（HCD interface，HCDI）与 HCD 进行交互。同时 USBD 提供面向客户的接口，即 USBD 接口（USBD Interface，USBDI），以支持客户的数据传送、设备配置等请求。主机软件是可选的,这方便了客户的操作。客户可以向主机软件发出命令,由主机软件将命令转换成 USBDI 所要求的标准格式,进而交由 USBD 执行,这样就进一步简化了 USBDI 的细节,客户操作起来更加方便。

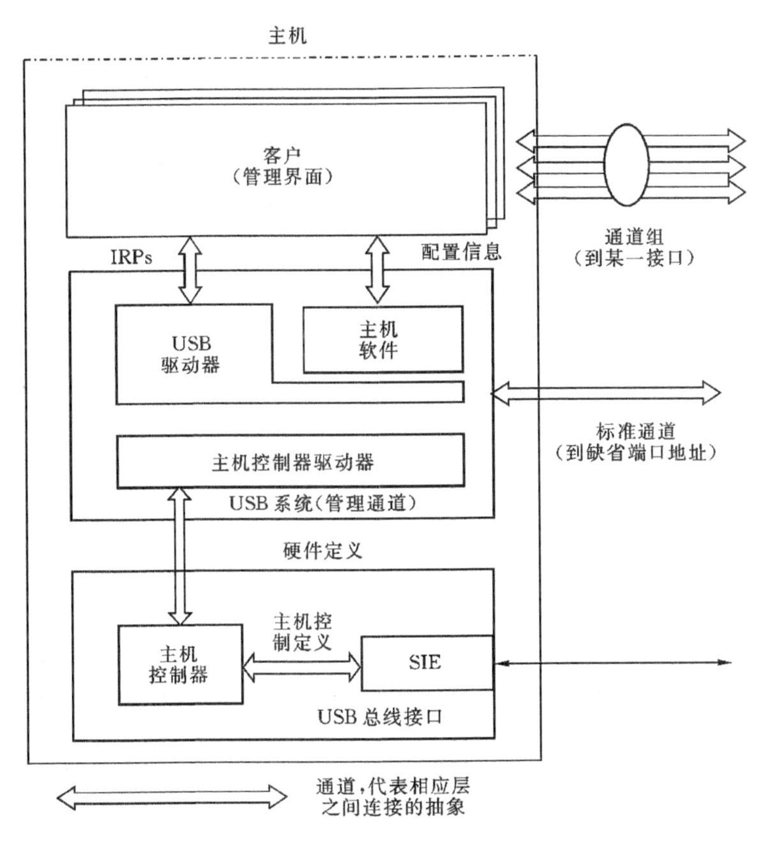

图 3.1.5　USB 主机层次图

主机控制器即主机上的总线接口。USB 主机与设备之间的通信最终都将通过 USB 电缆进行,即通过 USB 主机的总线接口和 USB 设备的总线接口之间相连的电缆进行的。任何一个输出请求都是由主机控制器组织成包的形式发往总线的。

一个输入输出请求包(I/O request packet,IRP)请求的执行过程:首先,客户以 IRP 的标准形式向 USBD 请求数据传送。IRP 请求包在主机的不同层之间传送,不同层往 IRP 中的不同部分填上相应的内容。客户提出请求的时候,在 IRP 中填入信道句柄、客户的通知标志、数据缓冲区的首地址与长度后交给 USB 系统层。USB 系统层收到 IRP 后,根据信道标志和用户的标志决定工作缓冲区的大小,往 IRP 中填上工作缓冲区的首地址及长度,进而交给下层的主机控制器。主机控制器根据请求的特点、当前的工作情况,决定 IRP 请求的处理方式。在执行过程中,IRP 被分解为多个传送,每个传送又分为多个事务。在每个事务结束后,主机控制器往 IRP 中的请求结束状态中添置相应的信息,以标志请求是否顺利结束。在 IRP 结束后,主机控制器往 IRP 中加入 IRP 结束状态。主机控制器处理完 IRP 后,根据 IRP 中的客户标志通知客户。

6. USB 数据流

USB 上的数据流就是主机与设备之间的通信，这种数据流其实可分为三个层次——应用层、USB 逻辑设备层和 USB 总线接口层，如图 3.1.6 所示。

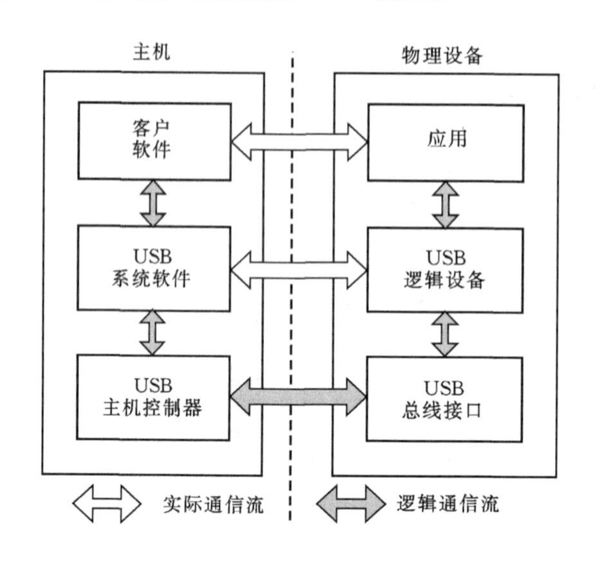

图 3.1.6 层间数据流关系图

USB 物理设备(USB physical device)：USB 上的一种硬件，可运行一些用户程序。

客户软件(client software)：为一个特定的 USB 设备而在主机上运行的软件。这种软件由 USB 设备的提供者提供，或由操作系统提供。

USB 系统软件(USB system software)：此软件用于在特定的操作系统中支持 USB，它由操作系统提供，与具体的 USB 设备无关，也独立于客户软件。

USB 主机控制器(USB host controller)：总线在主机方面的接口，是软件和硬件的总和。用于支持 USB 设备通过 USB 连到主机上。

为了支持主机与客户之间的坚固可靠的通信，这四个 USB 系统的组成部分在功能上存在相互重叠的部分。

USB 总线接口层提供了在主机和设备之间的物理连接、发送连接、数据包连接。USB 设备层对 USB 系统软件是可见的，系统软件基于它所见的设备层来完成对设备的一般的 USB 操作。应用层可以通过与之相配合的客户软件向主机提供一些额外的功能。USB 设备层和应用层的通信是逻辑上的。对应于这些逻辑通信的实际物理通信由 USB 总线接口层来完成。

3.1.3 总线拓朴

总线拓朴(bus topology)是指 USB 的基本物理组成、基本逻辑组成，以及各组成部分之间的相互关系。它包括主机和设备、物理拓朴结构、逻辑拓朴结构和客户软件层与应用层等四个重要的组成部分，如图 3.1.7 所示。USB 主机在 USB 系统中是一个起协调作用的实体，它不仅占有特殊的物理位置，而且对于 USB 以及连到 USB 上的设备来说，还负有特殊责任。主机控制所有的对 USB 的访问。一个 USB 设备想要访问总线，必须由主机给予它使用权。主机还负责监督 USB 的拓朴结构。

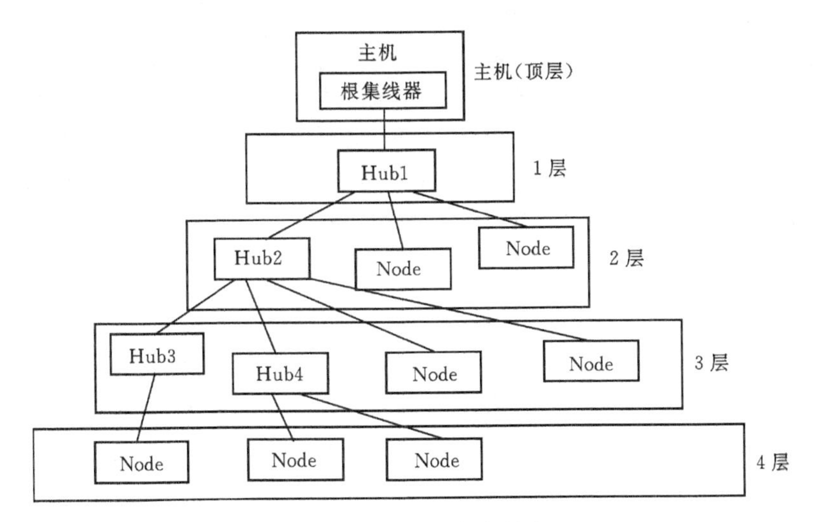

图 3.1.7　总线的拓扑结构

USB设备用于向主机提供一些额外的功能。USB设备提供的功能是多种多样的,但面向主机的接口却是一致的。所以,对于所有这些设备,主机可以用同样的方式来管理它们与USB有关的部分。为了帮助主机辨认及确定USB设备,这些设备本身需要提供用于确认的信息。在某一些方面的信息,所有设备都是一样的;而另一些方面的信息,由这些设备具体的功能决定。信息的具体格式是不定的,由设备所处的设备级别决定。

总线的物理拓朴结构是描述USB系统中的各组成部分在物理上是如何连接起来的,USB系统中的设备与主机的连接方式采用的是星形连接。

总线逻辑拓朴结构主要描述USB系统中各种组成部分的地位和作用,以及描述从主机和设备的角度观察到的USB系统。在物理结构上,设备通过Hub连到主机上。但在逻辑上,主机是直接与各个逻辑设备通信的,就好像它们是直接被连到主机上一样。

客户软件层与应用层的关系:描述从客户软件层看到的应用层的情况,以及从应用层看到的客户软件层的情况。USB系统的物理上、逻辑上的拓朴结构反映了总线的共享性。操纵USB应用设备的客户软件只关心设备上与它相关的接口,客户软件必须通过USB软件编程接口来操纵应用设备。这与另一些总线如PCL,ELSA,PCMUA等不同,这些总线是直接访问内存或I/O的。在运行中,客户软件必须独立于USB上的其他设备。这样,设备和客户软件的设计者就可以只关心该设备与主机硬件的相互作用和主机软件的相互作用的细节问题。

3.1.4　USB通信端点与管道

USB接口是为主机软件和它的USB应用设备间的通信服务的,对客户与应用层之间不同的交互,USB设备对数据流有不同的要求。USB允许各种不同的数据流相互独立地进入一个USB设备。每种数据流都采取了某种总线访问方法来完成主机上的软件与设备之间的通信。每个数据流都在设备上的某个端点结束。

为方便理解,必须先掌握端点(endpoint)和管道(pipe)的概念。

1. 端点

每一个USB设备在主机看来就是一系列相互独立端点的集合,主机只能通过端点与设备进行通信，以使用设备的功能。每个端点实际上就是一个一定大小的数据缓冲区，它是主机与设备间数据流的一个结束点。每个设备只有一个唯一的地址，这个地址是在设备连上主机时，由主机分配的；而设备中的每个端点在设备内部也都有唯一的端点号，这个端点号是在设备设计时被给定的。每个端点都是一个简单的连接点，或者支持数据流进设备，或者支持其流出设备，而两者不能同时进行。在 USB 系统中，端点必须在设备配置后才能生效（端点 0 除外）。端点 0 通常为控制端点，用于设备初始化参数等；端点 1，2 等一般用作数据端点，存放主机与设备间往来的数据。

2. 管道

一个 USB 管道是驱动程序的一个数据缓冲区与一个外设端点的连接，它代表了一种在两者之间移动数据的能力。一旦设备被配置，管道就存在了。管道有两种类型，数据流管道（其中的数据没有 USB 定义的结构）与消息管道（其中的数据必须有 USB 定义的结构）。管道只是一个逻辑上的概念。

所有的设备必须支持端点 0 以作为设备的控制管道。通过控制管道可以获取完全描述 USB 设备的信息，包括设备类型、电源管理、配置、端点描述等等。只要设备连接到 USB 上并且上电，端点 0 就可以被访问，与之对应的控制管道就存在了。图 3.1.8 是图 3.1.6 的扩充，它更详尽地描述了 USB 系统，支持了逻辑设备层和应用层间的通信。

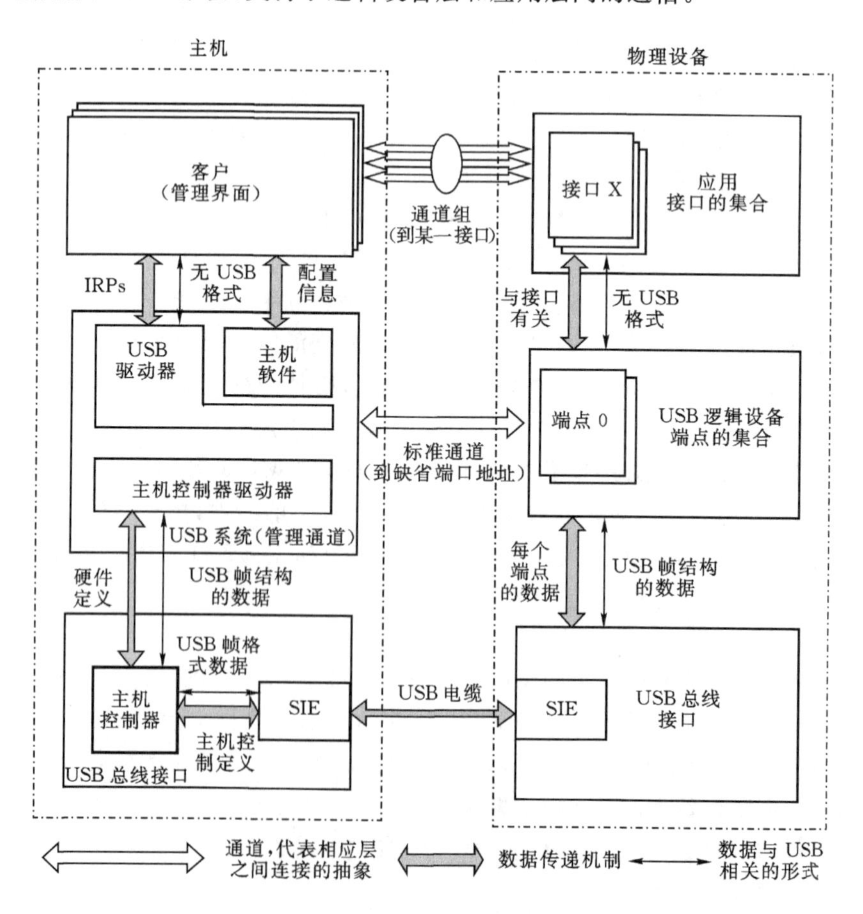

图 3.1.8　USB 主机/设备细节图

为了进一步说明USB传输，我们引出帧(frame)的概念。USB总线将1ms时间定义为一帧，每帧以一个SOF包为起始，在这1ms里，USB进行一系列的总线操作。引入帧的概念主要是为了支持与时间有关的总线操作。

为了满足不同外设和用户的要求，USB提供了四种传输方式：控制传输，同步传输，中断传输和批传输。它们在数据格式、传输方向、数据包容量限制、总线访问限制等方面有着各自不同的特征，如表3.1.1所示。

表3.1.1　USB传输方式简表

传输方式	传输方式	数据格式	数据容量限制	总线访问限制	使用场合	错误检查及恢复
控制传输	双向传输	数据具有USB定义的结构(消息管道)	对高速器件：8/16/32/64字节；对低速器件：8字节	端点不能指定总线访问的频率和占用总线的时间	用于配置命令、状态等情况	具有数据传输保证，必要时可以重试
同步传输	单向传输	数据没有USB定义的结构(数据管道)	高速器件0至1023字节	与中断方式一起使用，占用总线的时间不超过一帧的90%	为周期性的连续传输方式。通常用于传输与时间有严格关系的信息	没有数据重发机制，要求具有一定的容错能力
中断传输	只能输入		高速器件：小于64字节	与同步方式一起使用，占用总线的时间不超过一帧的90%	用于非周期性的、自然发生的、数量很少的信息传输	具有数据保证传输，在必要时可以重试
批传输	单向传输		高速器件：8/16/32/64字节	只要总线空闲就可以传输数据	用于大量的对时间没有要求的数据传输	具有数据传输保证，在必要时可以重试以保证数据的准确

3.1.5　USB总线协议

USB协议层反映了USB主机与USB设备进行交互时的语言结构和规则。所有总线操作都可以归结为三种包的传输。任何操作都是从主机开始的，主机以预先排好的时序，发出一个描述操作类型、方向、外设地址以及端点号的包，我们称之为令牌包(token packet)。然后在令牌中指定的数据发送者发出一个数据包或者指出它没有数据可以传输。而数据的目的地一般要以一个确认包(handshake packet)作出响应以表明传输是否成功。为了更好地理解协议，首先介绍一下构成 USB 语言的区和包。

1. 区的类型

同步区(SYNC field)：所有的包都起始于 SYNC 区，它被用于本地时钟与输入信号的同步，并且在长度上定义为 8 位。SYNC 的最后两位作为一个记号表明 PID 区(标识区)的开始。

标识区(packet identifier field)：对于每个包，PID 都是紧跟着 SYNC 的，PID 指明了包的类型及其格式。主机和所有的外设都必须对接收到的 PID 进行解码。如果出现错误或者解码为未定义的值，那么这个包就会被接收者所忽略。如果外设接收到一个 PID，它所指明的操作类型或者方向不被支持，外设将不作出响应。

地址区(address field)：外设端点都是由地址域指明的，它包括两个子区：外设地址和外设端点。外设必须解读这两个区，其中有任何一个不匹配，这个令牌就会被忽略。外设地址区(ADDR)指定了外设的存在，它根据 PID 所说明的令牌的类型，指明了外设是数据包的发送者或接收者。ADDR 共 7 位，因此最多可以有 127 个地址。一旦外设被复位或上电，外设的地址被缺省为 0，这时必须在主机检测过程中被赋予一个唯一的地址。而 0 地址只能用于缺省值，而不能分配作一般的地址。端点区(ENDP)有 4 位，它使设备可以拥有几个子通道。所有的设备必须支持一个控制端点 0(endpoint 0)。低速的设备最多支持 2 个端点：0 和一个附加端点。高速设备可以支持最多 16 个端点。

帧号区(frame number field)：这是一个 11 位的区，指明了目前帧的排号，每过一帧(1ms)这个域的值加 1，到达最大值 XFF 后返回 0。这个域只存在于每帧开始时的 SOF 令牌中。SOF 令牌在下面将详细介绍。

数据区(data field)：范围是 0～1023 字节，而且必须是整数个字节。

CRC 校验：包括令牌校验和数据校验。

2. 包的类型

令牌包(token packed)：包括 IN(输入)，OUT(输出)，SETUP(设置)和 SOF(start of frame，帧起始)四种类型。其中，IN，OUT，SETUP 的格式如图 3.1.9 所示。

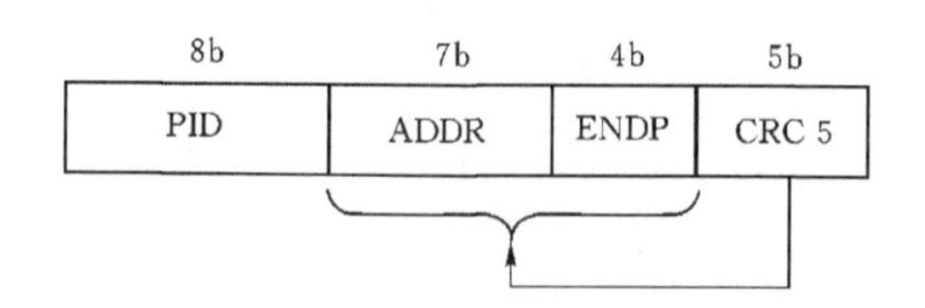

图 3.1.9 IN，OUT，SETUP 数据格式

对于 OUT 和 SETUP 来说，ADDR 和 ENDP 中所指明的端点将接收到主机发出的数据包；而对 IN 来说，所指定的端点将输出一个数据包。

token 和 SOF 在 3 个字节的时间内以一个 EOP(End of Packet)结束。如果一个包被解码为 token 包，但并没有在 3 个字节时间内以 EOP 结束，它就会被看作非法或被忽略。

对于 SOF 包，主机以一定的速率(1ms±0.05ms 一次)发送 SOF 包。SOF 不引起任何操作。

数据包(data packet):包括 data0 和 data1 两种类型。这两种包的定义是为了支持数据触发同步。数据包包含了 PID,DATA 和 CRC 三个区(见图 3.1.10)。

应答包(handshake packet):仅包含一个 PID 域(见图 3.1.11),用来报告数据传输的状态。只有支持流控制的传输类型(控制、中断和批传输)才能返回应答包。

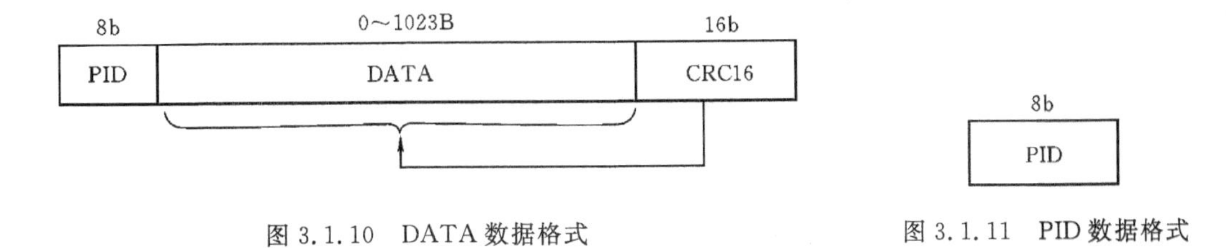

图 3.1.10　DATA 数据格式　　图 3.1.11　PID 数据格式

应答包有三种类型:

(1)确认包 ACK:表明数据接收成功。

(2)无效包 NAK:指出设备暂时不能传送或接收数据,但无需主机介入,可以解释成设备忙。

(3)出错包 STALL:指出设备不能传送或接收数据,但需要主机介入才能恢复。

3. 总线操作格式

批操作:批操作包括令牌、数据、应答三个阶段。对于输入操作,如果设备不能返回数据,那么必须发出 NAK 或 STALL 包;对于输出,如果设备不能接收数据,也要返回 NAK 或 STALL。

控制操作(control transaction):控制操作主要包括两个操作阶段(transaction stage),即设置和状态。如果数据没有正确接收,那么设备就会忽略它,而且不返回应答包。

中断操作(interrupt transaction):中断操作只有输入这一个方向,具体格式与批操作的输入情形类似。

同步操作(isochronous transaction):同步操作不同于其他类型,只包含两个阶段,即令牌和数据。因为同步传输不支持重发的能力,所以没有应答阶段。另外,它也不支持数据的触发同步与重试。

4. 数据触发同步与重试

USB 提供了保证数据序列同步的机制,这一机制确保了数据传输的准确性。这一同步过程是通过 Data0 和 Data1 的 PID 以及发送者与接收者上的数据触发序列位来实现的。接收者的序列位只有当接收到一个正确的数据包时(包括正确的 PID)才能被触发,而发送者的序列位只有当接收到确认包 ACK 时才能被触发。在总线传输的开始,发送者与接收者的序列位必须一致,这是由控制命令来实现的。同步传输方式不支持数据触发同步。

每次总线操作,接收者将发送者的序列位(被译码成数据包 PID 的一位,即 Data0 或 Data1)与本身的相比较。如果数据不能接收,则必须发送 NAK。如果数据可以被接收,并且两者的序列位匹配,则该数据被接收并且发送 ACK,同时,接收者的序列位被触发。如果数据可以被接收,但两者的序列位不匹配,则接收者只发出 ACK 而不进行其他操作。对于发送者来说,在接收到 NAK 时或在规定时间内没有接收到 ACK,则将上一次的数据重发。

5. 低速操作

Hub具有禁止高速信号进入低速设备的能力，这既防止了电磁干扰的发生，又保护了低速设备。

所有下行的低速传输的包，必须先发送一个PRE包。Hub必须解释PRE包，而所有其他的USB设备必须忽略这个包。主机在发送完PRE包后，必须等待至少4位的时间，而在这个期间，Hub完成必要的设置，使之能接收低速的信号。在接收到EOP信号之后，Hub关闭低速设备的端口。上行的操作则没有上述的行为，低速与高速是一样的。

低速操作还有其他的限制如下：

(1)数据包最大限制为8个字节。

(2)只支持中断和控制传输方式。

3.1.6 USB接口器件介绍

USB控制器有两种类型：一种是纯粹的USB接口芯片，仅处理USB通信，如PHILIPS的PDIUSBD11(I^2C接口)，PDIUSBD12(并行接口)，National Semiconductor的USBN9604等。另一种是将MCU也集成在芯片里面，如Intel的8X930AX，CYPRESS的EZ－USB，SIEMENS的C541U等产品。前一种类型是一个芯片与MCU接口实现USB通信功能，因此成本较低，可靠性高。后一种由于开发时需要单独的开发系统，开发成本较高。

现在许多带有USB接口的单片机也被开发出来，并得到了广泛的应用。例如美国Silicon Lab公司的C8051F32X，C8051F34X系列单片机，被大量用于各种USB接口的设备。

1. USBN9604特性

USBN9604是一款性能优良的USB控制器，它和MCU相结合，构成一个USB接口。MCU的选择范围很广，允许使用现存的体系结构并使投资减到最小。USBN9604符合USB1.1规范，能适应大多数设备规范设计的要求。其特性如下：

(1)符合USB 1.1协议规范。

(2)集成了SIE串行接口引擎、FIFO存储器、USB收发器和电压调整器。

(3)与微处理器有8位并行接口，可工作在两种模式：非多路模式和多路模式(Intel兼容)。

(4)允许使用微程序模式。

(5)3种DMA操作模式，方便块传输和同步传输。

(6)集成了64B的多配置FIFO存储器。

(7)很低的待机电流，低的EMI性能。

(8)可通过软件控制USB总线连接。

(9)支持24MHz晶振，内部可支持到48MHz晶振。

(10)时钟频率输出可编程。

(11)具有内部上电复位和低电压复位电路。

(12)双电压工作：3.3V或5V电压范围。

USBN9604由下面几个部分组成：

(1)收发器：通过终端电阻与USB电缆接口，完成信号的输入输出。

(2)串行接口引擎：SIE 实现 USB 协议层。它由 4 个硬件模块构成：MAC、PHY、位时钟恢复和 USB 事件检测模块。这些模块完成以下功能：同步模式识别、位填充/不填充、CRC 产生和校验、位时钟恢复、PID 检测、地址识别以及握手鉴定等。

(3)PLL 锁相环：片上集成 2 个 6～48MHz 的倍频 PLL(锁相环)。

(4)电压调整器：1 个 3.3V 电压调整器为模拟收发器供电，也提供连接到外部 1.5kΩ 上拉电阻的输出电压。

(5)端口控制缓冲(EPC)FIFOS：负责数据包的接收和发送处理以及与 DMA 和 MCU 的接口(并口或串口)。并行接口容易使用、速度快，把 USBN9604 看成是一个有 8 位数据总线和 1 位地址线的存储设备后，就能直接与 MCU 接口。USBN9604 支持多路复用和非多路复用的地址和数据总线；与 DMA 接口有标准模式、自动模式和自动数据传送模式。

USBN9604 的内部框图如图 3.1.12 所示。

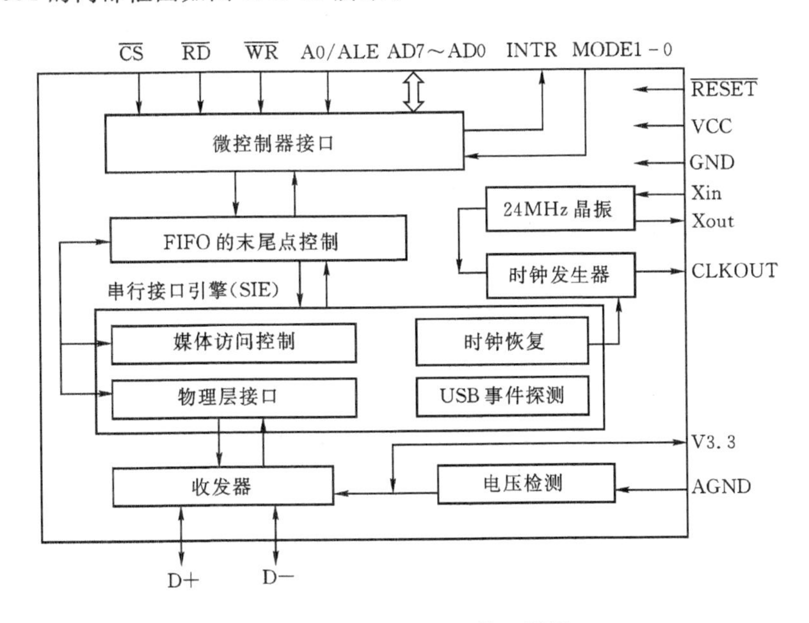

图 3.1.12　USBN9604 接口框图

2. ISP1581

ISP1581 是一种费用低、功能强的通用串行总线接口器件，完全遵从通用串行总线规范 2.0版本(universal serial bus (USB) Rev2.0)。它给基于微控制器或微处理的系统提供高速的 USB 通信能力。ISP1581 经过一个高速通用平行接口与微控制器或微处理器系统沟通。

ISP1581 支持 USB2.0 系统的自动探测行为。它也可以向下兼容 USB1.1 规范，以较低的速度保持操作。它被设计为一个通用的总线接口器件，以便它能适用于现有的各类设备，诸如图像类设备、USB 移动硬盘和其他存储设备、通信设备、打印机和人机接口设备。

内部的通用 DMA 块允许方便的数据流应用。另外，DMA 块的不同配置可以被剪裁用于大块数据存储。

实现一个设备的 USB 接口的标准方法，允许设计者在广泛的多样性的系统微控制器中选择最适宜的。可重新使用现有结构和固件投资，缩短开发时间，排除风险而且减少费用，获得快速有效的、开发成本效益最好的USB外围设备解决方案。

ISP1581可以完美地适用于许多类型的外围设备，诸如打印机、扫描仪、磁光设备(MO)、CD光驱(激光唱碟)、数字化视频光驱(DVD)、数码相机、USB总线到以太网的连接、电缆和数传调制解调器等。在挂起时的低功耗模式允许方便地设计适用于ACPI™，OnNow™设备和对USB电源管理的需求。

ISP1581也合并特征，诸如软连接(soft connect)、减少晶振频率和整合的终止电阻。这些特征对于在系统设计中节省费用和方便地实现先进的USB功能进入个人计算机外围设备有重要意义。

ISP1581特点如下：

(1)完全遵从USB2.0规范。

(2)遵从大多数的设备规范。

(3)它是一个高性能的USB接口设备，带有完整的串行接口引擎(SIE)、FIFO存储器、数据收发器和3.3V电压调整器。

(4)支持自动的USB2.0模式检测和USB1.1向下兼容模式。

(5)支持高速直接存储器存取接口DMA。

(6)完全自治的和多种配置的DMA操作。

(7)高达14个可编程的USB终端和2个固定的IN/OUT控制器。

(8)完整的8KB多结构FIFO存储器。

(9)终端双缓冲可方便地增强实时数据的传输。

(10)带有大多数的微控制器/微处理器的独立总线接口(16MB/s或16Mwords/s)。

(11)带有低功耗和挂起时低电流的电源管理能力。

(12)使用12MHz晶振，带有完整的锁相环(PLL)以减少电磁干扰(EMI)。

(13)软件控制和USB总线的连接(soft connect™)。

(14)适用于ACPI™，OnNow™和USB总线的电源管理需求。

(15)内置电源开启和低电压复位电路，也支持软件复位。

(16)允许超过扩展的USB总线电压范围(4.0～5.5V)标准5V范围的I/O耐受能力。

(17)工作温度范围：－40～＋85℃。

(18)在人易于接近的引线像D＋和D－上有12kV在线的ESD保护。

(19)带有高故障覆盖的全扫描设计，故障覆盖率大于99%。

(20)可用封装为LQFP64。

3. IEEE1394

还有一种快速的串行通信接口标准IEEE1394，类似于USB2.0，是一种高性能的外部串行总线标准。标准的1394接口可以同时传送数字视频信号以及数字音频信号，相对于模拟视频接口，1394技术在采集和回录过程中没有任何信号的损失，十分适合视频影像的传输，被广泛用于数字视频设备DVD。DVD不使用USB的一个原因在于1394是集成了网络接口协议的一种网络传输方式，每一个1394的客户端都可以直接通信(是作为PC定义的)，而USB只是为了简单的数据传输准备的，需要单独的芯片才可以网络化，所以DVD一般使用1394作为流媒体的传输载体。IEEE1394的主要性能特点如下：

(1)采用级联方式连接各个外部设备。该接口在一个端口上最多可以连接63个设备，设备间采用树形或菊花链结构。设备间电缆的最大长度是 4.5m。采用树形结构时可达 16 层，从主机到最末端外设总长可达 72m。

(2)能够向被连接的设备提供电源。IEEE1394 的连接电缆(cable)中共有 6 条芯线，其中两条为电源线，可向被连接的设备提供电源，其他四条线被包装成两对双绞线，用来传输信号。电源电压范围直流 8～40V，最大电流 1.5A。像数码相机之类的低功耗设备可以直接由总线供电，不必再由外部供电。

(3)采用基于内存的地址编码，具有高速传输能力。总线采用 64 位的地址宽度(16 位网络 ID，6 位节点 ID，48 位内存地址)，将资源看作寄存器和内存单元，可以按照 CPU 与内存间的传输速率进行读写操作，因此传输速率很高。IEEE1394A 的传输速率最高可达 400Mb/s，IEEE1394B 的传输速率最高可达 800Mb/s，因此适用于各种高速设备。

(4)采用点对点结构。任何两个支持 IEEE1394 的设备可以直接连接，不需要通过电脑控制。

(5)安装方便且容易使用。允许热插拔，不必关机即可随时动态配置外部设备。增加或拆除外部设备后，会自动调整结构，重设整个外设网络状态。

IEEE1394 可以同时提供同步(synchronous)和异步(asynchronous)数据传输方式，同步方式用于实时性的任务，异步方式用于将数据传送到特定的地址。这一标准的协议称为等时同步(isosynchronous)。使用该协议的设备可以从 1394 连接中获得必要的带宽。其余的带宽，可以用于异步数据传输，异步数据传输过程并不保留同步传输所需的带宽。这种处理方式使得两种传输方式各得其所，可以在同一传输介质上可靠地传输音频、视频和计算机数据。

IEEE1394 和 USB 在功能和设计思想上有许多相似的地方，但由于 USB 接口相对要简单得多，因此 USB 接口被迅速地推广到几乎所有需要快速数据传输的设备上。

3.2　RS-232C 接口

通信接口 RS-232C 标准的全称是 EIA-RS-232C 标准(electronic industrial associate-recommended standard—232C)，是美国 EIA(电子工业联合会)与 BELL 等公司一起开发的 1969 年公布的通信协议。它是一种用来连接计算机数据终端设备(data terminal equipment，DTE)和数据通信设备(data communication equipment，DCE)的外部总线标准。DCE 的任务是数据信号的变换和控制。在发送端，把信号转换为模拟信号(调制)；在接收端，把模拟信号转换为数字信号(解调)。这个标准对串行通信接口的有关问题，如信号线功能、电气特性都作了明确规定。由于通信设备厂商都生产与 RS-232C 制式兼容的通信设备，因此，它作为一种标准，在微机串行通信接口中广泛采用。在加装了调制解调器(modem)的情况下，这种通信可以通过电话线传输数据，并且可以传送很远的距离(数千千米，理论上电话线能到达的任何地方)。但是，如果没有 modem，就只能传递十几米远。这种通信方式在远距离(大于等于 1000m，使用 modem)和近距离(小于等于 15m，不用 modem)通信中被广泛使用。在需要近距离或远距离通信的智能仪器中，这种通信方式是较常采用的方式之一。关于 modem 通信技术，详见其他专业书籍。

在讨论 RS-232C 接口标准的内容之前，先说明两点：

首先，RS-232C 标准最初是为远程通信连接数据终端设备 DTE 与数据通信设备 DCE 而制定的，因此这个标准的制订，并未考虑到计算机系统的要求。但是，后来它又广泛地被用于计算机（更准确地说，是计算机接口）与终端外设之间的近端连接标准。很显然，这个标准的有些规定及定义和计算机系统是不一致的，甚至是矛盾的。有了这种背景的了解，我们对 RS-232C 标准与计算机不兼容的地方就不难理解了。

其次，RS-232C 标准中所提到的“发送”和“接收”，都是站在 DTE 的立场上，而不是站在 DCE 的立场来定义。由于在计算机系统中，往往是 CPU 和 I/O 设备之间传送信息，两者都是 DTE，因此双方都能发送和接收。

3.2.1 RS-232C 传递信息的格式标准

RS-232C 按串行方式传送数据，其数据格式如图 3.2.1 所示。该标准对所传递的信息规定如下：信息的开始为起始位；信息的结尾为停止位，它可以是一位、一位半或两位。信息的本身可以是 5,6,7,8 位再加一位奇偶校验位。如果两个信息间无信息，则应写“1”，表示空。

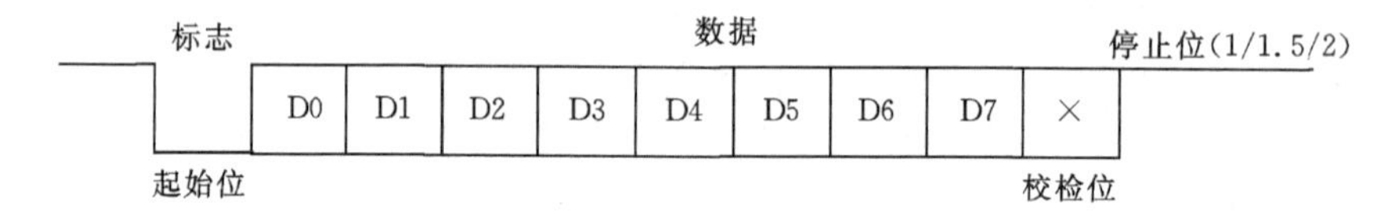

图 3.2.1 EIA-RS-232C 串行数据格式

RS-232C 传送的波特率(b/s)规定为 19200,9600,4800,2400,1200,600,300,150,75,50。RS-232C 的传送距离一般不超过 15m。

3.2.2 RS-232C 标准的信号线定义

EIA-RS-232C 标准规定了在串行通信中，数据终端设备 DTE 和数据通信设备 DCE 之间的接口信号。表 3.2.1 给出了 RS-232C 信号的名称、引脚号及功能。表中的数据终端为计算机，数据通信设备为 modem。

表 3.2.1 RS-232C 接口信号线

引脚号	信号名	缩写名	方向与功能说明
1	保护地	PG	无方向设备地
2	发送数据 *	TXD	计算机→modem，计算机给 modem 发送串行数据
3	接收数据 *	RXD	计算机←modem，计算机接收 modem 传来的串行数据
4	请求发送 *	RTS	计算机→modem，计算机请求通信设备切换到发送方向，高电平有效
5	清除发送 *	CTS	计算机←modem，modem 给计算机的允许发送信号，高电平有效
6	数传机就绪 *	DSR	计算机←modem，modem 准备就绪，给计算机发出的设备可用信号，高电平有效
7	信号地 *	SG	无方向信号地，所有信号公共地

续表

引脚号	信号名	缩写名	方向与功能说明
8	数据载体检出	DCD	计算机←modem，通信链路的载波信号已经建立，可以发送数据，高电平有效，在通信线接好期间一直有效
	（接收信号检出）*	(RLSD)	
9	未定义		
10	未定义		
11	未定义		
12	辅信道接收线信号检测		
13	辅信道的清除发送		
14	辅信道的发送数据		
15	发送器定时时钟(DCE 源)		
16	辅信道的接收数据		
17	接收器定时时钟		
18	未定义		
19	辅信道的请求发送		
20	数据终端就绪 *	DTR	DTE→DCE，终端设备就绪，设备可用
21	信号质量测定器		
22	振铃指示器 *	RI	DTE←DCE，通信设备通知终端，通信链路有振铃
23	数据信号速率选择器 DTE 源/DCE 源		
24	发送器定时时钟(DTE 源)		
25	未定义		

由表中可以看出，RS-232C 标准为主信道和辅信道共分配了 25 根线。其中，辅信道的信号线几乎没有使用；而主信道的信号线有 9 根（表中打“ * ”号者），它们才是远距离串行通信接口标准中的基本信号线。

2 号线——发送数据（transmitted data，TXD），通过 TXD 线将串行数据发送到 modem。

3 号线——接收数据（received data，RXD），通过 RXD 线接收从 modem 发来的串行数据。

4 号线——请求发送（request to send，RTS），高电平有效，用来表示 DTE 请求 DCE 发送数据，即当终端要发送数据时，使该信号有效，向 modem 请求发送。它用来控制 modem 是否要进入发送状态。

5 号线——清除发送（clear to send，CTS），高电平有效，用来表示 DCE 准备好接收 DTE 发来的数据，是对请求发送信号 RTS 的响应信号。当 modem 已准备好接收终端传来的数据，并准备向外发送时，使该信号有效，通知终端开始沿发送数据线 TxD 发送数据。

RTS/CTS 请求应答联络信号，是用于半双工采用 modem 的系统中作发送方式和接收方式之间的切换。在全双工系统中，因配置双向通道，故不需 RTS/CTS 联络信号。

6 号线——数传机就绪(data set ready,DSR),高电平有效,表明 modem 处于可以使用的状态。

7 号线——信号地线(signal groud,SG),无方向。

8 号线——数据载体检出(data carrier detection,DCD),高电平有效,用来表示 DCE 已接通通信链路,告知 DTE 准备接收数据。当本地的 modem 收到由通信链路另一端(远地)的 modem 送来的载波信号时,使 DCD 信号有效,通知终端准备接收,并且由 modem 将接收下来的载波信号解调成数字量数据后,沿接收数据线 RXD 送到终端。

20 号线——数据终端就绪(data terminal ready,DTR),高电平有效,表明数据终端可以使用。

DTR 和 DSR 这两个信号有时连到电源上,一上电就立即有效。目前,有些 RS-232C 接口甚至省去了用以指示设备是否准备好的这类信号,认为设备是始终都准备好的。可见,这两个设备状态信号有效,只表示设备本身可用,并不说明通信链路可以开始进行通信了。

22 号线——振铃指示(ringing indicator,RI),高电平有效,当 modem 收到交换台送来的振铃呼叫信号时,使该信号有效,通知终端,已被呼叫。

上述控制信号线何时有效、何时无效的顺序表示了接口信号的传送过程。例如,只有当 DSR 和 DTR 都处于有效(ON)状态时,才能在 DTE 和 DCE 之间进行传送操作。若 DTE 要发送数据,则预先将 RTS 线置成有效状态,等 CTS 线上收到有效状态的回答后,才能在 TxD 线上发送串行数据。这种顺序的规定对半双工的通信线路特别有用,因为半双工的通信线路进行双向传送时,有一个换向问题,只有当收到 DCE 的 CTS 线为有效状态后,才能确定 DCE 已由接收方向改为发送方向了,这时线路才能开始发送。远距离与近距离通信时,所使用的信号线是不同的。所谓近距离是指传输距离少于 15m 的通信,在 15m 以上的远距离通信时,一般要加调制解调器 modem,故所使用的信号线较多。

3.2.3　信号线的连接和使用

(1)远距离通信与近距离通信所使用的信号线是不同的。所谓近距离是指传输距离小于 15m 的通信。在 15m 以上一般要加调制解调器 modem,故所使用的信号线较多。此时,若在通信双方的 modem 之间采用专用电话线进行通信,则只要使用 2～8 号信号线进行联络与控制,如图 3.2.2 所示。若在双方 modem 之间采用普通电话线进行通信,则还要增加 RI(22 号线)和 DTR(20 号线)两个信号线进行联络,如图 3.2.3 所示。

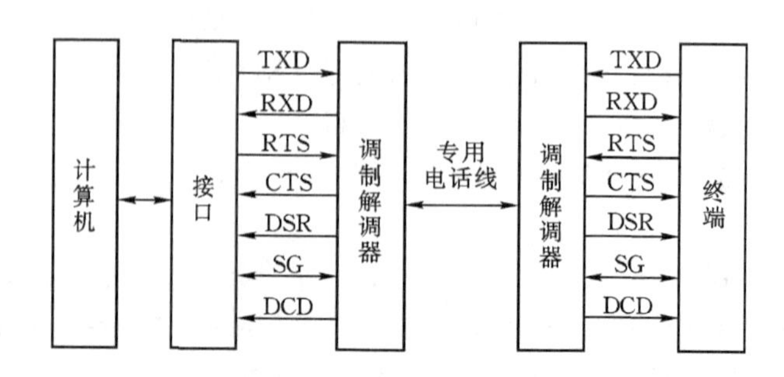

图 3.2.2　采用 modem 和电话线通信时信号线的连接

(2)近距离通信时,不采用调制解调器 modem(称零 modem 方式),通信双方可以直接连接。这种情况下只需使用少数几根信号线。最简单的情况,在通信中根本不要 RS-232C 的控制联络信号,只需使用 3 根线(发送线 TXD、接收线 RXD、信号地线 SG)便可实现全双工异步通信,如图 3.2.4 所示。图中 2 号线和 3 号线交叉连接是因为在直连方式时,把通信双方都看作数据终端,双方都可发也可收。在这种方式下,通信双方的任何一方,只要请求发送 RTS 有效和数据终端准备好,DTR 有效就能开始发送和接收。如果想在直连时,而又考虑 RS-232 的联络控制信号,则采用零 modem 方式的标准连接方法,其通信双方信号线的安排如图 3.2.5 所示。

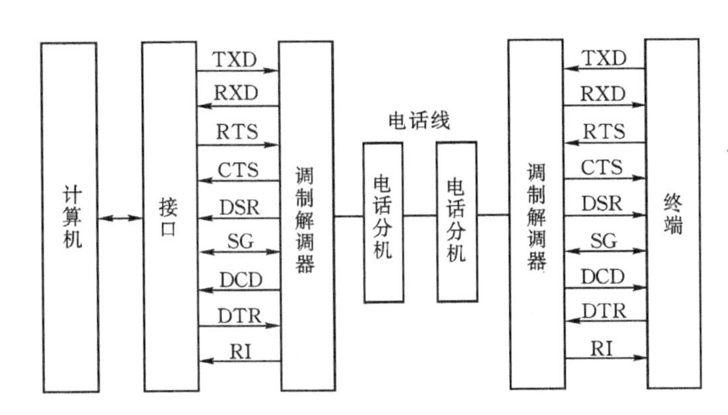

图 3.2.3　采用 modem 和电话网通信时信号线的连接

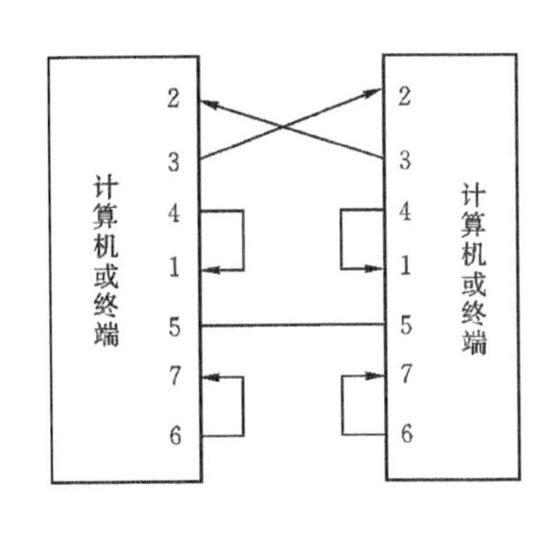

图 3.2.4　直连方式

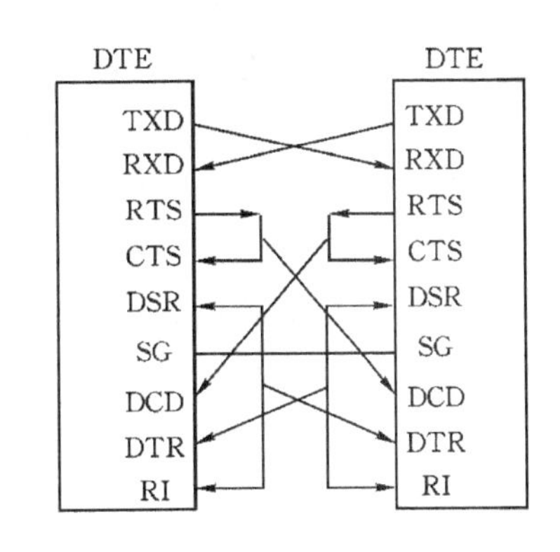

图 3.2.5　零 modem 方式

从图 3.2.5 可以看出,RS-232C 接口的标准定义的所有信号线都用到了,并且是按照 DTE 和 DCE 之间信息交换协议的要求进行连接的,只不过是把 DTE 本身的信号线回送过来进行自连,当作对方 DCE 发来的信号,因此,又把这种连接称为双交叉环回接口。

双方握手信号关系如下(注:甲方、乙方并未在图中标出):

(1)甲方的数据终端就绪(DTR)和乙方的数传机就绪(DSR)及振铃信号(R1)两个信号互连。这时,一旦甲方的 DTR 有效,乙方的 RI 就立即有效,产生呼叫,并应答响应,同时又使乙方的 DSR 有效。这意味着,只要一方的 DTE 准备好,便同时为对方的 DCE 准备好,尽管实际上对方 DCE 并不存在。

(2)甲方的请求发送(RTS)及清除。发送(CTS)自连,并与乙方的数据载体检出(DCD)互连,这时,一旦甲方请求发送(RTS 有效),便立即得到发送允许(RTS 有效),同时使乙方的 DCD 有效,即检测到载波信号,表明数据通信链路已接通。这意味着只要一方 DTE 请求发送,同时也为对方的 DCE 准备好接收(即允许发送),尽管实际上对方 DCE 并不存在。

(3)双方的发送数据(TXD)和接收数据(RXD)互连,这意味着双方都是数据终端设备(DTE),只要上述的握手关系一经建立,双方即可进行全双工传输或半双工传输。

3.2.4　RS-232C 电气特性

RS-232C 对电气特性、逻辑电平都作了规定。

1. 在 TXD 和 RXD 数据线上

逻辑 1(MARK)=－3～－15V

逻辑 0(SPACE)=＋3～＋15V

2. 在 RTS,CTS,DSR,DTR,DCD 等控制线上

信号有效(接通,ON 状态,正电压)=＋3～＋15V

信号无效(断开,OFF 状态,负电压)=－3～－15V

以上规定说明了 RS-232C 标准对逻辑电平的定义。对于数据(信息码):逻辑“1”(传号)的电平低于－3V,逻辑“0”(空号)的电平高于＋3V;对于控制信号:接通状态(ON)即信号有效的电平高于＋3V,断开状态(OFF)即信号无效的电平低于－3V。也就是当传输电平的绝对值大于 3V 时,电路可以有效地检查出来,介于－3V 和＋3V 之间的电压无意义,因此,实际工作时,应保证电平在±(3～15)V 之间。

3. EIA-RS-232C 与 TTL 的电平转换

很明显,EIA-RS-232C 是用正负电压来表示逻辑状态,与 TTL 以高低电平表示逻辑状态的规定不同。因此,为了能够同计算机接口或终端的 TTL 器件连接,必须在 EIA-RS-232C 与 TTL 电路之间进行电平和逻辑关系的变换。实现这种变换的方法可用分立元件,也可用集成电路芯片。现在,计算机中有些已经将这些电路集成到电路板的芯片组中了。在前不久制造的计算机主板中,广泛使用集成电路转换器件,如 MC1488, SN75150 等芯片,完成 TTL 电平到 EIA 电平的转换,而 MC1489,SN75154 芯片可实现 EIA 电平到 TTL 电平的转换。有些主板上使用 ICL232,MAX232 等芯片,可完成 TTL←→EIA 双向电平转换。图 3.2.6给出了 MCl488 和 MCl489 的内部结构和引脚。

MCl488 的引脚 2,4,5,9,10,12,13 接 TTL 输入;引脚 3,6,8,11 为输出端,接 EIA-RS-232C。MCl489 的 1,4,10,13 脚接 EIA 输入;而 3,6,8,11 脚为输出端,接 TTL 电路。具体连接方法如图 3.2.7 所示。

图 3.2.7 中左边是微机串行接口电路中的主芯片 UART,它是 TTL 器件,右边是 EIA-RS-232C 连接器,要求 EIA 电压。因此,RS-232C 所有的输出、输入信号线都要分别经过 MCl488 和 MCl489 转换器,进行电平转换后才能送到连接器上去或从连接器上送进来。

由于 MCl488 要求使用±15V 高压电源,不太方便,现在有一种新型电平转换芯片 ICL232,MAX232 等,可以实现 TTL 电平与 RS-232 电平双向转换。ICL232,MAX232 内部有泵电源和转换电路,仅需外加＋5V 电源,便可根据数据为 0 还是 1 输出＋15V 和－15V,使用十分方便。图 3.2.8 是 MAX232 的引脚与内部结构图。

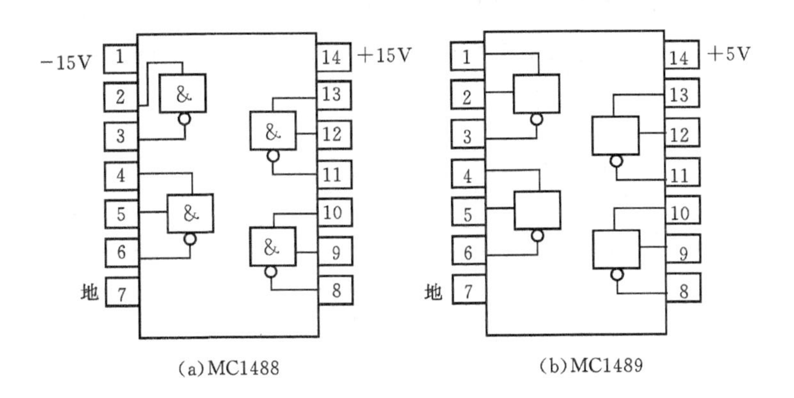

图 3.2.6　MC1488 与 MC1489 结构与引脚图

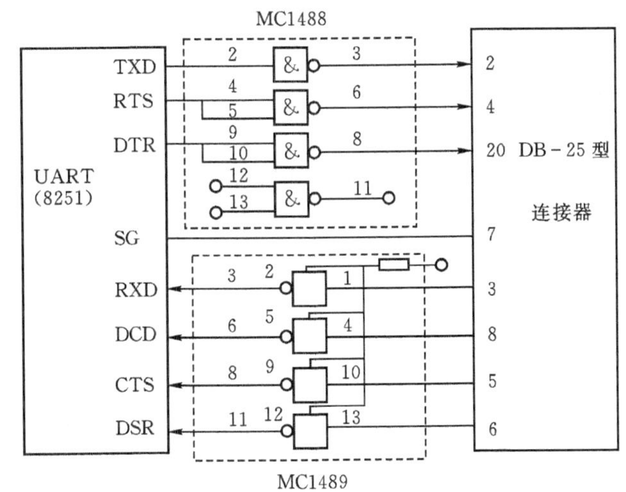

图 3.2.7　EIA-RS-232C　电平转换器连接图

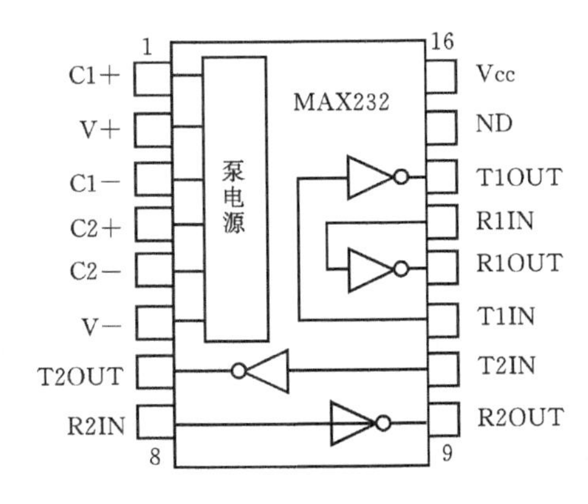

图 3.2.8　MAX232 引脚与内部结构

MAX232 在与计算机连接时可以采用最简方式连接，以其与 8051 单片机的接口电路为例，如图 3.2.9 所示。图中 232 芯片的口线名称比图 3.2.8 中有所简化，232 的 T1I 与 8051

的串行输出口线 TX 相连，R1O 与 8051 的 RX 相连，MAX232 的 T1O，R1I 分别与另一系统的 RX，TX 相连，两个系统的地线直接相连。MAX232 泵电源引脚必须接 0.1μF 电容，如图 3.2.9 中 C1，C2，C3，C4(104 即 0.1μF)。

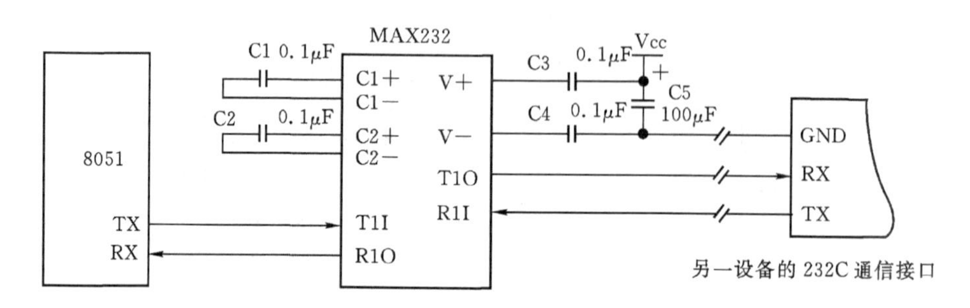

图 3.2.9　MAX232 芯片与 8051 的连接

3.2.5　机械特性

1. 连接器

由于 RS-232 并未定义连接器的物理特性，因此，转换器出现了 DB-25 和 DB-9 型两种类型的连接器，其引脚的定义也各不相同，使用时要特别注意。下面介绍两种连接器。

1)DB-25 型连接器

虽然 RS-232 标准定义了 25 根信号，但实际进行异步通信时，只需 9 个信号：2 个数据信号、6 个控制信号、1 个信号地线。

由于早期 PC 微机除了支持 EIA 电压接口外，还支持 20mA 电流环接口，另需 4 个电流信号，因此它们采用 DB-25 型连接器，作为 DTE 与 DCE 之间通信电缆连接。DB-25 型连接器的外型及信号分配如图 3.2.10 所示。

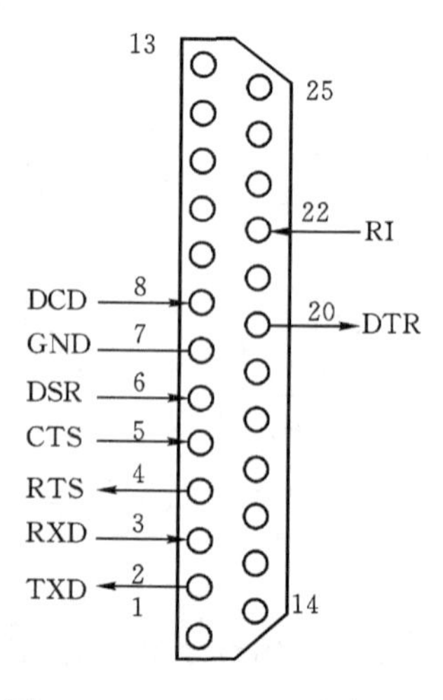

图 3.2.10　DB-25 型连接器

2)DB-9 型连接器

由于 286 以上微机串行口取消了电流环接口，因此采用 DB-9 型连接器，作为多功能 I/O 卡或主板上 COM1 和 COM2，两个串行口的连接器，其引脚及信号分配如图 3.2.11 所示。

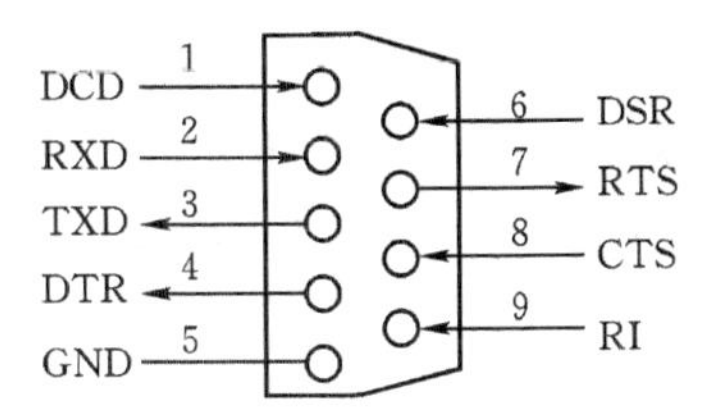

图 3.2.11　DB-9 型连接器

从图 3.2.10 和图 3.2.11 可知，DB-9 型连接器的引脚信号分配与 DB-25 型引脚信号完全不同。因此，若与配接 DB-25 型连接器的 DCE 设备连接，必须使用专门的电缆，其对应关系如图 3.2.12 所示。

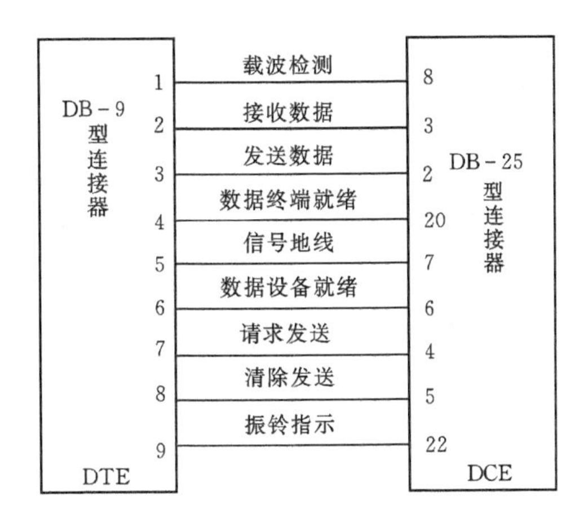

图 3.2.12　DB-9 型(DTE)与 DB-25 型(DCE)之间的连接

2. 电缆长度

在通信速率低于 20kb/s 时，RS-232C 所能直接连接的最大物理距离为 15m(50ft)。

3. 最大直接传输距离的说明

RS-232C 标准规定，若不使用 modem，在码元畸变小于 4%的情况下，DTE 和 DCE 之间最大传输距离为 15m(50ft)。可见，这个最大的距离是在码元畸变小于 4%的前提下给出的。为了保证码元畸变小于 4%的要求，接口标准在电气特性中规定，驱动器的负载电容应小于 2500pF。例如，采用每 0.3m(约 1ft)的电容值为 40～50pF 的普通非屏蔽多芯电缆作传输线，则传输电缆的长度，即传输距离为：

$$L = \frac{2500\text{pF}}{50\ \text{pF/ft}} = 50\ \text{ft} \approx 15.24\ \text{m}$$

然而，在实际应用中，码元畸变超过 4%，甚至为 10%～20%时，也能正常传递信息。这意味着驱动器的负载电容可以超过 2500pF，因而传输距离可大大超过 15m，这说明了 RS-232C

标准所规定的直接传送最大距离 15m 是偏于保守的。

3.3 RS-423A/422A/485 接口

由于 RS-232C 接口标准是单端收发,抗共模干扰能力差,所以传输速率低(≤20kb/s),传输距离短(≤15～20m)。为了实现在更远的距离和更高的速率上直接传输,EIA 在 RS-232C 的基础上,制定了更高性能的接口标准,如 RS-423,RS-422,RS-485 接口标准。

3.3.1 RS-423A 接口

RS-423 标准总的目标是:

(1)与 RS-232C 兼容,即为了执行新标准,无需改变原来采用的 RS-232C 标准的设备。

(2)支持更高的传输速率。

(3)支持更远的传送距离。

(4)增加信号引脚数目。

(5)改善接口的电气特性。

为了克服 RS-232C 的缺点,提高传送速率,增加通信距离,又考虑到与 RS-232C 的兼容性,EIA(美国电子工业协会)在 1987 年提出了 RS-423A 总线标准。RS-423A 标准是"非平衡电压数字接口电路的电器标准"。该标准是一个单端的双极性电源电路标准,与 RS-232C 兼容,但对上述共地传输做了改进,采用差分接收器。该差分接收器的反相端接信号线,同相端与发送端的信号地线相连,其连接电路如图 3.3.1 所示。

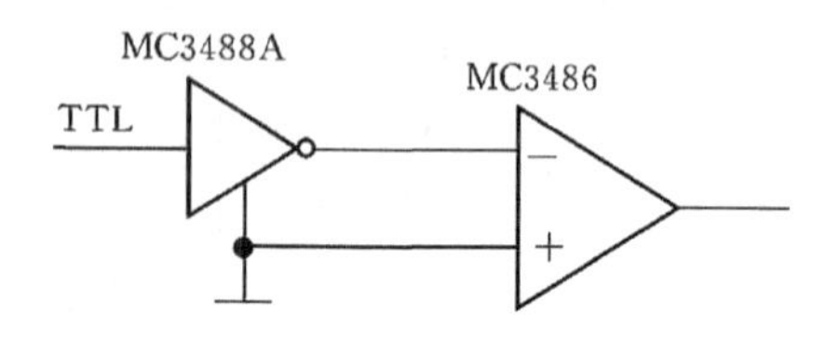

图 3.3.1 RS-423A 接口电路

在有电磁干扰的场合,干扰信号将同时混入两条通信线路中,产生共模干扰,而差分输入对共模干扰信号有较高的抑制作用,这样就提高了通信的可靠性。RS-423A 输出−6V 表示逻辑"1",输出+6V 表示逻辑"0",RS-423A 的接收器仅对差动信号敏感,当信号线与信号地线之间的电压低于−0.2V 时表示"1",高于+0.2V 时表示"0"。接收芯片可以承受±25V 的电压,而 RS-232C 的发送电压是小于等−15V或大于等于+15V,接收电压范围是小于等于−3V或大于等于+3V,因此 RS-423A 接口器件可以直接与 RS-232C 器件相接。根据使用经验,采用普通双绞线,RS-423A 线路可以在 130m 用 100kb/s 的波特率可靠通信。在 1200m 内,可用 1200b/s 的波特率进行通信。后来越来越多的计算机采用了 RS-423A 标准,以获得比 RS-232C 更佳的通信效果。

3.3.2 RS-422A 接口

RS-422A 是"平衡电压数字接口电路的电气特性"。RS-422A 标准是一种平衡方式传输。

所谓平衡方式，是指双端发送和双端接收，传送信号要用两条线 AA′和 BB′，发送端和接收端分别采用平衡发送器（驱动器）和差分接收器，如图 3.3.2 所示。这个标准的电气特性对逻辑电平的定义是根据两条传输线之间的电位差值来决定的。当 AA′线的电平比 BB′线的电平高 200mV 时，表示逻辑“1”；当 AA′线的电平比 BB′线的电平低 200mV 时，表示逻辑“0”。很明显，这种方式和 RS-232C 采用单端接收器和单端发送器，只用一条信号线传送信息，并且根据该信号线上电平相对于公共的信号地电平的大小来决定逻辑的“1”和“0”是不同的。RS-422A 接口标准的电路由发送器、平衡连接电缆、电缆终端负载和接收器组成。它通过平衡发送器把逻辑电平变换成电位差，完成始端的信息传送；通过差动接收器，把电位差变成逻辑电平，实现终端的信息接收。RS-422A 规定了双端电器接口形式，其标准是双端传送信号。发送器有两根输出线，当一条线向高电平跳变的同时，另一条输出线向低电平跳变，线之间的电压极性因此翻转过来。在 RS-422A 线路中，发送信号要用两条线，接收信号也要两条线，对于双工通信，至少要有 4 根线。由于 RS-422A 线路是完全平衡的，它比 RS-423A 有更高的可靠性，传送更快更远。一般情况下，RS-422A 线路不使用公共地线，这使得通信双方由于地电位不同而对通信线路产生的干扰减至最小。双方地电位不同产生的信号成为共模干扰会被差分接收器滤波掉，而这种干扰却能使 RS-232C 的线路产生错误。但是必须注意，由于接收器所允许的共模干扰范围是有限的，要求小于±25V，因此，若双方地电位的差超过这一数值，也会使信号传送错误，或导致芯片损坏。

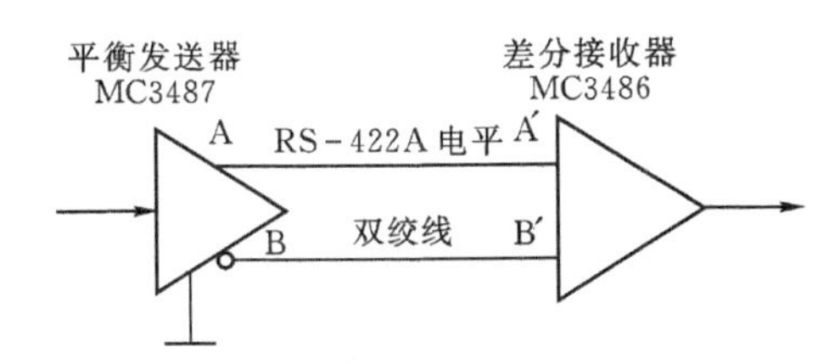

图 3.3.2　RS-422A 平衡输出差分输入图

当采用普通双绞线时，RS-422A 可在 1200m 范围以 38400b/s 的波特率进行通信。在短距离（≤200m），RS-422A 的线路可以轻易地达到 200kb/s 以上的波特率，因此这种接口电路被广泛地用在计算机本地网络上。RS-422A 的输出信号线间的电压为±2V，接收器的识别电压为±0.2V。共模范围±25V。在高速传送信号时，应该考虑到通信线路的阻抗匹配，否则会产生强烈的反射，使传送的信息发生畸变，导致通信错误。一般在接收端加终端电阻以吸收掉反射波。电阻网络也应该是平衡的，如图 3.3.3 所示。

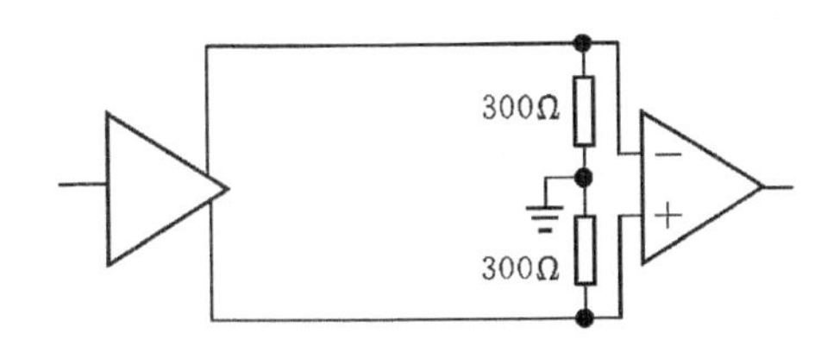

图 3.3.3　在接收端加终端电阻

为了实现 RS-422A 标准的连接，许多公司推出了平衡驱动器/接收器集成芯片，如

MC3487/3486,MAX488～MAX491,SN75176 等。

例如,在一个远距离水位自动监测仪器中,采用 MC3487 和 MC3486 分别作为平衡发送器和差分接收器,传输线采用普通的双绞线,在零 modem 方式下传输速率为 9600b/s 时,传送距离达到了 1.5km。MC3486 和 MC3487 的连接,如图 3.3.4 所示。

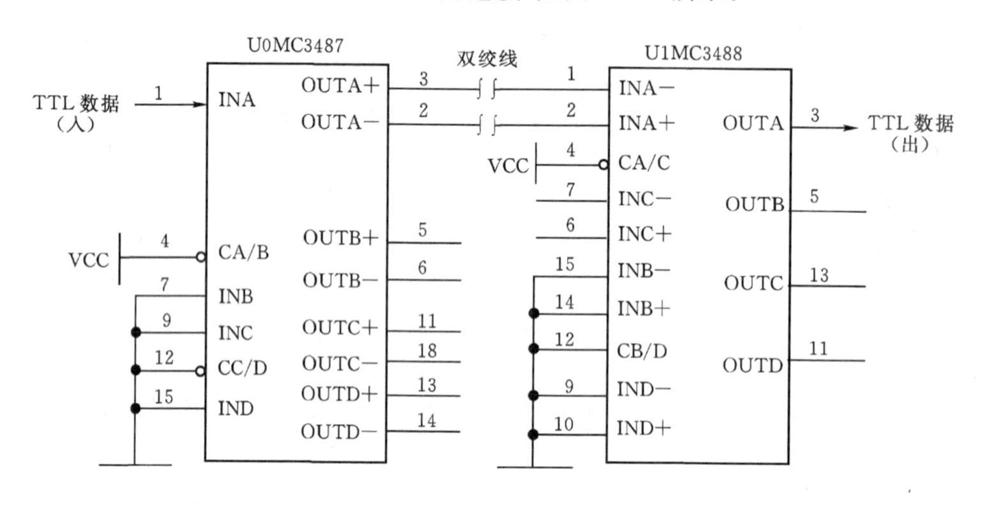

图 3.3.4 RS-422A 平衡式接口电路

3.3.3 RS-485 接口

RS-485 接口标准与 RS-422A 标准一样,也是一种平衡传输方式的串行接口标准,它和 RS-422A 兼容,并且扩展了 RS-422A 的功能。两者主要差别是,RS-422A 标准总线上只有两个终端,而 RS-485 标准允许在电路中可有多个终端。

RS-485 是一种多发送器的电路标准,它扩展了 RS-422A 的性能,允许双绞线上一个发送器驱动 32 个负载设备。负载设备可以是被动发送器、接收器或收发器(发送器和接收器的组合)。RS-485 电路允许共用电话线通信。电路结构是在平衡连接的电缆两端有终端电阻,在平衡电缆上挂发送器、接收器及组合收发器。RS-485 没有规定在何时控制发送器发送或接收器接收数据的规则。RS-485 由两条信号电缆组成。每条连接电路必须有接大地参考点,电缆能支持 32 个发送/接收器对。为了避免地电流,每个设备一定要接地。电缆应包括连至每个设备电缆地的第三信号参考线。若用屏蔽电路,屏蔽应接到电缆设备的机壳。

RS-485 和 RS-422A 一样采用平衡差分电路进行信息传输,区别在于 RS-485 采用半双工方式,因而可采用一对平衡差分信号线来连接。在某一时刻,一个发送,另一个接收。当用于多站互连时,可节省信号线,便于远距离传送。采用 RS-422A 实现两点之间远程通信时,需要两对平衡差分电路形成全双工传输电路,其连接方式如图 3.3.5 所示。采用 RS-485 进行两点之间远程通信时,由于任何时候只能有一点处于发送状态,因此发送电路必须由使能信号加以控制,其连接电路如图 3.3.6 所示。

RS-485 接口允许在多处理器之间用双绞线相互通信。有时将 RS-485 称做部件线(part line)或多点(multi-drop)接口,如图 3.3.7 所示。

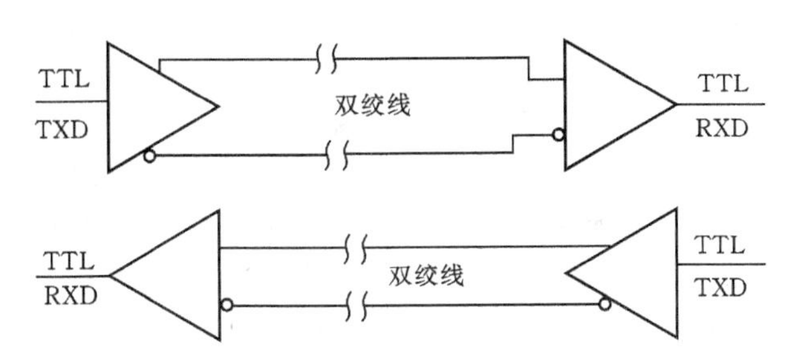

图 3.3.5　RS-422A 两点传输电路

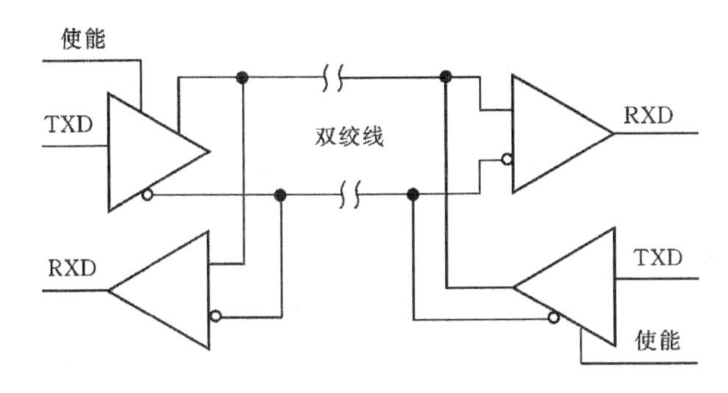

图 3.3.6　RS-485 两点传输电路

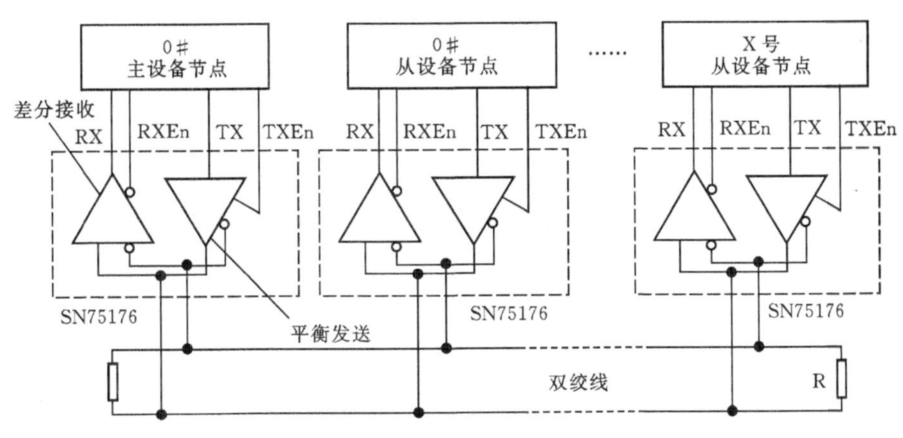

图 3.3.7　485 总线连接方式

RS-485 接口常用差分线性驱动器/接收器芯片有 SN75176A 差分总线收发器，MAX481，MAX483，MAX485，MAX487 等，其通信采用半双工通信模式，只需要一根双绞线。在 RS-485 总线上的每个通信元件称为一个节点，它的通信方式一般遵循主/从协议（但不一定必须如此）。一个节点称为主设备，而其他节点称为从设备。在主/从布置中，所有的通信都在主设备与从设备之间进行，从设备之间不产生通信。RS-485 中的每一个节点都有一个唯一的节点 ID 编号，节点 #0 通常分配给主设备。主设备在任意指定时刻与其中一个从设备通信。为防止线路终端反射干扰通信，须按图 3.3.7 中所示，给双绞线两端部接 120Ω 电阻 R。双绞线上总共可以挂接 32 个 485 通信设备，这些设备必须顺次挂接。双绞线两端不能相接形成回环。

标准的 RS-485 接收器的输入阻抗为 12kΩ，其总线上最多可接 32 个收发器，这类收发器主要有 SN75176，MAX481，MAX483，MAX485 等。MAXIM 公司现在生产一种新的 485 接口芯片 MAX487，输入阻抗更高，为 48kΩ，其总线上最多可挂接 128 个 MAX487 收发器。

这种连接实际上就组成了一个完整的局域网，这条双绞线在通信波特率为 9600b/s 时，能够可靠通信的长度可达 1200m。降低波特率，还可更长。如果距离比较近，波特率可以提高很多，在近距离的局域网上使用该协议通信，其抗干扰能力、数据传输速率可以满足各种测控系统的要求。该通信方式的硬件成本很低，是目前中等距离（≤1200m）通信方式中造价最低的一种。因此，这种通信方式广泛使用于各种中距离通信，也是智能仪器中距离通信的首选方式。

RS-485 接口有以下特征：

（1）不受噪声影响。

（2）电缆的最大长度可达 1200m。

（3）数据信号传输率可达到 10Mb/s。

（4）支持高达 32 个节点。MAX487 芯片，可支持 128 个节点。

（5）为单主总线，但通过软件设置可以支持多主设备。

3.3.4　RS-423A/422A/485 接口性能比较

表 3.3.1 列出了 RS-232C，RS-423A，RS-422A 和 RS-485 几种标准的工作方式、直接传输的最大距离、最大数据传输速率、信号电平以及传输线上允许的驱动器和接收器的数目等特性参数。

表 3.3.1　常用几种通信标准的比较

特性参数	RS-232C	RS-423A	RS-422A	RS-485
工作模式	单端发单端收	单端发双端收	双端发双端收	双端发双端收
传输线上允许的驱动器和接收器数目	1 个驱动器 1 个接收器	1 个驱动器 10 个接收器	1 个驱动器 10 个接收器	32 个驱动器 32 个接收器 MAX487 为 127 个节点
最大电缆长度	15m	1200m(1kb/s)	1200m(90kb/s)	1200m(100kb/s)
最大数据传输速率	20kb/s	100kb/s(12m)	10Mb/s(12m)	10Mb/s(15m)
驱动器输出（最大电压值）	±25V	±6V	±6V	−7～+12V
驱动器输出（信号电平）	±5V(带负载) ±15V(未带负载)	±3.6V(带负载) ±6V(未带负载)	±2V(带负载) ±6V(未带负载)	±1.5V(带负载) ±5V(未带负载)
驱动器负载阻抗	3～7kΩ	450Ω	100Ω	54Ω
驱动器电源开路电流（高阻抗态）	V/300Ω (开路)	±100μA (开路)	±100μA (开路)	±100μA (开路)
接收器输入电压范围	±15V	±10V	±12V	−7～+12V
接收器输入灵敏度	±3V	±200mV	±200mV	±200mV
接收器输入阻抗	2～7kΩ	4kΩ(最小值)	4kΩ(最小值)	12kΩ(最小值)

3.4　CAN总线接口

随着监测和控制功能的广泛应用，必然要求系统连接或分布更多的传感器和控制信号。简化物理布线有许多方案，CAN总线(controller area network)是其中一种。CAN总线基于串行通信ISO11898标准，其初始协议是为车载数据传输而定义的。如今，CAN总线已经广泛应用于移动设备、工业自动化以及汽车领域。CAN总线标准包括物理层、数据链路层，其中链路层定义了不同的信息类型、总线访问的仲裁规则及故障检测与故障处理的方式。CAN总线与USB总线相比，其最大优点是其总线是多主机结构，而USB总线上只能有一个主机。

3.4.1　CAN总线特点

CAN是一种共享的广播总线(即所有的节点都能够接收传输信息)，支持数据速率高达1Mb/s。由于所有的节点接收全部发送信息，因此，在CAN总线的硬件部分提供了本地地址过滤，允许各个节点仅对所关心的信息进行相应的处理。CAN总线传输数据长度可变(0～8字节)的信息(帧)，每帧都有一个唯一的标识(总线上任何节点发送的信息帧，都具有不同的标识)。CAN总线和CPU之间的接口电路通常包括CAN控制器和收发器。由此构成的CAN网络具有以下特性：

(1)2线差分传输。

(2)多主机。

(3)单工或半双工。

(4)速率可达1Mb/s。

(5)120Ω终端匹配电阻。

(6)标准化的硬件协议。

在1Mb/s速率下，CAN总线距离接近30m；而在10kb/s时，距离可达6km。由于所有的错误检测、纠错、传输和接收等都是通过CAN控制器的硬件完成的，所以用户组建这样的2线网络，仅需要极少的软件开销。

3.4.2　标准CAN总线和扩展CAN总线的关系

目前有两种CAN总线协议：CAN1.0和CAN2.0，其中CAN2.0有两种形式A和B。CAN1.0和CAN2.0A规定了11位标识，CAN2.0B除了支持11位标识外，还能够接收扩展的29位标识。为了符合CAN2.0B，CAN控制器必须支持被动2.0B或主动2.0B。被动2.0B控制器忽略扩展的29位标识信息(CAN2.0A控制器在接收29位标识时，将产生帧错误)，主动CAN2.0B控制器能够接收和发送扩展信息帧。

发送和接收两类信息帧的兼容性准则归纳如表3.4.1所示。主动CAN2.0B控制器能够收发标准和扩展的信息帧；CAN2.0B被动控制器能够收发标准帧，而忽略扩展帧，不引起帧格式错误；CAN1.0和CAN2.0A在接收扩展帧时，将产生错误信息。

表 3.4.1　11 位和 29 位标识的信息所适用的 CAN 协议

CAN 信息格式	CAN 器件		
	2.0A	被动 2.0B	主动 2.0B
11 位标识	OK	OK	OK
29 位标识	出错	容错	OK

CAN2.0A 允许多达 2032 个标识，而 CAN2.0B 允许超过 5.32 亿个标识。由于需要传输 29 位标识，因而这种方式降低了有效的数据传输速率。扩展标识由已有的 11 位标识(基本 ID)和 18 位扩展部分(标识扩展)组成。这样，CAN 协议允许两种信息格式，如图 3.4.1 所示：标准 CAN(2.0A)和扩展 CAN(2.0B)。

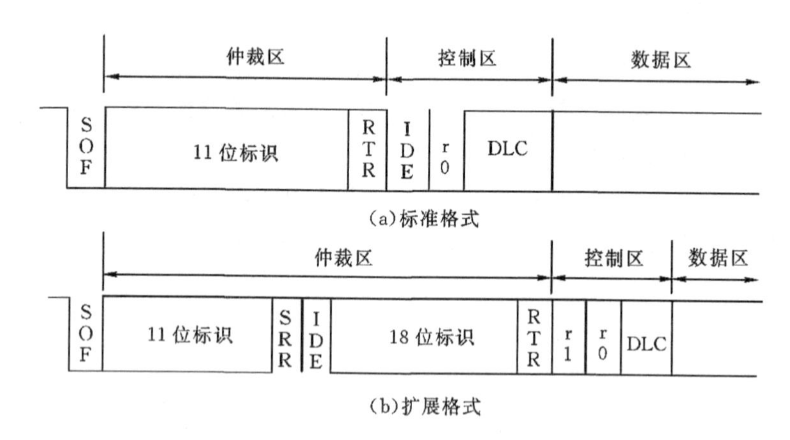

图 3.4.1　标准 CAN(2.0A)和扩展 CAN(2.0B)
(为了区分标准格式和扩展格式，将标准格式中的 IDE 位在扩展格式中定义为 r1)

由于两种格式必须能够共存于同一条总线上，协议规定，当出现相同的基本标识，但格式不同的信息所引起的总线接入冲突时，标准格式信息总是优先于扩展格式信息(支持扩展格式信息的 CAN 控制器也能够收发标准格式的信息)，如图 3.4.2 所示。

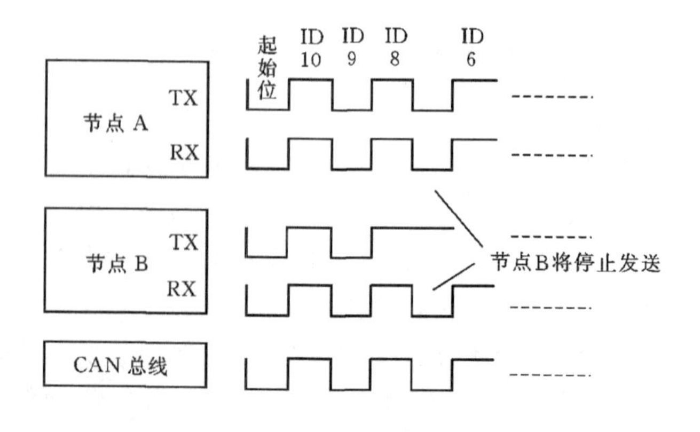

图 3.4.2　总线对标准与扩展信息的处理

3.4.3　总线仲裁

CAN 总线采用非归零(NRZ)编码,所有节点以"线与"方式连接至总线。如果存在一个节点向总线传输逻辑 0,则总线呈现逻辑 0 状态,而不管有多少个节点在发送逻辑 1。CAN 网络的所有节点可能试图同时发送,但其简单的仲裁规则确保仅有一个节点控制总线并发送信息。收发器如同一个漏极开路结构,能够监听自身的输出。逻辑高状态由上拉电阻驱动,因而低有效输出状态(0)起决定性作用。

为了近似于实时处理,必须快速传输数据,这种要求不仅需要高达 1Mb/s 的数据传输物理通道,而且需要快速的总线分配能力,以满足多个节点试图同时传输信息的情况。

通过网络交换信息而采取实时处理的急、缓状况是有差别的:快速变化的变量,如引擎负载,与那些变化相对缓慢的变量,如引擎温度相比,要求频繁、快速地发送数据。信息标识可以规定优先级,更为紧急的信息可以优先传输。在系统设计期间,设定信息的优先级以二进制数表示,但不允许动态更改。二进制数较小的标识具有较高的优先级,使信息近似于实时传输。

解决总线访问冲突是通过仲裁每个标识位,即每个节点都逐位监测总线电平。按照"线与"机制,即显性状态(逻辑 0)能够改写隐性状态(逻辑 1),当某个节点失去总线分配竞争时,则表现为隐性发送和显性观测状态。所有退出竞争的节点成为那些最高优先级信息的接收器,并且不再试图发送自己的信息,直至总线再次空闲。

CAN 总线采用 2 线差分结构,提供了一个抗 EMC 干扰和 EMC 辐射的可靠系统。辐射干扰可以通过 NRZ 编码和限斜率输出总线信号来降低。当然,限斜率输出也降低了数据传输速率,通常标准速率限制在 125kb/s 以内。

3.4.4　出错处理

CAN 控制器内置 TX 和 RX 出错计数器,根据出错是本地的还是全局的,计数器以此决定加 1 还是加 8。每当收到信息,出错计数器就会增加或减少。如果每次收到的信息是正确的,则计数器减 1;如果信息出现本地错误,则计数器加 8;如果信息出现整个网络错误,则计数器加 1。这样,通过查询出错计数器值,就可以知道通信网络质量。

这种计数器方式确保了单个故障节点不会阻塞整个 CAN 网络。如果某个节点出现本地错误,其计数值将很快达到 96,127 或 255。当计数值达到 96 时,它将向节点微控制器发出中断,提示当前通信质量较差。当计数值达到 127 时,该节点假定其处于"被动出错状态",即继续接收信息,且停止要求对方重发信息。当计数达到 255 时,该节点脱离总线,不再工作,且只有在硬件复位后,才能恢复工作状态。

3.4.5　CAN 控制器与收发器

CAN 总线规范采用了 ISO-OSI 的三层网络结构,就有三种不同的器件与之相对应。对应物理层的是收发器;对应数据链路层的是 CAN 控制器;在应用层上主要是用户特殊的应用,对应的器件是微控制器。CAN 芯片有系列化的产品,主要可分为:

(1)集成 CAN 控制器的单片机:Philips 的 80C591/592/598,XAC37;Motorola 的 Pow2,PC555;Intel 的 196CA/CB;Silicon Lab 的 C8051F040 ～ 047;ST 的 STM32F103,STM8S208 等。

(2)独立的 CAN 控制器:Philips 的 SJA1000,82C200,8XC592,8XCE598;Intel 的 82526,82527 等。

(3)CAN 总线收发器:PCA82C250/251/252,TJA1040/1041 等。

在设计中,可以采用微处理器加 CAN 控制器的两片组合方案,也可以采用单片 IC。如 DS80C590,它是一款双路 CAN 总线的高速微处理器,能够管理更多设备,并允许它们透明地相互传输信息。由于内部集成了两个 CAN 控制器,DS80C590 能够很好地满足嵌入式系统中日益增长的许多要求,如简化布线,可靠的数据传输等。

CAN 信息的增强过滤措施(两个独立的 8 位介质屏蔽和介质仲裁区)允许 DS80C590 实现设备之间更高效率的数据通信,无须增加微处理器的负担。除了支持标准的 11 位标志外,它还支持扩展的 29 位 CAN 协议,如 DeviceNet 和 SDS。因此,它能够高效地处理更多的 CAN 节点之间的高速数据通信。DS80C590 采用通用的 8051 内核,具备 4MB 的寻址能力。较大的地址空间允许采用高级语言开发程序代码(支持更大、更复杂的数据结构,具有更多的编程方式),以便网络能够管理更多的设备。

该处理器内核提供更高的效率,并且去掉了无用的时钟周期,达到了三倍于标准 8051 的处理能力。在最大 40MHz 的晶体振荡器频率下,其执行速度(120MHz)将产生 10 倍于原始架构的性能。处理器内置可选的倍频器,允许在较低晶体频率下达到全速工作,且电磁噪声更低;DS80C590 还包括一个 40 位累加器的算术协处理器,通过专门的硬件完成 16 位和 32 位运算——包括乘法、除法、移位、归一化以及累加功能。

高集成度减少了元件的数目,降低了系统成本。除了具有标准 8051 的资源(3 个定时器/计数器、串行口和 4 个 8 位 I/O 口)以外,DS80C590 还集成了一个 8 位 I/O 口,第 2 个串行口,7 个附加的中断,1 个可编程“看门狗”定时器,1 个电源跌落监测器/中断,电源失效复位,1 个可编程 IrDA 时钟以及内部 4KB 的 SRAM。DS80C590 应用包括众多的嵌入式控制网络,如汽车制造、农业设备、专用医疗设备、工厂过程控制、工业设备等。

3.5 计算机通信小结

以上介绍了多种通信方式,在串行通信中,除了 RS-232 以外,所介绍的 RS-485,USB,CAN 和网络接口等全部采用的是平衡发送、差分接收的方法,这可以大大提高通信的速率。

在设计通信硬件和软件的过程中,只要抓住以下几方面就行了。

(1)连接在同一通信总线上的设备的通信接口的电气规范必须相同,例如挂在同一总线上的设备,不能有些采用 RS-232 接口,有些采用 RS-485 接口,而必须采用同一种接口。

(2)两个互相通信的设备的通信波特率和其他数据传输规约必须相同。

(3)发送器和接收器对所发送和接收的字节的位(bit)的先后次序必须相同,即发送一个字节按从 D0 到 D7 的次序,则接收器中对收到的数据也必须按同一次序处理。

(4)数据传输协议必须约定好:

①直接数据传输还是用 ASCII 码传输,即所传输的字节是一个 0~255 的数字还是一个 ASCII 码,双方要确认一致。

②数据内容要约定好,在所传输的数组中,数据按先后次序各代表什么物理量,通信双方要清楚,才能对接收到的数据进行正确处理。

思考题与习题

3-1　USB通信的主要特点是什么？USB通信电缆内有几条线？每条线的功能各是什么？

3-2　简述构成USB语言的区和包的定义，有几个区？各有什么作用？有几个包？各有什么作用？

3-3　简述CAN总线通信的主要特点，说明CAN通信2.0B和CAN1.0的主要区别。

3-4　简述UART的主要功能。

3-5　异步串行通信和同步串行通信的主要区别是什么？

3-6　试述UART在异步串行通信方式下接收数据的字符同步过程。

3-7　简述8051串行口的外部特征及内部主要组成。

3-8　试用查询方式编写一段8051单片机的数据块发送程序。数据块首地址为内部RAM的30H单元，其长度为20个字节，设串行口工作于方式1，传送的波特率为9600b/s(主频为11.0592MHz)，不进行奇偶校验处理。

3-9　试用查询方式编写一段8051的程序：从串行口接收10H个字符，放入以2000H为首地址的外部RAM区，串行口工作于方式1，波特率设定为2400b/s(不采用子程序调用方式编写此程序)。

3-10　试用中断方式编写一段8051的数据接收程序：接收区首地址为内部RAM的20H单元，接收的数据为ASCII码，串行口工作于方式1，波特率设定为1200b/s。

3-11　何谓RS-232C的电平转换？

3-12　RS-232C和RS-485的传输特性的主要差别是什么？

第4章 数据采集技术

数据采集是智能仪器的重要功能，尤其是测控仪器，要对被控或被测对象的位置、速度、压力、温度、声音、图像、质量、流量、振动、应力、应变等物理量进行准确测量，就涉及到数据采集的所有技术。现在全世界智能测量系统或高级测量仪器，全部是以计算机为核心组成的。在各种自动控制系统中，对控制对象的准确测量是可靠控制的前提。对闭环控制系统，尤其是高速运动系统的控制，对控制对象的快速准确测量更为重要。而对物理量进行测量，首先要通过传感器将物理量转换为电信号，再对这些电信号进行阻抗变换、滤波、放大、分压等处理，将反映物理量特征的信号分离出来，这一过程称为信号调理。然后对这些信号进行采样。所谓采样，就是按特定的频率获取信号在不同时间点上的量值，并将这些量值（通常为模拟量）转换为数字量。将模拟量转换为数字量的过程称为模数转换。然后将转换所得到的数据进行数字滤波后，用来进行计算分析。对于单纯的测量系统或仪器，将计算分析的结果存入数据库中。对于控制系统，要根据计算分析结果，确定控制输出的方式和控制量的大小。

数据采集的主要技术包括信号调理与采样技术、A/D 转换技术等，本章将就此展开讨论。在介绍 A/D 转换技术之前，对 A/D 转换原理中要用到的 D/A 转换原理及其技术也专门列出一节进行介绍。

4.1 集成运算放大器与信号调理

通常传感器送出的信号是微弱的电压信号（毫伏级信号）或微弱的电流信号（mA 级、μA 级或 nA 级信号），这些信号通常存在以下问题：

（1）抗干扰问题。由于信号微弱，很容易受外界电磁波的干扰，再加上从传感器到数据采集器往往还有一些距离，在信号传输中也会受到干扰，因此必须进行模拟信号的滤波处理。有些数据采集器与传感器合在一起，直接输出数字量，这种情况干扰较小。在模数转换后还要进行数字滤波。

（2）信号幅度问题。由于信号幅度很小，一般也不能满足模数转换器的输入要求，因此必须对信号进行放大、滤波、分压等处理，以便进行满刻度处理。

（3）驱动能力问题。由于信号微弱，驱动能力差，必须经过放大或阻抗变换才能保证信号的正确传输。

通常信号的放大和滤波处理都是利用各种运算放大器来进行的，其原因是运算放大器输入阻抗高，线性好，温度稳定性好，还可以做成各种有源滤波器，包括高通、低通、带通滤波器，兼有滤波与放大的双重功能，因此运算放大器成为信号处理最理想的器件。要了解并熟悉运算放大器的性能和使用方法，才能设计出高质量的电路，解决信号问题。工作现场情况比较复杂，放大器的工作环境各有不同，因而需要各种各样性能的放大器。

以下所讨论的运算放大器，指的都是集成运算放大器。运算放大器也简称为运放。与分立元件的运算放大器相比，集成运算放大器体积小巧，性能稳定，价格低廉。现在现场使用的运算放大器都是集成运算放大器。运算放大器品种繁多，全世界有几十家公司生产各种类型的运算放大器，目前常用的运算放大器就有数百种。运算放大器也因为接法的不同和外部元件的配置不同而有各种不同的功能。

4.1.1　运算放大器主要参数

运算放大器的性能可以用一些参数来表示。要合理选用和正确使用运算放大器，必须了解各主要参数的意义。

1. 输入失调电压 V_{IO}（或称输入补偿电压）

理想的运算放大器，当输入为零时（指同相和反相输入端同时接地，即 $V_{IN+}=V_{IN-}=0$），输出电压应为零，即 $V_O=0$。由于制作中元件参数的不对称，造成了实际的运算放大器，当两个输入端电压为零时，输出电压 V_O 不等于 0。为了反映这种不对称程度，通常用输入失调电压这一指标表示。如果要使 $V_O=0$，必须在输入端加上很小的补偿电压，这个补偿电压就是输入失调电压，一般在几个毫伏，显然它愈小愈好。

2. 输入失调电流 I_{IO}（或称输入补偿电流）

输入失调电流是指输入信号为零时，两个输入端静态基极电流之差。失调电流也是由于差动放大电路（输入级）的特性不一致等原因引起的，同样希望愈小愈好，一般在几十个纳安级（$1nA=10^{-3}\mu A$）。

3. 输入偏置电流 I_{IB}

输入偏置电流是指输入信号为零时，两个输入端静态电流的平均值。希望偏置电流愈小愈好，因为偏置电流愈小，由信号源内阻变化所引起的信号源输出电压的变化也愈小（即加在运算放大器输入端的电压），所以它也是一项重要的技术指标，一般在几十纳安级。

4. 开环电压放大倍数 A_{VO}

开环电压放大倍数是指运算放大器在没有外接反馈电阻时所测得的差模电压放大倍数。A_{VO} 越高，所构成的运算电路越稳定，运算精度也越高。A_{VO} 一般为 $10^4\sim10^7$，或 80～140dB（放大倍数也可用对数形式表示，单位为分贝（dB），即 $20\lg\frac{V_O}{V_I}$（dB））。

5. 最大输出电压 V_{opp}（又称为输出峰-峰电压）

最大输出电压是指输出电压和输入电压在保持不失真的前提下的最大输出电压。

6. 最大共模输入电压 V_{ICM}

一般情况下，差动式运算放大器是允许加入共模输入电压的。由于差动放大器对共模信号有很强的抑制能力，因此，共模信号基本上不影响输出。但是，这只在一定的共模电压范围内如此，如超出此电压范围，运算放大器将处于不正常的工作状态，共模抑制性能显著下降，甚至造成器件损坏。最常用的普通运算放大器 CF741 的最大共模输入电压 V_{ICM} 约为±12V。

以上是集成运算放大器的几个主要技术参数的意义，其他参数如差模输入电阻、输出电阻、温度漂移、共模抑制比、静态功耗等的意义易于理解，不再赘述。

4.1.2　虚地概念

图 4.1.1 是一个反相端输入的线性放大电路。对于运算放大器来说，其输入电流 I_{B1}，I_{B2}

通常很小，为 10^{-9}A 级(nA 级)。在讨论运算放大器时，通常可假设 I_{B1}，I_{B2} 为 0，即所谓理想运算放大器，亦即在线性范围内正常工作的运算放大器，可以认为其 $I_{B1}=I_{B2}=0$。共模抑制比 $K_{CMR}\to\infty$，差模输入电阻 $R_{ID}\to\infty$，输出电阻 $R_{OD}=0$，差模增益 $A_{VD}\to\infty$。因为 $V_O=A_{VD}(V_{B2}-V_{B1})$，$V_O$为有限值，$A_{VD}\to\infty$，所以 $V_{B2}-V_{B1}=0$。也就是说，在具有负反馈的放大器中，一个处于正常工作状态(未饱和)的理想运算放大器，其两个输入端同电位。如果运算放大器的同相输入端是地电位($V_{B2}=0$)，那么其反相端也是地电位($V_{B1}=0$)。但是，反相输入端不是真正接地，只是其电位与地电位相等，因此称为虚地。这种虚地概念，在推导由运算放大器组成的各种线路的近似计算公式时非常有用。

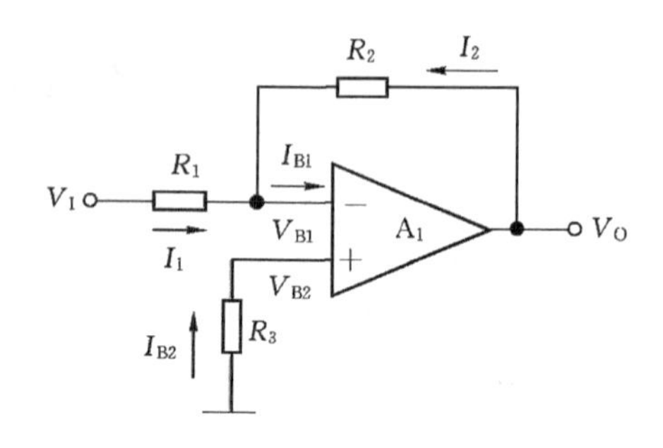

图 4.1.1　反相输入放大器

利用虚地概念推导出图 4.1.1 的近似计算公式如下：

$$V_O=-\frac{R_2}{R_1}V_I$$

虚地是以集成运算放大器工作于线性范围为前提的，如果运算放大器进入饱和区或阻塞，虚地就不存在。另外，如果差模输入电压或共模输入电压过大，也会使放大器脱离线性区，虚地也就不存在，有些运算放大器还会由此而永久性损坏。因此，在应用中往往在输入端加保护电路，例如用二极管保护。当然，有些运算放大器内部已经制作了保护电路，外部就不必再增加保护电路了。对于允许最大差模输入电压较小的运算放大器，必须加输入保护，如 OP-27 等。

4.1.3　集成运算放大器的典型应用线路

运算放大器电路有多种接法，既可接成不同应用方式的放大器，也可接成微分、积分、有源滤波器，分述如下。

1. 典型放大器应用电路

图 4.1.2 是一些常用典型集成运算放大器应用电路。假设运算放大器接近理想运算放大器，即差模增益 A_{VD}很大，差模输入电阻 R_{ID}很大，输出电阻 R_{OD}很小，共模抑制比很大，输入偏置电流很小，可以忽略。据此下面列出各典型线路的主要参数的计算公式的近似表达式。各表达式中采用以下符号：

G——放大器的差模增益(电压放大倍数)；

R_O——放大器的差模输出电阻；

R_{IN}——放大器的差模输入电阻；

V_O——放大器的输出电压。

(1)反相输入比例放大器(反相放大器)，见图 4.1.2(a)，计算公式如下：

$$G=\frac{V_O}{V_I}=-\frac{R_2}{R_1}$$

即

$$V_O=-\frac{R_2}{R_1}V_I$$

电路中的 R_3 取值为 $R_3=R_1 /\!/ R_2$($R_1 /\!/ R_2$ 指 R_1 与 R_2 并联)。

$$R_{IN}=R_1+\frac{R2}{A_{VD}}$$

A_{VD}为运算放大器的开环差模增益。

$$R_O=\frac{R_{OD}}{A_{VD}}(1+\frac{R_2}{R_1})$$

R_{OD}为运算放大器的输出电阻。

(2)同相输入比例放大器(同相放大器)，见图 4.1.2(b)，计算公式如下：

$$G=\frac{V_O}{V_I}=1+\frac{R_2}{R_3}$$

即

$$V_O=\left(1+\frac{R_2}{R_3}\right)V_I$$

电路中的 R_1 取值为 $R_1=R_2 /\!/ R_3$。

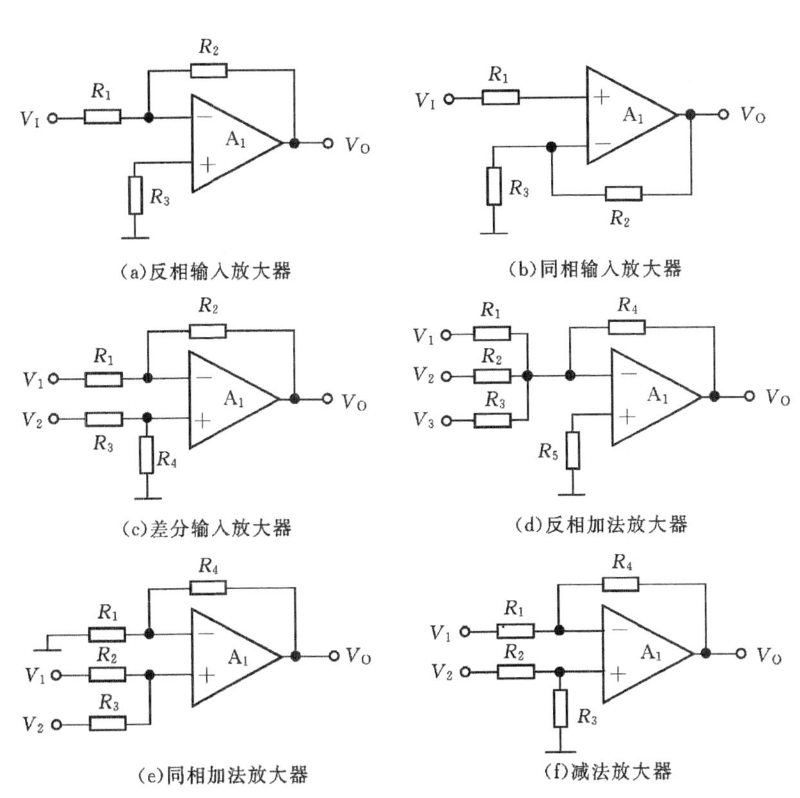

图 4.1.2　运算放大器典型应用电路

(3)差动输入放大器,见图 4.1.2(c),计算公式如下:

$$V_O=-\frac{R_1+R_2}{R_1}\left(\frac{R_2}{R_1+R_2}V_1-\frac{R_4}{R_3+R_4}V_2\right)$$

(4)反相加法器,见图 4.1.2(d),计算公式如下:

$$V_O=-\left(\frac{V_1}{R_1}+\frac{V_2}{R_2}+\frac{V_3}{R_3}\right)R_3,\quad R_5=R_1 /\!/ R_2 /\!/ R_3 /\!/ R_4$$

(5)同相加法器,见图 4.1.2(e),计算公式如下:

$$V_O=(1+\frac{R_4}{R_1})(\frac{R_3}{R_2+R_3}V_1+\frac{R_2}{R_2+R_3}V_2)$$

当 $R_1=R_2=R_3=R_4$ 时,有

$$V_O=V_1+V_2$$

为了使两个输入端的电阻平衡,应使

$$R_1 /\!/ R_4=R_2 /\!/ R_3$$

(6)减法器,见图 4.1.2(f),计算公式如下:

$$V_O=(1+\frac{R_4}{R_1})\frac{R_3}{R_2+R_3}V_2-\frac{R_4}{R_1}V_1$$

2. 积分、微分、有源滤波电路

(1)积分电路(见图 4.1.3(a))

$$V_O(t)=-\frac{1}{RC}\int V_I(t)\,\mathrm{d}t$$

(2)微分电路(见图 4.1.3(b))

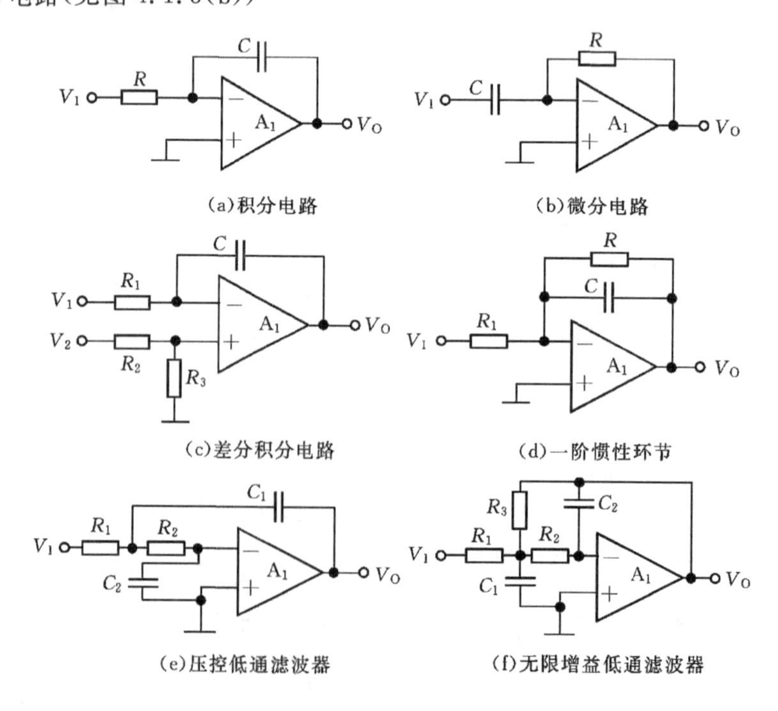

图 4.1.3 微分、积发、滤波电路

$$V_O(t) = -RC\frac{dV_I(t)}{dt}$$

(3)差动积分电路(见图 4.1.3(c))

$$V_O(t) = \frac{1}{RC}\int(V_2 - V_1)dt$$

(4)一阶惯性环节(见图 4.1.3(d))

$$V_O(t) + \frac{1}{RC}\int V_O(t)dt = -\frac{1}{R_1C}\int V_I(t)dt$$

(5)压控有源低通滤波器(见图 4.1.3(e)),截止频率 f_o为

$$f_o = \frac{1}{2\pi}\left(\frac{1}{R_1R_2C_1C_2}\right)^{1/2}$$

(6)无限增益有源低通滤波器(见图 4.1.3(f)),截止频率 f_o为

$$f_o = \frac{1}{2\pi}\left(\frac{1}{R_2R_3C_1C_2}\right)^{1/2}$$

3. 常用集成运算放大器的种类

集成运算放大器按级别分为三级。其中,3xx 的是商业级产品,使用温度一般为 0～70℃,价格最低。2xx 的是工业级产品,使用温度一般为－40～85℃,价格较高。1xx 的是军品级产品,使用温度一般为－55～125℃,价格昂贵,是商业级产品价格的 5～10 倍。同类型不同级别的运算放大器,除了适应环境温度不同外,其他性能指标也有少许差异,一般级别高的运算放大器,其他指标也要高一些。为了叙述简便,在表 4.1.1 中将同一类型不同级别的运算放大器放在一起,其指标是商业级产品指标,其工业级与军品级产品指标还要稍高一些。集成运算放大器按性能分大致有以下几类:

1)通用运算放大器

这一类运算放大器性能适中,价格低廉,对于一般工程设计已足够用,是用量最大的运算放大器。其中的双电源单运算放大器如国产的 CF741,F007 和国外的 LM741,单电源双运算放大器如国产的 CF158/CF258/CF358 和国外的 LM158/LM258/LM358,单电源四运算放大器如国产的 CF124/CF224/CF324 和国外的 LM124/LM224/LM324 等性能相当好,应用最为广泛。国产运算放大器性能与国外同类运算放大器性能相同。

2)高输入阻抗运算放大器

其输入阻抗很高,用于特别微弱信号的放大,价格较高。其中应用比较多的是国产的 CF355/CF356/CF357 和国外的 LF355/LF356/LF357 等。若环境温度变化大,最低温度在－40～0℃,须选用工业级产品,如 CF255/CF256/CF257 或国外的 LF255/LF256/LF257。产品使用温度有低于－40℃情况时,须选用军品级产品,如 LF155/LF156/LF157。

3)低失调低漂移运算放大器

其输入失调电压小,温度稳定性好,精度高,如 OP-07,μA741 等。其中 OP-07 使用更多一些。

4)斩波稳零运算放大器

这种运算放大器内部有一个振荡器,振荡频率 200Hz 左右,在这个振荡器控制下运算放

大器分节拍工作。每个振荡周期分两个节拍:第一节拍将输入失调采集并存入一个电容器中;第二节拍采样和放大信号,并将此刻的失调相抵消。因此,其特点是超低失调,超低漂移,高增益,高输入阻抗,性能优越。如国产的5G7650,F7650,国外的ICL7650等。其价格高,但性价比也很高,用于极微弱信号的放大电路中。

4. 常用集成运算放大器参数

常用集成运算放大器参数见表4.1.1。

表4.1.1 集成运算放大器参数

参数名称	符号	单位	CF741 μA741	CF124/ 224/324	LM158/ 258/358	CF355/ 356/357	OP-07	OP-15/ 16/17	OP-27	5G7650 ICL7650
双电源电压	$V+$, $V-$	V	±(9~18)			±18	±22	±22	±(4~22)	±(3~8)
单电源电压	V_{CC}	V		5~30	5~30					
输入失调电压	V_{IOS}	mV	1	±2	1	3	0.8	0.7	0.8	0.7
失调电压温漂	α_{VIOS}	mV/℃	15				0.7	4	0.2	0.01
输入失调电流	I_{IOS}	nA	20	3.0	2	3pA	0.8	0.15	12	0.5pA
输入偏置电流	I_{IB}	nA	80	45	20	30pA	2	±0.25	15	1.5pA
差模电压增益	A_{VD}	dB	106	100	100	106	104	91	125	120
共模抑制比	K_{CMR}	dB	84	70~85	85	100	110	94	118	130
差模输入电阻	R_{ID}	MΩ	1	2	2	1	31	1	4	1
电源电流	I_S	mA	1.7	0.7		2~5		2.7~4.8		2
差模输入电压范围	V_{IDM}	V	±30	±32	±30	±30	±30	±30	±0.7	±7
共模输入电压范围	V_{ICM}	V	±15	±15	±15	±16	±22	±16	±22	$V_+ +0.32$ $V_- -0.32$

备注:1. 以上运算放大器的输出电阻在60~75Ω;
2. 一般都有内部温度补偿电路

5. 测量放大器

在自动控制和测量仪器中,常用测量放大器将变化缓慢、信号极微弱(一般只有几毫伏到几十毫伏)的输入量加以放大,然后输入到系统或通过仪表显示。测量放大器又称数据放大器、仪表放大器、桥路放大器,它的输入阻抗高,输入失调电压和输入失调电流小,输入偏置电流小,漂移小,共模抑制比大,稳定性好,适于在大的共模电压背景下对微小信号的放大,是一种高性能的放大器。测量放大器由三个运算放大器构成,一般都是高性能运算放大器如OP-07。其原理电路如图4.1.4所示。

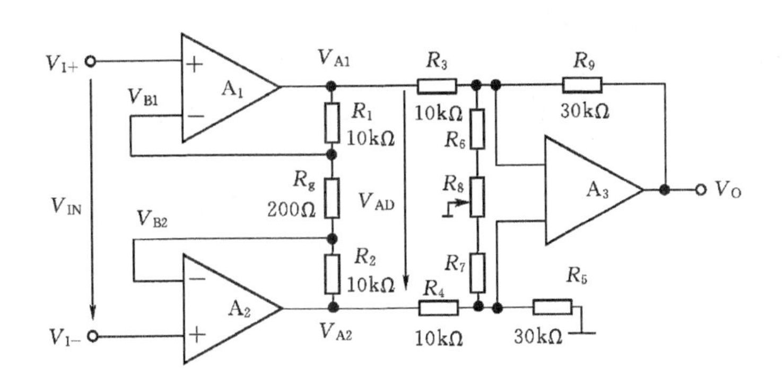

图 4.1.4　测量放大器电路原理图

运算放大器 A_1 和 A_2 组成第一级放大器，它们都是同相输入方式，电路结构又对称，因此输入阻抗很高，抑制零点漂移的能力很强。第二级是由 A_3 组成的差动放大电路。为便于讨论，假设图中的三个运算放大器都是理想运算放大器，则有

$$V_{I+}=V_{B1},\ V_{I-}=V_{B2},\ V_{AD}=V_{A1}-V_{A2},\ V_{IN}=V_{I+}-V_{I-}=V_{B1}-V_{B2}$$

因为 R_g,R_1,R_2 构成分压电路，所以

$$V_{IN}=\frac{R_g}{R_g+R_1+R_2}V_{AD}$$

即

$$V_{I+}-V_{I-}=\frac{R_g}{R_g+R_1+R_2}(V_{A1}-V_{A2})$$

因此第一级放大倍数

$$K_1=\frac{V_{A1}-V_{A2}}{V_{I+}-V_{I-}}=\frac{V_{AD}}{V_{IN}}=\frac{R_g+R_1+R_2}{R_g}=1+\frac{R_1+R_2}{R_g}$$

设可调电阻 R_8 活动触头以上的电阻值为 R_8'，则第二级放大器的放大倍数为

$$K_2=-\frac{V_O}{V_{AD}}=-\frac{R_9}{R_6+R_8'}$$

总放大倍数为

$$K=K_1K_2=-\frac{R_9}{R_6+R_8'}\left(1+\frac{R_1+R_2}{R_g}\right)$$

R_8 是调零电位器，R_g 是调节放大倍数的。

测量放大器在精密仪器仪表中有广泛应用，因此，有些公司就将测量放大器集成在一片电路内，成为单片测量放大器。由于制造工艺的一致性，其性能更加稳定。如美国 AD 公司的 AD521，AD522，AD612，AD623 都是单片测量放大器，在设计中应优先选用。

6. 运算放大器输出信号幅度校正

经过运算放大器处理的信号幅度和驱动能力大大增加，能适应一般采样保持器或者模数转换器的输入要求，但是否完全适应幅度要求，则要靠合理的配置电路参数，仔细校正才能实现。以线性电路为例，校正的原则是，先弄清楚采样保持器或模数转换器要求的输入信号变化范围是多大，例如其要求的满刻度输入信号幅值为 $V_{I\max}$，则在配置运算放大器的电源电压时，就要保证该运算放大器输出的线性区的最大值 $V_{O\max}$ 必须略大于 $V_{I\max}$，再确认信号源(传感器)输出的信号幅度是多大。例如其输出信号的最大值为 $V_{S\max}$，则必须保证 $V_{I\max}=K\ V_{S\max}$

(K 为运算放大器的放大倍数,若是多级运算放大器或组合运算放大器,K 为总的放大倍数)。这样才能保证模数转换过程中获得最大的分辨率。为了便于校正,通常在电路中加有可调电阻,如图 4.1.5 所示。在通过仔细计算后选择一个合适的可调电阻,可容易地调节到所需的数值。

实用中一级放大往往不能达到所需的信号要求,因此常常采用多级放大或组合放大,图 4.1.6 就是两级放大的例子,信号经过反相放大器 A1 放大后被反相,再经过反相放大器 A2 放大后又反相一次,最后的输出信号 $V_O = K_1 K_2 V_I$,且 V_O 与 V_I 同相。K_1,K_2 分别为两级放大器的放大倍数。

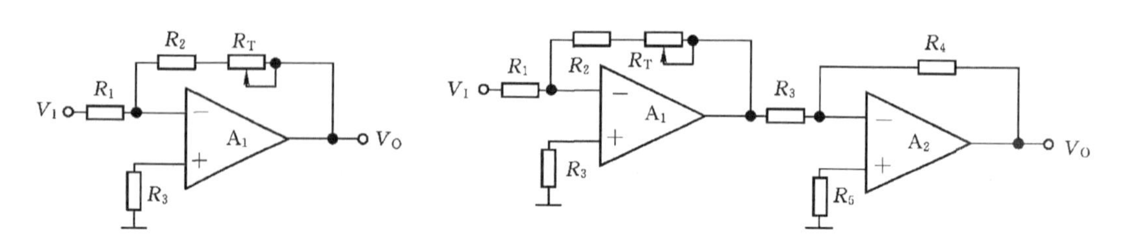

图 4.1.5　可调节的放大器

图 4.1.6　两级放大电路

7. 增益可编程放大器

由于电路品种和功能的快速发展,数字电位器技术日益成熟,可以通过软件设置调节电阻值。将这一技术应用于运算放大器,将决定放大倍数的输入电阻和反馈电阻制作为数字电位器,再将其与运算放大器集成在一起,通过编程可以改变其电阻值,从而改变运算放大器的放大倍数,这样就产生了增益可编程放大器。由于数字电位器目前还不能做到阻值连续调节,因此,增益可编程运算放大器的放大倍数也不能通过程序连续改变,但是其增益可以是 0.5,1,1.5,2,5,10,20 等各种等级,其对信号的幅度要求也比较简单,输入信号只需要进行简单的调节即可,有些甚至于不需要调节,就靠编程确定增益即可满足要求。

8. 可编程滤波器

信号调理是数据采集中最重要也是难度最大的设计工作,尤其是在采集交流信号时,信号通常由多种频率组成,互相叠加。有些信号有一个主频率,此外还叠加有其他高频谐波。为了对采集信号进行分析,必须按不同的频率进行滤波后再采样,这样就需要对滤波频率进行多次选择,要用手工拨动开关逐一拨动选择,就很麻烦,现在 MAXIM 公司开发的可编程滤波器件,可以由计算机控制,通过软件编程很方便地选择滤波频率,从而让不同频率的信号通过滤波器进入模数转换器,就可以很快地确定出输入信号的主要特征。

运算放大器还有其他许多应用,例如作为峰值检波器、限幅器、斯密特触发器、振荡器,电压跟随器等等;还有组合型放大器,例如测量放大器、变压器耦合隔离放大器、V/F 变换器、采样保持器等等。有些运算放大器专用于作为电压比较器,带通或带阻滤波器等等。新的高精度高性能的运算放大器还在不断地研制出来。总之,运算放大器在电路设计中有着极其重要而广泛的应用,必须很好地掌握有关运算放大器的知识。

4.2　采样保持电路

在生产过程中，计算机所要采集的信号，许多是不断变化的信号。对于不断变化的信号，人们只能在不同的时间点对信号进行采集，称之为采样。完成一次采样需要的时间 t_s 称为采样时间，采样时间一般很短，可以忽略。两次采样之间的时间间隔 T 称为采样周期。完成模拟量采样的器件称为采样器。将采样到的模拟信号转换为数字量的过程称为模数转换，或称为 A/D 转换。A/D 转换器输出的数字量应该与采样时刻的模拟量值相当，否则就产生误差。但是，A/D 转换需要一定的时间，由于模拟量在变化，A/D 转换结束时的模拟量值已不等于采样时刻的模拟量值，A/D 转换所得的数字量也就不等于采样时刻的模拟量之值。为了解决这一问题，人们设计了采样保持器，使得在 A/D 转换期间采样所得到的模拟信号（即输入给 A/D 转换器的信号）保持不变，一直为采样时刻之值。完成采样保持功能的器件称为采样保持器。采样保持器的工作原理如图 4.2.1 所示。

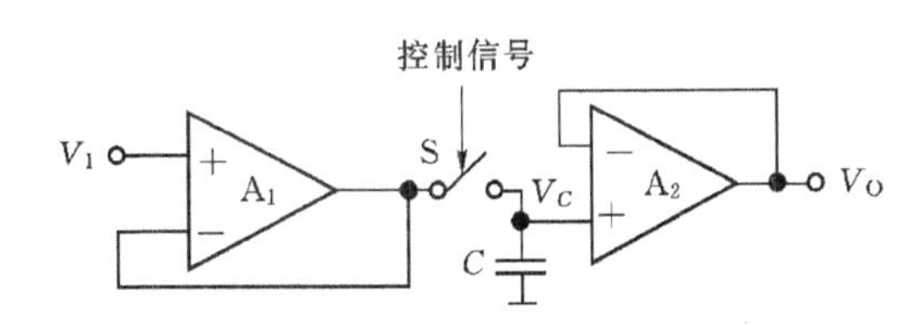

图 4.2.1　采样保持器原理图

图中 S 是电子开关，由控制信号控制其开关状态。当 S 闭合时，电路处于采样阶段，S 闭合的时间也称为采样时间或捕捉时间。输入信号 V_I 经电压跟随器 A_1（电压跟随器的输入阻抗高，输出阻抗小，在电路中主要用于阻抗变换）对存储电容 C 充电，电容 C 上的电压 V_C 又经过电压跟随器 A_2 输出，因此输出电压 $V_O=V_C=V_I$，输出电压跟着输入电压而变化。当 S 断开时，电路处于保持期，因为电容 C 没有放电回路，所以 $V_O=V_C$。电路将输入电压完好的保持下来，供给 A/D 转换器进行转换。实际上，市售的采样保持器中运算放大器输入端的偏置电流非常小，几乎为零，因此保持电容 C 上的电压 V_C 可以很好地保持，在 A/D 转换的时间段内几乎不变，可以使 A/D 转换获得准确的数值。当然，保持电容的质量也很重要，要选用漏电流小的电容如聚苯乙烯电容（环境温度 85℃以下）、云母电容、聚四氟乙烯电容（各种温度下）等，其容量可根据采样速度高低，分别选用小至 100pF，大至 1μF 的电容。

采样保持器主要性能参数如下：

(1)捕捉时间 t_{AC}（acguistion time），又称为采集时间，是指采样保持器内电子开关接通外部输入信号的时间。

(2)输出电压变化率 dV_O/dt，输出电压变化率是采样保持器工作于保持方式时输出电压 V_O 的变化速度，$|dV_O/dt|$ 越小性能越好。

(3)下降电流 I，指与保持电容相连的运算放大器的输入端的输入电流和保持电容的漏电流之和，但因保持电容的漏电流与运算放大器的输入电流相比非常小，可忽略不计，因此下降电流 I 实际上指与保持电容相连的运算放大器的输入端的输入电流，该电流是导致保持电容上电压下降的主要原因。该电流很小，为 nA 级。

现在市售的采样保持器，有多种型号可供选用，其性能见表 4.2.1。

表 4.2.1 采样保持器芯片(组件)性能简表

参数名称	AD公司的 AD582	AD公司的 AD583	NSC公司的 LF198/298/398	AD公司的 SHA-2A 高速组件
输入电压范围	单端 30V，差动 V_S	±30V	±5V～±18V	
输入电流	3μA	0.2μA		
输入电阻	30MΩ	10^{10}Ω	10^{10}Ω	10^{11}Ω，7pF
输出电压			±5V～±18V	±10V
输出电流	±5mA	±10mA		±20mA
输出阻抗	12Ω	5Ω		容性负载 200Ω
电源电压 V_S	±5V～±18V	±5V～±18V		±15V
采集(捕捉)时间	C=100pF，6μs，±0.1%； C=100pF，25μs，±0.01%	C=100pF，4μs， ±0.1%		C=100pF，300ns，0.1% C=100pF，500ns，0.01%
下降电流 I	1nA		1nA	
保持电压下降速率 dV_O/dt				100μV/μs
线性度	±0.01%		±0.01%	
使用温度范围	−25～+85℃	0～+70℃		

对直流信号进行采样或将交流信号转换为直流信号后进行采样称为直流采样。直流采样主要用于变化比较缓慢的信号的采样，如工件的尺寸、温度、液面高度、蓄电池电压等的采样。这种采样除过温度漂移引起的信号偏差以外，数值比较准确。直流采样所用的模数转换器速度要求不高，一般也不需要采样保持电路，软件编制也比较简单。直流采样还有一种应用，就是将交流信号经过整流滤波变化为直流信号，然后再对该信号进行采样。但是，这种采样滞后较大，不能用于快速加工、电力速断保护等场合，只能用于实时性要求不高的场合。对交流信号直接进行采样称为交流采样。这种采样的实时性好，要求所用模数转换器的速度快。交流采样电路都要配置采样保持电路，其软件也比直流采样的软件复杂，涉及对信号的频率、幅值等特性的分析，计算工作量也大。交流采样适用于快速加工中的数据采集、机械振动信号采集、语音采集、视频信号采集、继电保护中交流电的电压采集等。

4.3 采样偏差的校正技术

在实际采样过程中，由于系统是实际系统，不是理想系统，各个环节都存在着不同程度的偏差。有些偏差很大，这就使得采样所得的结果大大偏离实际值，就会极大地影响控制的精度。为了使采样结果与实际值能够吻合，必须进行校正，有些通过硬件校正即可，有些还需要通过软件校正。校正的主要内容有两方面：一是线性度校正，二是零点校正。

1. 线性度校正

给采样系统输入一个线性信号，如图 4.3.1 所示，图中的信号 $f(t)$ 是理想采样系统对线性输入信号处理的结果，该电压模拟了一个理想化的采样系统处理过的某个传感器的输出电压。

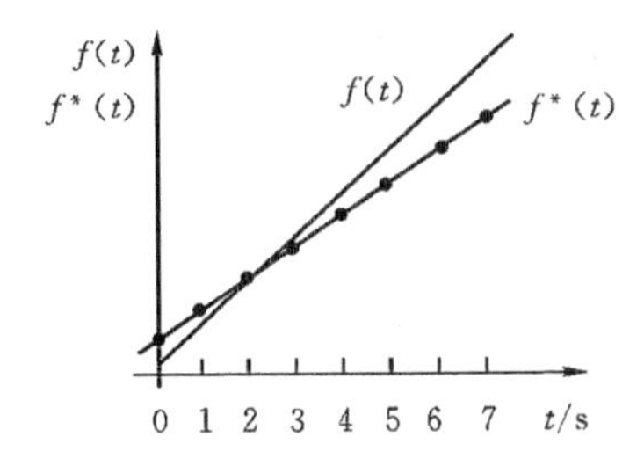

图 4.3.1　采样的线性偏差图

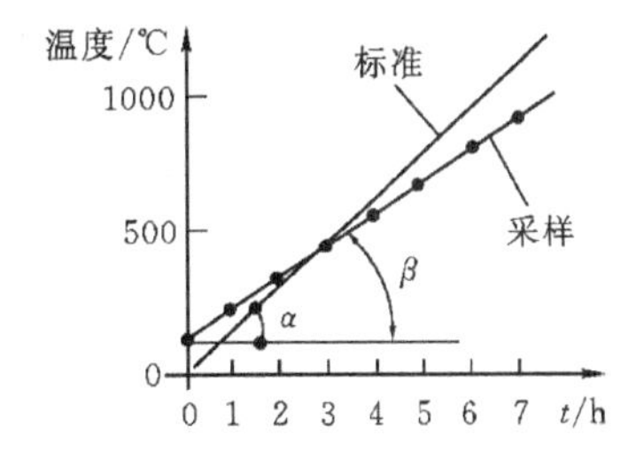

图 4.3.2　热处理炉温度采样的线性偏差

$f^*(t)$ 是实际采样系统对信号不同点进行采样所得到的离散点，这些点的回归线与 $f(t)$ 之间有偏差，这些偏差中的一种偏差是回归线 $f^*(t)$ 的斜率 β 与 $f(t)$ 的斜率 α 有偏差，这个偏差就是该采样系统的线性误差。调节线性误差的方法很简单，就是调节采样系统中放大器的放大倍数。具体方法是，以被测量的物理量为例，例如测量热处理炉的温升曲线，在加热过程中用标准电测温度计进行测量，在每个时间点上同时也用研制的采样系统采集数据，最后可以获得标准温升曲线和采样器采集的温升曲线。如果在温度上升的线性区间，采样器采集的温升曲线的斜率 β 与标准温升曲线的斜率 α 不相等，如图 4.3.2 所示，就要调节放大倍数。其原因是采样温升曲线的斜率与采样器的放大倍数成正比。如图中所示，$\beta<\alpha$，说明采样器的放大倍数偏小，根据 β 与 α 的比值 $\xi=\beta/\alpha$ 的大小，可以准确地计算出采样器放大倍数的调节量，从而将线性偏差调到最小。如果 $\beta>\alpha$，说明采样器的放大倍数偏大，经过计算后将其调小即可。

2. 采样器零点校正

有些物理量的变化是一个从 $-\infty$ 到 $+\infty$ 连续的函数，这些连续函数的零点通常都是人为设定的。有些物理量则有确定的零点，例如电压为零的情况，车床在由正转切换到反转转速为零的情况等。在设定的物理量的零点上，采样器的输出往往不是零，这一般有以下原因。

1)传感器误差

该误差是传感器制造出厂时就存在的。例如，工程上常用的±600A/5V 的一种霍尔电流传感器，其指标是输出电压误差为 1%，则在每一点上其允许的偏差为±50 mV。在电流为零时，其输出信号也在±50 mV 以内，往往并不为零。在工程中应用的这种传感器，大多数零点偏差在±10 mV～±20 mV 之间。在某电厂的直流监测系统中，用到的两只±600A/5V 的霍尔电流传感器，其零点偏差 1 号为+15 mV，2 号为−14 mV，可以算出其对应的电流偏差为

$$\Delta I_1 = (15\mathrm{mV}/5\mathrm{V}) \cdot 600\mathrm{A} = 600\mathrm{A}(15\mathrm{mV}/5000\mathrm{mV}) = 1.8\mathrm{A}$$

$$\Delta I_2 = (-14\mathrm{mV}/5\mathrm{V}) \cdot 600\mathrm{A} = -600\mathrm{A}(14\mathrm{mV}/5000\mathrm{mV}) = -1.68\mathrm{A}$$

也就是说，1 号电流传感器在电流为零时，其输出信号相当于有正向 1.8A 电流；2 号电流传感器在电流为零时，其输出信号相当于有反向 1.68A 电流。

2)采样器中的放大器的零点漂移和零点偏移

放大器的零点漂移主要由器件本身特性和温度变化所引起，一般指在放大器调零调好后，

在其输入端输入电压为零的情况下，其输出电压在零点附近缓慢的漂移，而不是完全的输出为零的情况。环境温度越高，这种漂移越大。

解决这种漂移的办法是在放大电路中加温度补偿元件。现在市售的运算放大器，许多内部已经加有补偿电路，温度稳定性大为提高，这种由温度引起的输出漂移得到很强的抑制，零点漂移很小。

运算放大器都有一个输入失调电压，指的是要保持运算放大器的输出为零，在其输入端要加一个微小的电压即所谓输入失调电压。那么，在不加输入失调电压即输入为零的时候，其输出就有一个电压值，称之为放大器的零点偏移，其偏移电压既与输入失调电压有关，也与放大电路的放大倍数有关，这种输出偏移电压 ΔV 正比于输入失调电压 V_{IO} 和放大倍数 K。设放大器的输入失调电压 $V_{IO}=0.2\text{mV}$，放大倍数 $K=100$（采样器多级放大的综合放大倍数），则该采样器在输入信号电压为零时的输出偏移电压为

$$\Delta V = V_{IO}K = 0.2\ \text{mV} \times 100 = 20\ \text{mV}$$

如果该采样器是对一个从 0 到 1m 高程的液面进行监测，采样器的最大线性输出电压为 10V，在输出 10V 时对应的液面高度为 2m，则采样器的零点偏移所对应的液面高度 h 为

$$h = (20\ \text{mV}/10\ \text{V})2\ \text{m} = (0.02\ \text{V}/10\ \text{V})2\text{m} = 0.004\ \text{m}$$

也就是说，在液面高度为零时，采样器的输出值为 0.004m。

采样器误差是普遍存在的，是由多方面的原因决定的。通过在电路设计上进行补偿和校正以外，通过软件进行校正是一个重要的方法。根据经验，软件校正比硬件校正效果更好。尤其是在现场进行硬件校正，有时候因条件限制，很难校正；而用软件校正则很方便。软件校正又称为软调节。软调节的方法如下：

以热处理炉温度控制中的温度采样检测为例，在软件设计时，设置一个校正变量 A_{DJ}，可以通过键盘方便的改变 A_{DJ} 的数值。设每次采样完成后 A/D 转换所得的温度值为 T_d，通过标准温度表测得的温度值为 T_c，则输出显示与存入数据库的温度值 T_{dat} 必须等于 T_c，在软件中规定

$$T_{dat} = T_c = T_d + A_{DJ} \tag{4.3.1}$$

由于传感器和采样器的零点偏移造成的综合偏移，在没有调节之前，当热处理炉初始处于室温（例如 20℃）时，采样器所得到的温度值 T_d 不一定是 20℃。在初始设置时，先将 A_{DJ} 设置为零，再看屏幕上 T_d 的数值是多少，例如，此时的 $T_d = 21$℃，而实际炉温为 20℃，说明采样器初始偏差为 1℃。这就是该系统总的初始偏移或零点偏移。纠正这个偏移的方法很简单，就是通过键盘将 A_{DJ} 设置为 −1℃，这样设置后，程序按式（4.3.1）计算后，得到的系统总输出值 T_{dat} 就必然为 20℃，从而与实际值相吻合。

在现场参数整定的时候，系统已经在线运行，实际的温度值不可能为室温。此时校正的方法是，先将校正变量 A_{DJ} 设置为零，用标准温度表测定实际的温度值 T_c，并记下该数值，同时记下同一时刻采样器输出的温度值 T_d（由于此时 $A_{DJ}=0$，因此该 T_d 值就是屏幕上显示的 T_{dat}），例如测定的几个点的对应温度值见表 4.3.1。

表 4.3.1 实际温度与测得数值及其偏差

T_c/℃	850	1200	1220	1360	1540	1600
$T_{dat}(T_d)$/℃	980	1330	1350	1480	1660	1720
$T_c - T_{dat}$/℃	−120	−130	−130	−120	−120	−120

现场一般认为 T_c 值就是实际温度值，要求输出显示与存入数据库的数值 T_{dat} 要等于 T_c 值。变量 A_{DJ} 与 T_d 和 T_c 的关系仍然是式(4.3.1)。

当 A_{DJ} 等于 T_d 和 T_c 的偏差平均值时，可保证 $T_{dat}=T_c$，A_{DJ} 应按下式计算：

$$A_{DJ}=\frac{1}{N}\sum_{n=1}^{N}(T_c-T_{dat})_n \tag{4.3.2}$$

对表 4.3.1 中的数值按式(4.3.2)计算后，得到

$$A_{DJ}\approx -124$$

根据计算结果，将变量 A_{DJ} 设置为－124，就可以消除系统的偏差，使最终输出值 T_{dat} 与实际值 T_c 相符。这样再用 T_{dat} 数值进行后续的计算分析和对加热控制器的输出控制就准确得多了。

4.4　信号隔离与选通技术

当计算机数据采集系统有多路模拟信号输入，通常要将这些信号互相隔离，再对这些信号有选择的选通，或者逐一选通后进入 A/D 转换器进行模数转换。有些系统有多路数字量信号输入，也要进行隔离与选通。信号隔离与选通的器件很多，要根据信号特征选用。

在还没有电子开关以前，所有信号都是用继电器进行隔离或接通的。但是，继电器存在重要缺陷：一是其要求的驱动电流大，损耗大。二是因为靠弹簧片工作，在一定的工作次数后会疲劳损坏，即寿命有限。三是其触点接触电阻不稳定。触点新鲜干净且弹簧片没有疲劳，能够压紧的情况下，其导通电阻很小，导通良好；但触点氧化，或有油污，或弹簧压紧无力，其接触电阻就比较大，对微弱信号影响很大。

后来电子开关的问世，大大提高了信号的传输质量。尤其是集成电路电子开关的导通电阻相当稳定，在一个芯片内每一路的导通电阻数值几乎相同，同类型的芯片其性能也几乎相同，给信号的隔离与选通带来了极大的好处。电子开关有数字型(数据选择器)和模拟型(模拟开关)两大类，在制造工艺上有晶体管式和场效应管式两种。晶体管在导通时有残留电压，而且在饱和时集电极与发射极之间是一个非线性电阻，传输过程有失真，对模拟开关来说，这样大的误差是不允许的。因此，晶体管式开关都作为多路数据选择器，不用作多路模拟开关。数据选择器的选通速度快，模拟开关的选通速度要慢一些。数据选择器只能用于数字量信号的隔离与选通；模拟开关既可用于模拟量信号的隔离与选通，也可用于数字量信号的隔离与选通。模拟开关在用于数字量信号的隔离与选通时，要注意开关的速度能否适应要求。

对数字量信号，可根据信号是 TTL 电平还是 CMOS 电平，选用相应的多路数据选择器。多路数据选择器用于对多路数字信号进行选择。每一路数字信号相当于二进制的一位，只有高电平和低电平两个状态。每次选择多路中的一路进行传输。在传输过程中，只要求所传送信息的状态(高电子或低电平)不变即可，允许电压幅度有一定变化。例如，定义 3.5V 以上为 1(高电平)，只要传输最后保证 3.5V 以上即可，比方说 4V 甚至 5V 仍然是 1，没有改变信息。这种数据选择器能将对应输入端口上的数字电平信号选通到输出端口，使其数字量的 0 或者 1 保持原值或反码值即可。这种选择器品种比较多：有双 4 选 1 数据选择器，如 74LS153；74HC153。有 8 选 1 数据选择器，如 74LS152，74HC152；有 16 选 1 数据选择器，如 74LS150，

74HC150 等。其中，74LS15x 为低功耗 TTL 器件，输入输出为 TTL 电平；74HC15x 为高速 CMOS 器件，输入输出为 CMOS 电平。根据输出数码值与输入数码值的关系，有原码值输出的器件，也有反码值输出的器件，74xx153 为原码值输出，74xx152 和 74xx150 为反码值输出，74xx151 为 8 选 1 既有原码输出引脚，又有反码输出引脚的器件。也有具有电平转换功能的数据选择器，可以在选通信号的同时进行电平转换，将输入端的 TTL 电平信号，转换为 CMOS 电平输出，如 74AC(T)153。CMOS 多路数据选择器国产的有 4 与或选择器 CC4019，8 对 1数据选择器 CC4512，4 线- 16 线译码器/数据选择器 CC4514，CC4515 等。

总地来说，数据选择器内部结构纯粹是数字电路的输入输出结构，电路比较简单，只要将所选中端口的逻辑电平送到输出端即可。几种常用的多路数据选择器见图 4.4.1。图中示出了几种多路数据选择器的引脚与功能关系。其中，图(a)为 16 选 1 反码输出器件 150；图(b)为 8 选 1 既有反码输出也有原码输出的器件 151；图(c)为双 4 选 1 原码输出的器件 153；图(d)为双 4 选 1 原码输出具有电平转换功能的器件 AC(T)153，该器件输入为 TTL 电平，输出为 CMOS 电平。以上各器件通道的选通由选通编码输入引脚 A，B，C，D 的码值决定。每种芯片都有允许控制端 EN。当 EN 为低电平时，才允许将所选通的输入端的数码输出到输出端；否则，输出端呈现高阻态，以便于和与其相连的总线隔离。

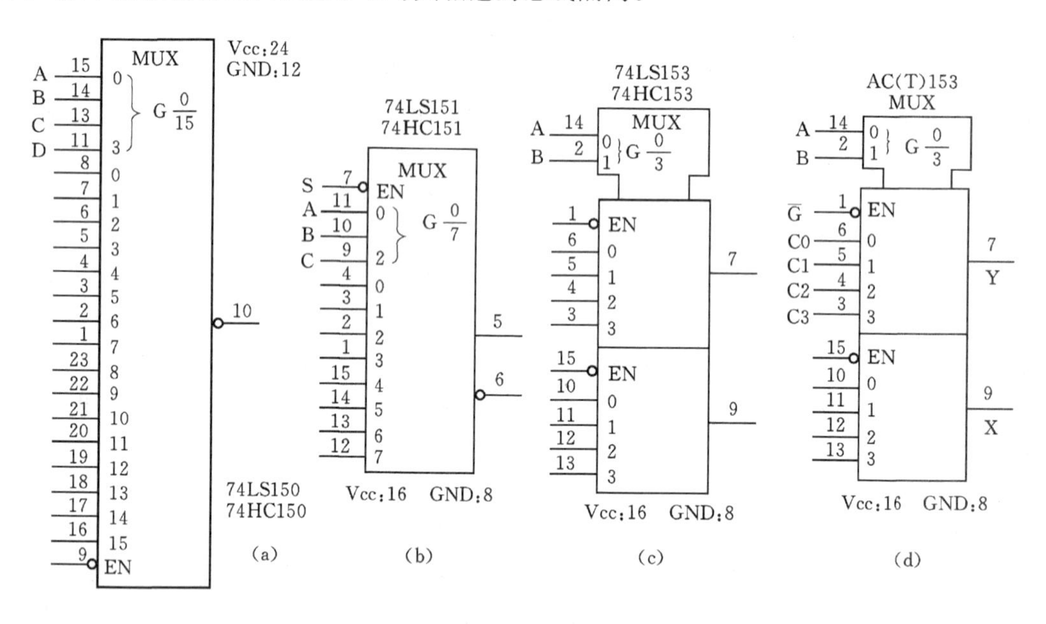

图 4.4.1　多路数据选择器

模拟信号的隔离与选通电路(多路模拟开关)比较复杂，要求开关接通时，开关两端电阻很小，而断开时此电阻很大，并希望对所传输的信号有良好的线性度，以减小传输失真；要求工作稳定性好，开关速度快，寿命长。

多路模拟开关是 CMOS 电路，它比晶体管式的导通电阻小且为线性电阻，传输非线性失真小，精度高，功耗低，但速度比晶体管式的慢。CMOS 多路模拟开关电路无残留电压，有的只能单向传输，有的可双向传输，有很小的导通电阻和很高的断开电阻，可以传输与输入信号幅度一致的全幅度信号。

CMOS 模拟开关品种繁多，广泛应用于计算机控制系统的信号通道的隔离与选通。由于篇幅所限,这里只介绍多路模拟开关。图 4.4.2 示出了几种多路模拟开关的引脚与功能关系图。

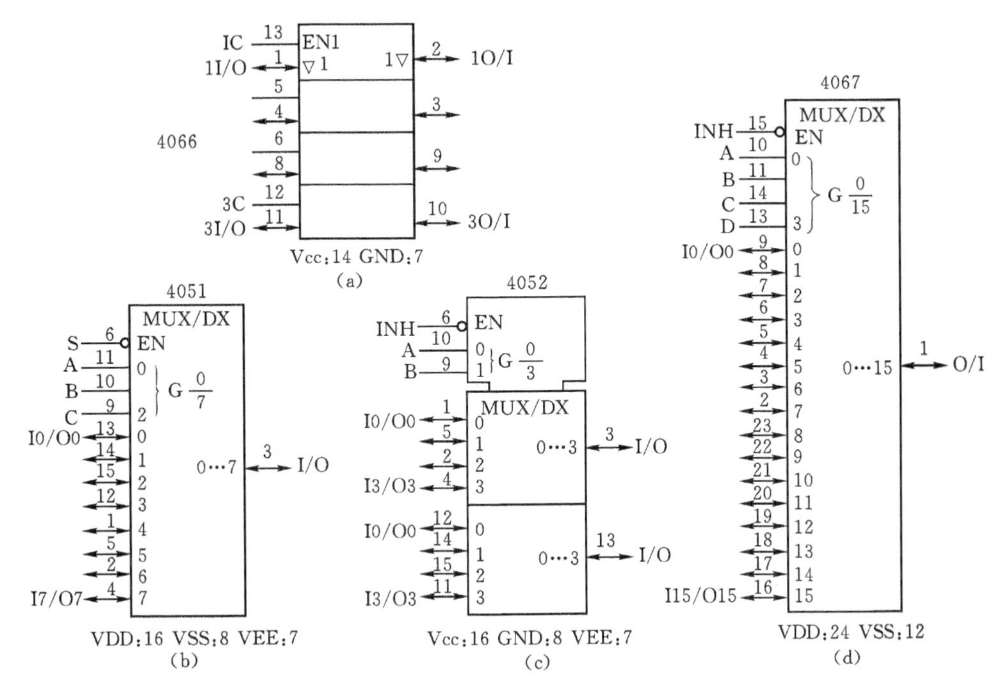

图 4.4.2　几种多路模拟开关

图 4.4.2(a)为 4 路可单独控制的双向模拟开关 4066,每路开关都有一个控制引脚。当给该引脚加上高电平时,该路开关开通;给控制引脚加上低电平时,该路开关断开。图(b)为 8 选 1 双向模拟开关 4051。图(c)为双 4 选 1 双向模拟开关 4052。图(d)为 16 选 1 双向模拟开关 4067。以上各器件通道的选通由选通编码输入引脚 A,B,C,D 的码值决定。每种芯片都有允许控制端 EN。当 EN 为低电平时,才允许将所选通的输入端的数码输出到输出端;否则,输出端呈现高阻态,以便于和与其相连的总线隔离。

表 4.4.1 列出了可以互相代用的各种型号的多路模拟开关。表中同一行中各型号的功能和管脚排列均相同,技术指标相近,可以互相代用。

表 4.4.1　可以互相代用的各种型号的多路模拟开关

名称	国内型号	可代用的国产型号	RCA 公司型号	MOTOROLA 型号
双 4 选 1　单向开关 三 2 选 1　单向开关	CC4052 CC4053	C542 C543	CD4052 CD4053	MC4052 MC4053
单 8 选 1　双向开关 16 选 1　双向开关 双 8 选 1　双向开关	CC4051 CC4067 CC4097	C541 CD4067 CD4097	CD4051	MC4051

续表

名称	国内型号	可代用的国产型号	RCA 公司型号	MOTOROLA 型号
双 4 选 1(可连成单 8 选 1)双向开关	CCl4529			MCl4529
四 1 选 1　双向开关	CC4066	C544		

在应用中要注意,多路模拟开关只能用于共地信号的隔离与选通。有些模拟信号是共地的(即有公共的地线),可以直接使用多路模拟开关进行隔离与选通。但是,有些多路模拟信号互相不共地,甚至于电压是互相叠加的,就不能用多路模拟开关进行隔离与选通,而必须用继电器进行隔离。

4.5　数据采集中的抗干扰技术

在数据采集过程中,由于电路中既有模拟信号又有数字信号,数字信号的尖峰脉冲会对模拟信号产生严重干扰,模拟信号也会受到其他干扰而使信号发生变化,尤其是小信号受到的干扰就更加严重。

在工业现场,控制器大多数处在一个强干扰的环境中,不仅包括外部的强电场、强磁场、大功率的交直流负载设备,还包括自身必须的可控硅和继电器等。因此在系统电路设计中,为了增强系统的可靠性、少走弯路和节省时间,应充分考虑并满足抗干扰性能的要求。

4.5.1　干扰因素与抗干扰基本方法

1. 干扰要素

干扰因素很多,但主要有以下三种,称之为干扰要素。

(1)干扰源。干扰源包括产生干扰的元件、设备或信号。用数学语言描述如下:$\mathrm{d}u/\mathrm{d}t$,$\mathrm{d}i/\mathrm{d}t$ 大的地方干扰就大,如继电器、电机、可控硅、高频时钟等都可能成为干扰源。自然因素,如雷电和宇宙射线等也是重要的干扰源。

(2)传播路径。传播路径指干扰从干扰源传播到敏感器件的通路或媒介。典型的干扰传播路径是通过导线的传导和空间的辐射。

(3)敏感器件。敏感器件指容易被干扰的对象,如 A/D 转换器、D/A 转换器、单片机、数字 *IC*、弱信号放大器等。

因此,抗干扰设计的基本原则是:抑制干扰源,切断干扰传播路径,提高敏感器件的抗干扰性能。

2. 抗干扰基本方法

在长期研究和实践过程中,人们设计了多种抗干扰方法,主要有硬件抗干扰、软件抗干扰、特殊抗干扰等技术和方法。抗干扰技术主要是针对干扰源的特点进行的。

1)硬件抗干扰措施

(1)抑制干扰源。抑制干扰源就要尽可能地减小干扰源的 $\mathrm{d}u/\mathrm{d}t$ 或 $\mathrm{d}i/\mathrm{d}t$,这是抗干扰设计中最优先考虑和最重要的原则，该问题的解决常常会起到事半功倍的效果。减小干扰源的 du/dt 主要是通过在干扰源两端并联电容来实现；减小干扰源的 di/dt 则是在干扰源回路串联电感或电阻以及增加续流二极管来实现。抑制干扰源的措施如下：

①继电器线圈增加续流二极管，消除断开线圈时产生的反电动势干扰。如果仅增加续流二极管，会使继电器的断开时间滞后，增加稳压二极管后继电器在单位时间内可动作更多的次数。同时，在继电器接点两端并接火花抑制电路，减小电火花影响。

②原则上每个集成电路芯片都配置一个 0.01～0.1μF 的瓷片电容或聚乙烯电容，它可以吸收高频干扰。电容引线不能太长，高频旁路电容不能带引线。

③布线时避免 90°折线，以减少高频噪声的发生。

④可控硅两端并接 RC 抑制电路，减小可控硅产生的噪声。

⑤电源进线端跨接 100μF 以上的电解电容，以吸收电源进线引入的脉冲干扰。

(2)切断干扰传播路径。按干扰传播路径可分为传导干扰和辐射干扰两类。所谓传导干扰，是指通过导线传播到敏感器件的干扰。高频干扰噪声和有用信号的频带不同，可以通过在导线上增加隔离光耦来解决。所谓辐射干扰，是指通过空间辐射传播到敏感器件的干扰，即指电磁场在线路和壳体上的辐射。由于现场计算机所处的环境干扰强烈，因此所有的信号线、控制线和通信线等均须采用屏蔽接地的措施。切断干扰传播路径的常用措施如下：

①充分考虑电源对单片机的影响，电源做得好，整个电路的抗干扰就解决了一大半。许多单片机对电源噪声很敏感，要给单片机电源加滤波电路或稳压器，以减小电源噪声对单片机的干扰。

②晶振的管脚与单片机的引脚尽量靠近，用地线把时钟区域隔离起来，晶振外壳接地并固定。

③电路板合理分区，弱信号电路与强信号电路分开甚至隔离，交流部分与直流部分分开，高频部分与低频部分分开。

④用地线把数字区与模拟区隔离，数字地与模拟地要分离，最后接于电源地。

⑤单片机和大功率器件的地线要单独接地，以减小相互干扰。大功率器件尽可能放在电路板边缘。

⑥尽量缩短元器件相互之间的布线距离。尽量缩短高频信号的布线距离和区域，高频信号的输入、输出尽量靠近。尽量缩短与产生电磁干扰信号相关的布线距离。

⑦模拟地线应尽量加粗，对于输入输出的模拟信号与单片机电路之间最好通过光耦进行隔离。

⑧高速信号、微小信号的输入输出线采用屏蔽线，屏蔽层接地。用双股线减少低频波的耦合。

(3)提高敏感器件的抗干扰性能。提高敏感器件的抗干扰性能是指从敏感器件这边考虑尽量减少对干扰噪声的拾取，以及从不正常状态尽快恢复的方法。提高敏感器件抗干扰性能的措施如下：

①对于 PSD 和单片机闲置的 I/O 口，不要浮置，要通过电阻接地或接电源。其他 IC 的闲置端在不改变系统逻辑的情况下接地或接电源。

②在速度能满足要求的前提下，尽量降低单片机的晶振和选用低速数字电路。

③IC 器件尽量直接焊在电路板上，少用 IC 座。

④对于功率大和发热严重的器件,除保证散热条件外,还要注意放置在适当的位置,以免这些器件产生的温度场对其他脆弱的电路产生不利的影响。

2)软件抗干扰措施

大量的干扰源虽不会直接造成硬件的损坏,但常常使系统不能正常工作。硬件方面的抗干扰措施并不能完全地避免干扰,例如在遇到输入状态判断有误、控制状态失灵以及程序跑飞时,更有效的是增加软件抗干扰措施,主要包括数字滤波、软件冗余、特殊中断保护、开关量输入输出的软件抗干扰、软件看门狗等。

(1)数字滤波。工业现场中各种各样的干扰信号会直接导致采样数据的失真,而采样结果的真实特性往往只能从统计的意义上来描述。在实际应用中,必须根据不同信号的变化规律选择相应的滤波数字模型和算法,详见 5.2.1 节。

(2)软件冗余。实际上系统的强干扰往往来源于系统本身,如被控负载的通断,状态变化等,这时开关量信号多是毛刺状,且作用时间很短。但是,这种干扰是可预知的。为避免误判控制状态,在系统要接通或断开大功率负载时,暂停一切数据采集、键盘扫描等工作,待状态正常后再去进行后续操作。

(3)特殊中断保护。如果 CPU 执行一个非法操作码,就会引起 80C196KC 在 2010H 中断的发生。该中断矢量中含有处理错误代码的服务程序,以防止软件的崩溃。当程序跑飞时,有可能进入非程序区。针对这种情况,可在该区域设置软件陷阱,以拦截跑飞的程序。其方法是在非程序区全部写入 RST 指令,使程序重新进入初始入口。另外,在软件编程时,对于用不完的内存空间,可以用空操作指令填满,并设置一些跳转指令转到错误处理程序,帮助程序由软件错误中迅速地恢复。

(4)程序运行监视系统。即常说的“看门狗”。看门狗实际上是一个 16 位的计数器,当它启动后,每个状态周期其计数加 1。若在 64k 个状态周期(12MHz 晶振时约为 10.67ms)内,没有通过指令清除它,则计数器溢出,使系统复位,重新初始化。单片机必须在 64k 个状态周期内清零监视定时器,否则监视定时器将复位单片机使它从头执行程序。

4.5.2 若干特殊滤波技术

1. 工频周期滤波技术

在工业现场,信号受工频交流电干扰比较大,这种工频干扰一部分来自电源,一部分来自电磁波,尤其是微弱信号所受的干扰更大。要采用工频周期滤波技术才能滤除这些干扰。该方法如下:

图 4.5.1 是一个叠加有工频干扰的直流电压信号。在数字滤波上除了算法方面的处理外,主要是规定了工频周期采样。其规定是这样的:

设一个采样器的 A/D 转换器是 A/D774,其转换时间是 8μs,启动、转换、读取结果和保存结果等过程花费的时间约为 10μs,再给 10μs 的延时,则每点采样的总时间为 20μs。一个工频(50Hz)周期为 20ms(20000μs),因此在一个工频周期内对一个选通的信号可采样点数为 20000μs /20μs =1000。这样连续采样 1000 次的结果值,包括了一个完整工频周期内,由工频干扰产生的信号波动(扰动)。然后对这 1000 个数据进行算术平均。设 Y 为平均值,X_i 为第 i 次采样值,则

$$Y = \frac{1}{1000}\sum_{i=1}^{1000} X_i$$

虽然直流信号的变化很缓慢，但不排除偶然因素造成的一些脉冲，或超出正常幅度的特异信号。在现场用示波器观察信号波形，获得信号波形如图 4.5.1 所示。由图可见，在 20ms 内，其信号为正常电平上叠加着一个工频信号，波动的范围为±0.5mV 放大 1000 倍采样，波动的幅度为±0.5V。对这种信号按算术平均值法能准确地反映有效信号的数值。但在实际中，有可能某些情况下有偶然因素使信号发生畸变而产生扰动。对 AD774 按 10V 输入为满幅值 12 位输出时，其对应关系为 4096/10，则每 0.5V 对应值约为 205，这个数值就是特异点的偏差阈值。考虑到信号的波动性，计算中使用的阈值 ΔY_m 略大于 205 即可。本例中 ΔY_m 的初始取值为 220。因此，在求得采样数据均值 Y 值后，将 Y 与每次采样值 X_i 再比较一次，求其绝对差 $\Delta Y = |Y - X_i|$，当 $\Delta Y > \Delta Y_m$ 时，认为该点为特异点。

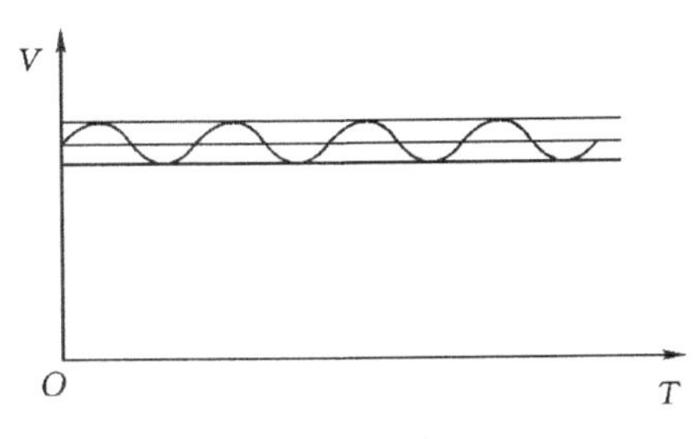

图 4.5.1　直流信号

从累计数 $S = \sum_{i=1}^{1000} X_i$ 中减去该特异点值 X_i，得新的累加值 S_{new}，再对 S_{new} 求均值，即

$$Y_{new} = \frac{S_{new}}{999}$$

有几个特异点，须从 S 中减去几个数值，再对剩余的有效数求均值即可。

其计算步骤为：

$$S = \sum_{i=1}^{1000} X_i,\ Y = \frac{S}{1000}$$

$$\Delta Y_i = |\ Y - X_i\ |$$

当 ΔY_i 大于规定的数值时，就认为是特异点。特异点通常是由强大的电磁干扰造成的，特异点的数值 X_i 不能参与平均，要从数据累加和中减去。若共减去 n 个 X_i，则最终均值为

$$Y = \frac{S_{new}}{1000 - n}$$

式中，S_{new} 为从累加值 S 中减去所有特异点值的结果。

现场实测表明，一次采样的 1000 个点中，特异点只有很少几个。如果得到的特异点很多，就要检查附近有没有高频噪声源。如果经信号仪测试，没有足以影响采样的高频噪声源，且示波器显示的信号噪点很少，就要根据实际情况修改计算用的特异点信号阈值。如果附近有高频噪声源，信号噪点很多，就要根据噪点的偏差特点采取另外的滤波算法。

上边介绍的工频周期采样平均值再加上特异点滤除的滤波方法既考虑了信号的基本特征（用平均值法实现），又去除了大于工频干扰的其他脉冲干扰或激励干扰（用消去法实现），使得

数据能准确反映工作参数。经多处现场运行,效果良好。

2. 信号馈送过程中的抗干扰技术

传感器或者一次仪表的输出信号要么是毫伏级电压信号,要么是毫安级电流信号。对输出毫安级电流信号的采样,其信号馈送有两种方式,以发电厂水分析一次仪表为例,如图 4.5.2 所示。

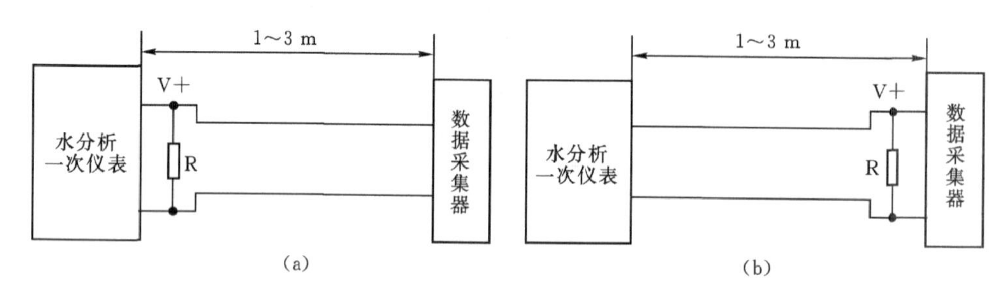

图 4.5.2 信号馈送

(1)在每只仪表信号输出端上加上一只取样电阻 R,使其输出电流直接从 R 上泄放,而从 R 两端取得信号电压,再馈送到数据采集器,如图 4.5.2(a)所示。其特征是信号传输电流极小(几微安)。

(2)用绝缘信号电缆将输出信号直接连接到数据采集器输入端。在信号采集器内部加上取样电阻,进行取样,如图 4.5.2(b)所示。其特征是:信号传输时带有较大的电流(毫安级)。

(3)分析和试验表明,第 2 种方式的抗干扰能力明显优于第 1 种。信号采集结果显示,其数据比较稳定,特异点明显减少。其原因是水分析仪表所处环境电磁干扰非常大。尽管采用绝缘电缆进行信号传输,但信号线上还是不可避免地产生了较大的感应电势,从而产生了干扰电流。对电流极小的信号传输来说,这个干扰电流的影响就比较大,信噪比太小。而对有较大电流的信号传输,其影响就明显减小,其信噪比就大得多,从而有较好的信号质量。因此,应该选取第 2 种信号馈送方式。

4.5.3 A/D 转换过程中的抗干扰技术

A/D 转换器在将各物理量转换成数字量时,会遇到被测信号小而干扰噪声强的情况。干扰来自设备预热、温度变化、接触电阻、引线电感、接地,也来自前级或电源。进入 A/D 转换器的干扰从形态上可分为串模干扰噪声和共模干扰噪声。

1. 对串模干扰的抑制措施

串模噪声是和被测信号叠加在一起的噪声,可能来源于电源和引线的感应耦合,其所处的地址和被测信号相同。因其变化比信号快,故常以此为特征去考虑抑制串模干扰。

(1)采用积分式或双积分式的 A/D 转换器。其转换原理是平均值转换,瞬间干扰和高频噪声对转换结果的影响很小。

(2)同步采样低通滤波法可滤除低频干扰,例如 50Hz 工频干扰。做法是先测出干扰频率,然后选取与此频率成整数倍的采样频率进行采样,并使两者同步。

(3)将转换器做小,直接附在传感器上,以减小线路干扰。

(4)用电流传输代替电压传输。传感器与 A/D 相距甚远时易引入干扰，用电流传输代替电压在传输线上传输，然后通过长线终端的并联电阻，再变成 1～5V 电压送给 A/D 转换器，此时传输线一定要屏蔽并“一点接地”。

2. 对共模干扰的抑制措施

共模干扰产生于电路接地点间的电位差，它不直接对 A/D 转换器产生影响，而是转换成串模干扰后才起作用。因此，抑制共模干扰应从共模干扰的产生和向串模转换这两个方面着手。对共模干扰进行抑制的措施有以下几种：

(1)浮地技术降低共模电流。采用差动平衡的办法能减少共模干扰，但难以做到完全抵消。浮地技术的实质是用隔离器切断了地电流，此时设备对地的绝缘电阻可做到 10^3～10^5 MΩ (见图 4.5.3)。

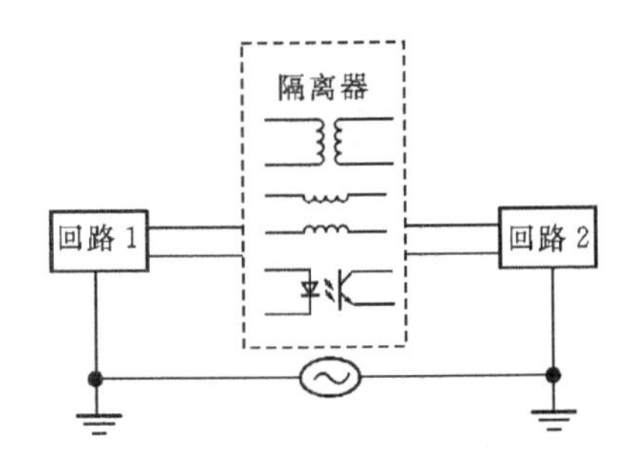

图 4.5.3　隔离(浮地)抑制共模干扰

(2)采用屏蔽法改善高频共模干扰。当干扰信号的频率较高时，往往因为两条传送线的分布电容不平衡，导致共模干扰抑制差。采用屏蔽防护后，线与屏蔽体的分布电容上不再有共模电压。这里需要注意的是，屏蔽体不能接地，也不能与其他屏蔽网相接。

(3)电容记忆法改善共模干扰。A/D 转换器的工作在脱开信号连线的情况下进行，A/D 所测的是存储在电容器上的电压，只要电路对称，就不受共模干扰的影响(见图 4.5.4)。

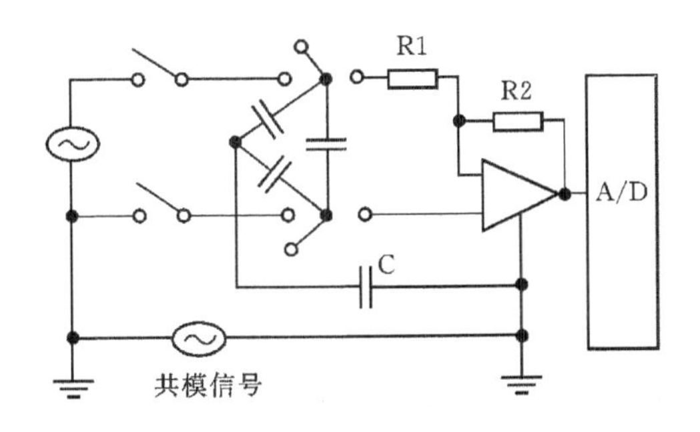

图 4.5.4　电容记忆法

3. 采用光耦合器解决 A/D,D/A 转换器配置引入的多种干扰

在工业现场计算机控制系统中，主机和被控系统相距较远，A/D 转换器如何配置是一个大问题。若将 A/D 转换器和主机放在一起，虽然便于计算机管理，但模拟量传输线太长，造成传输距离过长，引起分布参数和干扰影响增加，对有用信号的衰减比较大。若将A/D转换器和控制对象放在一起，则存在因数字量传送线过长而对管理A/D转换器命令的数字量传送不利的问题。这两种情况都是因为传送线的匹配和公共地造成了共模干扰。若将A/D转换器放于现场，经过两次光电变换将采集的信号经I/O接口送到主机，主机的命令由I/O再经两次光电变换送到A/D转换器，两次光电变换分别在数字量传送的两侧。这时整个系统有三个地：主机和I/O转换器共微机地，A/D转换器和被控对象共现场地，传送数字信号的传输线单独使用一个浮地。光耦合器切断了两边的联系，减小了共模干扰，而且由于其单向性，夹杂在数字信号中的其他非地电流干扰因其幅度和宽度的限制，不能有效地进行电-光转换，因而得到有效的抑制。这种方法还有效地解决了长线的驱动和阻抗匹配问题，保证了可靠性，即使在现场发生短路故障，光耦合器也能隔离500V的电压，从而保护了计算机。由于浮置，还可用普通的扁平线代替昂贵的电缆。

4.6 D/A转换技术与应用电路

由于在学习模数转换器A/D工作原理时要用到数模转换器D/A的知识，因此本书将D/A转换器安排在A/D转换器之前进行介绍。D/A转换器就是将二进制数字量转换成与其数值成正比的电流信号或电压信号的器件。在许多情况下，控制系统中的受控设备要求输入的控制信号是电压信号或电流信号(模拟量)，而计算机输出的是数字量，因此必须将这些数字量转化为模拟量，才能实现对设备的有效控制。要对模拟设备(要求输入模拟量的设备)进行控制，例如自动机床，汽车、飞机、舰艇上的自动驾驶仪器，其输出的驱动信号中有些是开关量，有些必须是模拟量如电压或电流，用于驱动执行机构。这些控制器就必须有D/A转换器，以便把智能单元所确定的某一数字量输出转换为模拟量输出。D/A转换器又简称为DAC(digit analogue converter)。DAC的种类很多。按输入至DAC的数字量的位数分，有8位、10位、12位、14位、16位等。就输送至DAC的数码形式分，有二进制码和BCD码输入等DAC。就传输数字量的方式分，有并行的和串行的DAC两类。就转换器速度而言，有低速和高速之分。按输出极性划分，有单极性输出和双极性输出两种。就工作原理而言，可分为权电阻型和R-2R电阻网络型。从DAC与计算机接口的角度出发，DAC又可分为有输入锁存器和没有锁存器两类。

下面介绍DAC的工作原理、性能、指标，常用DAC芯片及其与计算机的接口技术。

D/A转换的基本原理是按二进制数各位代码的数值，将每一位数字量转换成相应的模拟量，然后将各模拟量迭加，其总和就是与数字量成正比的模拟量。其基本电路由4部分组成：参考电源、电阻网络、电子转换开关和运算放大器。根据电路结构的不同，DAC分为两种类型，一类是T形电阻网络的DAC，另一类是权电阻型的DAC。同样位数的DAC，权电阻型的DAC的转换速度约为T形电阻网络DAC的5～10倍，二者精度相同。

4.6.1 R-2RT形电阻网络型DAC的工作原理

R-2R电阻网络型DAC也称为T形电阻DAC，是因为其电原理图中的电阻配置看起来像一个T字，其两肩上各有一个电阻，立柱上也有一个电阻，形如T字。这是一种电流输出型DAC。图4.6.1是这种四位DAC的电原理图。由于在正常工作范围，运算放大器A总是处于线性区，因此图中M点和N点的电位相同，都等于地电位，即其电压都是0V。这样不管数字开关$K_3 \sim K_0$与哪一边接通，从V_{ref}经过电阻流到地的电流在同一个开关处都是一样大的（当然不同开关处的电流是不一样大的）。这种T形电阻网络的DAC的最大特点是，从A_3，A_2，A_1，A_0四个点无论哪个点向地看，其对地的电阻值都是R那么大，从而导致了其电流的分配完全与加载在数字开关K_x上的数位的权重成正比。

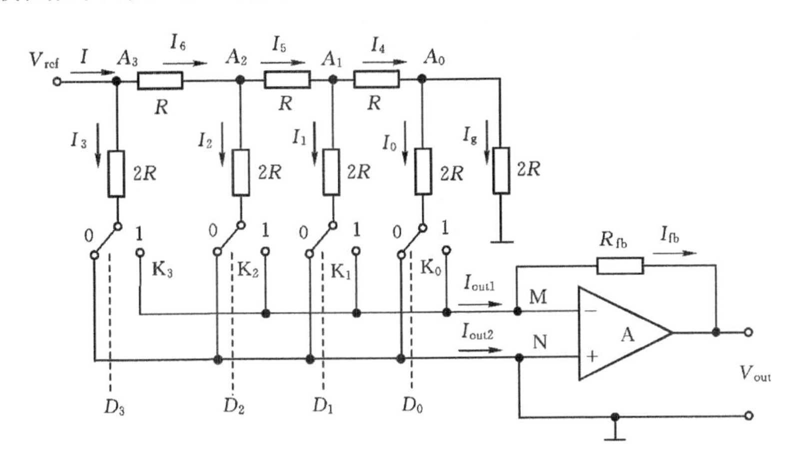

图4.6.1　T型电阻网络DAC电原理图

图中各部分意义如下：

参考电压V_{ref}：提供把数字量转换成相应模拟量的参考电压，也可称之为基准电压。

电阻网络：又称解码网络，是DAC的关键部件（有多种形式的电阻网络：R-2RT型电阻网络、加权电阻网络、树型开关电阻网络等）。图中为R-2RT型电阻网络，具有4位数字量输入。它由相同的环节组成，从A_3，A_2，A_1，A_0的每个节点向右看，都是两个$2R$电阻相并联，所以每个$2R$电阻上的电流从左向右以1/2的系数递减。由于这种电阻网络结构简单，易于集成，所以为大多数DAC所采用。

从图可知

$$I_4 = I_0 + I_g$$

I_0和I_g都是经过同样阻值的电阻$2R$流到地。从A_1点向右看，A_1点对地的电阻为

$$R + \frac{2R \times 2R}{2R + 2R} = R + R = 2R$$

从A_1点向下看，A_1点到地的电阻也是$2R$，所以可知，由A_1点向右的电流I_4等于由A_1点向下的电流I_1。同理可得，$I_6 = I_3$，$I_5 = I_2$。

电子转换开关（$K_3 \sim K_0$）是受输入数字量控制的，它控制解码网络每个支路电流的流向。当某位输入数字量为1时，转换开关与1接通，该支路电流流向M端；该位输入数字量为0时，转换开关与0接通，该支路电流流向N端（地）。由于该电阻网络从参考电压V_{ref}点看，其等效电阻为R，因此从V_{ref}流入电阻网络的总电流I及各节点的分支电流分别为

$$I = V_{ref}/R$$

$$I_3 = I/2 = V_{ref}/2R = 2^3(V_{ref}/2^4 R)$$

$$I_2 = I_6/2 = I_3/2 = 2^3(V_{ref}/2^4 R)/2 = 2^2(V_{ref}/2^4 R)$$

$$I_1 = I_5/2 = I_2/2 = 2^2(V_{ref}/2^4R)/2 = 2^1(V_{ref}/2^4R)$$

$$I_0 = I_4/2 = I_1/2 = 2^1(V_{ref}/2^4R)/2 = 2^0(V_{ref}/2^4R)$$

流向 M 的总电流为

$$I_{out1} = D_3 \times 2^3 + D_2 \times 2^2 + D_1 \times 2^1 + D_0 \times 2^0(V_{ref}/2^4R) = D(V_{ref}/2^4R)$$

此处　$D = D_3 \times 2^3 + D_2 \times 2^2 + D_1 \times 2^1 + D_0 \times 2^0$

对于具有 n 位数字量输入的网络，其转换公式为

$$I_{out1} = D(V_{ref}/2^nR)$$

其中　$D = D_{n-1} \times 2^{n-1} + \cdots + D_1 \times 2^1 + D_0 \times 2^0$

由此可见，输出电流 I_{out1} 与参考电压 V_{ref} 成正比。也可以看出，$I_{out1} + I_{out2} = I$。

运算放大器 A 和基准电压 V_{ref} 是外接的。设运算放大器 A 为理想运算放大器(开环增益为无限大，输入阻抗无限大)，那么可以认为 M 点与地同电位，即 M 点是虚地。

如果认为运算放大器 A 为理想运算放大器，可以忽略其输入电流，则流过反馈电阻 R_{fb} 的电流 I_{fb} 就等于 I_{out1}。在该集成电路制作过程中，使反馈电阻 R_{fb} 等于 T 型电阻网络的等效电阻 R(也就是电阻网络中的一个 R 电阻，对 DAC0832 和 AD7524，$R = 10\text{k}\Omega$)。根据运算放大器的特点，可知输出电压为

$$V_{out} = -I_{fb}R_{fb} = -I_{out1}R_{fb} = -D(V_{ref}/2^nR)R_{fb} = -V_{ref}D/2^n \tag{4.6.1}$$

式中　$D = D_{n-1} \times 2^{n-1} + \cdots + D_1 \times 2^1 + D_0 \times 2^0$

由式(4.6.1)可知，模拟量输出 V_{out} 与基准电压 V_{ref} 成正比，与 V_{ref} 的极性相反。当 V_{ref} 改变符号(极性)时，V_{out} 也改变极性。

K_{n-1}，… K_2，K_1，K_0 的导通电阻是阻值很小的欧姆电阻(符合欧姆定律)，而断开时电阻很大。基准电压 V_{ref} 直接影响 DAC 的精度。因此，要求 V_{ref} 波纹小于 1%，在靠近 DAC 的基准电源引脚处有高频滤波电容对 V_{ref} 滤波，电容值一般为 0.01μF 左右。

属于这类 DAC 的有 8 位 DAC083× 系列(DAC0830，DAC0831 和 DAC0832)，12 位 DACl208，DACl230 等。

由式(4.6.1)可知，图 4.6.1 的 DAC 的输出 V_{out} 的绝对值 $|V_{out}|$ 等于 V_{ref} 与 $D/2^n$ 的乘积。并且 V_{ref} 可正可负也可为零。因此，图中的 T 型电阻 DAC 也称为乘法 DAC。

4.6.2　权电阻型 DAC 的工作原理

图 4.6.2 是权电阻型 DAC 的电路原理示意图。设图中 A 为理想运算放大器，则其同相输入端与反相输入端同电位(为地电位)。图中的电流 I 是由 V_{ref} 通过所有电阻(图中的 R，$2R$，2^2R，2^3R)流入地的电流之和，由于所有这些电阻的等效电阻为定值，所以在 V_{ref} 为定值时，I 也是定值。$I = I_{out1} + I_{out2}$。

因为各支路上的电阻值与对应的数据位的权重成正比，因此称其为权电阻型 DAC。图中各支路中的电流如下：

$$I_0 = V_{ref}/2^3R$$

$$I_1 = V_{ref}/2^2R$$

$$I_2 = V_{ref}/2R$$

$$I_3 = V_{ref}/R$$

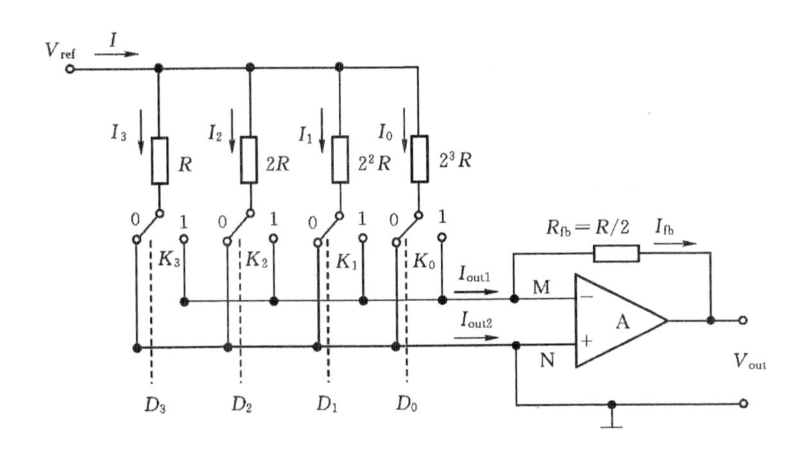

图 4.6.2　权电阻型 DAC 电路原理图

从上边公式可见，从 I_0 到 I_3，各支路上的电流呈几何级数增大，与其对应的数据 D_0 到 D_3 的权重一致。

从 I_0 到 I_3 的电流归于 I_{out1} 还是 I_{out2}，取决于电子开关 K_3 到 K_0 与 M 点接通还是与 N 点接通。电子开关(K_3～K_0)是受输入数字量 D_3～D_0 控制的，它控制每个支路电流的去向。当某位输入数字量为 1 时，转换开关与 M 接通，该支路的电流就归于 I_{out1}；该位输入数字量为 0 时，转换开关与 N 接通，该支路的电流就归于 I_{out2}。

其他分析与 R-2R 电阻网络型 DAC 的分析相同，不再赘述。

4.6.3　DAC 的性能指标

DAC 主要有以下技术指标：

1)满量程

如果是电流输出，满量程用 IFS 表示；如果是电压输出，用 VFS 表示。满量程是输入数字量全为 1 时的模拟量输出。它是个理论值，可以趋近，但永远达不到。从式(4.6.1)、式(4.6.2)和式(4.6.3)中可见，当数字量 D_n～D_0 全为 1 时，有

$$D = D_{n-1}\times 2^{n-1} + D_{n-2}\times 2^{n-2} + \cdots + D_1\times 2^1 + D_0\times 2^0$$
$$= D(2^{n-1} + 2^{n-2} + \cdots + 2^1 + 2^0) = D2^{n-1}$$

与上述公式中的 2^n 相比，$(2^n-1)/2^n = 1-1/2^n$。二者相比，总有 $1/2^n$ 的误差。

2)分辨率

分辨率是 DAC 输入数字量变化 1 个 LSB，DAC 输出模拟量的变化量。它取决于转换器的位数和转换器满刻度值 VFS。分率辨等于满量程 VFS 的 $1/2^n$。

有时也用 DAC 的位数表示分辨率。8 位、10 位、12 位 DAC 的分辨率分别为 VFS/2^8，VFS/2^{10}，VFS/2^{12}，这里 VFS 为满量程，称它们的分辨率分别为 8 位、10 位、12 位。分辨率也可以用满量程的百分数表示。表 4.6.1 给出了 8 位、12 位 DAC 的分辨率的表示方法及一个 LSB 所对应的模拟量变化的关系。

表 4.6.1 输入数字量变化 1 个 LSB 所对应的模拟量变化

位数	全量程的分数	全量程的百分数	5V 量程	10V 量程
8	1/256	0.391%	19.5 mV	39.1mV
12	1/4096	0.0244%	1.22 mV	2.44mV

3)非线性(线性度)

非线性也称为线性度或非线性误差,用它来说明 D/A 转换器的直线性的好坏。它是在 D/A 转换器的零点调整好(使 D=00H 时,模拟量输出为零)和增益调整好后,实际的模拟量输出 V 与理论值之差,如图 4.6.3 所示。非线性可以用百分数或位数表示。例如,±1%是指实际输出值与理论值之偏差在满刻度的±1%以内。也可以用位数表示。例如,非线性为 10 位,即表示偏差在(±满刻度)/2^{10}=±0.1%以内。

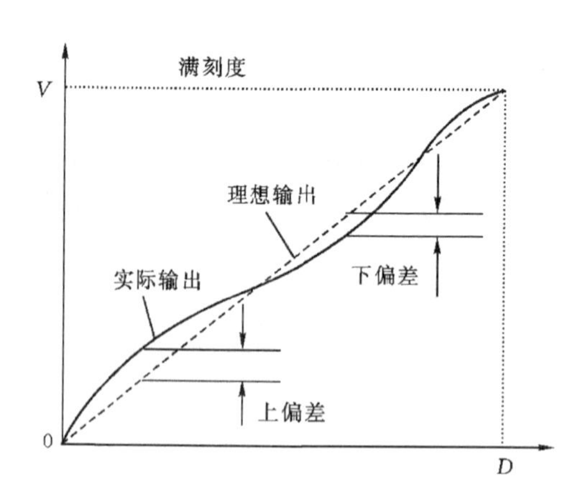

图 4.6.3 D/A 转换器的非线性误差

4)相对精度

相对精度是指在满刻度已校准的情况下,在整个刻度范围内,对应于任一输入数码的模拟量输出与它的理论值之差。有两种表示相对精度的方法,一种用数字量的最低有效值 LSB 表示,另一种用该偏差相对满刻度的百分比表示。

5)绝对精度(简称精度)

绝对精度指对应于满刻度的数字量,DAC 的实际输出与理论值之间的误差。绝对精度是由 DAC 的增益误差、零点误差(数字量输入为全 0 时 DAC 的输出)、非线性误差和噪声引起的。绝对精度应小于 $1/2^n$,即 1LSB(1LSB 即最低有效位)。

6)建立时间

建立时间是指先前输入的数字量为满刻度(例如 FFH+01H)并已转换完成,输出为满刻度,从此时起,再输入一个新的数字量,直到输出达到该数字量所对应的模拟量所需的时间。建立时间即 D/A 转换时间。电流输出型 DAC 建立时间短。电压输出型 DAC 的建立时间主要决定于运算放大器的过渡过程。

7)温度系数

温度系数是指在规定的温度范围内，温度每变化1℃时DAC的增益、线性度、零点等参数的变化量。它们分别称为增益温度系数、线性度温度系数等。

4.6.4　DAC0832及其与计算机的接口

1. DAC0832的主要性能

(1)输入的数字量为8位，分辨率为8位。能直接与8位微处理器或外总线设置为8位的16位微处理器相连。

(2)采用CMOS工艺，所有引脚的逻辑电平与TTL兼容。

(3)数字量输入可以采用双缓冲、单缓冲或直通工作方式。

(4)电流稳定时间：1μs。

(5)非线性误差：0.2% FSR(满量程)。

(6)单一电源，5～15V，功耗20mW。

(7)参考电压：－10～＋10V。

2. DAC0832的结构特点

图4.6.4是集成D/A转换芯片DAC0832(及DAC0830和DAC0831)的内部结构图。图4.6.5是其引脚图。其内部包括一个8位输入寄存器、一个8位DAC寄存器、一个8位D/A变换器和有关控制逻辑电路。其中的8位D/A变换器是R-2R T形电阻网络式的。这种D/A变换器在改变基准电压VREF的极性后输出极性也改变。所有输入均与TTL电平兼容。

图4.6.4和图4.6.5中，Iout1和Iout2是电流输出脚。$\overline{LE1}$和$\overline{LE2}$分别为两个寄存器的锁存端。当$\overline{LE1}$或$\overline{LE2}$等于1时，数据进入8位输入寄存器并从其输出端输出；当$\overline{LE1}$或$\overline{LE2}$下跳等于0时，输出给D/A转换器的数据被锁存。

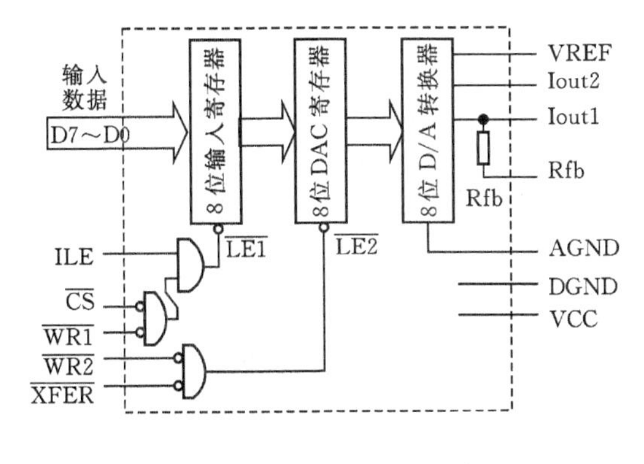

图4.6.4　DAC0832内部结构图

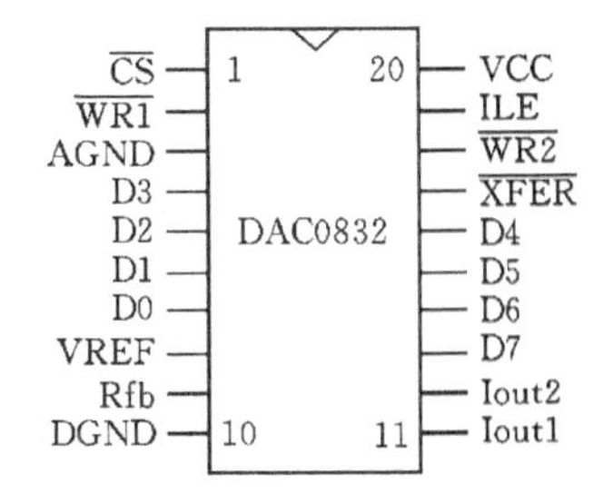

图4.6.5　DAC0832引脚图

DAC0832采用20个引脚的双列直插式封装。各引脚功能如下：

D7～D0：8位数据量输入引脚，TTL电平。

ILE：数据输入允许，高电平有效。

$\overline{CS}$：片选。

$\overline{WR1}$：输入寄存器写信号。当ILE，$\overline{CS}$，$\overline{WR1}$同时有效(ILE＝1，$\overline{CS}$＝$\overline{WR1}$＝0)时，内部控

制信号$\overline{\text{LE1}}$有效($\overline{\text{LE1}}$=1),允许数据 D 进入输入寄存器并从其输出端输出 Q,$Q=D$。当 ILE=0 或$\overline{\text{CS}}$和$\overline{\text{WR1}}$之一为 1(或两者均为 1)时,$\overline{\text{LE1}}$=0,数据被锁存于输入寄存器,其输出端输出 Q 值为$\overline{\text{LE1}}$下跳前的输入数字量 D。实现输入数据的第一级缓冲。

$\overline{\text{WR2}}$:DAC 寄存器写信号。当$\overline{\text{WR2}}$和$\overline{\text{XFER}}$均有效($\overline{\text{WR2}}$=$\overline{\text{XFER}}$=0)时,$\overline{\text{LE2}}$有效($\overline{\text{LE2}}$=1),输入寄存器的数据进入 DAC 寄存器,当$\overline{\text{WR2}}$与$\overline{\text{XFER}}$中有一个或两者均为 1 时,$\overline{\text{LE2}}$=0,数据被锁存于 DAC 寄存器,实现输入数据的第二级缓冲,并开始 D/A 转换。经过 1μs 后在输出端建立稳定的电流输出,一般还须外接运算放大器才能进一步利用。

$\overline{\text{XFER}}$:数据传送控制信号。控制从输入寄存器到 DAC 寄存器的内部数据传送。

VREF:参考电压输入端。VREF可为正也可为负,其电压范围−10～+10V。

VCC:供电电压正极。其值为+5～+15V,典型值是+15V。

Rfb:反馈电阻引出端,DAC0832 内部已经集成有反馈电阻,所以 Rfb 可直接接到外部运算放大器的输出端,这样就相当于一个反馈电阻接在运算放大器的输入端和输出端。

AGND:模拟信号地线。

DGND:数字信号地线。

8 位 D/A 变换器不断地进行 D/A 转换,其输出一直对应于 8 位 DAC 寄存器输出的当时值。当 8 位 DAC 寄存器的输出改变时,8 位 D/A 变换器的输出也随之改变。因此,为了保证 8 位 D/A 变换器的输出对应于某给定时刻的 D7～D0,在变换器之前必须有寄存器,这就是图中的 8 位 DAC 寄存器。在这里,寄存器起了锁存器的作用。另外,寄存器也起了缓冲作用。在使用时,可以采用双缓冲方式(利用两个寄存器),也可以采用单缓冲方式(只用一级锁存,另一级直通),还可以采用直通方式。

DAC0832 只需一组供电电源,其值可在+5～+15V 范围内。

DAC0832 的参考电压VREF=−10～+10V,因而可以通过改变VREF的符号来改变输出极性。欲使输出为正,VREF须接负电压,反之接正电压。但是,AD1408 等转换器的模拟输出电压只能是一个方向,因为其参考电压极性不能改变。

3. DAC0832 与单片机的接口电路

图 4.6.6 是 DAC0832 在单片机控制下实现模拟量输出的电路。图中的数据输入为单缓冲。图中的$\overline{\text{WR2}}$和$\overline{\text{XFER}}$引脚接地,这样 DAC 寄存器处于常通状态。就只有输入寄存器这一级缓冲,因此按此接法为单缓冲方式。如果需要数据直通方式,必须将图 4.6.6 中 DAC0832 的$\overline{\text{CS}}$和$\overline{\text{WR1}}$直接接地,这样输入数据 D7～D0 就直接通过 DAC0832 中的前两个寄存器进入第三个寄存器(D/A 转换寄存器)进行转换。如果需要双缓冲方式,必须将图 4.6.6 中 DAC0832 的$\overline{\text{XFER}}$接至微机输出的一根地址线上,而将$\overline{\text{WR2}}$与微机的$\overline{\text{WR}}$相连,这样输入数据 D7～D0 就必须经过地址不同的两级缓冲寄存器,才能进入第三个寄存器(D/A 转换寄存器)进行转换。

对于图 4.6.6 的电路,计算机数据口每送给 DAC0832 一个 8 位数字量,在运算放大器的输出端将得到一个与参考电压(负电压)极性相反的电压输出(正电压输出)。DAC0832 对执行时序也有一定的要求,首先$\overline{\text{WR}}$选通脉冲应有一定的宽度,一般要求大于等于 500ns。当取 VCC=+15V 典型值时,$\overline{\text{WR}}$宽度只要大于等于 100ns 就可以了。此时,器件处于最佳工作状态。再就是数据输入保持时间应不小于 90ns。在满足这两个条件时,转换电流建立时间为 1μs。当 VCC 偏离典型值时,要注意满足转换时序要求,否则不能保证正确转换。

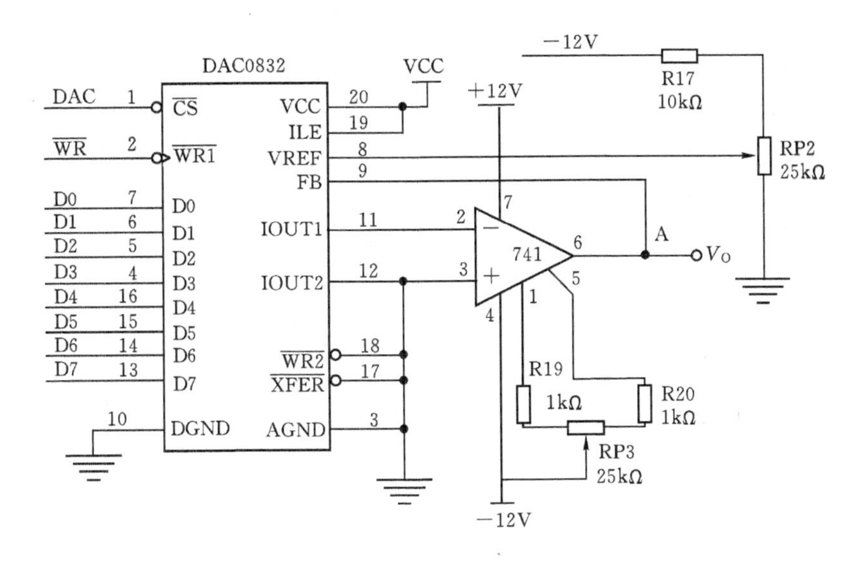

图 4.6.6　DAC0832 的接口电路

一般在电路正式使用以前，先要进行调整，包括调整零点和增益。先调零点，后调增益。调整前应在外部加上两个电位器 Rb 与 Rc，Rb 与 Rfb 相并联，Rc 串连在芯片管脚 Rfb 与运算放大器输出端 A 点之间。步骤如下：

1）调整零点

给 DAC0832 送一个很小的数字量，例如 $D=01H$。置电位器 Rc 为零，再调节 Rb 使 Vo 与 01H 对应的理论值相差不大于±1LSB。这里 1LSB＝VREF/256。设VREF＝5V，则 1LSB＝5V/256＝19.53mV。$D=01H$ 对应的输出理想值为 19.53mV，因此应把 Vo 调整在 −19.53～+19.53 mV 范围内。

2）调整增益

把较大的数字量送到 DAC0832，例如 $D=FFH$，调整与 Rfb 并联和串联的可变电阻 Rb 和 Rc，使 Vo 与理论值之差小于一个 LSB。设VREF＝−5V，则与 FEH 对应的理论值为 FFH · VREF/256＝255，5V/256＝4980.47mV，那么应调整到 Vo 为 4980.47mV±19.5mV。与 Rfb 串联和并联的可调电阻越大，增益越大。一般情况下不需调增益，此时可去掉 Rb，并令 Rc 为零。

在图 4.6.6 中，因为引脚VREF接负电源，则 Vo 便为正电压。在 DAC0832 的供电引脚 VCC＝5V 的情况下，如果要使输出电压 Vo 在 0～10V，则在不改变其他接线电压的情况下，将VREF接−10V 即可。由于 DAC0832 为 8 位 D/A 转换器，很适合与数据线为 8 位的单片机接口，在实用中也大多用于单片机控制的系统中。

4.6.5　8 位以上 DAC 及其与单片机的连接

当要求分辨率更高，精度更高时，8 位 DAC 已不能满足要求，须用 10 位、12 位甚至 16 位 DAC。这类器件的品种很多，它们的性能、价格相差很大，各有特点。表 4.6.2 列出了几种有代表性的常用 DAC 芯片的性能指标。

这里仅以应用较多的 DAC12xx 系列转换器为例，介绍 12 位 DAC 的性能与连接方法。DAC12xx 系列是美国国家半导体公司生产的产品，它包括 DAC1208，DAC1209，DAC1210，DAC1230，DAC1231，DAC1232 等型号。这些 DAC 的内部结构、工作原理、引脚功能排列和用法完全相同，它们的差别仅在于精度不同。DAC120x 和 DAC123x 各型号的精度见表4.6.3。

表 4.6.2　几种有代表性的常用 DAC 芯片的性能指标

型号	位数	转换时间 ns	非线性 位	输入方式	内部结构	输入寄存器	功耗 mW	供电电压 V	输入电平
DAC0832	8	1000	0.2%FSR	并	R-2R	双缓冲	20	+5～+15	TTL
AD7522	10	500		串，并	R-2R	双缓冲			TTL，CMOS
DAC120x	12	1000		并	R-2R	双缓冲	20	+5～+15	
DAC123x	12	1000		并	R-2R	双缓冲	20		TTL
AD7543	12		1LSB/2	串	R-2R	有	40	+5	TTL，CMOS
AD768	16	35		并	权电阻	有		±5	TTL，CMOS
PCM56	16	1000	1LSB	串	权电阻	双缓冲	175 468	±5 ±12	TTL，CMOS
DAC7725 片内有 4 个独立的 12 位 DAC	12	10μs		并		有	180	+15 或±15	TTL，CMOS

表 4.6.3　DAC12xx 各型号精度

精度	型号	
0.012%	DAC1208	DAC1230
0.024%	DAC1209	DAC1231
0.05%	DAC1210	DAC1232

DAC120x 和 DAC123x 的工作原理和基本结构相同，都是 R-2R 电阻网络 DAC，即乘法 DAC。它们都是单一供电＋5～＋15V。虽然它们都是双缓冲结构，但输入级结构不完全相同，这使 DAC120x 既可直接与 8 位总线的单片机相连，又可直接与 16 位总线的单片机相连；而 DAC123x 只能与 8 位总线的单片机相连。DAC120x 和 DAC123x 的逻辑输入均与 TT1 电平兼容。

1. DAC120x 及其与计算机的接口

DAC1208(及 DAC1209，DAC1210)由 8 位输入锁存器、4 位输入锁存器、12 位 DAC 寄存器、12 位乘法 DAC 及控制逻辑组成。图 4.6.7 是它的的内部结构图。图 4.6.8 是 DAC1208(及 DAC1209，DAC1210)的引脚排列图。

D11～D0 是 12 位数据输入线。D11 是最高位，D0 是最低位。其中 D11～D4 是高 8 位，D3～D0 是低 4 位。

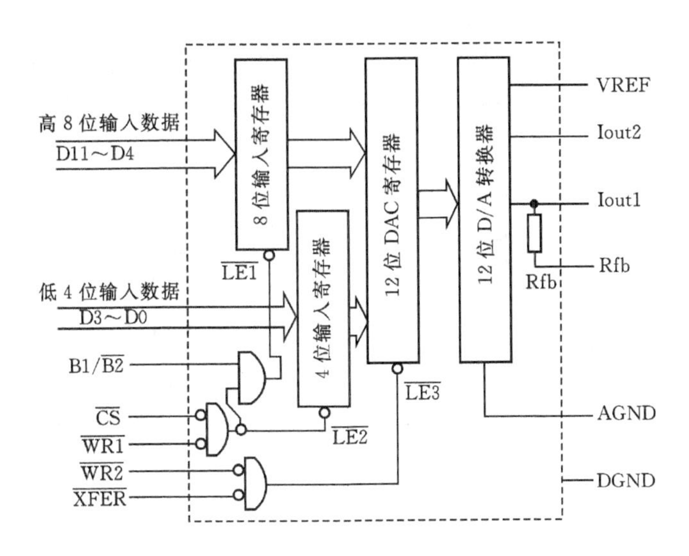

图 4.6.7　DAC120╳的内部结构图

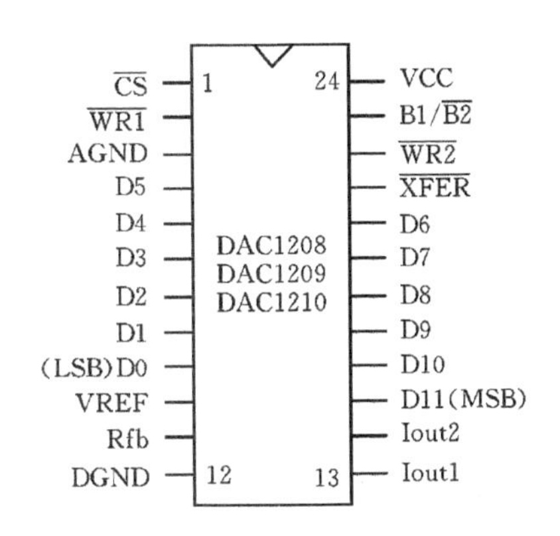

图 4.6.8　DAC120╳引脚图

LEx($\overline{LE1}$,$\overline{LE2}$,$\overline{LE3}$)是输入锁存端。当$\overline{LE1}=1$时，锁存器的输出 Q 跟随输入 D。在LEx下跳时输入数据 D 被锁存在输出端，在低电平(LEx=0)期间，其输出不随 D 的变化而变化，一直保持不变，直到LEx再次变高。

在向DACl208写数据时可分两步：第一步把高8位写到8位输入寄存器并锁存，同时把低4位写到4位输入锁存器并锁存。也就是说，$\overline{LE1}$和$\overline{LE2}$对应于同一个地址。第二步把12位数据送入12位DAC寄存器，它们分别使$\overline{LE1}$，$\overline{LE2}$和$\overline{LE3}$出现数据写入与锁存的正脉冲。

图4.6.9是DACl208与单片机的接口电路。图中，DAC1208的12位数据输入线直接与微机的数据总线相连，$\overline{WR1}$和$\overline{WR2}$与微机的写线$\overline{WR}$相连，$\overline{CS}$线与微机的地址线经译码后的片选线S1相连。从图4.6.8和图4.6.9可知，当片选信号S1变低时$\overline{CS}$有效，写线$\overline{WR}$变低时$\overline{WR1}$和$\overline{WR2}$也变低。$\overline{CS}$与$\overline{WR1}$变低，通过内部逻辑电路(或非门)使$\overline{LE2}$变高，同时令I/O1线为高，则通过内部逻辑电路(或非门＋与门)使$\overline{LE1}$变高，使高8位数据通过8位输入寄存器，低4位数据通过4位输入寄存器。在$\overline{WR}$信号结束时，$\overline{WR}$变高，使$\overline{LE1}$，$\overline{LE2}$同时下跳变低，将高8位数据和低4位数据同时锁存，使其进入12位DAC寄存器。接下来将I/O1变低，

使$\overline{XFER}$变低。再来一个对 DAC1208 的写脉冲,使$\overline{WR2}$也变低,通过内部逻辑电路(或非门)使$\overline{LE3}$变高,使输入的 12 位数据通过 12 位 DAC 寄存器,进入 12 位 D/A 转换器。在$\overline{WR}$低脉冲信号结束后,$\overline{LE3}$下跳变低,从而将 12 位数据锁存,使 12 位 DCA 转换器进行稳定的转换。

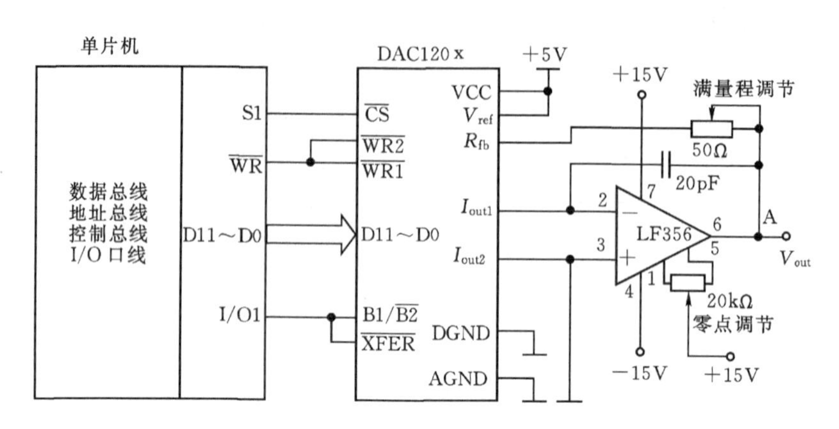

图 4.6.9　DAC120x 与单片机的接口电路

2. DAC123xD/A 转换器

DAC123xD/A 转换器的引脚功能如图 4.6.10 所示,其内部结构如图 4.6.11 所示。它与 DAC120xD/A 转换器内部电路的区别仅是数据输入部分不同,DAC123xD/A 转换器数据输入线只有 8 根,外部接线简单,最适于和单片机连接使用。12 位数据分两次输入,两次输入的地址不同。在写入高 8 位 D11～D4 时,使 B1/$\overline{B2}$为高,对芯片进行一次高 8 位数据的写操作,这一动作使$\overline{LE1}$产生一次高电平数据锁存脉冲,将高 8 位数据锁存。接下来再写低 4 位数据,此时要使 B1/$\overline{B2}$为低,对芯片进行一次低 4 位数据的写操作,这一动作使$\overline{LE2}$产生一次高电平数据锁存脉冲,将低 4 位数据锁存。最后令$\overline{XFER}$为低,再执行一次写操作,使$\overline{LE3}$产生一个高脉冲,才能将数据写入 12 位 DAC 寄存器并锁存至 12 位 DAC 转换器的数据输入端,使其进行稳定转换。因此,一次转换需要三次写入。DAC123xD/A 转换器与微机的连接电路除了数据线宽度不同外,其余与 DAC120x 的基本相同,其接线图在此省略。在软件设计上,DAC120x 可以两次写入一个 12 位数据,而 DAC1230x 则需要三次才能写入一个 12 位数据。

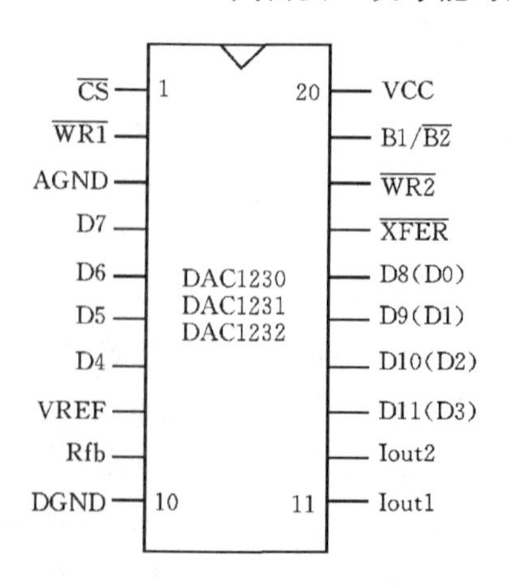

图 4.6.10　DAC123x 引脚图

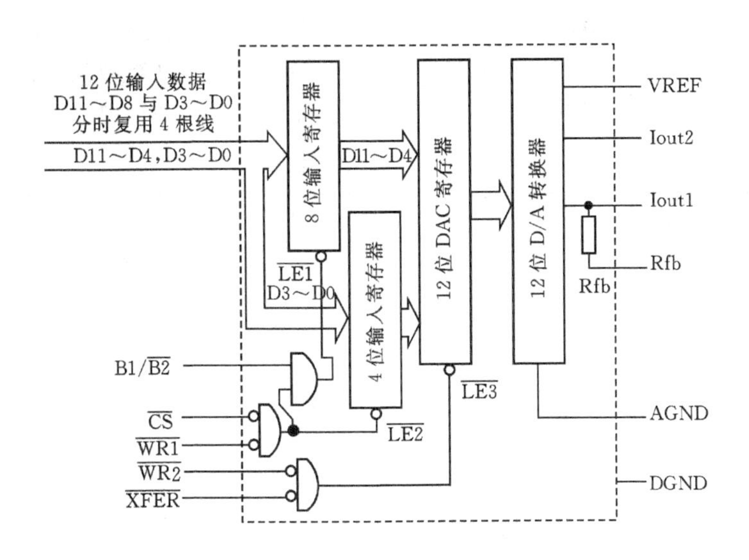

图 4.6.11　DAC123x 内部结构

3. 16 位串行输入 D/A 转换器 PCM56

PCM56 是美国 Burr-Brown 公司的产品，是电流输出型转换器，转换速度快，精度高，数据串行输入，因而引脚少，接线简便。芯片价格低，性价比高。原设计是为了进行音频数模转换之用，但由于该芯片的高速度、高性能特点，许多公司将其用在了高精度、高速度机械运动控制方面，得到很好的评价。在快速成型机运动控制卡中，控制扫描振镜沿规定的方向进行扫描。在数控机床的控制中，也多有应用。

PCM56 内部结构与引脚分布见图 4.6.12。

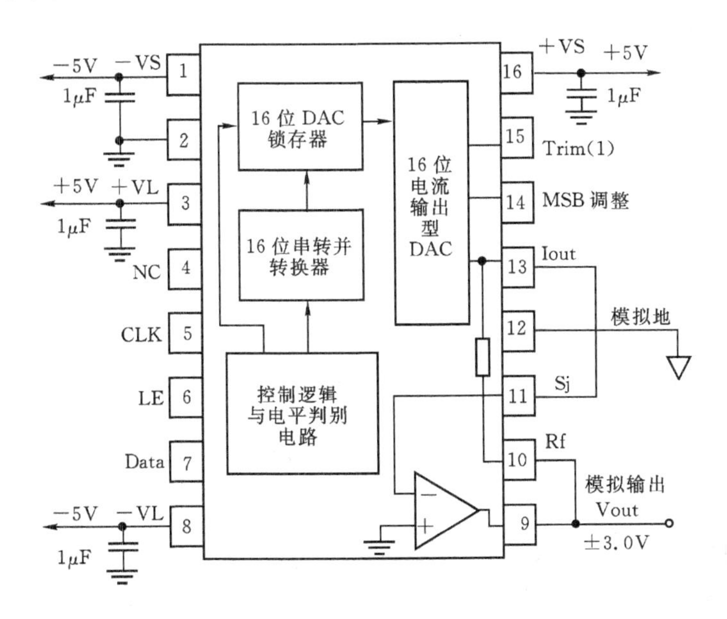

图 4.6.12　PCM56 内部结构与引脚图

由 CLK,LE,Data 三个引脚输入控制信号、时钟脉冲和串行数据，这些数据进入控制逻辑和移位电路，然后进入 16 位串行转并行数据转换器转换为 16 位并行数据，再进入 16 位 DAC 数据锁存器锁存，再进入 16 位电流输出型 D/A 转换器。其引脚功能说明见表 4.6.4。

表 4.6.4　PCM56 引脚功能

PIN	功能描述	记忆符	PIN	功能描述	记忆符
P1	模拟负电源	－VS	P9	电压输出	Vout
P2	逻辑地	DGND	P10	反馈电阻	RF
P3	逻辑正电源	＋VL	P11	加法器连接	SJ
P4	空脚	NC	P12	模拟地	AGND
P5	时钟输入	CLK	P13	电流输出	Iout
P6	锁存信号输入	LE	P14	MSB 调节端	MSB DAJ
P7	串行数据输入	DATA	P15	MSB 整定端	TRIM
P8	逻辑负电源	－VL	P16	模拟正电源	＋VS

PCM56 与计算机的接口电路，主要是通过单片机进行连接，单片机以串行方式将数据传送给 PCM56，控制 PCM56 进行转换输出。

1)PCM56 技术指标

PCM56 的主要技术指标如下：

(1)串行输入。

(2)动态范围 96dB。

(3)不需要外部元件。

(4)分辨率 16 位。

(5)线性误差 0.001%。

(6)转换输出时间 1.5μs。

(7)±3V 或±1.5mA 音频输出。

(8)工作电压±5V 到±12V。

(9)引线输出允许 Iout 输出选择。

(10)塑料双列直插封装或贴片封装。

(11)功耗：±5V 供电时为 175mW；±12V 供电时为 468mW。

(12)工作温度：－25～＋70℃，储存温度 －60～＋100℃。

该芯片对温度、湿度、压力等环境适应能力强，可用于各种常规温度、湿度、压力环境。

2)PCM56 应用技术

(1)电源连接。为了有良好的动态性能和抗噪声能力，电源输入端必须接有滤波电容。这些 1μF 的电容，最好是钽电容或者电解电容，而且尽量靠近芯片电源输入端连接，如图 4.6.12 所示。

(2)MSB 误差调节措施(可选择)。PCM56 的 MSB 误差可以调节，直到使微分线性误差为零。当输入信号很微弱时，这一点很重要。这是因为在信号为零时，噪声信号很容易造成干扰使输出不为零。

微分线性误差在双极性信号零点，可以保证准确，而不需要外部调节。但是，由于采用MSB误差调节措施，可能会引起双极性信号零点的输出误差，因此必须采取预防措施。有两种措施可以被采用，一种是静态的，一种是动态的。应该首选动态方法，这是因为静态方法在逐步测量16位LSB时有困难。

静态调节电路参看图4.6.12和图4.6.13。

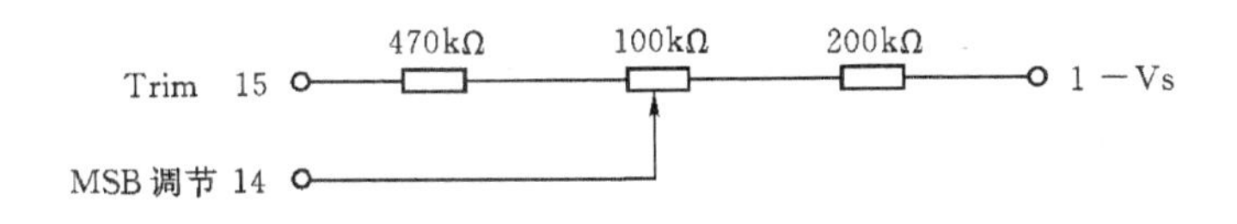

图4.6.13　MSB调节电路

为了保证准确调节，应在加电5～10min后再工作。这是因为在刚加电后，芯片有一段加热时间，芯片温度会变化，会使转换不准确，5～10min后才会稳定。调节时首先输入16进制的7FFF，再用6位半的数字电压表测量芯片的音频输出电压，并记录下来。然后输入16进制的8000，调节图4.6.13中的100kΩ电位器，使得芯片音频输出为92μV，大于前面的测试值(1LSB对应于92μV)。

(3)输入时序。串行数据的输入必须以二进制方式，从最高位(MSB)起逐位输入。每位数据在时钟CLK的上升沿被输入。16位数据串行输入完成后，由LE的下降沿将其锁存到DAC输入寄存器，开始进行D/A转换。其时序图如图4.6.14和图4.6.15所示。

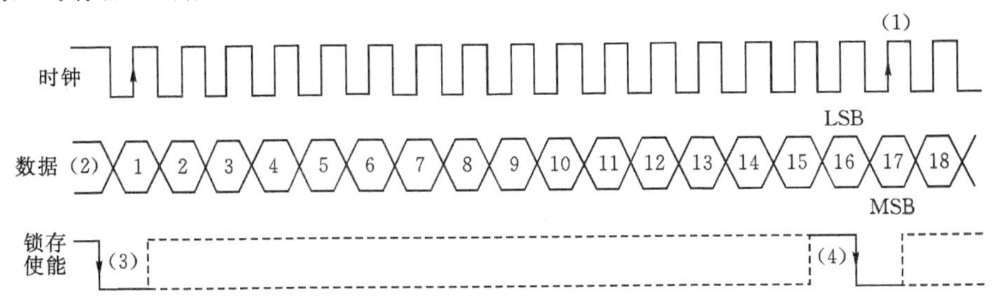

图4.6.14　PCM56数据输入时序图

用于锁存输入数据的LE信号的高脉冲处于高电平的时间最少不能少于一个时钟周期。在16位输入数据的最后一位输入后，由LE的下跳沿将16位数据锁存进入DAC输入寄存器。换言之，一个LE下跳周期大于16个时钟周期。在16位数据的最后一位由时钟作用进入串行输入寄存器后，与第16个时钟下跳沿几乎同步，在5ns之后，LE也下跳，从而将输入数据锁存。如果从这时起，时钟停止，则LE也就保持低电平，直到下一个16位输入数据的第一个时钟周期到来为止。

(4)芯片安装因素考虑。如果选择外部MSB误差调节电路，可变电阻必须有一个适当的确定，其温度系数不能大于10^{-4}/℃。同样地要格外注意，第14脚与交流电源AC或直流电源DC不能有任何丝连渗漏。如果没有使用外部MSB调节电路，第14,15脚一定要悬空不接。

芯片的信号连线要与电源线相互隔离，要避开发射线路，避开磁场，尽量降低噪声干扰。

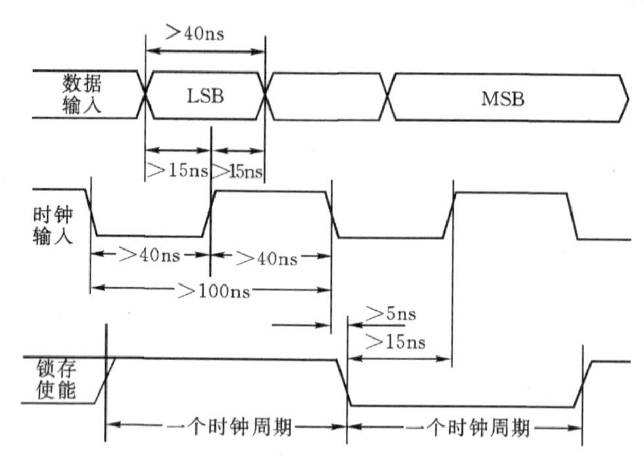

图 4.6.15 数据输入时序关系图

如果作双声道转换，为了解决移相问题，应该使用两个 PCM56 转换器，每个通道一个转换器。但是在市场上已经有包含双声道的单片音频转换器，因此 PCM56 目前主要用在控制方面，是一款质量优良的控制用 D/A 转换器。

4.7 A/D 转换技术与应用电路

由传感器送出的模拟量电压信号或电流信号（须转换为电压信号）经过信号调理电路、多路开关和采样保持器后，必须转换成数字量才能送入计算机。将模拟量电压信号转换成数字量信息的器件叫作模拟/数字转换器，简称为 ADC(Analogue Digit Converter)。ADC 在工业控制、智能仪器仪表中广为应用。按工作原理分，目前产品中应用的 ADC 主要有以下几类：

(1)逐位逼近式转换器：其转换速度较快，精度高，抗干扰能力中等，价格不高，是工业控制和仪器仪表中用的最多的一种。

(2)双积分式转换器：其转换速度慢，精度高，抗干扰能力强，价格低，适用于对速度要求不高的场合，在仪器仪表中应用较多。

(3)Σ－Δ 转换器：利用过采样技术进行转换，速度低于逐位逼近式，精度较高。

(4)闪烁型转换器：其转换速度是最快的，最高可达 1GSPS。它对信号的转换是一次完成的，不像其他转换器要进行多次内部操作才能完成一次转换。转换精度一般，内部电路比较复杂。

(5)流水线转换器：速度仅次于闪烁型模数转换器，转换精度高，内部电路比较复杂。

随着大规模集成电路的发展，目前已经生产出各式各样的 ADC，以满足微机和单片机系统设计的需要。普通型 ADC，如 ADC080x(8 位)，AD7570(10 位)，ADCl210(12 位)等；高性能的 ADC，如 MOD－1205，AD578，ADCl131 等；还有高速 ADC，如 AD574A，AD674，AD774，AD1674 等。为了使用方便，有些 ADC 内部还带有可编程放大器，或多路模拟开关、三态输出锁存器等。如 ADC0809，其内部有 8 路模拟开关，AD363 不但有 16 通道（或双 8 通道）多路开关，而且还有放大器、采样保持器及 12 位 ADC。另外，还有专门供数字显示用，直接输出 BCD

码的 ADC，如 AD7555 等。这些 ADC 是计算机获取控制信息的重要器件。这里介绍应用最为普遍的三类 ADC——逐位逼近式、双积分式和 Σ-Δ 转换器的工作原理及其与计算机的接口技术。具体介绍 12 位逐位逼近式，数据并行输出的 A/D 转换器 AD574 系列器件原理与接口；再介绍 12 位逐位逼近式，数据串行输出的 A/D 转换器 MAX186。

4.7.1　逐位逼近式 ADC 的结构及工作原理

逐位逼近式 A/D 转换器是从转换器数据的最高位开始，逐位给出数据 1，再对数据进行 D/A 转换，将 D/A 转换获得的电压与输入的模拟电压相比较。如果输入模拟电压大于 D/A 转换的电压，就将所给出的数字 1 确定为该位的数值，反之就将该位赋 0。这样逐位进行下去，直到转换完成。

图 4.7.1 是 8 位逐位逼近式 ADC 的结构和工作原理框图。

它主要由 8 位逐位逼近寄存器 SAR、8 位 D/A 转换器、电压比较器、控制时序及逻辑电路、数字量输出等部分组成。其工作原理如下：

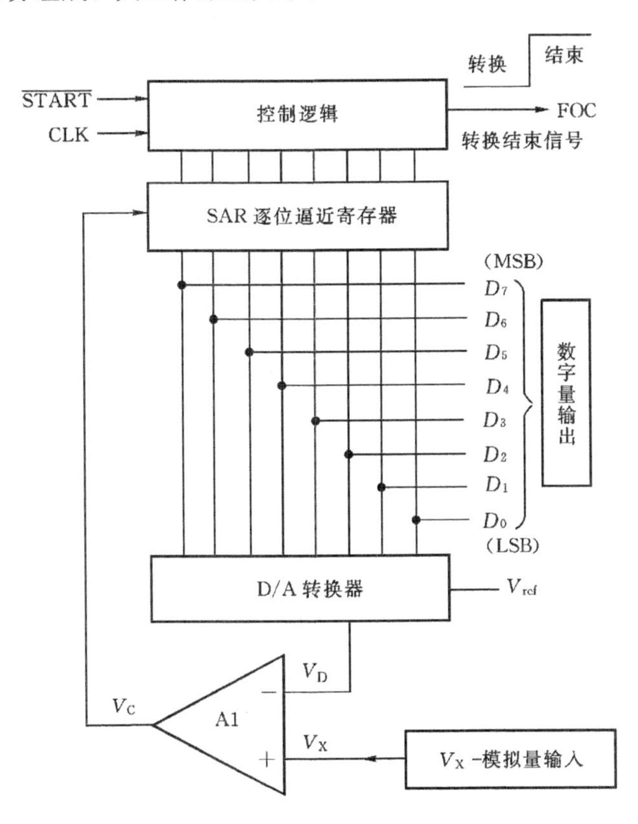

图 4.7.1　8 位逐位逼近 ADC 工作原理

当启动信号 START 起作用（下跳）后，时钟信号在控制逻辑作用下，首先使 SAR 寄存器的最高位 D_7 为“1”，其余位为“0”。SAR 寄存器的数字量一方面作为输出用，另一方面经D/A 转换器转换成模拟量 V_D后，送到电压比较器。在电压比较器中与被转换的模拟电压 V_X进行比较，控制逻辑根据比较器的输出 V_C进行判断。若 $V_X>V_D$，则 $V_C=1$，就保留这一位为“1”；若 $V_X<V_D$，则 D_7 位置“0”。D_7 位比较完后，再对下一位 D_6 进行比较，使 $D_6=1$，与上一位 D_7

位一起送入 D/A 转换器(此时,其他位仍为“0”)。转换后的电压 V_D 再进入比较器,与 V_X 比较。当 $V_X > V_D$ 时,则保留该位为“1”,否则为“0”。如此一位一位地继续下去,直到最后一位 D_0 比较完毕为止。此时,EOC 发出信号(跳高)表示转换结束。这时 SAR 寄存器的状态就是转换后的数字量数据,经输出锁存器输出。整个转换过程就是采用逐位比较逼近实现的。10 位、12 位、16 位 ADC 的工作原理与 8 位的相同,只不过寄存器的位数多一些,转换过程中比较的次数多一些而已。

图 4.7.1 的 ADC 的转换精确度决定于比较器的分辨能力和 DAC 的精确度。由数模转换器公式

$$V_{out} = -I_{fb}R_{fb} = -I_{out1}R_{fb} = -D(V_{ref}/2^nR)R_{fb} = -V_{ref}D/2^n$$

式中 $$D = D_{n-1} \times 2^{n-1} + D_{n-2} \times 2^{n-2} + \cdots + D_1 \times 2^1 + D_0 \times 2^0$$

可知,比较器的输出电压与参考电压 V_{ref} 成正比,因此,比较器的精确度与 V_{ref} 的稳定性关系极大,必须对 V_{ref} 进行稳压和滤波以保证其稳定,从而保证比较器的精确度。

对图 4.7.1 来说,有

$$V_D = -V_{ref}D/2^8$$

式中 $$D = D_7 \times 2^7 + \cdots + D_1 \times 2^1 + D_0 \times 2^0 = \sum_{i=0}^{7} D_i 2^i$$

如果转换结果没有误差,当 $V_X = V_{ref}$ 时,D 的各位全为 1;$V_X = 0$ 时,D 的各位全为 0。设 ADC 的满量程输出为 VFS,则只有 $V_X = \text{VFS} = V_{ref}$ 时,D 的各位才能全为 1。这里,D 既是 ADC 中的 DAC 的输入数字量,也是 ADC 向外输出的数字量。因此,大多数 ADC 设计为外接的 V_{ref} 与其满量程 VFS 相等。

由于逐位逼近式 ADC 转换精度高,转换速度较快,能够满足一般工业控制信号采集的速度与精确度要求,因此在几乎所有内部带有 ADC 的单片机中,其 ADC 都是逐位逼近式 ADC。逐位逼近式 ADC 品种很多,常用的有 ADC0809,AD574 系列,MAX186/187 系列等。

4.7.2 双积分式 ADC 的结构及工作原理

双积分式 ADC 的结构如图 4.7.2 所示。

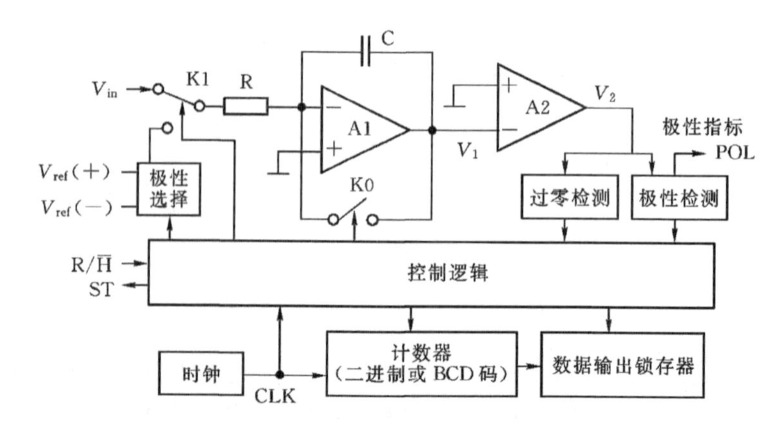

图 4.7.2 双积分式 ADC 的结构原理图

图中，V_{in}为输入待转换的信号电压，V_{ref}为转换器的参考电压，运算放大器 A1 为积分器，A2 为电压比较器，K0，K1 为由控制逻辑控制的电子开关，$R/\overline{H}$ 为转换或停止转换(挂起)控制。$R/\overline{H}=1$ 时，ADC 连续不断地执行转换；$R/\overline{H}=0$ 时，ADC 完成当前的 A/D 转换后就停止转换，而保持本次转换所得的数据不变，直到再次使 $R/\overline{H}=1$，才又开始转换。ST 为积分和退积分忙标志信号，ST=1 表示正在双积分阶段，ST 下跳为 0 时表示这次转换结束，可以读取数据。CLK 为连续稳定的时钟脉冲信号，供计数器与控制逻辑使用。执行一次 A/D 转换，要经历以下三个阶段，如图 4.7.3 所示。

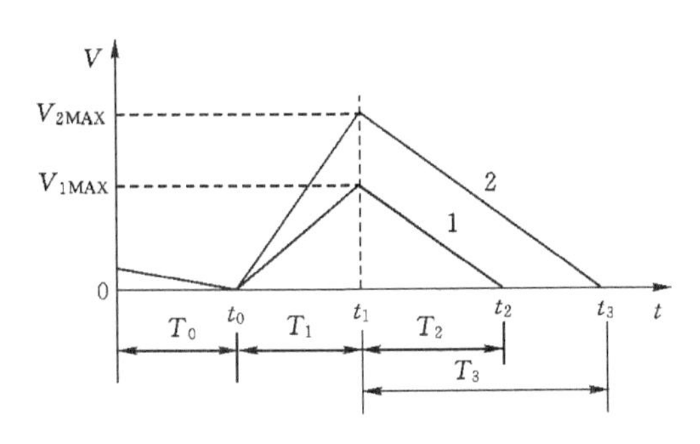

图 4.7.3　双积分 ADC 电压波形图

1. 系统调零阶段

设在 $t=0$ 时，使 $R/\overline{H}=1$，就启动了 A/D 转换，此时控制逻辑控制 K0 接通，使积分电容 C 放电，控制逻辑的计数器开始对时钟脉冲计数，直到计数器计数到设定的一个数值 N_0(该值在芯片制造时已经固化，是一个定值，例如 ICL7109 的 $N_0=2048$，CC14433 的 $N_0=1000$)时为止。此时的时刻为 t_0。此时积分电容 C 两端电压几乎为 0。此时，控制逻辑断开 K0，并将计数器清零(使其内部数据寄存器的各位都为 0)。

2. 对模拟输入信号 V_{in}积分阶段(采样阶段)

在 $t=t_0$时控制逻辑使模拟开关 K1 与 V_{in}接通，开始对积分电容 C 充电，则运放 A1 的输出

$$V_1=\frac{1}{RC}\int_0^t V_{in}\,\mathrm{d}t$$

如果 V_{in}是常值或者是平均值，则

$$V_1=\frac{V_{in}}{RC}\int_0^t \mathrm{d}t=\frac{tV_{in}}{RC} \tag{4.7.1}$$

从 t_0起，计数器就开始计数，直到计数器计数到设定的另一个数值 N(该值在芯片制造时已经固化，也是一个定值，例如 ICL7109 的 $N=N_0=2048$，CC14433 的 $N=4000$)时为止，此时的时刻为 t_1。从 t_0到 t_1的时间为 T_1，设时钟 CLK 的脉冲周期为 T，则 $T_1=NT$。在 $t=t_1$时，A1 的输出电压 V_1 到达双积分过程中 V_1 的最大值 V_{1MAX}，即

$$V_1=V_{1MAX}=\frac{T_1V_{in}}{RC}=\frac{V_{in}}{RC}NT \tag{4.7.2}$$

同时，在此时刻，控制逻辑将计数器清零。

3. 对参考电压积分阶段(测量阶段或又称退积分阶段)

在 $t=t_1$ 时,控制逻辑使模拟开关 K1 与 V_{ref} 接通,V_{ref} 的极性与 V_{in} 相反,于是积分电容 C 开始放电,退积分阶段开始。从 $t=t_1$ 起,计数器又开始计数,运放的输出电压按以下规律变化:

$$V_1=V_{1MAX}-\frac{1}{RC}\int_{t1}^{t}V_{ref}\mathrm{d}t=V_{1MAX}-\frac{V_{ref}}{RC}(t-t_1) \tag{4.7.3}$$

在该退积分过程中,V_1 持续减小,当 V_1 减小到等于 0 时,退积分结束,此时计数器的计数值为 N_x,时刻为 t_2。从 t_1 到 t_2 的时间为 T_2,则 $T_2=N_xT$。此时

$$0=V_{1MAX}-\frac{V_{ref}}{RC}(t_2-t_1)=V_{1MAX}-\frac{V_{ref}}{RC}T_2=V_{1MAX}-\frac{V_{ref}}{RC}N_xT$$

即

$$V_{1MAX}=\frac{V_{ref}}{RC}N_xT \tag{4.7.4}$$

由式(4.7.2)和式(4.7.4)可得

$$\frac{V_{in}}{RC}NT=\frac{V_{ref}}{RC}N_xT$$

化简后为

$$N_x=\frac{V_{in}}{V_{ref}}N \tag{4.7.5}$$

该计数值 N_x 就是模拟电压 V_{in} 转换后的数字量数值。

对于一个较高的模拟输入电压,可得到较高的积分电压 V_{2MAX},退积分的时间 T_3 也成比例地延长,从而得到的计数值 N_x 也成比例地增长。从图中可见,无论输入的模拟电压多大,对于给定的芯片和时钟频率,从 t_0 到 t_1 的时间 T_1 大小不变。输入的模拟电压大小不同,得到的 V_{MAX} 的大小也不同。V_{MAX} 与输入的模拟电压大小成比例。

输入模拟电压与参考电压必须极性相反,才能实现积分与退积分;如果极性相同,就只能沿同一个方向积分,无法实现模数转换。但是,输入模拟电压是外部进入的信号,它的极性不好改变,因此 ADC 器件内部的极性检测电路自动检测输入信号的极性,再由控制逻辑控制极性选择电路,选择与输入模拟电压极性相反的参考电压 V_{ref},这就是这种器件需要外加正负两个参考电压 $V_{ref}(+)$ 和 $V_{ref}(-)$ 的原因。同时从 POL 引脚输出表示输入模拟电压极性的信号,当输入模拟电压为正时,POL=1,当输入模拟电压为负时,POL=0。

怎么知道 V_1 从大到小过程中到达零值呢?图中的电压比较器 A2 就是专门检测过零和检测输入电压的极性用的。在对 V_{ref} 积分过程中,V_1 从大到小直到负值,必然要过零点。在 V_1 过零点变为负值的一刻,A2 的输出电压 V_2 的极性会发生变化,过零检测电路检测到这一变化时,就输出一个信号给控制逻辑,控制逻辑就使计数器停止计数,从而获得所需的计数值 N_x。

由式(4.7.5)可知,转换结果 N_x 只与输入电压 V_{in}、参考电压 V_{ref} 和芯片内固化的一个数值 N 有关,而与时钟周期的长短无关。但从以上原理讨论可知,转换所需的总时间却与时钟周期 T 成正比。因此,时钟脉冲频率高,转换速度就快。但是,由于电路的动作都需要一定的时间,频率过高,电路就无法工作,因此对时钟频率也有一定的限制,芯片性能说明书上都有相应的指标。关于时钟信号的进一步说明,在后面具体器件介绍中再讨论。

如果输入信号或参考电压 V_{ref} 上叠加有干扰信号，则有可能会对转换结果产生影响。但是，如果这些信号是对称交流信号，且时间段 T_1 是输入信号电压 V_{in} 上的交流干扰信号的整数倍，或者 T_1 比该干扰信号的周期大得多，则这些干扰信号对转换结果没有影响。同时，如果时间段 T_2 是参考电压 V_{ref} 上的交流干扰信号的整数倍，或者 T_2 比该干扰信号的周期大得多，则这些干扰信号对转换结果也没有影响。所以说，双积分 ADC 的抗干扰能力强。对于不对称的干扰信号，则会产生影响，要在信号调理电路中想法去除。

4.7.3　Σ－Δ 模数转换器结构及工作原理

Σ－Δ 模数转换器(以下简称 Σ－ΔADC)是近年来快速发展的一种模数转换器，其分辨率高，线性度好，价格低，应用日益广泛。

Σ－ΔADC 以很低的采样分辨率(1 位)和很高的采样速率将模拟信号数字化，通过使用过采样、噪声整形和数字滤波等方法增加有效分辨率，然后对 ADC 输出进行采样抽取处理以降低有效采样速率。

Σ－ΔADC 的电路结构是由非常简单的模拟电路和十分复杂的数字信号处理电路构成的。其模拟电路部分仅由一个比较器、一个开关、一个或几个积分器及模拟求和电路组成。其数字信号处理电路则非常复杂。学习 Σ－ΔADC 的工作原理，涉及到以下一些基本概念。

1. 过采样

ADC 是一种数字输出与模拟输入成正比的电路，图 4.7.4 给出了理想 3 位单极性 ADC 的转换特性。横坐标是输入电压 U_{IN} 的相对值，纵坐标是经过采样量化的数字输出量，以二进制 000～111 表示。理想 ADC 第一位的变迁发生在相当于 1/2LSB 的模拟电压值上，以后每一个 LSB 都发生一次变迁，直到距离满刻度 1/2LSB。因为 ADC 的模拟量输入可以是任何值，但数字输出是量化的，所以实际输出的数字量与输入模拟量之间存在±1/2LSB 的量化误差。在交流采样中，这种量化误差会产生量化噪声。

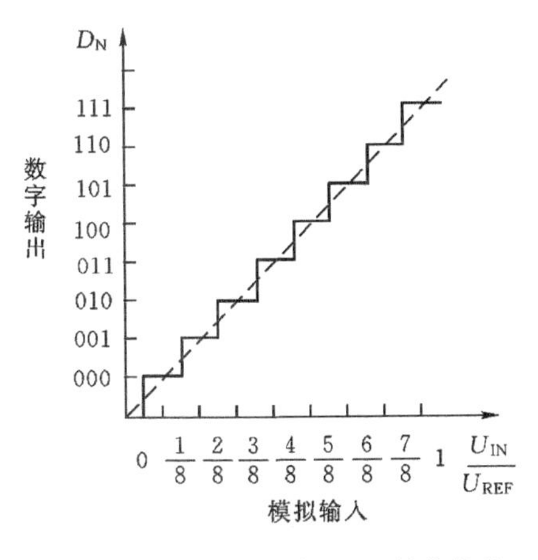

图 4.7.4　理想 3 位 ADC 转换特性

如果对理想 ADC 加一恒定直流输入电压，那么多次采样得到的数字量输出值总是相同的，而且分辨率受量化误差的限制。如果在这个直流输入信号上叠加一个交流信号，并用比这个交流信号频率高得多的采样频率进行采样，此时得到的数字输出值将是变化的。用这些采样结果的平均值表示 ADC 的转换结果便能得到比用同样 ADC 高得多的采样分辨率。这种方法称作过采样(oversampling)。如果模拟输入电压本身就是交流信号,则不必另叠加交流信号,采用过采样方法也同样可提高 ADC 的分辨率。

由于过采样的采样速率高于输入信号最高频率的许多倍,这有利于简化抗混叠滤波器的设计,提高信噪比并改善动态范围。

2. Σ-ΔADC 的调制器和量化噪声整形

图 4.7.5 是一个一阶 Σ-Δ ADC 的原理框图。它以 K_{fs}采样速率将输入信号转换为由 1 和 0 构成的连续串行位流。1 位 DAC 由串行输出数据流驱动,1 位 DAC 的输出以负反馈形式与输入信号求和。根据反馈控制理论可知,如果反馈环路的增益足够大,DAC 输出的平均值(串行位流)接近输入信号的平均值。

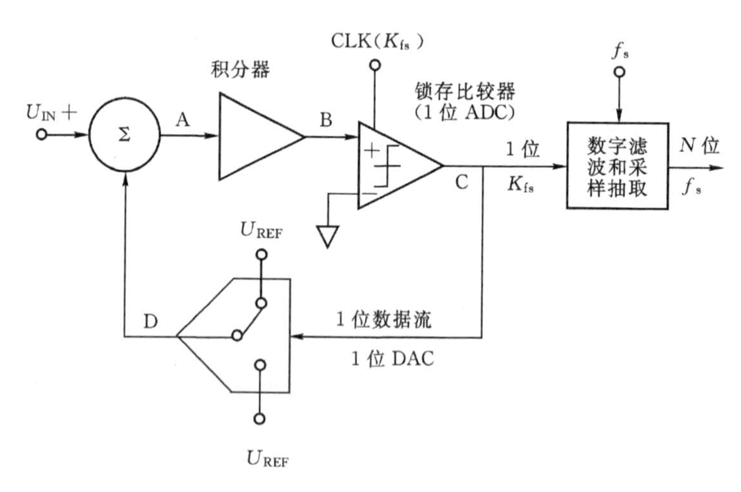

图 4.7.5 一阶 Σ-Δ 调制器

3. 数字滤波和采样抽取

Σ-Δ 调制器对量化噪声整形以后,将量化噪声移动到所关心的频带以外,然后对整形的量化噪声进行数字滤波。数字滤波器的作用有两个:一是它必须起到抗混叠滤波器的作用;二是它必须滤除 Σ-Δ 调制器在噪声整形过程中产生的高频噪声。

因为数字滤波器降低了带宽,所以输出数据速率要低于原始采样速率,直至满足奈奎斯特定理。降低输出数据速率的方法是通过对每输出 M 个数据抽取 1 个的数字重采样方法实现的,这种方法称作输出速率降为 $1/M$ 的采样抽取。

数字滤波器既可用有限脉冲响应(FIR)滤波器,也可用无限脉冲响应(IIR)滤波器,或者是两者的组合。FIR 滤波器具有容易设计,能与采样抽取过程合并计算,稳定性好,具有线性相位特性等优点,但它可能需要计算大量的系数。IIR 滤波器由于使用了反馈环路,从而提高滤波效率,但 IIR 滤波器具有非线性特性,不能与采样抽取过程合并计算,而且需要考虑稳定性和溢出等问题,所以应用起来比较复杂。交流应用场合大多数 Σ-ΔADC 的采样抽取滤波器都用 FIR 滤波器。

4. Σ-ΔADC 的闲音

大部分 Σ-ΔADC 在本底噪声中出现一些被称作"闲音(idle tones)"的尖峰,通常这些尖峰信号能量很小，不足以明显影响转换器的信噪比（SNR）。尽管如此，但在许多应用中，都不允许在白噪声本底以外很宽频谱范围内有尖峰存在。有两种闲音源，其中最常见的一种是由电压基准调制所引起的，可通过调整电压基准来降低闲音。另外，调制器的阶数也会影响闲音大小。通常一阶调制器的闲音较大，而从二阶起调制器的闲音会逐渐减弱，所以实际的Σ-ΔADC中所用的调制器至少是二阶的，以减小闲音。

以上简要介绍了Σ-ΔADC的基本原理。下面以分辨率为16位的AD7701为例来说明Σ-ΔADC在直流测量方面的应用。

5. AD7701Σ-Δ ADC简介及其应用

AD7701是采用Σ-Δ结构的单片16位ADC。其主要特点是，线性误差0.0015％～0.003％，片内有自校准电路，低通滤波器的转折频率（0.1～10Hz）可设置，模拟输入电压范围为0～＋2.5V或±2.5V，输出数据速率为4ksps。AD7701的数字输出以串行方式工作，片内的串行输出口工作方式灵活。在异步方式工作时，与UART（通用异步接收/发送器）兼容；在同步方式工作时，可由内部时钟或外部时钟同步，可方便地与工业控制微机连接。AD7701采用二阶Σ-Δ调制器和六阶高斯数字低通滤波器。采样频率K_{fs}和数字滤波器的转折频率由主时钟频率决定；主时钟频率为4.096MHz，则采样频率K_{fs}＝16kHz，滤波器转折频率为20Hz，过采样倍率K＝800。

AD7701，7703等Σ-Δ模数转换器，用于低频、小信号的测量，具有相当高的分辨率和精度。与积分式ADC比较，有较高的数据输出速率。但值得注意的是，在模拟信号输入端采用多路切换方式时，切换通道后要等待足够长的建立时间，再读取转换数据。在主时钟频率为4.096MHz时，AD7701的建立时间（达到±0.5LSB）为125ms。由此可以看出，在多路切换方式应用时，对模拟输入信号的有效采样速率大大降低了。

图4.7.6是AD7701与80C196单片机的接口电路。80C196的串行口采用方式0（移位寄存器方式），TXD产生时钟脉冲，经过反相作为AD7701的外时钟。AD7701工作在外时钟同步方式。RXD与AD7701的SDATA相连，用于传送数据。80C196的P2.5编程为输出方式作为AD7701的片选，P0.4用于读取AD7701转换结果状态，HSO0用于启动AD7701的校准功能。AD7701的基准电压为2.5V，模拟输入电压UIN从AIN端输入。BP/UP是双极性或单极性选择端，本电路接成单极性方式。由于AD7701具有16位分辨率，1LSB对应38μV，因此在组装电路时要特别注意布线工艺，特别是对模拟地和数字地的处理。

图4.7.7是测试程序框图。在80C196初始化时，应使串行口设置成方式0。由于AD7701是16位的，而80C196的串行口是8位的，因此要分成两个字节读取。应当注意的是，AD7701输出的数据高位在前，而80C196串行口首先读入的是低位，所以在程序上要做一次高低位的换位变换，测量结果最后以16进制方式显示，在实际应用时还应作10进制数转换和必要的比例转换。模拟输入电压用KEITHEY 192数字表测量，测量值是从微机数码管上读取的16进制数。理论值是根据模拟输入电压按理想ADC转换关系计算的，从表中可以看出系统最大误差为2LSB，相当于0.003％，实验采用的AD7701尾标为AN，其最大线性误差为0.003％，因此实验结果符合该器件规定的技术指标。

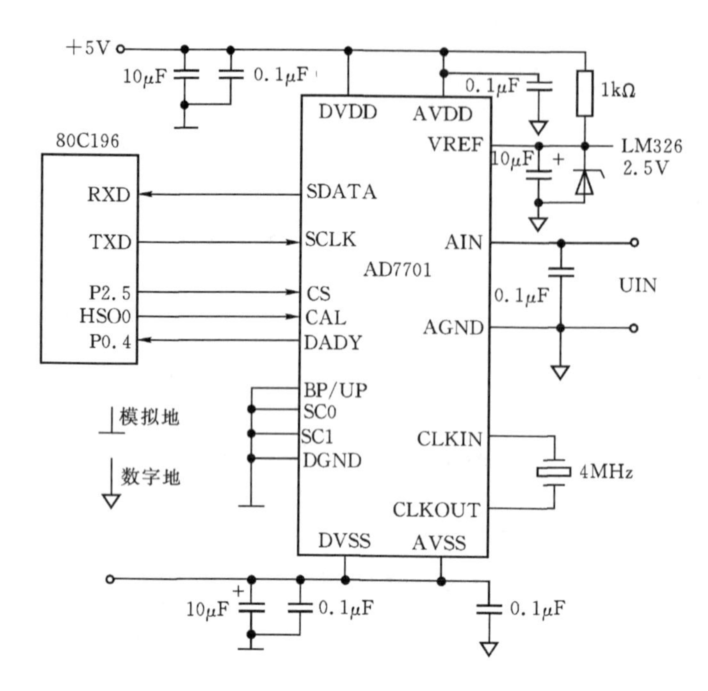

图 4.7.6　AD7701 与 80C196 单片机的接口电路

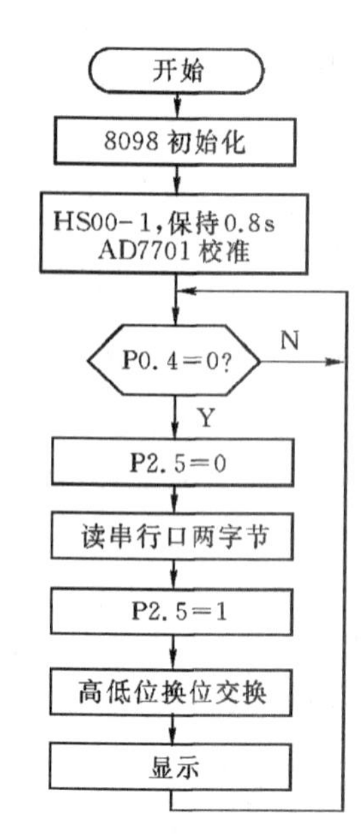

图 4.7.7　AD7701 测试程序流程图

4.7.4　AD574 系列 ADC 及其与计算机的接口技术

在大多数控制系统中，8 位 ADC 已可以胜任工作。但在有些控制系统中，要求分辨率比较高，需要更多位数的 ADC，如 10 位、12 位、16 位等。这里介绍一款功能丰富，在业内最为著名的 12 位 ADC 器件——AD574 系列模数转换器。AD574 是一个完整的 12 位逐位逼近型带三态缓冲器的 ADC，它可以直接与微型计算机接口。它有商业级、工业级、军品级三类，有双列直插式和贴片式两种封装，都是 28 脚。

1. AD574 系列 ADC 简介

AD574 系列包括 AD574，AD574A，AD674A，AD674B，AD774B 和 AD1674 六个型号。所有型号的引脚排列均相同，新型号可以代替旧型号。目前应用最多的是 AD1674，这是在 AD774B 的基础上增加了采样保持器的产品。AD574 系列产品见表 4.7.1。

表 4.7.1　AD574 系列产品主要性能简表

型号	分辨率/b	最大转换时间/μs	参考电压/V	总线接口/b	封装说明	工作温度范围/℃	备注
AD574	12	35	10，内部	8/12，μP	1	C，I，M	三态输出，完整 12 位，有内部参考电源与时钟
AD574A	12	35	10，内部	8/12，μP	1，2，4，5	C，M	三态输出，完整 12 位，有内部参考电源与时钟

续表

型号	分辨率/b	最大转换时间/μs	参考电压/V	总线接口/b	封装说明	工作温度范围/℃	备注
AD674A	12	15	10,内部	8/12,μP	1	C,M	在AD574A基础上改进,提高转换速度
AD674B	12	15	10,内部	8/12,μP	1,2,6	C,I,M	在AD674A基础上改进,增加封装形式及工业档产品
AD774B	12	8	10,内部	8/12,μP	1,2,6	C,I,M	AD674B的快速型产品
AD1674	12	10	10,内部	8/12,μP	1,2,6	C,I,M	AD774B的换代产品,有内部采样保持放大器
说明	1.封装:1)密封陶瓷或金属双列直插(DIP)封装;2)密封塑料或环氧树脂双列(DIP)封装;3)陶瓷无引线芯片载体(CLCC)封装;4)塑料有引线芯片载体(PLCC)封装;5)小引线集成电路封装。 2.工作温度范围:C——商业用,0～+70℃;I——工业用,-40～+85℃(有些-25～85℃);M——军用,-55～+125℃						

AD574系列ADC的主要性能如下:

(1)12位逐次逼近ADC,可选择工作于12位,也可工作于8位。

(2)具有可控三态输出缓冲器。数字逻辑输入输出电平为TTL电平。

(3)12位数据可以一次读出,也可以分两次读出,便于与8位或16位处理器相连。

(4)具有+10.000V内部电压基准源,其最大误差为+1.2%,并可输出1.5mA电流。

(5)内部具有时钟产生电路,不需外部接线。

(6)通过改变外部接线,可以单极性也可双极性模拟量输入。单极性时,满量程为0～+10V和0～+20V,从不同引脚输入。同样,双极性输入时,满量程为0～±5V和0～±10V,从不同引脚输入。

(7)输出码制:单极性输入时,输出数字量为原码;双极性输入时,输出为偏移二进制码。

2. AD574系列转换器的内部结构

图4.7.8是ADl674的内部结构和引脚排列图。由图可见,ADl674由两部分组成,这两部分在图中用虚线隔开。虚线框内是输入和D/A转换部分。这部分包括电压分压器、采样保持器(SHA)、10V参考源、数模转换器AD565。其中电压分压器由一个5kΩ和两个2.5kΩ电阻组成。它使加在10VIN引脚(脚13)的10V电压和加在20VIN引脚(脚14)的20V电压在采样保持器(SHA)的输入端所产生的电压相等。采样保持器在控制器的控制下对加于10VIN或20VIN引脚的电压信号采样和保持。数模转换器是一个12位权电阻型D/A转换器AD565。数模转换器的输出电压总是负的。SHA输出电压的正负决定于加在10VIN或20VIN的正负。SHA的输出与数模转换器的输出叠加后送到比较器一端与地(AGND)进行比较。10V参考源产生10.000V电压从REFOUT引脚输出。如果把REFOUT与REFIN

相连，便给数模转换器提供了基准电压，除此之外，REFOUT 还可向其他电路提供 1.3mA 电流。此电压误差在＋0.2％以内。

图 4.7.8 的虚线框外是 ADl674 的另一部。它由时钟发生电路、逐位逼近寄存器 SAR、控制器和比较器组成。

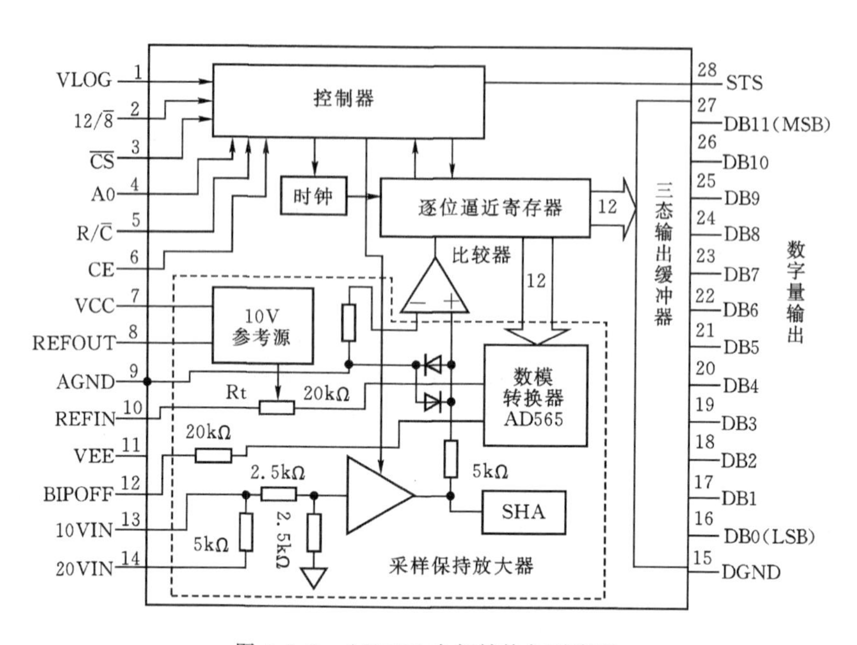

图 4.7.8　AD1674 内部结构与引脚图

图 4.7.9 是 AD574，AD574A，AD674A，AD674B，AD774B 内部结构和引脚排列图。图中的电压分配器部分与图 4.7.8 的分压器类似。

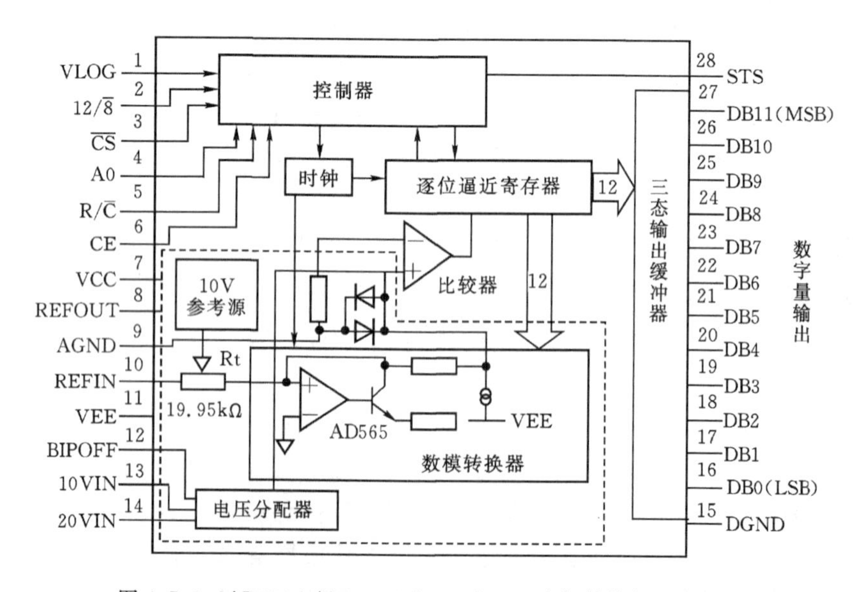

图 4.7.9　AD574A/AD674A/674B/774B 内部结构与引脚排列

图 4.7.9 与图 4.7.8 的主要差别是图 4.7.9 没有采样保持器。因此，在使用图 4.7.9 中

的 ADC 时，如果被转换的输入模拟信号变化较快，例如，在 A/D 转换期间输入模拟电压变化大于 1LSB 的 1/2，就应外接采样保持器。使用 AD1674 则不需外接采样保持器。由于 AD1674 的价格与 AD574 系列其他 ADC 的价格相同，其性能又优越，因此建议设计时优先选用 AD1674。

AD574 系列的输入电阻较小，为 5～10k Ω，因此输入模拟信号一般应先经过阻抗变换后再接到 AD574 的输入端。

3. AD574 系列的引脚功能

AD574 系列的各型号均为 28 脚 DIP 封装，各引脚功能如下：

(1)DB11～DB0(脚 16～脚 27)：12 位数据输出线。DB11 为最高位，DB0 为最低位，它们可由控制逻辑决定是输出数据还是对外高阻抗。

(2)$12/\overline{8}$(数据模式选择)：输入，当此引脚为高电平时，12 位数据并行输出；当此脚为低电平时，与引脚 A0 配合，把 12 位数据分两次输出，见表 4.7.2。应该注意，此脚与 TTL 电平兼容，若要求此脚为高电平，应接＋5V，若要求此脚为低电平，应接地。

表 4.7.2　AD574 系列 ADC 各控制引脚功能

CE	$\overline{CS}$	$R/\overline{C}$	$12/\overline{8}$	A0	功能
0	X	X	X	X	不起作用
X	1	X	X	X	不起作用
1	0	0	X	0	启动 12 位转换
1	0	0	X	1	启动 8 位转换
1	0	1	接＋5V	X	12 位数据并行输出
1	0	1	接地	0	高 8 位数据从 DB11～DB4 输出
1	0	1	接地	1	低 4 位数据从 DB3～DB0 输出，DB7～DB4 输出为 0，DB11～DB8 为高阻态，因此连线时必须将 DB3～DB0 与 DB11～DB8 分别对应相连

(3)A0(启动 12 位还是 8 位转换/输出方式)：此引脚有两个功能。一个功能是决定转换结果是 12 位还是 8 位数据，与其他控制输入脚配合，若 A0＝0，结果是 12 位；若 A0=1，结果是 8 位。另一个功能是在 12 位转换模式下，在与 8 位外部总线的处理器相连时决定输出数据是高 8 位还是低 4 位，与其他控制输入脚配合，若 A0＝0，从 DB11～DB4 输出高 8 位；若 A0＝1，从 DB3～DB0 输出低 4 位，DB7～DB4 输出为 0，其时 DB11～DB8 为高阻态。因此其 DB11～DB4 必须与处理器的 D7～D0 相连；其 DB3～DB0 必须与 DB11～DB8 对应相连，这样读出的低 4 位数据就在该字节的高 4 位放着，该字节的低 4 位是 DB7～DB4 输出的 4 个 0，再经过数据移位处理即可。

(4)$\overline{CS}$(芯片选择)：当 $\overline{CS}$＝0 时，该芯片被选中，否则该芯片不进行任何操作。

(5)$R/\overline{C}$(读/转换选择)：当 $R/\overline{C}$＝1 时，允许读取结果，当 $R/\overline{C}$＝0 时，允许进行转换。

(6)CE(芯片启动):当 CE=1 时,允许转换或读取结果,到底是转换还是读取结果与 $R/\overline{C}$ 有关。

(7)STS(状态信号):STS=1 表示正在进行 A/D 转换,STS=0 表示转换已完成。

(8)REFOUT:+10V 基准电压输出。

(9)REFIN(基准电压输入):只有由此脚把从“REFOUT”脚输出的基准电压引入到 AD574 内部的 DAC(AD565),才能进行正常的 A/D 转换。

(10)BIPOFF(双极性补偿):此引脚适当连接,可实现单极性或双极性输入。

(11)10VIN(10V 量程模拟信号输入端):对单极性信号为 10V 量程的模拟信号输入端,对双极性信号为±5V 模拟信号输入端。

(12)20VIN(20V 量程输入端):单极性信号为 20V 量程的模拟信号输入端,对双极性信号为土 10V 量程模拟信号输入端。

(13)DG(数字地):各数字电路(译码器、门电路、触发器等)及+5V 电源的地。

(14)AG(模拟地):各模拟器件(放大器、比较器、多路开关、采样保持器等)及+15V 和-15V 的地。

(15)VLOG:逻辑电路正电源输入端,+5V。

(16)VCC:正供电引脚,VCC=+12~+15V。

(17)VEE:负供电引脚,VEE=-12~-15V。

4. AD574 系列电路外部连线

AD574 系列各型号,通过外部适当连线可以实现单极性输入,也可实现双极性输入,如图 4.7.10 所示。输入信号均以模拟地 AGND 为基准。模拟输入信号的一端必须与 AGND 相连,并且接点应尽量靠近 AGND 引脚,接线应短。

片内+10V 基准电压输出引脚 REFOUT 通过电位器 R1 与片内 DAC(AD565)的基准电压输入引脚 REFIN 相连,以供给 DAC 基准电流。电位器 R2 用于微调基准电流,从而微调增益。基准电压输出 REFOUT 也是以 AGND 为基准。通常数字地 DGND 与 AGND 连在一起。

1)模拟量单极性输入电路

图 4.7.10(a)是 AD574 系列的模拟量单极性输入电路。当输入电压为 $V_{IN}=0\sim+10V$ 时,应从引脚 10VIN 输入;当 $V_{IN}=0V\sim+20V$ 时,应从 20VIN 引脚输入。输出数字量 D 为无符号二进制码,计算公式为

$$D = 4096V_{IN}/\text{VFS} \tag{4.7.7}$$

或

$$V_{IN} = D \cdot \text{VFS}/4096 \tag{4.7.8}$$

式中,V_{IN}为输入模拟量电压;VFS 是满量程输入电压。如果从 10VIN 引脚输入,VFS=10V;若信号从 20VIN 引脚输入,VFS=20V。例如,当信号从 20VIN 引脚输入,则 VFS=20V,1LSB=20/4096=49mV。若信号从 10VIN 引脚输入,则 VFS=10V,1LSB=10/4096=24mV。图中电位器 R1 用于调零,保证在 $V_{IN}=0$ 时,输出数字量 D 为全 0。

2)模拟量双极性输入电路

电路图如图 4.7.10(b)所示。图中 R2 用于调整增益。其作用与图 4.7.10(a)中的 R2 的

作用相同。图中 R1 用于调整双极性输入电路的零点。如果输入信号 V_{IN}在−5～+5V 之间，应从 10VIN 引脚输入；如果 V_{IN}在−10～+10V 之间，应从 20VIN 引脚输入。

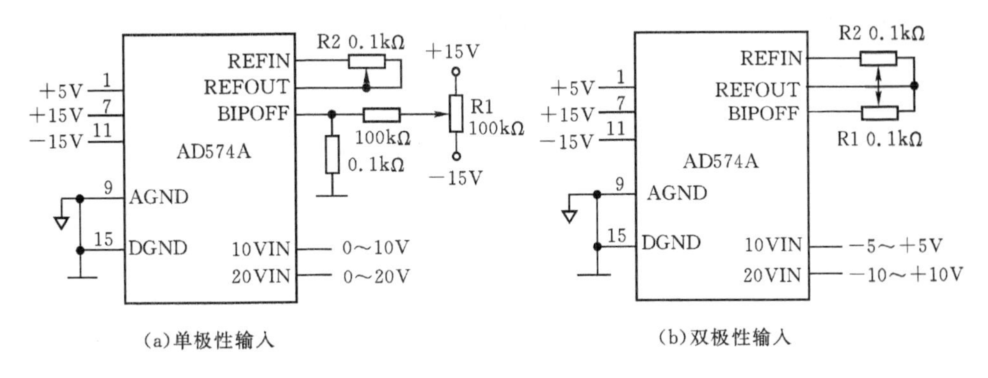

(a)单极性输入　　(b)双极性输入

图 4.7.10　AD574 系列转换器不同极性输入的外部接法

双极性输入时输出数字量 D 与输入模拟电压 V_{IN}之间的关系如下：

$$D = 2048(1 + 2V_{IN}/\text{VFS}) \tag{4.7.9}$$

或

$$V_{IN} = (D/2048 - 1)\text{VFS}/2 \tag{4.7.10}$$

式中，VFS 的定义与单极性输入情况下对 VFS 的定义相同。

5. 分辨率

如果信号从 20VIN 引脚输入，那么信号从+19.9951V 变到 0.0000V(对单极性输入)或从+9.9951V 变到−10.0000V(对双极性输入)，也就是说信号变化 19.9951V，输出数字量变化 4095，因此分辨率为 19.9951V/4095=4.88mV。同样，如果信号从 10VIN 引脚输入，分辨率为 9.9976/4095=2.44mV，分辨率提高一倍。

6. 零点和增益调整

1)零点调整

在单极性输入时，当输入模拟量 V_{IN}为 0 时，输出数字量 D 为 0。当 V_{IN}=1LSB/2 时，D 应在 0 与 001H 之间。对于双极性输入，当 V_{IN}=−VFS/2+1LSB/2，那么 D 应在 0 与 001H 之间。

2)增益调整

单极性输入情况下，令 V_{IN}=+VFS−1.5LSB(从 10V1N 引脚输入时为 9.9927V)，调整图 4.7.10(a)中的 R2 使 D 在 FFFH 与 FFEH 之间跳动。同理，在双极性输入情况下，当 V_{IN}=+VFS−1.5LSB，则 D 应在 FFFH 与 FFEH 之间跳动。

3)中点校验

调零和调增益互相影响，应多次调节。调好之后最后校验中点，对于单极性输入，应取 V_{IN}=+VFS/2，此时 D 应为 800H；对于双极性输入，取 V_{IN}=0，此时 D 应为 800H。

所有电位器(调增益和调零点用)均应采用低温度系数电位器，例如金属膜陶瓷电位器。

7. AD574 系列转换器与计算机的接口电路

AD574 系列的所有型号的引脚功能和排列都相同，因而它们与计算机的接口电路也相同。只需注意一点，就是 ADl674 内部有采样保持器，不需外接。其他型号，对于快速变化的输入模拟信号应外接采样保持器。

AD574 所有型号都有内部时钟电路，不需外接时钟器件或时钟连线。

1) AD574 与 8051 单片机的接口电路(单极性输入)

单极性输入的接口电路如图 4.7.11 所示。按图中接法，写操作时使$\overline{CS}$有效，之后再使 CE 有效。由于是写操作，$\overline{RD}$为高电平，经非门后变为低电平输入给 R/$\overline{C}$，就启动了转换，而 A0=0，为启动 12 位 A/D 转换。该图工作于中断方式。当 A/D 转换完毕时，STS 由高电平变为低电平，信号进入单片机的$\overline{INT1}$，向单片机请求中断。

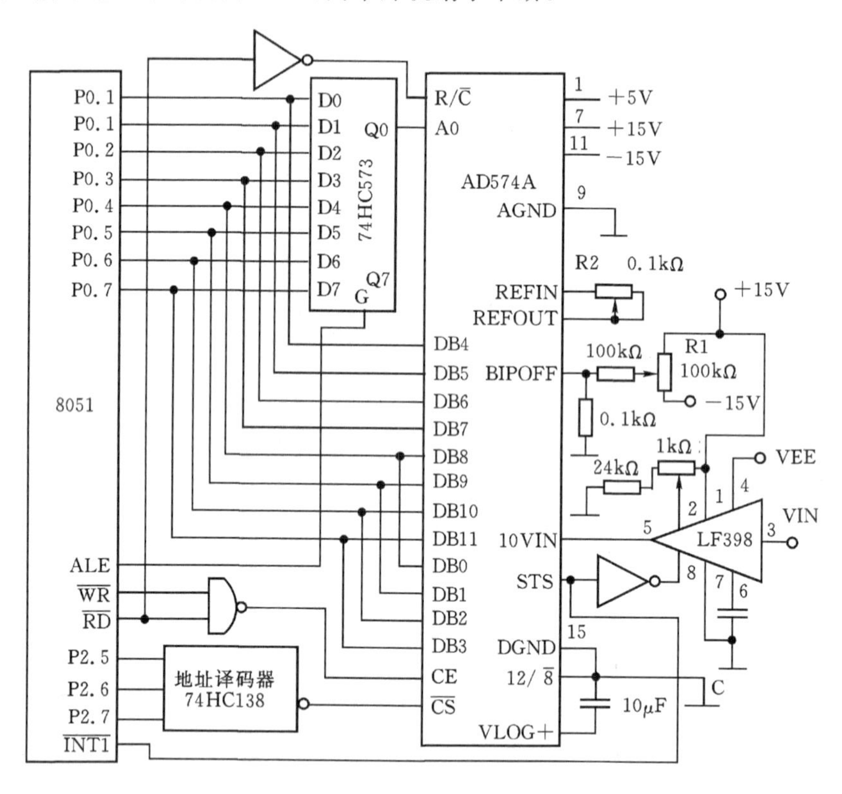

图 4.7.11 AD574A 与 8051 单片机的连接电路(单极性输入)

采样保持器 LF398 用于对输入模拟信号 V_{IN} 采样和保持。LF398 的脚 8 为高电平时采样，低电平时保持。AD574 的 STS 只有在进行 A/D 转换期间为高电平，其余时间均为低电平，经过反相器给 LF398 的 8 脚，因此只要不进行 A/D 转换，LF398 便处于采样状态。一旦启动 A/D 转换，使 STS=1，便使 LF398 的 8 脚为低电平，从而使 LF398 处于保持状态。图中电容 C 为保持电容。与 LF398 的 2 脚相连的 1kΩ 电位器是调零电位器。图中电位器 R1 用于给 AD574 调零，R2 用于调增益。10μF 电容是电源滤波电容。

图中引脚 12/$\overline{8}$ 接地，数据分两次读取。读操作时地址 A13，A14，A15 从 8051 的 P2.5，

P2.6,P2.7 输出,经译码后输出有效地址使$\overline{CS}$有效,在$\overline{CS}$有效的条件下,输出读操作指令,$\overline{RD}$输出低电平,经非门后变为高电平,对 AD574 实施读操作。此时 A0=0 时读取高 8 位数据,A0=1 时读取低 4 位数据。

2)AD574 与 8051 单片机的接口电路(双极性输入)

双极性输入接口电路如图 4.7.12 所示。AD574 的数据锁存器是三态可控的,因此可直接与计算机的数据总线相连。令 A1=0 即启动 A/D 转换,令 A0=0 即为 12 位转换。在转换过程中,STS=1,当转换完成后,STS 下跳为 0,信号进入单片机的$\overline{INT1}$,向单片机请求中断。单片机执行该中断服务程序,读取数据,因为引脚 12/$\overline{8}$ 接地,因此,12 位数据分两次读出。

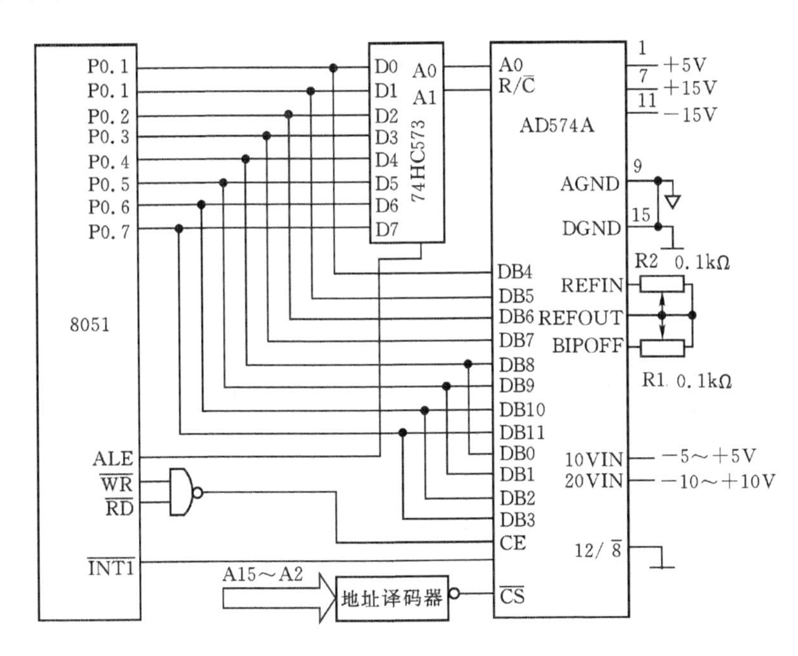

图 4.7.12　AD574A 与 8051 的连接电路(双极性输入)

4.7.5　12 位 ADCMAX186/MAX188

MAXIM 公司生产的 MAX186/MAX188ADC,是串行输出 CMOS 芯片。其转换速度快,精度高,耗电省,接线简单,适用于各种仪器仪表和自动控制系统中的数据采集。

1. MAX186/MAX188 基本功能

(1)8 通道单端或者 4 通道差分输入。

(2)单一+5V 或者±5V 电源供电。

(3)低功耗。1.5mA(运行状态),2μA(休眠状态)。

(4)采样速率 133kHz,内部路径保持。

(5)内部 4.096V 基准电压(MAX186)。

(6)SPI-,QSPI-,Microwire-,TMS320-兼容的 4 线串行接口。

(7)软件配置单极性或双极性输入。

(8)20 引脚 DIP,SO,SSOP 封装。

(9)有评估板,可方便使用。

2. MAX186/MAX188 结构与工作原理

1)MAX186/MAX188 结构

MAX186/MAX188 引脚如图 4.7.13 所示,其内部结构见图 4.7.14,其引脚功能见表 4.7.3。输入移位寄存器接收片选、时钟、控制字输入,模拟多路开关在控制逻辑控制下,选通指定的通道,使其模拟信号进入采样保持器,再进入 12 位逐位逼近 ADC,转换所得数据在时钟与片选信号作用下,经输出移位寄存器输出。

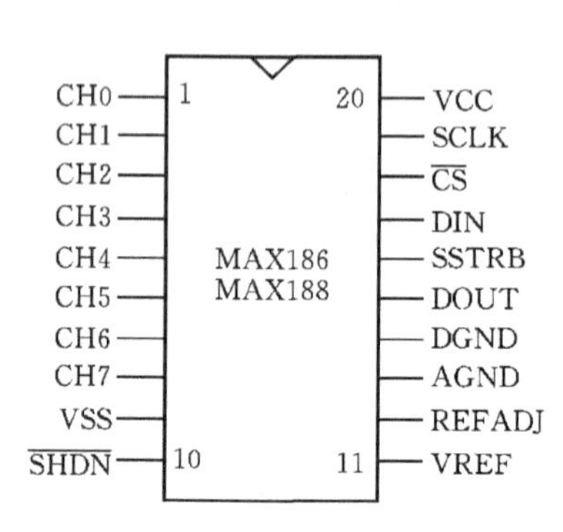

图 4.7.13　MAX186/188 引脚图

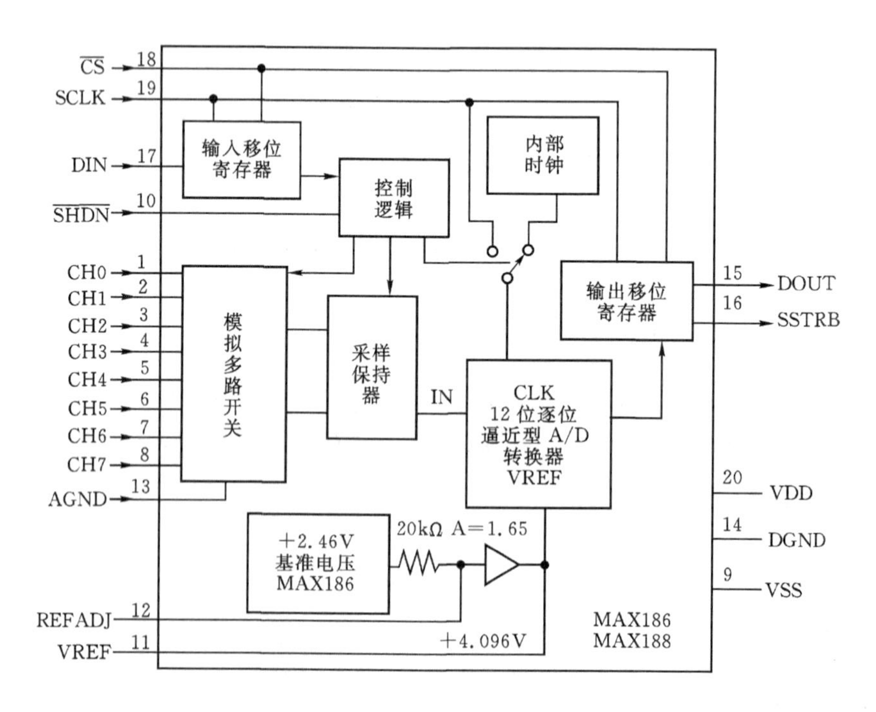

图 4.7.14　MAX186/188 内部结构框图

表 4.7.3　MAX186/MAX188 引脚功能

引脚	名称	功能
1～8	CH0～7	采样模拟信号输入
9	Vss	负电源，可以接－5V 或模拟地 AGND
10	$\overline{SHDN}$	三级停止控制，置$\overline{SHDN}$为低电平，就使 MAX186/MAX188 处于停止模式，此时耗电仅为 10μA(最大值)。否则芯片将满负荷运行。置$\overline{SHDN}$为高电平，将使参考缓冲放大器以内部补偿模式运行；置$\overline{SHDN}$为悬浮，将使参考缓冲放大器以外部补偿模式运行
11	VREF	用于模数转换的参考电压。参考缓冲放大器的输出(MAX186 为 4.096V，MAX188 为 1.638V×REFADJ)，在使用外部补偿方式时，该引脚对地要接 4.7μF电容。当使用外部精密参考源时，可以作为一个输入
12	REFADJ	输入给参考缓冲放大器。如果不想用参考缓冲放大器，将其接到 VDD 即可
13	AGND	模拟地
14	DGND	数字地
15	DOUT	串行数据输出，数据在 SCLK 的下降沿输出锁定。$\overline{CS}$为高时呈高阻态
16	SSTRB	串行选通输出。在内部时钟方式下，MAX186/MAX188 在模数转换期间，SSTRB 为低，转换结束后，SSTRB 变高。在外部时钟方式下，在转换数据的最高位 MSB 尚未确定时，对应于每个时钟周期，它输出一个高脉冲。当$\overline{CS}$为高时呈高阻态
17	DIN	串行数据输入。数据在 SCLK 的上升沿锁定
18	$\overline{CS}$	片选信号，低电平有效(被选中)。在$\overline{CS}$为高电平时，DIN 数据线上的数据不能进入转换器，DOUT 为高阻态
19	SCLK	串行时钟输入。时钟数据输入或输出串行接口。在外部时钟方式下，SCLK 也决定转换速度
20	VDD	正电源输入，＋5V±5％

MAX186/MAX188 与微线(Microwire)和 SPI 设备完全兼容。要使用 SPI，则须在 SPI 控制寄存器中选择正确的时钟极性和采样边界：设置 CPOL＝0，CPHA＝0。微线和 SPI 在同一时间发送一个字节和接收一个字节。使用典型的操作电路，最简单的软件接口要求仅仅 3 个 8 位的数据传输就可以执行一次转换(一个 8 位传输用于设置 ADC，其他两个 8 位传输用于转换结果的传输)。为了 CPU 的串行接口运行于主模式，CPU 必须产生一个串行时钟信号，其频率在 100kHz～2MHz。通常选用外部时钟方式工作。

2)A/D 转换的启动

MAX186/MAX188 由一个控制字控制其工作，该控制字共有 8 位，各位的定义如下：

BIT7(MSB)	BIT6	BIT5	BIT4	BIT3	BIT2	BIT1	BIT0(LSB)
START	SEL2	SEL1	SEL0	UNI/$\overline{BIP}$	SGL/$\overline{DIF}$	PD1	PD0

控制字各位的意义见表 4.7.4。

表 4.7.4　控制字各位的意义

位	名称	功能
7(MSB)	START	在$\overline{CS}$变低后的第一个“1”,被定义为转换控制字起始位
6 5 4	SEL2 SEL1 SEL0	这三位确定 8 个模拟输入通道中,哪一个通道被选通(见表 4.7.5)
3	UNI/$\overline{BVP}$	选择信号输入的极性方式,1 表示单极性,0 表示双极性。在单极性方式,一个模拟输入信号从 0V 到 VREF 都可以被转换。在双极性方式,信号范围从－VREF/2 到＋VREF/2
2	SGL/$\overline{DIF}$	选择单端还是差分输入方式,1 为单端方式,0 为差分方式。在单端方式,输入电压以模拟地为起点,在差分方式,一个信号占用一对(两个)输入通道。详见表 4.7.6
1 0(LSB)	PD1 PD0	选择时钟和节电方式 PD1　PD0　方式 0　0　全停电方式(IQ ＝ 2μA) 0　1　快停电方式(IQ ＝ 30μA) 1　0　内部时钟方式 1　1　外部时钟方式

在进行转换时,必须先将该控制字由引脚 DIN 输入,输入方法是在时钟 SCLK 作用下进行。在芯片被选通($\overline{CS}$=0)时,每一个时钟 SCLK 的上升沿锁定一位 DIN 的输入,将其送入输入移位寄存器。在$\overline{CS}$下跳后 DIN 接收到的第一个“1”,被定义为控制字的最高位 MSB(启动位),在这一位到达前,由时钟使能进入 DIN 的任一位“0”都不起作用。但要注意,$\overline{CS}$的下跳沿并不启动 A/D 转换,而是在$\overline{CS}$变低后,由 SCLK 的上升沿与控制字的首位(MSB)为 1 启动一次 A/D 转换。这个启动位被定义为:$\overline{CS}$为低电平,转换器为空闲的情况下,由时钟作用进入 DIN 的第一位高电平位,或者在转换过程中,在时钟作用下,从 DOUT 输出的转换结果数据第 5 位已经有效的情况下,由时钟驱动从 DIN 输入的第一个高电平位。

信号可以单端输入,也可以差分输入。单端输入时信号通道的选通编码见表 4.7.5。差分输入时信号通道的选通编码见表 4.7.6。

表 4.7.5　模拟信号单端输入时通道的选通

SEL2	SEL1	SEL0	CH0	CH1	CH2	CH3	CH4	CH5	CH6	CH7	AGND
0	0	0	+								−
1	0	0		+							−
0	0	1			+						−
1	0	1				+					−
0	1	0					+				−
1	1	0						+			−
0	1	1							+		−
1	1	1								+	−

表 4.7.6　模拟信号差分输入时通道的选通

SEL2	SEL1	SEL0	CH0	CH1	CH2	CH3	CH4	CH5	CH6	CH7
0	0	0	+	−						
0	0	1			+	−				
0	1	0					+	−		
0	1	1							+	−
1	0	0	−	+						
1	0	1			−	+				
1	1	0					−	+		
1	1	1							−	+

MAX168/188 与单片机的连接与转换过程如下：

(1)将$\overline{CS}$连接到 CPU 的一根通用 I/O 口线上，由 CPU 将其置低。

(2)传送 TB1 并同时接收一个字节 RB1。

(3)传送一个全为“0”的字节，并同时接收一个字节 RB2。

(4)传送一个全为“0”的字节，并同时接收一个字节 RB3。

(5)将$\overline{CS}$置高。

图 4.7.15 显示以上过程。字节 RB2 和 RB3 包含转换结果，在转换结果之后填充为“0”，以 1 个“0”打头，后跟 3 个“0”。总的转换时间是串行时钟频率和 8 位传输时间的函数。为保证转换时间不超过 120μs，要消除过多的 T/H 耗时。

3)数据输出

在单极性输入方式时，输出是整齐的二进制数，输入从 0～＋4.096V，输出从 0 变到4095(见图 4.7.16(a))。在双极性输入时，输出是两种符号相反的数(见图 4.7.16(b))。输入从－2.048V到 0，输出从－2048 变到 0(图中负数是以补码方式表达的)，输入从 0 到2.048V，输出从 0 变到 2047。数据随时钟 SCLK 的下降沿被锁定输出。最先输出的是数据的最高位 MSB。

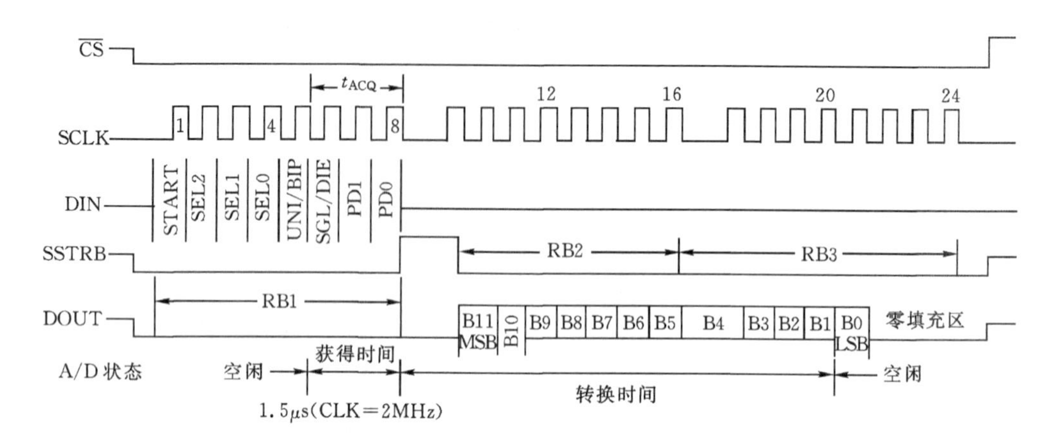

图 4.7.15 外部时钟方式下的转换时序(SPI,QSPI,MICOWIRE 兼容)

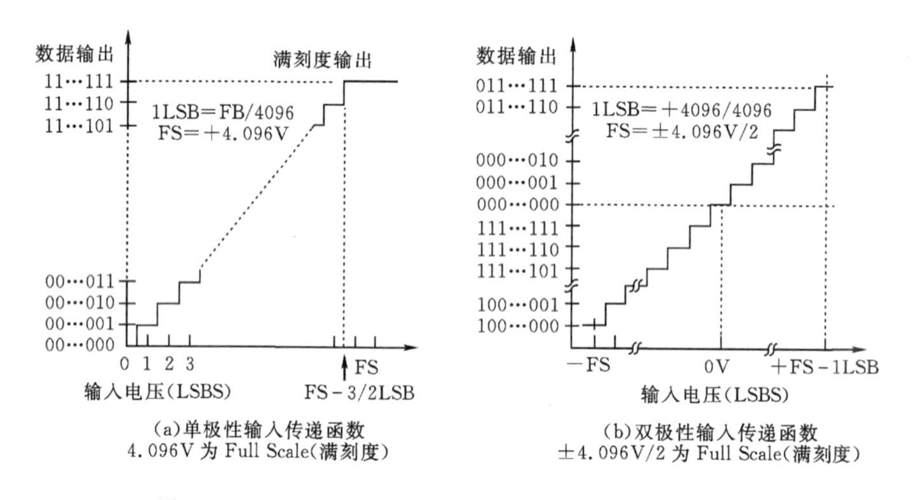

图 4.7.16 MAX186/MAX188 不同极性输入时的传递函数

4)时钟方式

MAX186/MAX188 可以工作在内部时钟方式,也可以工作在外部时钟方式,以进行逐位逼近转换。在两种方式共同作用时,其数据的输入输出还是由外部时钟控制。随着控制字的最后三位进入 DIN,采样保持器 T/H 就得到了信号,进入保持状态。控制字的 PD1、PD0 位决定了时钟方式(见表 4.7.4)。

(1)外部时钟方式。在外部时钟方式下,外部时钟不仅仅将数据移动输入或输出,它还一步步驱动模数转换进程。在控制字的最后一位进入 DIN 时,SSTRB 变高一个时钟周期,再在 SCLK 时钟作用下,逐位产生一个接近的结果,在此后 SCLK 的 12 个脉冲的下降沿,从 DOUT 输出。当$\overline{\text{CS}}$变高后 SSTRB 和 DOUT 都变为高阻态。在$\overline{\text{CS}}$的下一个下降沿 SSTRB 将输出一个低电平。图 4.7.17 示出了外部时钟方式下 16 个时钟周期完成一次转换的时序。

转换必须在一个最小的时间内完成,否则采样保持器 T/H 内的保持电容上的电压会因电荷泄漏而降低，从而影响转换的精度。如果外部时钟周期超过 10μs，或者串行时钟中断导致转换时间间隔超过 120μs 的情况下，要使用内部时钟。

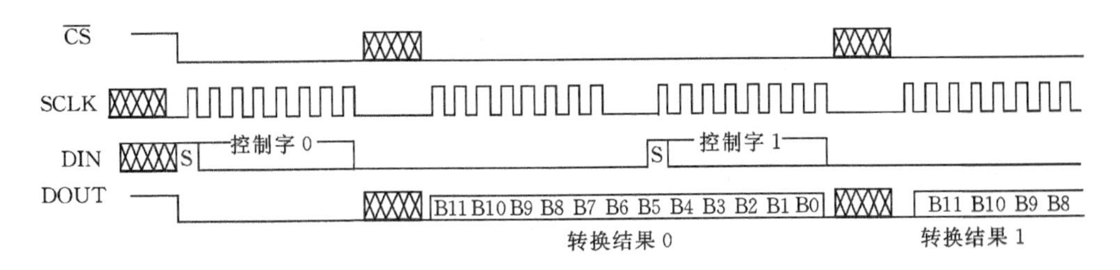

图 4.7.17　16 个时钟周期外部时钟转换时序

(2)内部时钟方式。内部时钟方式下的转换时序见图 4.7.18。在内部时钟方式下，MAX186/MAX188 在内部产生自己的转换时钟，这使与芯片连接的微处理器省去了产生转换时钟的负担，允许微处理器从 0Hz 到典型时钟频率 10MHz 中的任何频率，方便地读取转换结果。SSTRB 在转换开始时下跳为低电平，在转换完成后上跳为高电平。SSTRB 为低电平的时间最大为 10μs，在此期间，SSTRB 的低电平应该噪声很低。转换过程中，有一个内部寄存器存储转换结果，在转换完成后的任意时间，SCLK 时钟可以一步步地从该寄存器中读取数据。在 SSTRB 变高以后，SCLK 的下一个脉冲的下降沿就将数据的最高位 MSB 输出给 DOUT。余下的各位数据随之与最高位一样，在随后的 SCLK 脉冲的下降沿被逐次输出。当一次转换启动后，$\overline{CS}$不必一直保持低电平，将$\overline{CS}$拉高可以防止数据在时钟作用下进入 MAX186/MAX188 以及三态 DOUT，但是它并不影响正在进行的内部时钟方式下的模数转换。在选择了内部时钟方式的情况下，当$\overline{CS}$变高后，SSTRB 不会变为高阻态。在内部时钟方式下，如果获得(ACQUISITION)时间的最小值保持不小于 1.5μs，则数据输入输出可以在近于极限值的 4.0MHz 的时钟速率下进行。

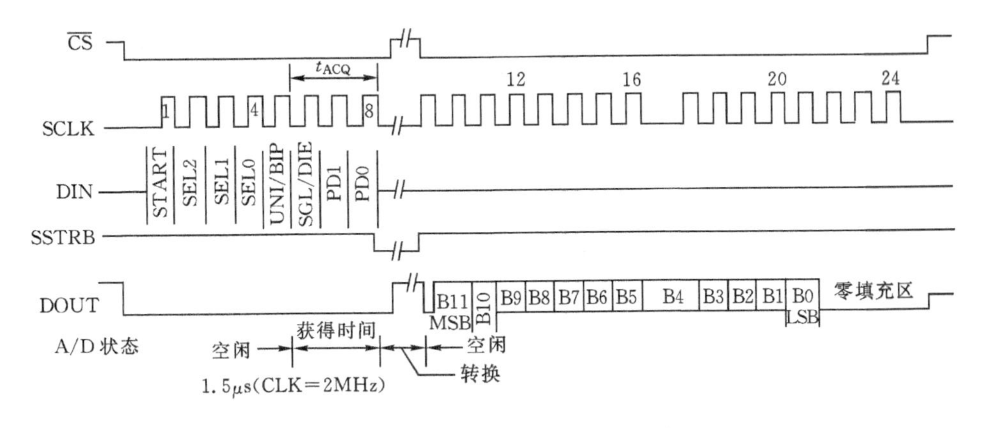

图 4.7.18　内部时钟方式转换时序

3. MAX186/188 应用技术简介

(1)转换时钟周期数。在转换结果第 5 位有效输出之前，如果$\overline{CS}$的下降沿强制产生一个启动位，就会中断正在进行的这次转换而开始一次新的转换。如果第 5 位已经有效输出，这时起动一个新的转换，就不影响正在进行的转换。这样，15 个时钟周期就可以完成一次转换，这是 MAX186/MAX188 最快的转换速度。由于大多数微处理器希望时钟的周期数是 8 的整数倍，所以采用 16 个时钟周期完成一次转换是最佳的选择。这种在外部时钟条件下，16 个时钟周期完成一次转换的时序见图 4.7.17。

(2)上电复位。在 $\overline{\text{SHDN}}$ 没有被拉低的情况下，当电源开启时，内部上电复位电路将在内部时钟驱动下进行复位。此时 SSTRB 为高电平。在电源已经稳定后，内部复位需要 100μs，此期间芯片不进行转换工作。在上电期间，SSTRB 为高电平，如果此期间 $\overline{\text{CS}}$ 下降为低电平，则第一个进入 DIN 的高电平位，会被当作启动位"1"而开始一次转换，但这次转换的输出全是 0。

(3)参考缓冲器补偿。为了增加停电功能，$\overline{\text{SHDN}}$ 也被用来选择内部或者外部补偿。这种补偿影响电源开启时间和最大转换速率。补偿与否，起因于最小 100kHz 时钟速率下，采样保持电路的电压下降情况。要选择外部补偿，将 $\overline{\text{SHDN}}$ 悬浮即可。在 VREF 引脚上对地接一只 4.7μF 或更大一些的电容，以保证 VREF 稳定，这样可以使转换器以最大时钟频率 2MHz 运行。外部补偿将增加电源开启的时间。

内部补偿要求 VREF 上不要接电容，并且 $\overline{\text{SHDN}}$ 必须接高电平。内部补偿允许最短的电源上升时间，但只有在外部时钟速率下降到最大 400kHz 的情况下才能有效地工作。

(4)供电电源管理。可以通过软件设置控制字的 PD1，PD0 或者通过硬件操作 $\overline{\text{SHDN}}$ 选择停电方式，使转换器在两次转换之间的空闲时间内处于停电方式以节约电能。由软件确定的停电方式有两种，一种是全停方式，另一种是快停方式。在 $\overline{\text{SHDN}}$ 为高电平或处于悬浮状态时，其为何种方式，由输入的控制字的最后两位 PD1、PD0 的数值决定，见表 4.7.4。在 $\overline{\text{SHDN}}$ 为低电平的情况下，芯片处于完全停电状态，而不管控制字最后两位为何值。由软件确定的全停电方式，停止了芯片的所有操作，使芯片耗电仅为 2μA，快停方式停止了除芯片带隙基准以外的所有电路的工作。在快停方式，芯片耗电为 30μA，芯片的电源上升时间能达到最短，在内部补偿方式下，电源在 5μs 就可以恢复。在全停和快停两种方式的任一方式下，串行接口仍然保持运行，可以输入控制字以结束停电方式，恢复转换功能，停电期间不能进行 A/D 转换。

从转换速率和节约电能综合考虑，快速停电方式是最好的选择。如果实际应用中要求每次转换之间的时间间隔很长，则选择全停电方式可以更好的节约电能。

(5)外部参考源和内部参考源。MAX186/MAX188 可以使用外部参考源也可以使用内部参考源。

在满刻度范围，使用内部参考源时，单极性输入时的参考电压为 4.096V，双极性输入时的参考电压为 2.048V，内部参考电压可以在±1.5%范围内调节，其调节电路见图 4.7.19。

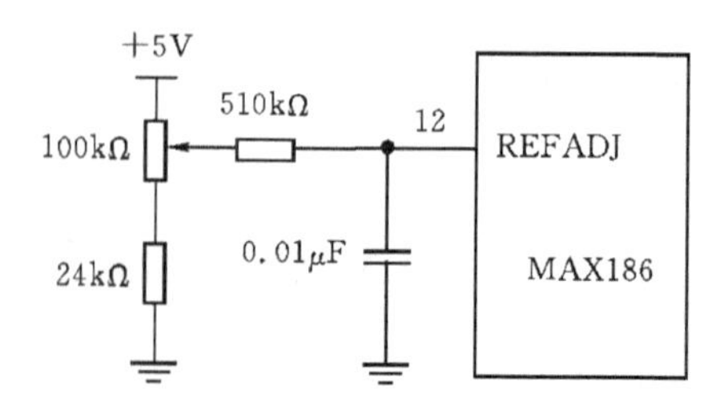

图 4.7.19　MAX186 参考电压调节电路

使用外部参考源时，REFADJ 的输入阻抗的典型值为：对 MAX186，其值为 20kΩ；对 MAX188，其值为 100kΩ。在此，内部参考电压会被忽略。对 VREF，在直流信号输入时，其最小输入阻抗为 12kΩ。在使用外部参考源时，该参考源必须能提供 350μA 负载电流，并有一个 10Ω 或者更小的输出阻抗。如果其输出阻抗较大或者是输出噪声，就要在 VREF 引脚与地之间接 4.7μF 电容以旁路噪声信号。

4. MAX186/188 与计算机的连接

MAX186/188 在应用中主要由单片机直接控制，因此这里只介绍其与单片机的连接。图 4.7.20 给出了这种转换器与单片机的连接图。

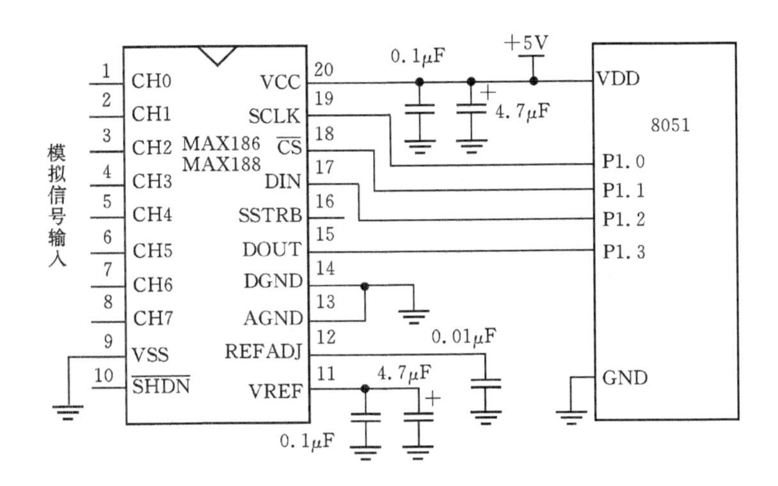

图 4.7.20　MAX186/MAX188 与计算机的连接

4.7.6　ADC0809 模数转换器

ADC0809 为常用的逐位逼近式 8 位 ADC。其转换速度为 10ksps。

1. ADC0809 引脚功能

ADC0809 引脚见图 4.7.21。

其引脚功能如下：

D7～D0：8 位数据输出线；

IN7～IN0：8 路模拟信号输入；

ADDC，ADDB，ADDA：8 路模拟信号输入通道的地址选择线；

ALE：地址锁存允许，其正跳变锁存地址选择线状态，经译码选通对应的模拟输入；

START：启动信号，上升沿使片内所有寄存器清零，下降沿启动 A/D 转换；

EOC：转换结束信号，转换开始后，此引脚变为低电平，转换一结束，此引脚变为高电平；

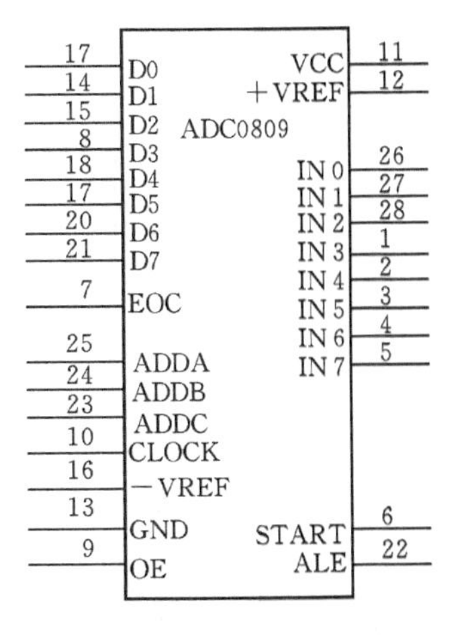

图 4.7.21　ADC0809 引脚图

OE：输出允许，此引脚为高电平有效，当有效时，芯片内部三态数据输出锁存缓冲器被打开，转换结果送到 D7～D0 口线上；

CLOCK：时钟，最高可达 1280kHz，由外部提供；

＋VREF，－VREF：参考电压正极、负极，通常＋VREF 接 VCC，－VREF 接 GND；

VCC：电源，＋5V；

GND：地线。

2. ADC0809 与 8051 的连接

其连接由片选信号产生电路和其他控制信号连接电路组成，如图 4.7.22 所示。图中，高 8 位地址总线通过 GAL20V8 译码，产生 ADC0809 的片选地址信号 F30XH，其中 X 所表示的是低四位 A3，A2，A1，A0 所产生的地址信号，A2，A1，A0 是 8 路模拟信号输入通道的地址选择线，具体见表 4.7.7。

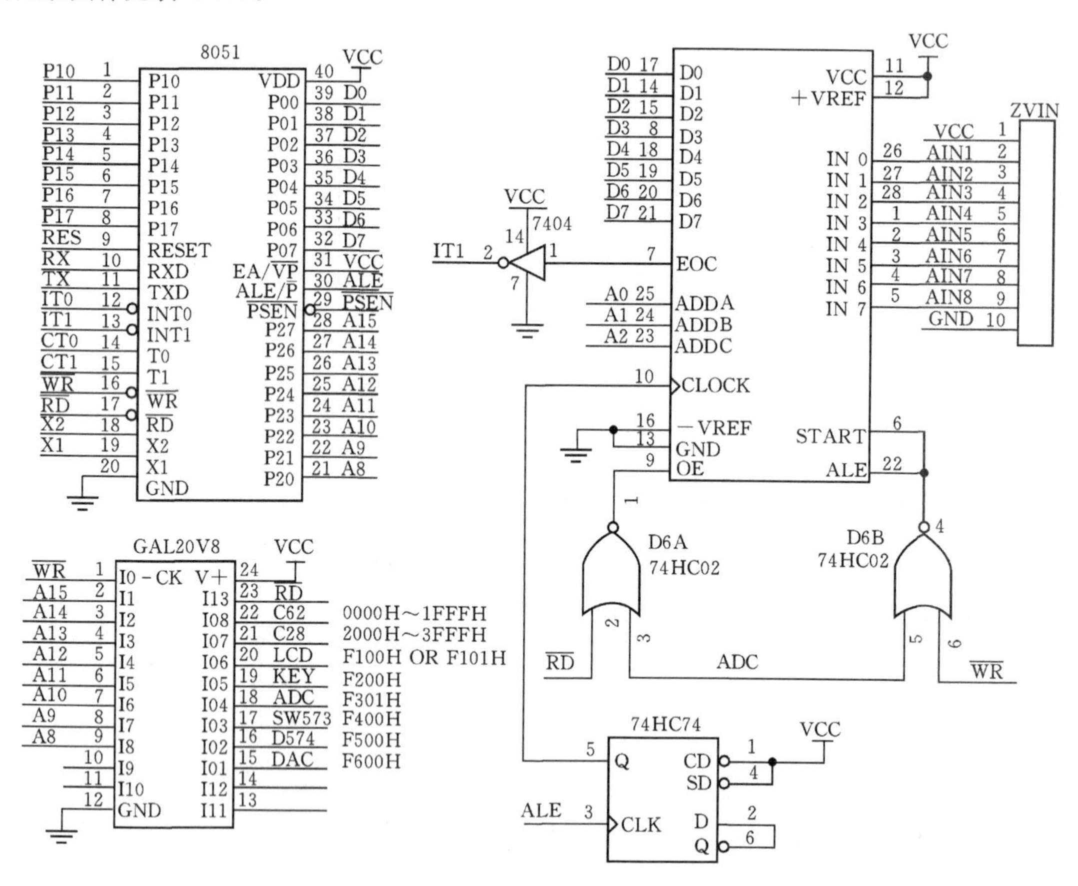

图 4.7.22　ADC0809 与 51 单片机的电路连接图

由图 4.7.22 可见，START 和 ALE 互连可使 ADC0809 在接收模拟量信号路数地址时启动工作。START 信号由 8051 的$\overline{WR}$和 GAL20V8 的输出端 ADC 经或非门 74HC02 产生。平时 START 因 GAL20V8 输出端 ADC 上为高电平而封锁。当 8051 选通 ADC 的地址 F30xH 时，ADC 输出为低电平，与$\overline{WR}$的有效信号低电平共同作用于或非门 74HC02，使其输出 1 个高电平脉冲，加在 ADC0809 的 START 上，该正脉冲启动 ADC0809 工作，ALE 上的正脉冲使得 ADDA,ADDB,ADDC 上的地址得到锁存。

表 4.7.7　ADC0809 各信号通道地址

A2	A1	A0	AD 通道	地址
0	0	0	IN0	F300
0	0	1	IN1	F301
0	1	0	IN2	F302
0	1	1	IN3	F303
1	0	0	IN4	F304
1	0	1	IN5	F305
1	1	0	IN6	F306
1	1	1	IN7	F307

EOC 线经过反相器和 8051 的 INT1 相连,这说明 8051 可以采用中断方式来读取 ADC0809 的转换结果。也可以用查询方式读取转换结果。在采用中断方式时,要让 INT1 中断处于开放状态,在查询方式时,要让 INT1 中断处于禁止状态。为了给 OE 线分配一个地址,将 8051 的 RD 信号和 GAL20V8 的输出端 ADC 经或非门 74HC02 与 OE 相连。

在 8051 响应中断后,就可以读取数据,对规定的地址进行读取,实际上就是使 GAL20V8 的输出端 ADC 有效,则 OE 变为高电平,从而打开三态输出锁存器,让 8051 读取 A/D 转换后的数字量。

4.7.7　使用处理器内带的 ADC

笔者在实践中常常使用单片机内带的 ADC,现在市场上出售的单片机绝大多数内置了 AD 转换器,大多数是逐位逼近式 10 位多通道转换器,有些是 12 位多通道转换器,转换速度比较快,可以满足一般工业应用需求。例如 STM32 系列、STM8 系列、AVR 系列、PIC 系列、STC 系列单片机,都带有逐位逼近式多路输入的 ADC。

在选择单片机时,根据系统 A/D 转换对位数和转换速度的要求,选用合适的单片机就可以了。我们曾经采用 Silicon 公司的 C8051F206 单片机作为 12 位 ADC 使用,比采用单一的 AD 转换器性能好,价格低。还有除了 C8051F230/1/6 外,其他 C8051Fxx 单片机内部都有一个 ADC 子系统,由逐位逼近型 12 位 ADC、多通道模拟输入选择器和可编程增益放大器组成。

C8051F 系列内含的 ADC 工作在最大采样速率 100 ksps 时,可提供真正的 8 位、10 位或 12 位精度。ADC 完全由 CIP-51 通过特殊功能寄存器控制,在不进行 AD 转换时,系统控制器可以关断 ADC 以节省功耗。

C8051F00x/01x/02x 还有一个 15×10^{-6}的电压基准和内部温度传感器,并且 8 个外部输入通道的每一对都可被配置为 2 个单端输入或一个差分输入。

可编程增益放大器接在模拟多路选择器之后,增益可以用软件设置,从 0.5 到 16 以 2 的整数次幂递增。当不同 ADC 输入通道之间,输入的电压信号范围差距较大,或需要放大一个具有较大直流偏移的信号时(在差分方式,DAC 可用于提供直流偏移),这个放大环节是非常有用的。

C8051F 的 A/D 转换可以有 4 种启动方式：软件命令、定时器 2 溢出、定时器 3 溢出或外部信号输入。这种灵活性允许用软件事件、硬件信号触发转换或进行连续转换。一次转换完成后可以产生一个中断，或者用软件查询一个状态位来判断转换结束。在转换完成后，转换结果数据字被锁存到特殊功能寄存器中。对于 10 位或 12 位 ADC，可以用软件控制结果数据字为左对齐或右对齐格式。

ADC 数据比较寄存器可被配置为当 ADC 数据位于一个规定的窗口之内时向控制器申请中断。ADC 可以用后台方式监视一个关键电压，当转换数据位于规定的窗口之内时才向控制器申请中断。

除了 12 位的 ADC 子系统 ADC0 之外，C8051F02x 还有一个 8 位 ADC 子系统，即 ADCl，它有一个 8 通道输入多路选择器和可编程增益放大器。该 ADC 工作在最大采样速率 500ksps 时，可提供真正的 8 位精度。ADCl 的电压基准可以在模拟电源电压（AV＋）和外部 VREF 引脚之间选择。用户软件可以将 ADCl 置于关断状态以节省功耗。ADCl 的可编程增益放大器的增益可以被编程为 0.5，1，2 或 4。ADCl 也有灵活的转换控制机制，允许用软件命令、定时器溢出或外部信号输入启动 ADCl 转换；用软件命令可以使 ADCl 与 ADC0 同步转换。

C8051F 系列处理器的最大优势是：它们是工业级产品，可以工作在－40～＋85℃的工业环境中，具有良好的温度稳定性和良好的抗干扰能力，而且其价格仅为其他工业级转换器的五分之一，一片带有 12 位 ADC 的单片机 C8051F206，2016 年 10 月在西安的售价仅为 10 元人民币。而同期其他公司的工业级 12 位 ADC 售价在 30～100 元不等。

思考题与习题

4－1　运算放大器通常有几种用法？在信号处理中使用运放主要是做什么用？

4－2　有一台仪器的信号传感器的输出电压为 0～10mV，仪器中的 ADC 的输入电压值为 0～10V，画出能实现这个信号放大倍数的用 LM324 作为运算放大器的多级放大电路图。

4－3　仪表放大器有什么特点？说明其工作原理。

4－4　说明采样保持器 LF398 的工作原理。

4－5　有一信号的频率在 500～2000Hz，要对其全频段进行采样，采样器的采样频率最少是多少？为什么？对这一频率范围采样，采样器的采样频率为多少比较合适？

4－6　用运算放大器设计一低通滤波器，其截至频率 f_0＝20kHz。

4－7　画出 16 路共地信号的隔离与选通电路。

4－8　为什么阶梯电压不能用模拟开关隔离与选通？应选用什么器件为好？

4－9　数字滤波的基本思想是什么？在实用中如何处理信号上的异常点？

4－10　说明工频周期滤波的意义和原理。工频周期滤波的起始点是否必须在交流电的过零时刻，为什么？

4－11　信号馈送过程中，以电流传输信号和以电压传输信号各有什么优缺点？

4－12　说明 R-2R 电阻网络型 DAC 转换器的工作原理。

4－13　说明权电阻型（电流输出型）DAC 转换器的工作原理。

4-14　电阻网络型和权电阻型两种转换器相比，各有什么优缺点？

4-15　说明 DAC0832 的特点。DAC0832 输出的信号是电流信号还是电压信号？其输出的信号还需要怎么处理？画出其处理的电路图。

4-16　说明串行输入 D/A 转换器 PCM56 的特性和工作原理。

4-17　说明逐位逼近型 ADC 的工作原理。

4-18　说明双积分型 ADC 的工作原理。

4-19　说明Σ-Δ 型 ADC 的工作原理。

4-20　逐位逼近型 ADC 与双积分型 ADC 相比，各有什么优缺点？

4-21　AD574/1674 模拟信号输入有几种接法？各是怎么连接的？数据输出有什么特点？数据输出口与具有 12 位以上数据总线怎么连接？与 8 位数据总线的单片机怎么连接？

第 5 章　仪器的人机交互部件

仪器的人机交互部件主要是键盘和显示器，微机所用的键盘和显示器此处不作介绍，这里主要介绍中小型仪器常用的键盘和显示器，人机交互除了键盘和显示器之外，还有声音。

5.1　仪器的键盘

仪器键盘形式多样，从结构上分，有如图 5.1.1 所示几种结构。其中按钮按键寿命长，导通电阻小，不易损坏。其原因是按钮键的接触部分是电镀的金属片，强度好，接触性好。薄膜按键由于制造工艺方面的原因，其可靠性目前还是比较差。其优点是键盘结构简单，外观比较平整。

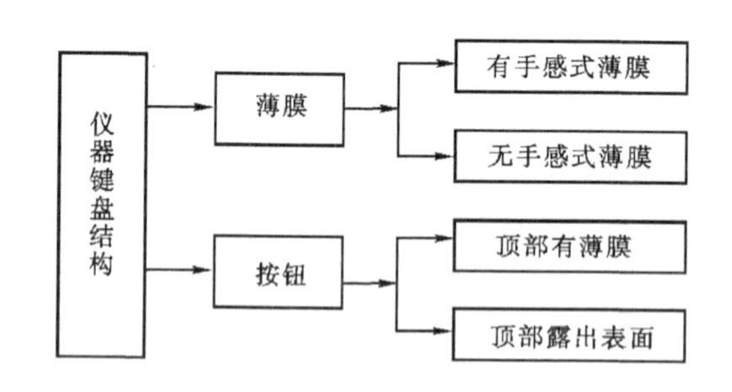

图 5.1.1　仪器键盘结构

从电路上来说，无论是薄膜按键，还是按钮按键，其电路结构都是一样的。

键盘的电路结构分为两大类，一类是单触点接地式，另一类是行列分布式，前者适用于键数较少的键盘，后者适用于键数较多的键盘。

从键的触发方式来说，有中断方式电路结构，有查询方式电路结构。中断方式电路结构，在程序设计时可以根据需要设计为中断方式，也可以由程序屏蔽键盘中断，而以查询方式读键。硬件设计为查询方式电路结构时，就只能以查询方式读键。

5.1.1　单触点接地式键盘电路

单触点接地式键盘广泛使用于各类功能比较单一的仪器中，其结构简单，分为中断方式电路和无中断方式电路。

1. 中断方式键盘电路

单触点接地式键盘中断方式电路的特点是有键按下时，会产生中断请求，CPU 响应中断后，执行键盘中断服务程序，读取键值。典型的中断键盘电路如图 5.1.2 所示。

由图可见，由于上拉电阻的作用，平时每条线都被拉到＋5V（高电平），也就是 8051 单片机的工作电压，因此 8051 的中断口 INT0 也是高电平，不产生键盘中断。

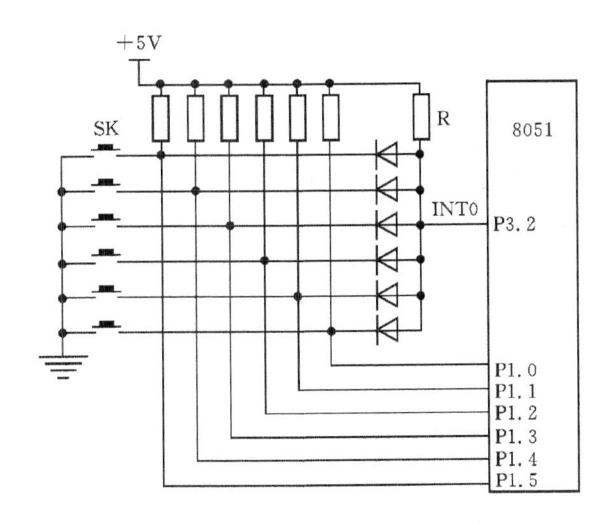

图 5.1.2 典型中断方式键盘电路

如果有键按下,则按下键的这条线被接通到地,为低电平。经过二极管的嵌位作用,将INT0线拉到低电平,从而触发键盘中断。其他没有按下的键对应的线还是被上拉电阻拉到高电平,由于二极管的反向隔离作用,使P1口线的电压只取决于键是否按下,按下键的线为低电平,其他都是高电平。键盘中断后,CPU执行键盘中断服务程序,通过P1口读取键值。

通常,由于键刚按下的瞬间,还没有完全接触好的时刻,存在着似接触非接触的状态,即所谓键抖动时刻,此时刻信号是不稳定的,要延时一段时间,等待键完全接触好以后再读键值。因此在进入键盘中断服务程序后,要有一段延时,通常延时10~20ms。此时再读键值,就比较准确。

这种电路在有特殊情况,必须屏蔽键盘中断的情况下,也可以采用查询方式读取键值。也就是定时读取P1口的数值即可。

中断式键盘的主要优点是无键按下时,程序可以专一运行其他程序,只有在有键按下时才读取键值。程序的执行效率较高。

2. 无中断键盘电路

无中断键盘电路如图5.1.3所示。这种键盘电路简单,键线直接与P1口相连,由CPU定时读取P1口的数值,通过读取的数据,判断是否有键按下。在P1.0~P1.5不全为1时,就可能有键按下,延时10ms再读一次,看是否确实有键按下,再判断两次读取的键值是否相同。若相同,说明确实就是该数值对应的键被按下了。如果两次数值不一样,则有两种情况:一是键刚按下,第一次读取的是键抖动过程中的不定值,可能是个错误的键值。二是键快弹起时读的键值,可能第一次读的是正确的,而第二次读的时候键正在弹起过程,是一个不确定的状态,故读取的数值有错。因此在两次读取的键值不同时,还须再读一次键值。如果是前一种情况,这次所得到的键值应该和第二次读到的键值相同,那么可以肯定是该数值对应的键被按下了。如果是后一种情况,则只能等下次再按键了。无中断键盘主要的缺点是,不管是否有键按下,都得不断地去读键值,会影响其他程序的执行效率。

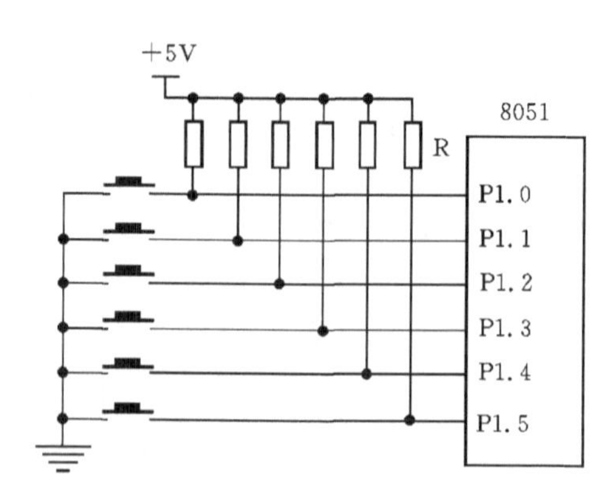

图 5.1.3　无中断键盘电路

3. 节省 CPU 端口的键盘电路

单片机的 I/O 端口是珍贵的资源，前边两种键盘电路，虽然电路简单，但都占用了较多的 I/O 端口，可能会使端口资源紧缺。如果单片机外部设备较多，对端口需求较多，键盘电路的设计就要考虑节省 CPU 端口。通常将键盘线连接到锁存器的输入端，将锁存器的输出端连接到系统的数据总线上，通过读锁存器获取键值。这就要求该锁存器的输出端必须是三态的，在被选通时，其输出等于输入，将数据送上数据总线，供 CPU 读取。其他时间，其输出为高阻态。74HC573，74HC373，74LS373 等芯片正是具有这样功能的锁存器。这种键盘的电路如图 5.1.4 所示。

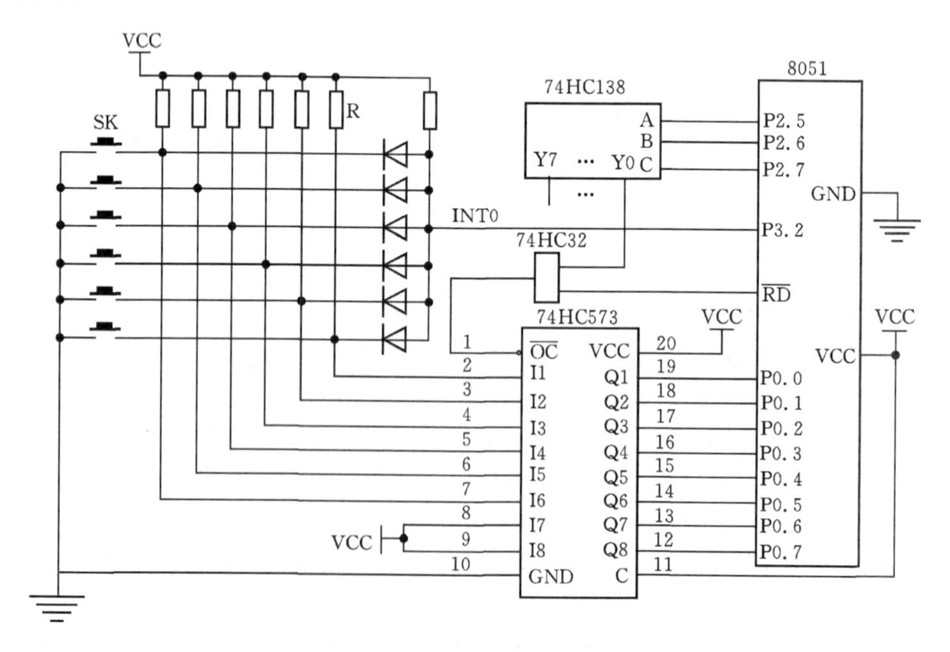

图 5.1.4　节省 I/O 端口的键盘电路

由图可见，这种电路要复杂一些，但是只占用很少的通用 I/O 口。键盘地址由 3－8 译码器确定。平时锁存器 74HC573 的输出端为高阻态，不影响地址数据复用总线，在有键盘中断发生时，再执行对键盘地址读数的操作。当送出的键盘地址有效时，译码器 74HC138 的输出 Y0 为低电平。在读信号低电平到来时，或门 74HC32 的输出为低电平，从而使 74HC573 的输出被允许，将数据送上数据总线，由 CPU 读取。

5.1.2　扫描式键盘电路

扫描方式键盘电路用于键数多的仪器，其电路结构如图 5.1.5 所示。74HC138 译码器决定了键盘的地址 KEY，向该地址写入扫描数值，是在写信号$\overline{WR}$与地址 KEY 共同作用下使 74HC574 导通，将扫描码输出并锁存到行线 BN0～BN3。该扫描码从 BN0～BN3 逐位为 0，每输出一次扫描码，读取一次键值。如果没有键按下，则由于上拉电阻 R 的上拉作用，BN4～BN7 位全是“1”。如果有键按下，则为“0”的那一行线经过按下的键与列线接通，使该列线变为“0”，然后 CPU 从 74HC573 读取的键值列线 BN4～BN7 中就有一位为低电平，BN0～BN3 中的“0”电平位，就是扫描输出时给“0”的行线，BN4～BN7 中的“0”就是键按下的那一列线。结合行线和列线中的“0”的位置，就可以知道是哪个键被按下了。

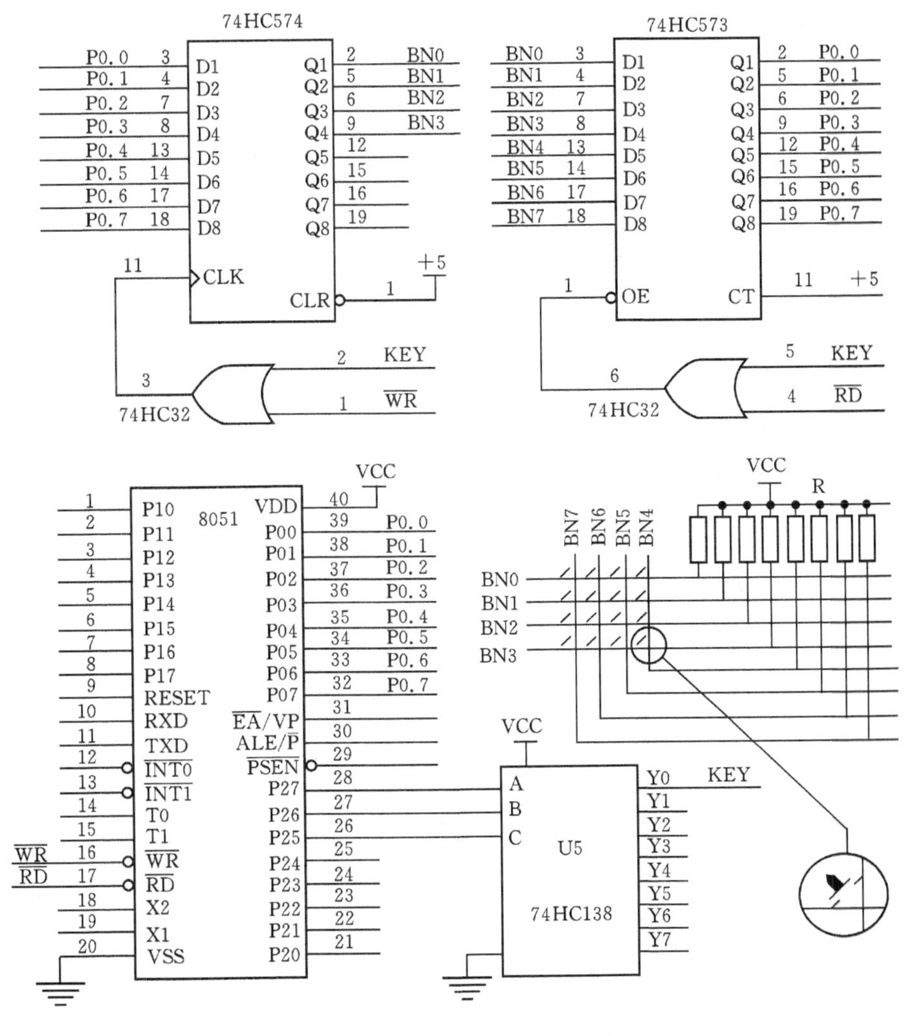

图 5.1.5　扫描方式键盘电路

扫描式键盘电路,也有多种连接方式,有些行线与列线数目相同,有些数目不同,键数也可多可少,非常灵活。其优点是,由于键数较多,可以直接将 0～9 数字做在键盘上,数字输入方便,总体程序好设计。像电子词典键就更多,有 26 个英文字母,0～9 共 10 个数字键,还有其他功能键。其缺点是电路元件多,读键程序大,运行读键程序耗时多。

这种矩阵键盘电路也可以做成中断方式,但其按钮底下的电线布局比较复杂。任一个键按下时,都要和地线接通,导致该键处的行线和列线接地,其电平变为 0。另外,还需要给所有行线加一个多线输入与门,与门的输出直接送给计算机的中断端口。无键按下时,与门的输入全为 1,其输出为 1,不会有键盘中断。当有键按下时,该与门的输入中有一位为 0,因而与门的输出为 0,而导致中断,在中断程序中经延时后读取键值即可。键盘做成这种电路时,也就不再需要扫描电路,因此图 5.1.5 中的 74HC574 也就不要了,读键程序也就简化了很多。

5.2　数码管 LED 常用接口电路

在一些只需要简单显示的仪器中,常用数码管显示信息。这些数码管有些是发光二极管显示器(Light Emitting Diode, LED);有些是液晶显示器(Liquid Crystal Display, LCD);有些是荧光管显示器。前两种显示器都有两种显示结构:段显示(8 段,“米”字型等)和点阵显示(5×7,5×8,8×8 点阵等)。而发光二极管显示又分为固定段显示和可以拼装的大型字段显示,此外还有共阳极和共阴极之分等。

三种显示器中,以荧光管显示器亮度最高,发光二极管次之,而液晶显示器最弱。液晶显示器有带背光和不带背光之分。带背光的液晶显示器既可以在有外部光源处使用,也可以在黑暗中使用;不带背光的液晶显示器只能靠外部光源才能看清。

5.2.1　LED 显示器结构与原理

1. LED 显示器结构与性能

LED 显示器是由发光二极管显示字段组成的显示器,有 8 段和“米”字段之分。这种显示器有共阳极和共阴极两种,如图 5.2.1(b)(c)所示。共阳极 LED 显示器的发光二极管的阳极

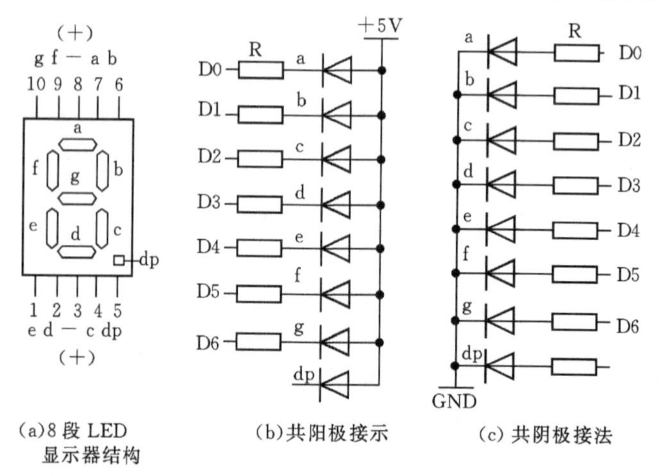

(a)8 段 LED 显示器结构　(b)共阳极接示　(c) 共阴极接法

图 5.2.1　8 段 LED 显示器结构与接法

连接在一起，通常此公共阳极接高电平，而阴极通过限流电阻接到驱动芯片的输出口线上，当某个驱动口线为低电平时，该发光二极管有电流通过而发光，相应的段被显示。共阴极 LED 显示器的发光二极管的阴极连接在一起，通常此公共阴极接地，而阳极通过限流电阻接到驱动芯片的输出口线上，当某个驱动口线为高电平时，该发光二极管有电流通过而发光，相应的段被显示。

8 段 LED 显示器都有 dp 显示段，用于显示小数点。驱动器数据线的接法不同，字形码就不同，按照图 5.2.1 的接法，8 段 LED 的字型码如表 5.2.1 所示。一般地，发红光的 LED 每段流过 5mA 的平均电流，亮度就可以了，7mA 电流会更亮些，10mA 以上也不会再亮多少，但长期运行于 10mA 以上会缩短其寿命。最大电流平均值不得超过 30mA。在应用中，通常设置为 5～10mA。在动态扫描显示情况下，瞬时电流较大，但平均电流不要超过 10mA 为好。LED 显示器允许的反向电压最大值为 5V，此时的反向电流一般小于 10μA。小尺寸的 LED 显示器每段只有一个发光二极管，其正向压降约为 1.5V，一般最大不大于 2V。大尺寸的 LED 显示器每段可能由数个发光二极管串联，每段压降也相应地要增大。有几种高亮度 LED 数码管，其电流较小，亮度比较满意的电流值见表 5.2.2。

表 5.2.1　按图 5.2.1 接法的 8 段 LED 的字型码

显示字符	共阴极	共阳极	显示字符	共阴极	共阳极
0	3FH	C0H	C	39H	C6H
1	06H	F9H	d	5EH	A1H
2	5BH	A4H	E	79H	86H
3	4FH	B0H	F	71H	8EH
4	66H	99H	P	73H	8CH
5	6DH	92H	U	3EH	C1H
6	7DH	82H	r	31H	CEH
7	07H	F8H	y	6EH	91H
8	7FH	80H	H	76H	89H
9	6FH	90H	L	38H	C7H
A	77H	88H	无显示	00H	FFH
b	7CH	83H			

表 5.2.2　达到满意亮度条件下不同 LED 数码管的电流与性能

型号	LC5011-11	PLT5-5010AE	6550501H	LQ5010AE
电流/mA	1	1.5	5	0.6
性能	超亮	高亮	低亮	最亮

以上所述为字高 12.5mm、字宽 7mm 的 LED 数码管。还有字高为 7.6mm，10.8mm，

15.4mm,20.3mm,25.4mm,45.7mm 等可供选用。

图 5.2.1(a)是 LED 数码显示器的外形、引脚图。这种 LED 显示器有共阴极 302 型和共阳型 312 型两类,它们的脚 3 和 8 相连为公共引脚,对共阳型它是阳极(正极),对于共阴型它是阴极(负极)。RSR302 和 RSR312 发红光,BSG302 和 BSG312 发绿光。

图 5.2.2 是“米”字型 LED 显示器的字段结构和引脚图。这种显示器也有共阴和共阳极两种,“COM”是公共端。对于共阴极型它是负极,对于共阳极型它是正极。

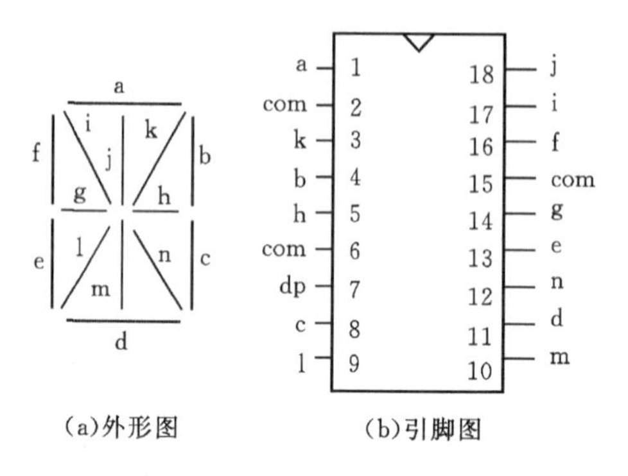

图 5.2.2　“米”字形数码管结构与引脚

图 5.2.2 中的“米”字型 LED 显示器的字型码如表 5.2.3 所示。由于“米”字型 LED 显示器由 15 个 LED 字段组成,所以其字型码为两个字节。字型码与连接方式有关,只有确定了数码管的电路连接图,才能根据电路连接关系确定 CPU 输出的字形码。

表 5.2.3　按图 5.2.2 接法的“米”字形数码管字形码

字符	共阴极	共阳极	字符	共阴极	共阳极	字符	共阴极	共阳极
0	003FH	FFC0H	B	128FH	ED70H	P	00F3H	FF0CH
1	0006H	FFEDH	C	0039H	FFC6H	Q	203FH	DFC0H
2	00DBH	FFF9H	D	120FH	EDF0H	R	20F3H	DF0CH
3	00CFH	FF24H	E	0079H	FF86H	S	2109H	DEF6H
4	00E6H	FF19H	F	0071H	FF8EH	T	1201H	EDFEH
5	00EDH	FF12H	G	00BDH	FF42H	U	003EH	FFC1H
6	00FDH	FF01H	H	00F6H	FF09H	V	0C30H	F2CFH
7	0007H	FFF8H	I	1209H	FDF6H	W	2836H	D7C9H
8	00FFH	FF00H	J	0C01H	F3FEH	X	2D00H	D2FFH
9	00EFH	FF10H	K	3600H	C9FFH	Y	1500H	EAFFH

2. 静态显示与动态显示

显示器有静态显示和动态显示两种方式。所谓静态显示,就是需要显示的字符的各字段一直通电,因而所显示的字段一直发光。这种显示方式字符稳定,占用 CPU 时间很少,只在向 LED 送显示字符码的时候操作一下，该显示码被锁存器锁存，LED 就稳定显示该数码，CPU 就不再管显示的事情。只有要改变显示内容时 CPU 才再送一下新的显示码。其典型电路如图 5.2.3 所示。该图中的 LED0～LED3 为 3 个共阴极 8 段 LED 显示器，每个显示器由一个 7 段译码驱动器 4511 驱动。4511 输出口线与 LED 输入口线之间接有限流电阻。4511 的输入端接 8051 的数据总线。8051 一次送出两个字符的编码，一个在 P0.0～P0.3，另一个在 P0.4～P0.7，直接以存储器写的方式写入到 4511 中。4511 的选通与数据输入锁存电路由 S1，S2 两个信号决定。两个显示器只需要两次写操作就可以完成数据传送、锁存与显示。这种显示方式 CPU 工作效率高，程序编写简单明了，编程效率高，因此在数码管显示的仪器电路中被广泛使用。

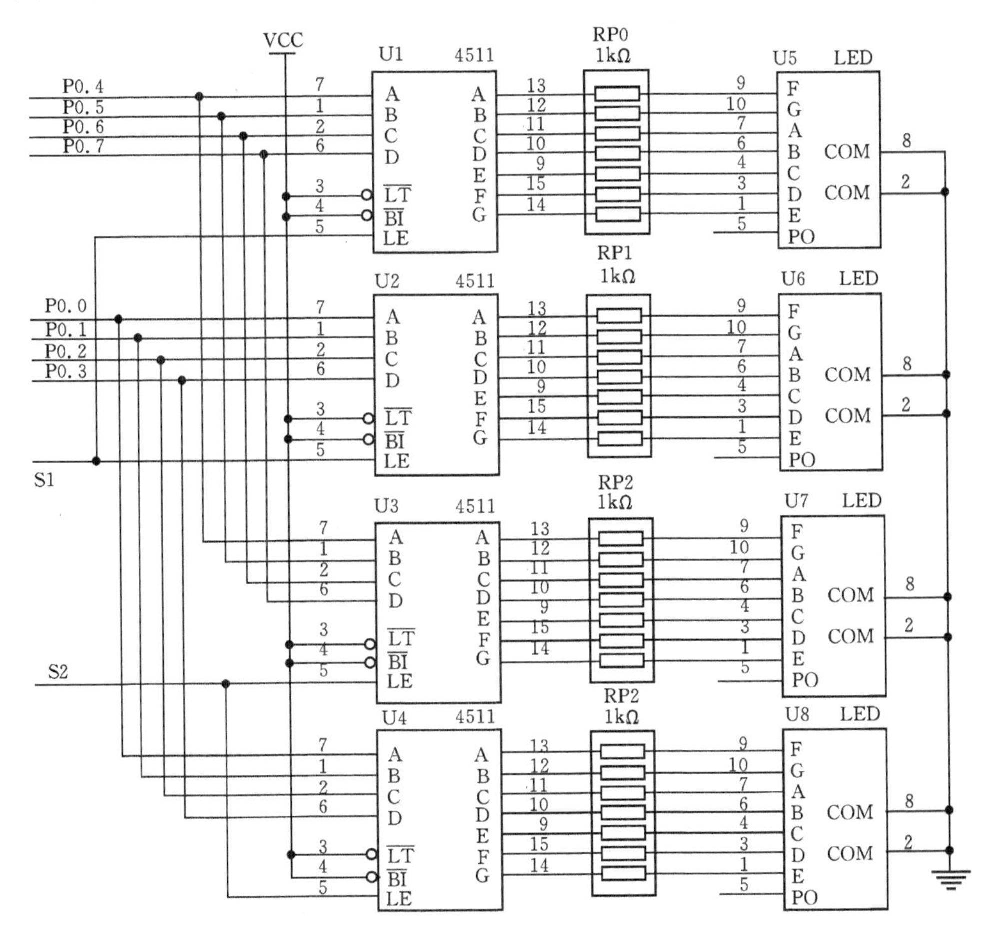

图 5.2.3 LED 数码管静态显示电路

动态显示就是所需显示字段断续通以电流，因而其发光也是不连续的。例如，在需要多个字符同时显示时，可以轮流给每一个字符通以电流，逐次把所需显示的字符显示出来。在每点亮一个显示器之后，必须持续通电一段时间，使之发光稳定，然后再点亮另一个显示器，如此巡回扫描所有的显示器。由于巡回显示速度较快，每秒可重复多次（为了不产生闪烁，可每秒扫描 50 次左右）。虽然在同一时刻只有一个显示器通电，但由于人眼的视觉暂留作用和发光二极管的余辉效应，看起来每个显示器都在稳定地显示。这种巡回扫描显示器的操作要靠程序控制，CPU 始终要介入显示扫描。动态显示的亮度随电流平均值的增大而增强，其亮度大体上等同于通过同样大的稳定电流的静态显示器的亮度。动态显示的典型电路如图 5.2.4 所示。

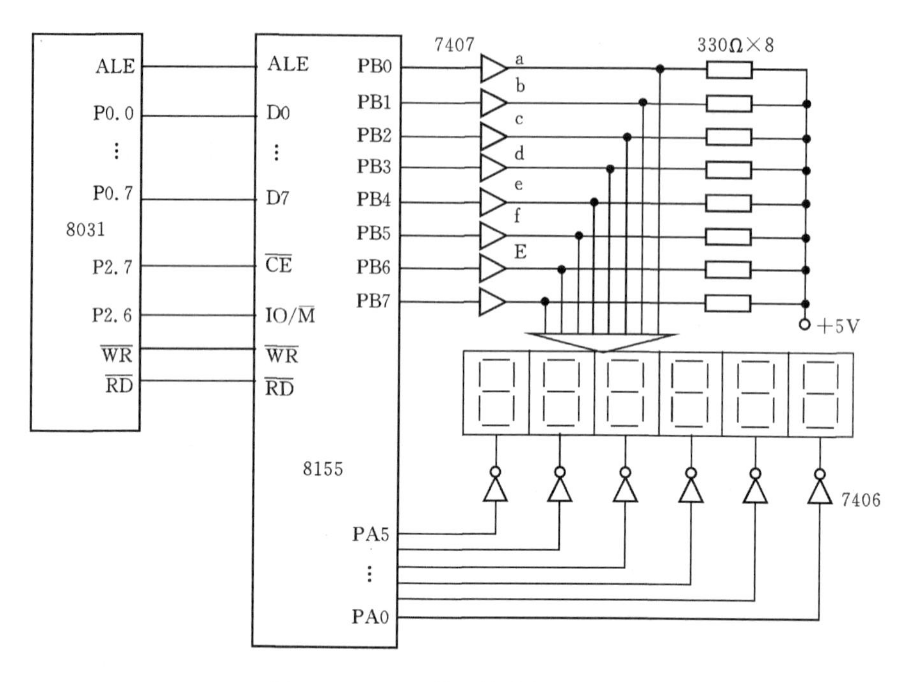

图 5.2.4 LED 数码管动态显示电路

图 5.2.4 中由并行口扩展接口芯片 8155 负责接收 8051 的命令和数据，再从其 PB 口分时送出数码给显示器，由 PA 口分别选通数码管，送出哪个数码管的数据时，就选通那个数码管。不断地扫描显示，CPU 就得不断地送显示数据与选通数据。如果 CPU 停止对显示器送数，显示器的显示也就消失了。

可见，这种方式虽然使用器件较少，但是 CPU 效率低，编程麻烦，软件调试工作量大，使总体工作效率下降。因此，这种动态显示方式只在 CPU 工作任务简单的情况下被使用。

5.2.2 键盘/显示器专用接口芯片 8279

在仪器电路设计中，往往将键盘和数码管显示电路综合考虑进行设计，图 5.2.5 就是这种设计的例子。图中采用了键盘与显示专用芯片 8279，该芯片是 Intel 公司设计制造的，专用于键盘输入和段式数码管显示控制，其引脚图如图 5.2.6 所示。图 5.2.5 中 8279 的数据总线与 8051 的 P0 口相连，由地址锁存器 74HC373 将低位地址线 A0 锁存后输出给 8279 的 A0。8279 的读($\overline{RD}$)、写($\overline{WR}$)线分别与 8051 的读($\overline{RD}$)、写($\overline{WR}$)线相接。8279 的时钟 CLK 信号由 8051 的 ALE 提供，在主频为 12MHz 的情况下，ALE 的频率为 2MHz(在访问外部数据存储器时，ALE 会少发一个脉冲)。8051 的 P2.5 用作 8279 的片选信号，与其$\overline{CS}$端相连。8279 的中断请求线经过一个反相器接到 8051 的$\overline{INT0}$(P3.2)。8279 的扫描输出线按编码方式使用，其 SL0～SL2 经过 74HC138 译码，其输出的 8 根选通线的 Y0～Y5 作为键盘矩阵的列扫描线，而 8279 的 8 根返回线 RL0～RL7 用作键盘的 8 根检测线。这样可以实现 6×8 ＝ 48

键的键盘输入功能。在这种接口逻辑下，8279 的命令/状态口的地址为 DFFFH，其数据寄存器口地址为 DFFEH。

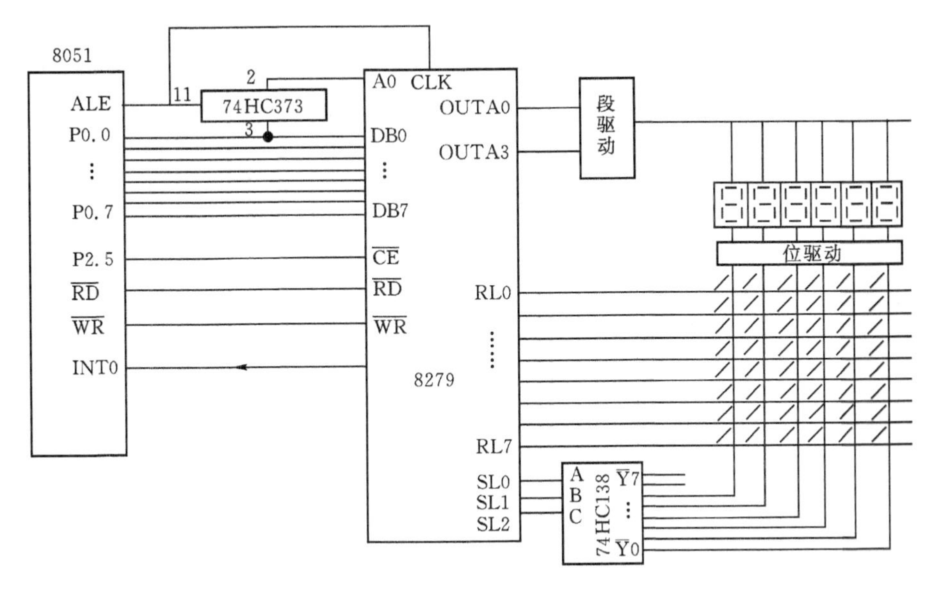

图 5.2.5　专用键盘输入和段式数码管显示控制器 8279 接线图

信号	引脚	引脚	信号
RL2	1	40	VCC
RL3	2	39	RL1
CLK	3	38	RL0
IRQ	4	37	CNTL/STB
RL4	5	36	SHIFT
RL5	6	35	SL3
RL6	7	34	SL2
RL7	8	33	SL1
RESET	9	32	SL0
$\overline{RD}$	10	31	OUTB0
$\overline{WR}$	11	30	OUTB1
DB0	12	29	OUTB2
DB1	13	28	OUTB3
DB2	14	27	OUTA0
DB3	15	26	OUTA1
DB4	16	25	OUTA2
DB5	17	24	OUTA3
DB6	18	23	$\overline{BD}$
DB7	19	22	$\overline{CS}$
VSS	20	21	A0

图 5.2.6　8279 引脚图

这里仅对 8279 有关键盘与显示的工作方式及其控制字格式，作一简要的说明。

1. 工作方式设置命令控制字

格式：000 $D_1D_0K_2K_1K_0$

其中，000 为该命令控制字的标志符；D_1D_0为显示方式控制位；$K_2K_1K_0$为键盘方式控制位。各位功能见表 5.2.4。

表 5.2.4　8279 控制字各位功能

控制位	值	功能
D_1D_0	0　0	8 个 8 位字符显示，左端输入
	0　1	16 个 8 位字符显示，左端输入
	1　0	8 个 8 位字符显示，右端输入
	1　1	16 个 8 位字符显示，右端输入
K_0	0	SL3～SL0 为编码扫描方式
	1	SL3～SL0 为译码扫描方式
K_2K_1	0　0	双键封锁方式
	0　1	N 键巡回方式
	1　0	传感器阵列方式
	1　1	选通输入方式

2. 内部时钟设置命令控制字

格式：001　$P_4P_3P_2P_1P_0$

其中，001 为该命令控制字的标志符；$P_4P_3P_2P_1P_0$为 CLK 引脚输入脉冲的分频数，取值 2～31。对于不同的 CLK 输入脉冲频率，适当选择设置$P_4P_3P_2P_1P_0$的值，以便得到扫描和去抖动所需的 100kHz 的定时信号。对于上述硬件逻辑，CLK 为 2MHz，可设置 $P_4P_3P_2P_1P_0=10100B=20D$，使 8279 得到内部定时信号的频率为 100kHz。

3. 读取键值命令控制字

格式：010 AI× A2A1A0

其中，010 为该命令控制字的标志符；AI 为自动增 1 控制，用于传感器方式；A2A1A0 为传感器缓冲器行地址。

在键盘扫描方式下，设置本命令控制字之后，对 8279 数据口的读操作，可以得到当前的键值。

8279 芯片内部具有对键盘扫描的去抖动功能和识别功能。使用 100kHz 的内部定时频率时，其去抖动时间为 10.3ms，在相距 10.3ms 的两次扫描中均检测到的按键，被确认为有效按下的键。对有效按下的键的识别算法是：只有一个有效按下的键，则将其相应的键值送入 FIFO 键值缓冲存储器，供 CPU 读取。如果有两个或两个以上的有效按下的键，则按两种不同的策略来识别：①两键封锁策略，只识别最先按下、最后被释放的一个键，或者同时按下、最后释放的一个键，将其键值送入 FIFO 键值缓冲器；②N 键巡回策略，将 N 个有效按下的键的键值，按发现的顺序依次送入 FIFO 键值缓冲器。

8279 与 8051 间的联络是通过中断方式实现的。当 8 字节的 FIFO 键值缓冲器中被送入有效按键键值时，其中断请求线 IRQ 变为有效高电平，8051 读数后变为无效低电平。但是，如果 FIFO 中还有有效按下的键值，则再次变为有效高电平，直至 FIFO 中的全部有效键值被读出为止。

使用 8279 专用键盘/显示芯片，8051 的键盘输入程序可以简化许多。对应于图 5.2.5 的程序清单如下。

8279 初始化程序：

```
    MOV     DPTR,#0DFFFH      ;指向命令/状态口
    MOV     A,#00H            ;
    MOVX    @DPTR,A           ;置为双键封锁编码方式
    MOV     A,#14H            ;置内分频数为 20(14H)
    MOVX    @DPTR,A           ;
    SETB    EX0               ;允许外部中断 0 请求中断
    SETB    EA                ;开总允许中断
    键盘中断服务程序：        ;
    KBINT：
    MOV     DPTR,#0DFFFH      ;指向命令口
    MOV     A,   #40H         ;读 FIFO 键值缓冲器方式
    MOVX    @DPTR,A           ;
    DEC     DPL               ;指针移向数据口
    MOVX    A,@DPTR           ;读键值到 A
    MOV     R0,SP             ;把 R0 指向栈顶
    MOV     @R0,#hhH          ;键盘处理程序入口地址高字节
    DEC     R0                ;
    MOV     @R0,#llH          ;键盘处理程序入口地址低字节
RETI
```

上述中断子程序，使用 A 寄存器返回所识别读取的键值，并返转到键盘命令处理程序的入口处，及时响应键盘命令。中断子程序中，通过把栈顶存放的中断返回断点地址，修改成键盘命令处理程序入口地址的方法，实现了这一功能。键盘命令处理程序解释键值的定义，转入相应的处理程序段。由寄存器 A 返回的键值的格式如图 5.2.7 所示。

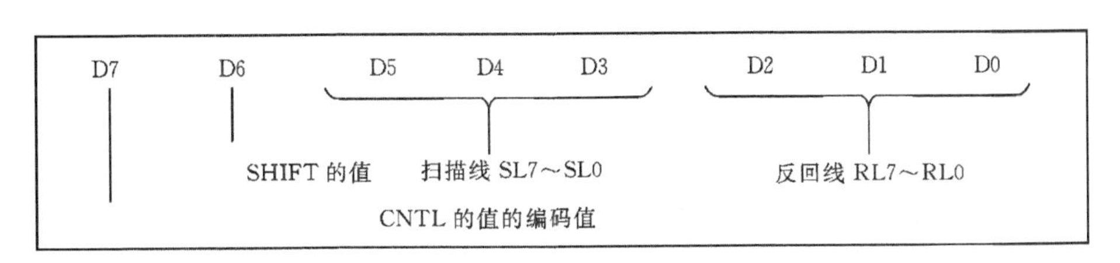

图 5.2.7　寄存器 A 返回的键值格式

根据键值的格式，可以由键值获得所按下之键的键位信息及 SHIFT 和 CNTL 引脚的状态。由此，可以完成对 64 键 256 种组合状态键盘的检测与识别。

当把 8279 的工作方式设置为传感器方式时，它也可以用于开关量输入的目的。这时每个键位处对应一个被检测的开关或开关性逻辑元件。在这种工作方式下，键盘去抖动及双键封锁 N 键巡回逻辑被禁止。返回线上的开关状态直接输入到 FIFO/传感器 RAM 中对应于扫描线编码值相应行的存储单元内。使用这种方式时，写入的方式命令控制字应改为 000XX100，它表示编码扫描传感器矩阵方式，当然需要时也可使用其他方式。读 FIFO/传感器 RAM 命令控制字应为

010AI×A2A1A0

其中的 AI，A2A1A0 字段可根据需要而设定。如果想只读特定行的传感器/开关的状态，则可置 AI＝0，A2A1A0 置为相应行的编码值；如欲连续读取各行的状态，可以设 AI＝1，A2A1A0＝000，使连续 8 次依次读出从 0 行到 7 行的状态，这时每读一次，行计数自动加 1，而无需每次都指定 A2A1A0 的值。

5.3 液晶显示器常用接口电路

液晶显示器(Liquid Crystal Displing，LCD)是仪器最常用的显示器件。液晶显示技术和半导体技术的结合使得液晶显示器具有高可靠性和低功耗的特点。液晶显示器有三大类：

(1)数码液晶显示器，大量用于数字万用表、各类数字电表、VCD 面板等，品种繁多，价格低廉。

(2)字符液晶显示器，能显示大小写英文字符和 0～9 数字，还能显示一些常用符号，大多数还能由人工根据需要编码一些字符。这类显示器品种不太多，市面上供货只有几十种。

(3)图形液晶显示器，这类显示器显示功能强大，可显示各种复杂的图形和字符，可由人工编码任意字符和图形。有彩色的，有单色的。从小到大有多种规格和型号，大的液晶显示器主要用于作为微机的显示器，中小型的主要用于智能仪器。

5.3.1 三位半数码液晶显示器

三位半数码液晶显示器与 CPU 的连接如图 5.3.1 所示。

三位半数码液晶显示器的外观结构见图 5.3.1 中的 U7。这种显示器通常有 40 个引脚，每个段对应连接一个引脚。这种显示器品种比较多，图中 U7 为 DG-35 型显示器。该显示器的 1 脚和 40 脚是电源反转脚，通过 5.1kΩ 电阻接到正电源 VCC。同时，与 8051 的 P1.0 相连，由 P1.0 控制其电源电压的反转。这是因为液晶显示器在显示过程中，其电源电压必须按一定的频率反转变化，才能不断地激活液晶显示特性，维持显示。由 P1.0 交替输出高电平和低电平，以实现电源电压反转。符号位和“1”字位由 8051 的 P1.1，P1.2，P1.3 控制输出数据，后边的三个“8”和小数点分别由三个触发器 74HC273 控制输出数据。三个触发器各有自己的地址，由 CPU 控制输出数据给这三个触发器。

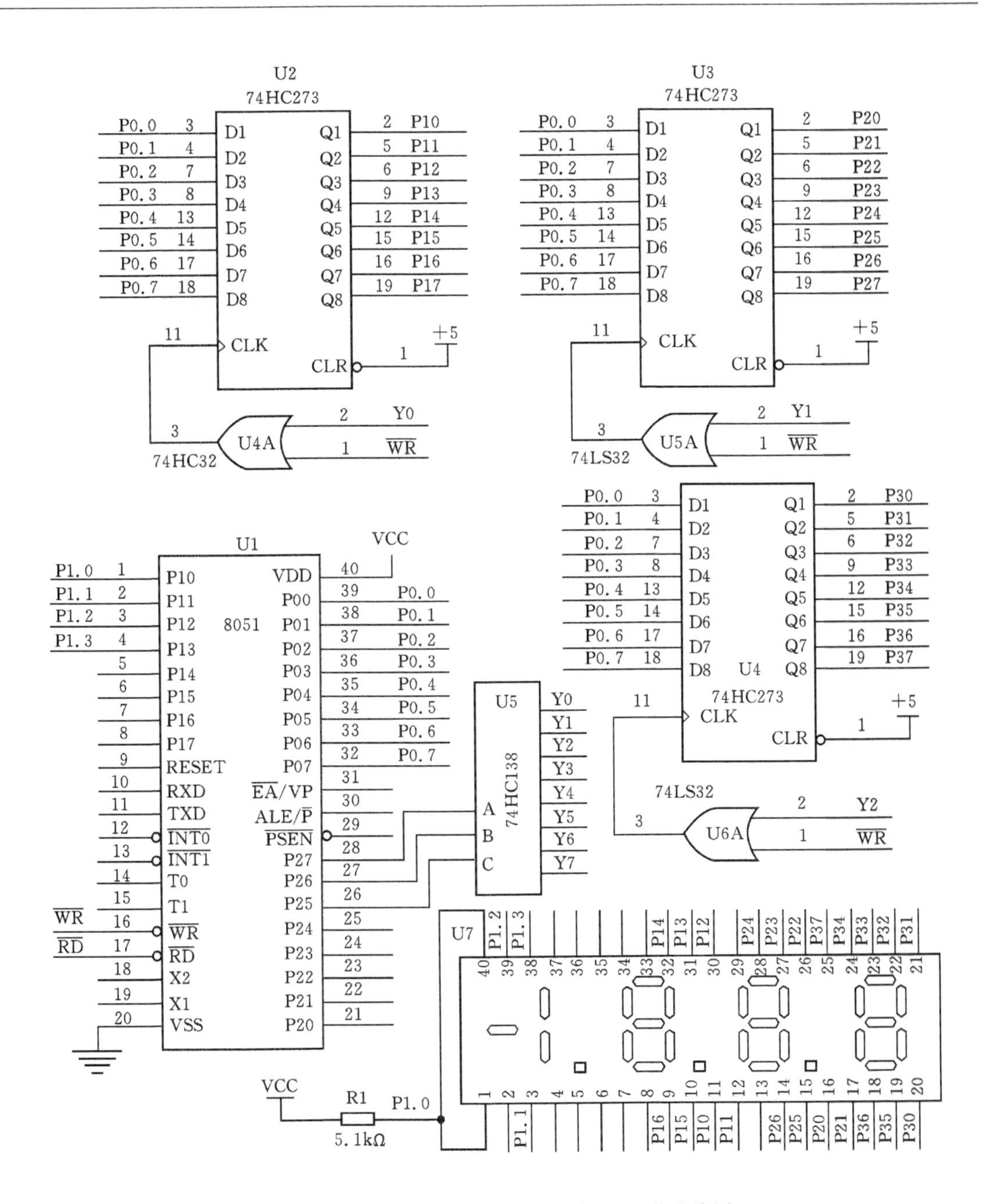

图 5.3.1　三位半数码液晶显示器与 CPU 的连接图

5.3.2　字符液晶显示器

字符液晶显示器，能显示大小写英文字符和 0～9 数字，还能显示一些常用符号。其内部带有显示 96 个 ASCII 字符和 92 个特殊字符的字库，大多数还能由人工根据需要编码一些字符。常用字符液晶显示器有 162，204 等规格。162 指可以显示 2 行，每行 16 个字符。204 指可以显示 4 行，每行 20 个字符。每个字符由 5×7 点阵构成。其与外部的连接引脚一般有 16

个，如图 5.3.2 所示。字符液晶显示器 162，164，204，404 的引脚功能见表 5.3.1。其时序图见图 5.3.3。

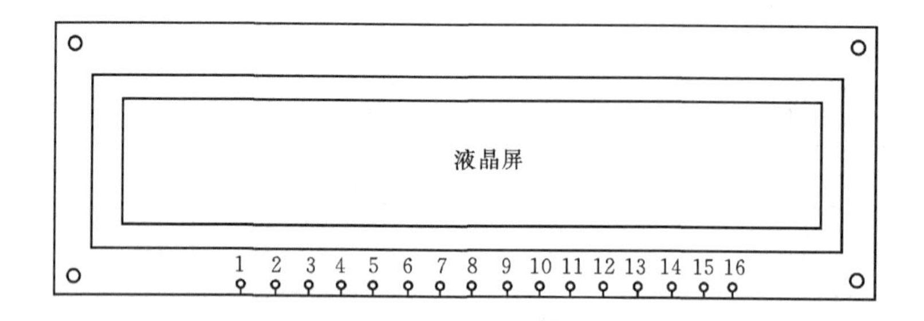

图 5.3.2 字符液晶显示器引脚图

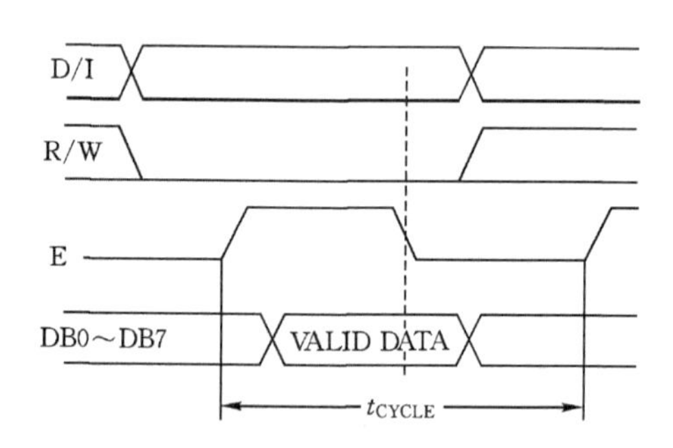

图 5.3.3 字符液晶 MC162，MC204 时序图

表 5.3.1 162，204 字符液晶模块引脚功能

引脚号	符号	名称	功能
1	Vss	接地	0V
2	Vcc	电路电源	5V±10％
3	VE	液晶驱动电压	0.2V 左右
4	D/I	寄存器选择信号	1：数据寄存器 0：指令寄存器
5	R/W	读/写	1：读；0：写
6	E	I/O 选通	下降沿触发
7～14	DB0～DB7	数据线	数据传输
15	Va	背光二极管阳极	背光，夜间用
16	Vk	背光二极管阴极	背光，夜间用

字符液晶显示器 MC162，204 触发选通信号 E 高电平有效，在其下降沿触发锁存数据。由时序图可见，在 E 下降沿时刻，必须是数据已经稳定在数据线上，且正处于有效阶段。根据

该时序图所确定的接线图如图 5.3.4 所示。在该图中,LCD 插座的引脚编号与显示器的接线端子相对应,不能接错,LCD 的 I/O 选通信号 CE 由译码器的输出 Y5、读写信号$\overline{\mathrm{RD}}$和$\overline{\mathrm{WR}}$经过一片 74HC00 完成。寄存器选择与读写信号 A0,A1 由锁存器 74HC573 输出,实际上 8051 的低位地址 A0,A1 正好与其时序相同。数据线直接与 8051 的 P0.0～P0.7 相连。LCD 的显示清晰度调节引脚 VE 通过一个分压电阻得到,约为 0.2V 时,可以有满意的显示效果。

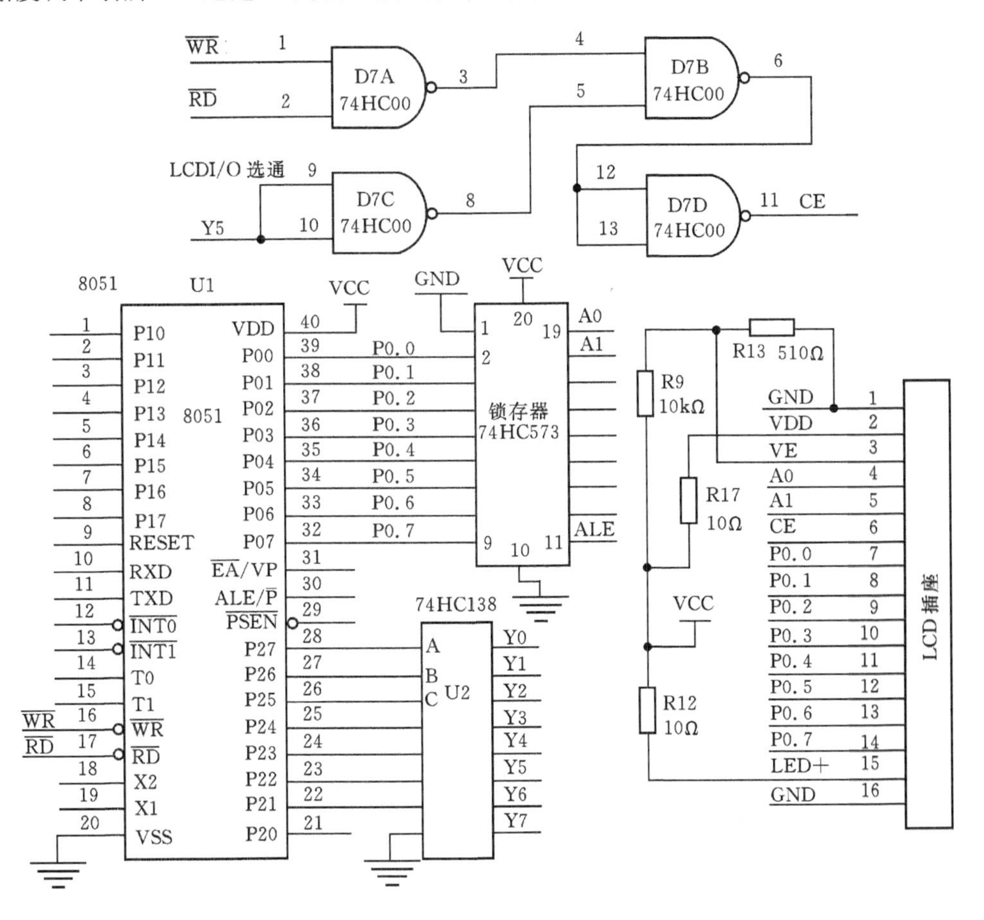

图 5.3.4　字符液晶 MC162,MC204 接线图

全球生产液晶显示器的厂家有数百家,产品性能与接线大同小异。这里介绍香港精电字符式液晶模块(前缀 MDLS)的一些资料,使读者对字符液晶的型号、尺寸、显示字符数与字符大小、电性能参数等有一些基本了解,供读者在选用液晶时参考(仅供参考,不一定选用精电产品)。带背光的模块有两种发光模式,一是发光二极管(LED)背光,另一种是电子(EL)背光,电子背光效果更好一些。

精电字符模块均内藏控制器(HD44780 或者替代控制器),可选带背光型(LED 型,EL 型)及宽温型(−20～70℃)和特宽温型(−30～80℃)。其字符液晶规格见表 5.3.2。

表 5.3.2　精电字符液晶模块规格

型号	字符数	字符大小	模块尺寸	视屏尺寸	LED 背光电流
81809	8×1	6.45×10.75	84.0×44.0	61.0×15.8	90.0mA
16165	16×1	2.65×5.50	68.0×34.0	52.0×11.0	
16166	16×1	3.15×6.30	80.0×36.0	64.5×13.8	100.0mA
16168	16×1	4.84×9.22	122×33.00	99.0×13.0	160.0mA
161615	16×1	6.00×14.54	151×40.00	120×23.00	
16265	16×2	2.95×5.55	84.0×44.0	61.0×15.8	90.0mA
16265B	16×2	2.95×5.55	80.0×36.0	61.0×15.8	90.0mA
16268	16×2	5.40×7.60	160.0×52.0	113×23.0	240.0mA
16268C	16×2	4.84×9.22	122×44.00	99.0×23.0	210.0mA
16465	16×4	2.95×4.75	87.0×60.0	61.8×25.2	120.0mA
20189	20×1	6.70×11.5	182×33.50	154×15.30	340.0mA
20265	20×2	3.20×5.55	116×37.00	83.0×18.6	180.0mA
20268	20×2	4.84×9.22	146×43.00	123×23.00	270.0mA
20269	20×2	5.92×9.52	180×40.00	149×23.00	315.0mA
20464	20×4	2.90×4.75	98.0×60.0	76.0×25.2	240.0mA
20468	20×4	4.84×9.22	146×62.50	123×42.50	540.0mA
204612	20×4	5.90×12.7	182×90.0	147×65.40	
24265	24×2	3.20×5.15	118×36.0	93.5×15.80	140.0mA
40266	40×2	3.15×5.50	182×33.50	154×15.80	340.0mA
40466	40×4	3.14×5.50	196×56.00	154×27.60	360.0mA

5.3.3　图形液晶显示器

图形液晶显示器显示功能齐全，既可以显示字符，也可以显示图形，广泛用于各类仪器。这种显示器由三部分组成：液晶显示面板、CMOS 驱动器和 CMOS 控制器。这种显示器内部有字符产生存储器和显示数据存储器。这种显示器大多数有与单片机的直接接口。所有的显示功能由控制器用指令实现。由单一的+5V 供电。液晶显示需要的电源反转电压由液晶显示器内部的电路提供。这种显示器有各种规格和型号，最常用的是 128×64，240×128 等型号。"×"前边的数字是显示器点阵的列数，"×"后边的数字是显示器点阵的行数。现在，国内外有许多厂家生产这类液晶显示器。

中小型的液晶显示模块多用内置液晶显示控制器，其控制器常被装配在图形液晶显示模块上，对外提供并行数据接口。液晶显示控制器有多种型号，如 SED1520，HD61202，T6963C，SED1330 等。其外部接线大同小异。

1. 内置 HD61202 控制器的液晶显示器

HD61202 常用于 12864 液晶模块，这些模块通常有表 5.3.3 所述的功能引脚。

表 5.3.3　HD61202 点阵式液晶模块引脚功能

符号	名称	功能
Vss	接地	0V
Vcc	电路电源	5(1±10%)V
Vo	液晶驱动电压	−5.5～−10V
D/I	寄存器选择信号	1:数据寄存器 0:指令寄存器
R/W	读/写	1:读。0:写
E	I/O 选通	下降沿触发
$\overline{\text{CSA}}$	左半屏选通	1:选通，0:不选通
$\overline{\text{CSB}}$	右半屏选通	1:选通，0:不选通
VA	背光二极管阳极	背光，夜间用
VK	背光二极管阴极	背光，夜间用

其时序与前面所介绍的字符液晶的时序完全相同。

下边介绍内置 HD61202 控制器的显示模块。

1)模块特性

(1)仅图形方式。

(2)可直接与 68 系列微处理器接口相连，也可经过简单的时序改造与 8051 时序相连；其信号真值表见表 5.3.4。

表 5.3.4　信号真值表

D/I	R/W	E	功能
0	0	下降沿	写指令代码
0	1	高电平	读忙标志和 AC 值
1	0	下降沿	写数据
1	1	高电平	读数据

(3)电特性：液晶驱动电压(测试条件：温度 20℃，电源电压 4.9V±0.1 V)。

MGLS-12864：− 5.0 V；　MGLS-12864−HT：−10.0 V；

MGLS-19264：− 5.5 V；　MGLS-19264−HT：− 10.0 V。

2)指令集

HD61202 的指令系统比较简单，总共只有 7 种，见表 5.3.5。

表 5.3.5　HD61202 的指令

<table>
<tr><th rowspan="2">功能</th><th colspan="8">指令代码</th><th rowspan="2">说明</th></tr>
<tr><th>D7</th><th>D6</th><th>D5</th><th>D4</th><th>D3</th><th>D2</th><th>D1</th><th>D0</th></tr>
<tr><td>状态检测</td><td>BUSY</td><td>0</td><td>OFF/ON</td><td>RST</td><td>0</td><td>0</td><td>0</td><td>0</td><td>状态字检测</td></tr>
<tr><td rowspan="4">显示操作</td><td>0</td><td>0</td><td>1</td><td>1</td><td>1</td><td>1</td><td>1</td><td>1/0</td><td>显示开/关</td></tr>
<tr><td>1</td><td>1</td><td colspan="6">显示起始行(0 ~63)</td><td>显示起始行设置</td></tr>
<tr><td>1</td><td>0</td><td>1</td><td>1</td><td>1</td><td colspan="3">页号(0 ~7)</td><td>页设置</td></tr>
<tr><td>0</td><td>1</td><td colspan="6">显示列地址(0 ~63)</td><td>列地址设置</td></tr>
<tr><td rowspan="2">存储操作</td><td colspan="8">显示数据</td><td>写数据</td></tr>
<tr><td colspan="8">显示数据</td><td>读数据</td></tr>
</table>

3)电路连接方式

(1)总线方式。总线方式电路连接如图 5.3.5 所示。图中的液晶模块 MGLS-12864, MGLS-19264 的数据线与 8051 单片机的数据总线直接相连。选通与控制线分别与高位地址线或者地址译码输出线相连。图 5.3.5 所示的是液晶的选通与控制线与 8051 单片机的高位地址线直接相连。在编制程序时根据时序要求,由 8051 的 P2.0,P2.1,P2.2,P2.3 分别输出对应的选通与控制信号,由 P0 口输出显示数据或者读出液晶显示器里的数据。

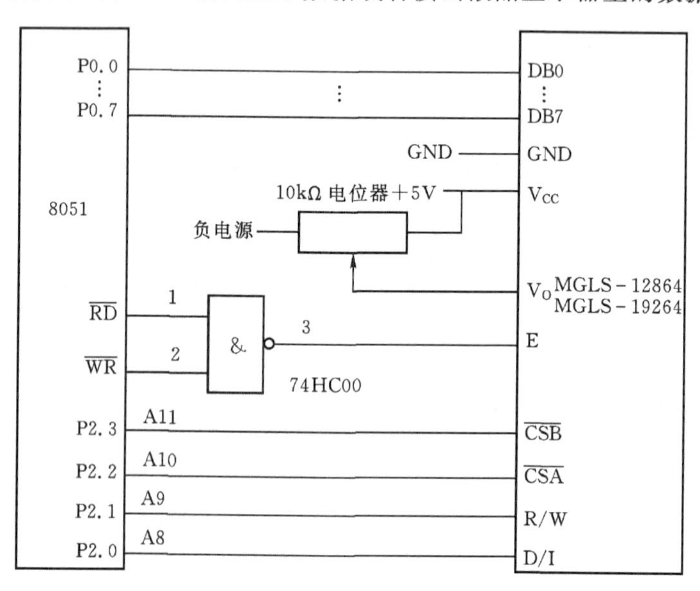

图 5.3.5　内置 HD16202 控制器的液晶模块的总线连接方式

(2)I/O 连接方式。I/O 连接方式是指显示器的数据线没有直接与单片机的数据总线相连,而是与单片机的其他 I/O 口相连,如图 5.3.6 所示。图中显示器的数据线与 8051 的 P1 口相连,控制线与 8051 的 P3 口相连。在程序编制时,按规定的时序要求处理各口线就可以了。

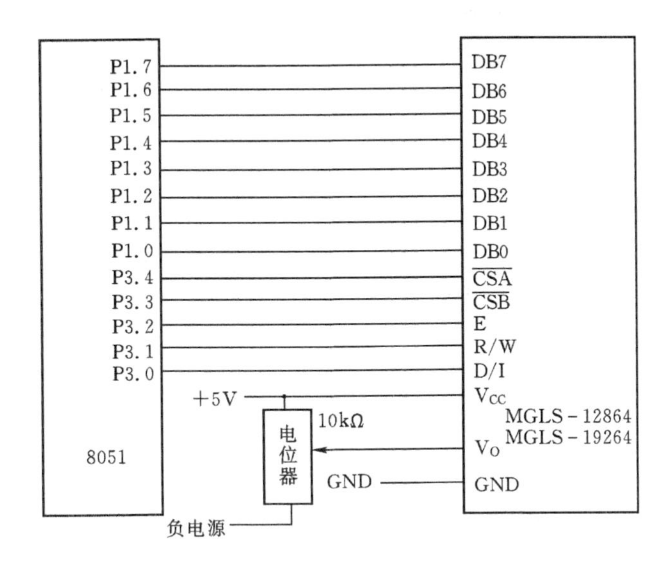

图 5.3.6　I/O 方式的连接

2. 内置 T6963C 控制器的液晶显示模块

这类模块有香港精电的 MGLS12864T，MGLS128128，MGLS160128，MGLS24064，MGLS240128T，香港信利的 TRULY12864，TRULY240128 等。

1）模块特性

(1)可以图形方式、文本方式及图形和文本合成方式进行显示，以及文本方式下的特征显示，还可以实现图形拷贝操作；有内部字符发生器 CGROM，共有 128 个字符，以及字符发生器 CGRAM。允许 MPU 随时访问显示缓冲区，甚至可以进行位操作。

(2)能直接与 80 系列的 8 位微处理器接口。

(3)电特性。见表 5.3.6 和表 5.3.7。

表 5.3.6　电特性一：绝对最大范围

名称	符号	条件	范围	单位
电源电压	VDD	Ta ＝ 25℃	－ 0.3～7.0	V
输入电压	VIN	Ta ＝ 25℃	－ 0.3～VDD+0.3	V
工作温度	常温		0～50	℃
	工业级		－ 20～70	
	军品级		－ 40～80	
存储温度	常温		－ 10～60	℃
	工业级		－ 30～80	
	军品级		－ 50～90	

表 5.3.7 电特性二：电气参数（测试条件：VSS=0V，VDD=5V±0.5V，Ta=25℃）

名称	符号	条件	MIN	TYP	MAX	单位
工作电压	VDD		4.5	5.0	5.5	V
“H”输入电压	VIH		VDD − 0.2	—	VDD	V
“L”输入电压	VIL		0	—	0.8	V
“H”输出电压	VOH		VDD − 0.3	—	VDD	V
“L”输出电压	VOL		0	—	0.3	V
“H”输出电阻	ROH	VOUT=VDD−0.5	—	—	400	Ω
“L”输出电阻	ROL	VOUT = 0.5V	—	—	400	Ω
输入上拉电阻	RPU		50	100	200	kΩ
工作频率	fosc		0.4	—	5.5	MHz
工作时电流损耗	IDD(1)	VDD = 5.0V fosc=3.0MHz	—	3.3	6.0	mA
暂停时电流损耗	IDD(2)	VDD = 5.0V	—	—	3.0	μA

液晶驱动电源电压如下：

（测试环境温度：20℃，电源工作电压：4.9 ± 0.1V）

MGLS12864T： V0 =−5.4 V； MGLS12864T-HT：V0 =−10.5V；

MGLS128128： V0 =−16.0 V； MGLS24064： V0 =−10.5V；

MGLS24064-HT： V0 =−10.5 V； MGLS240128T： V0 =−16.0V；

MGLS240128T-HT：V0 =−16.0 V； MGLS160128-HT：V0 =−13.0V。

2）指令集

T6963C 的指令见表 5.3.8。

表 5.3.8 T6963C 的指令集

功能	指令代码									说明
	参数	D7	D6	D5	D4	D3	D2	D1	D0	
状态检测	无	STA7	STA6	STA5	STA4	STA3	STA2	STA1	STA0	状态字检测
显示操作	D1,D2	0	0	1	0	0	N2	N1	N0	指针设置
	D1,D2	0	1	0	0	0	0	N1	N0	显示区域设置
	无	1	0	0	0	N3	N2	N1	N0	显示方式
	无	1	0	0	1	N3	N2	N1	N0	显示开关
	无	1	0	1	0	0	N2	N1	N0	光标形状选择

续表

功能	指令代码									说明
	参数	D7	D6	D5	D4	D3	D2	D1	D0	
存储操作	无	1	0	1	1	0	0	N1	N0	数据自动读/写
	D1	1	1	0	0	0	N2	N1	N0	数据一次读/写
	无	1	1	1	0	0	0	0	0	屏读
	无	1	1	1	0	1	0	0	0	屏拷贝
	无	1	1	1	1	N3	N2	N1	N0	位操作

T6963C为液晶的控制芯片，它的初始化设置一般由硬件操作，因此其指令系统将集中于显示功能的设置。T6963C的指令可带一个或两个参数，或无参数。每条指令的执行都是先送入参数(如果有的话)，再送入指令代码。参数使用数据地址送入，而指令则使用指令地址送入。每次操作之前最好先进行状态字检测。

T6963C的状态字如表5.3.9所示。

表5.3.9　T6963C控制器状态字

STA7	STA6	STA5	STA4	STA3	STA2	STA1	STA0

STA0:指令读写状态　1:准备好　0:忙
STA1:数据读写状态　1:准备好　0:忙
STA2:数据自动读状态　1:准备好　0:忙
STA3:数据自动写状态　1:准备好　0:忙
STA4:保留
STA5:控制器运行检测可能性　1:可能　0:不能
STA6:屏读/拷贝出错状态　1:出错　0:正确
STA7:闪烁状态检测　1:正常显示　0:关显示

由于状态位作用不一样，因此执行不同指令必须检测不同状态位。在单片机一次读/写指令和数据时，STA0和STA1要同时有效——“准备好”状态。当单片机读/写数组时，判断STA2或STA3状态。屏读、屏拷贝指令使用STA6。STA5和STA7反映T6963C内部运行状态。

T6963C指令系统的说明如下：

(1)指针设置指令，格式如下：

D1,D2	0	0	1	0	0	N2	N1	N0

D1,D2为第一和第二参数，后一个字节为指令代码。根据N0,N1,N2的取值，该指令有三种含义(N0,N1,N2不能有两个同时为1)，指针设置命令见表5.3.10。

表 5.3.10　T6963C 指针设置命令

D1	D2	指令代码	功能
水平位置(有效位 7 位)	垂直位置(有效位 5 位)	21H	光标指针设置
地址(有效位 5 位)	00H	22H	CGRAM 偏置地址
低字符	高字节	24H	地址指针位置

注:1. 光标指针设置:D1 表示光标在实际液晶屏上离左边沿的横向距离(字符数),D2 表示离上边沿的纵向距离(字符数);

2. CGRAM 偏置地址寄存器设置:设置了 CGRAM 在显示 64KB　RAM 内的高 5 位地址,CGRAM 的实际地址为:

逻辑地址	A15	A14	A13	A12	A11	A10	A9	A8	A7	A6	A5	A4	A3	A2	A1	A0
偏置地址	C4	C3	C2	C1	C0											
字符代码							D7	D6	D5	D4	D3	D2	D1	D0		
行地址指针 +)														R2	R1	R0
实际地址	V15	V14	V13	V12	V11	V10	V9	V8	V7	V6	V5	V4	V3	V2	V1	V0

3. 地址指针设置:设置将要进行操作的显示缓冲区(RAM)的一个单元地址

(2)显示区域设置,指令格式为

D1,D2	0	1	0	0	0	0	N1	N0

根据 N1,N0 的不同取值,该指令有四种指令功能形式(见表 5.3.11)。

表 5.3.11　指令功能形式

D1	D2	指令代码	功能
低字节	高字节	40H	文本区首址
字节数	00H	41H	文本区宽度(字节数/行)
低字节	高字节	42H	图形区首地址
字节数	00H	43H	图形区宽度(字节数/行)

文本区和图形区首地址对应显示屏上左上角字符位或字节位,修改该地址可以产生"卷动"效果。D1,D2 分别为该地址的低位和高位字节。文本区宽度(字节数/行)设置和图形区宽度(字节数/行)设置用于调整使用的有效显示窗口宽度,表示每行可有效显示的字符数或字节数。T6963C 硬件设置的显示窗口宽度是指所允许的最大有效显示窗口宽度。需说明的是,当硬件设置 6×8 字体时,图形显示区单元的低 6 位有效,对应显示屏上 6×1 显示位。

(3)显示方式设置,指令格式为

无参数	1	0	0	0	N3	N2	N1	N0

N3:字符发生器选择位。N3 = 1 为 CGRAM,字符代码为 00H ~ FFH;N3 = 0 为 CGROM,字符代码为 00H ~ 7FH。因此,选用 80H ~ FFH 字符代码时,将自动选择

CGRAM。

N2,N1,N0:合成显示方式控制位,其组合功能如表 5.3.12 所示。

表 5.3.12　组合功能

N2	N1	N0	合成方式
0	0	0	逻辑“或”合成
0	0	1	逻辑“异或”合成
0	1	1	逻辑“与”合成
1	0	0	文本特征

当设置文本方式和图形方式均打开时,上述合成显示方式设置才有效。其中的文本特征方式是指将图形区改为文本特征区,该区大小与文本相同,每个字节作为对应的文本区的一个字符显示的特征,包括字符显示与不显示、字符闪烁及字符的“负向”显示。通过这种方式,T6369C 可以控制每个字符的文本特征。文本特征区内。字符的文本特征码由一个字节的低四位组成,即

D7	D6	D5	D4	D3	D2	D1	D0
*	*	*	*	d3	d2	d1	d0

d3:闪烁控制位,为 1 闪烁,为 0 则不闪烁。

d2～d0 的组合:000 为正向显示;101 为负向显示;011 为禁止显示,空白。

启用文本特征方式可在原有图形区和文本区外用图形区域设置指令另开一区作为文本特征区,以保持原形区的数据。显示缓冲区可划分如表 5.3.13 所示。

表 5.3.13　显示缓冲区划分

<table>
<tr><td>SD1</td><td>图形显示区</td><td rowspan="4">显示缓冲区 RAM</td></tr>
<tr><td>SAT1</td><td>文本特征区</td></tr>
<tr><td>SAT2</td><td>文本显示区</td></tr>
<tr><td colspan="2">CGRAM</td></tr>
</table>

(4)显示开关,指令格式如下:

无参数	1	0	0	1	N3	N2	N1	N0

N0:1/0,光标闪烁启用/禁止;N1:1/0,光标显示启用/禁止;

N2:1/0,文本显示启用/禁止;N3:1/0,图形显示启用/禁止。

(5)光标形状选择,指令格式如下:

无参数	1	0	1	0	0	N2	N1	N0

光标形状为 8 点×N 行，N 的值为 0～7，由 N2，N1，N0 确定。

(6)数据自动读/写方式设置，指令格式如下：

无参数	1	0	1	1	0	0	N1	N0

该指令执行后，单片机可以连续地读/写显示缓冲区 RAM 的内容，每读/写一次，地址指针自动增加 1。自动读/写结束后，必须写入自动结束命令以使 T6863C 退出自动读/写状态，开始接受其他指令。N1，N0：00 为自动写设置，01 时为自动读设置，1X 时为自动读/写结束。

(7)数据一次读/写方式，指令格式如下：

D1	1	1	0	0	0	N2	N1	N0

N2，N1，N0 代表含义如表 5.3.14 所示。

表 5.3.14　N2，N1，N0 代表含义

D1	N2	N1	N0	指令代码	功能
数据	0	0	0	C0H	数据写，地址加 1
—	0	0	1	C1H	数据读，地址加 1
数据	0	1	0	C2H	数据写，地址减 1
—	0	1	1	C3H	数据读，地址减 1
数据	1	0	0	C4H	数据写，地址不变
—	1	0	1	C5H	数据读，地址不变

(8)屏读，指令格式如下：

无参数	1	1	1	0	0	0	0	0

该指令将当前由地址指针指向的某一位置上的显示状态(8×1 点阵)作为一个字节的数据送到 T6963C 的数据栈内，等待单片机的读取，该数据是文本数据与图形数据在该位置上的逻辑合成值。

(9)屏拷贝，指令格式为：

无参数	1	1	1	0	1	0	0	0

该指令将当前地址指针(图形区内)指向的位置开始的一行显示状态拷贝到相对应的图形显示区的一组单元内，该指令不能用于文本特征方式下或双屏结构液晶显示器上的应用。

(10)位操作：

无参数	1	1	1	0	N3	N2	N1	N0

该指令可将显示缓冲区某单元的某一位清零或置 1，该单元地址由当前地址指针提供。N3＝1 置 1，N3＝0 清零。N2～N0：操作位对应该单元的 D0～D7 位。

3)应用接口

以 T6963C 为控制器的液晶模块，引出的功能线共有 19 条。有些模块为了接线灵活方便，对有些功能线在不同位置引出两条，内部是连在一起的。19 条线的功能见表 5.3.15。

表 5.3.15　以 T6963C 为控制器的液晶模块引脚功能

符号	名称	功能
Vss	接地	0V
Vcc	＋电源	5V(1±10%)
Vo	液晶驱动电压	－5.5～－10V
$\overline{WR}$	写信号	数据写入
$\overline{RD}$	读信号	数据读出
C/D	命令/数据选择信号	1:数据，0:命令
$\overline{CE}$	模块选通	
$\overline{RESET}$	复位信号	为低复位
DB0～DB7	8 位数据线	数据传输
FG	字符点阵数选择	
Vout	负电压输出	
Va	背光二极管阳极	背光，夜间用
Vk	背光二极管阴极	背光，夜间用

用 T6963C 作为控制器的液晶显示模块，可以与 8051 单片机直接连接，其时序图如图 5.3.7 所示。根据这样的时序所确定的接线如图 5.3.8 所示。这类显示器的选通信号与 8051 读写信号有效的时间一样长，因此在选通接线上与字符液晶完全不同。图 5.3.8 就是在一种仪器上使用的控制器为 T6963C 的 240128 液晶的接线图。液晶模块的$\overline{CE}$直接与译码器的一个输出 Y6 相连，液晶模块的$\overline{RD}$，$\overline{WR}$分别与 8051 的$\overline{RD}$，$\overline{WR}$相连。

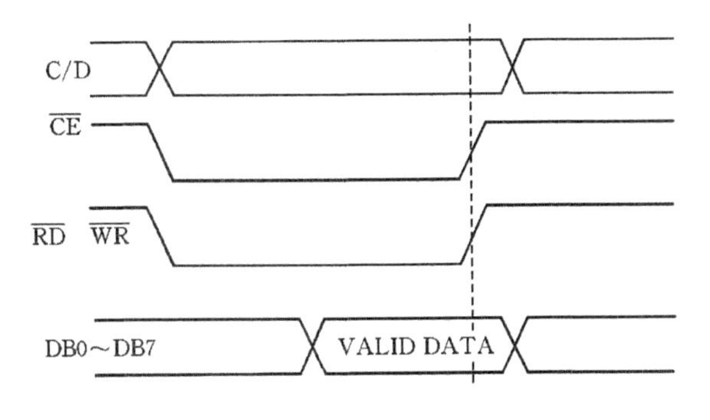

图 5.3.7　T6963C 控制器时序图

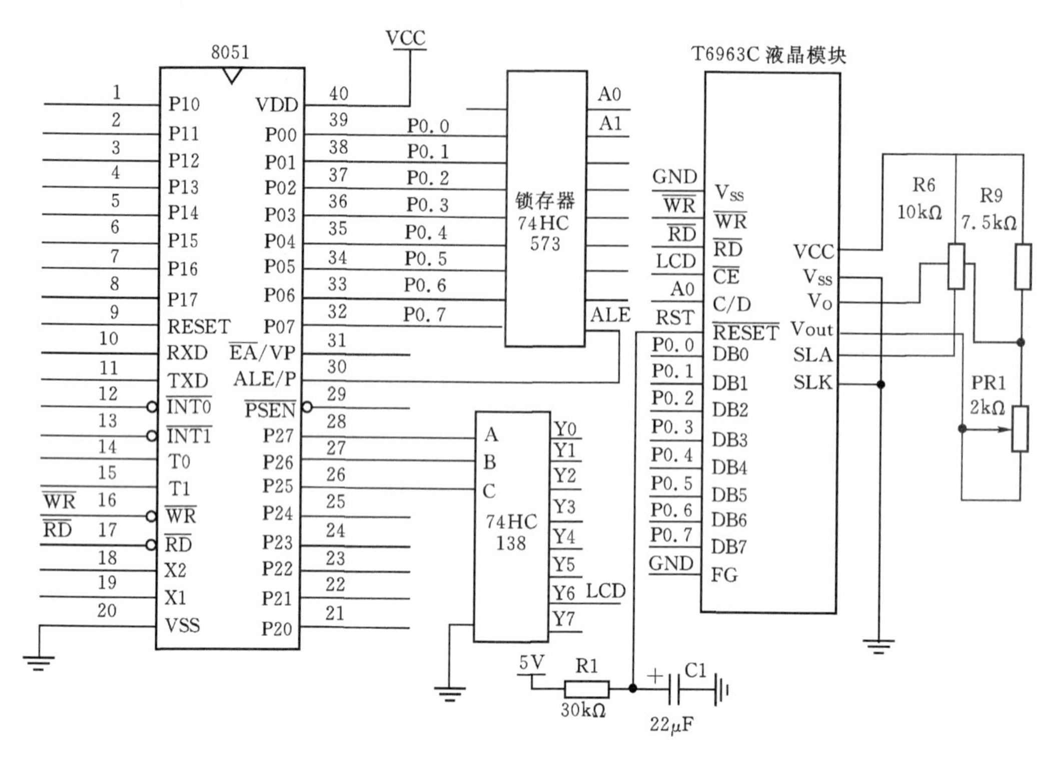

图 5.3.8　T6963C 控制器液晶模块与 8051 的连接图

3. 内置 SED1330 控制器的显示模块

这类模块有香港精电的 CCSTN-12864-CCFL，CCSTN-128128-CCFL，CCSTN-24064-CCFL，CCSTN-240128-CCFL，MGLS320240A/B，MGLS320200，日本 OPTREX 的 DMF-50081，DMF-50174。

1）模块特性

（1）通过软件指令可以图形方式、文本方式显示。

（2）通过软件指令可以实现图形和文本、图形二重、三重自由合成显示。

（3）香港精电公司将 SED1330 应用于四色液晶显示模块的控制上，推出内置控制器 SED1330 的四色点阵液晶显示模块，即型号为 CCSTN 系列。

（4）能直接与 51 系列 8 位微处理器接口。SED1330 控制器的信号真值表见表 5.3.16。

表 5.3.16　SED1330 控制器的信号真值表

A0	RD	WR	CS	功能
0	1	0	0	写数据，参数
0	0	1	0	读忙标志
1	1	0	0	写指令代码
1	0	1	0	读数据

(5)电特性(测试环境温度:20℃,电源工作电压:4.9V± 0.1V)

CCSTN240128 - CCFL 和 CCSTN128128 - CCFL:　Vo ＝ －14.9V;

CCSTN24064 - CCFL 和 CCSTN12864 - CCFL:　Vo ＝ －9.2V;

DMF50081 和 DMF50174:　Vo ＝ －18.5V;

MGLS320240A/B:　Vo ＝ －18.5V　;

MGLS320200:　Vo ＝ －18.0V;

MGLS640200:　Vo ＝ －18.0V。

2)指令集

SED1330 有 13 条指令,多数指令带有参数,参数值由用户根据所控制的液晶显示模块的特征和显示的需要来设置。指令见表 5.3.17。

表 5.3.17　SED1330 控制器指令

功能	指令	操作码	说明	参数量
系统控制	SYSTEM SET	40H	初始化,显示窗口设置	8
	SLEEP IN	53H	空闲操作	—
显示操作	DISP ON/OFF	59H/58H	显示开/关,设置显示方式	1
	SCROLL	44H	设置显示区域,卷动	10
	CSRFORM	5DH	设置光标形状	2
	CGRAM ADR	50H	设置 CGRAM 起始地址	2
	CSRDIR	4CH－4FH	设置光标移动方向	—
	HDOT SCR	5AH	设置点单元卷动位置	1
	OVLAY	5BH	设置合成显示方式	1
绘制操作	CSRW	46H	设置光标地址	2
	CSRR	47H	读出光标地址	2
存储操作	MWRITE	42H	数据写入显示缓冲区	若干
	MREAD	43H	从显示缓冲区读数据	若干

3)SED1330 控制器的应用

北京精电蓬远公司为方便用户而研制了 SED1330 液晶控制板,可用于所有适配 SED1330 的外置控制器型液晶显示模块。其外接口线名称与功能见表 5.3.18。

表 5.3.18　SED1330 液晶控制板外接口线名称与功能

管脚	符号	有效电平	作用
1,2	GND	0 V	电源地
3	Vcc	＋5 V	正电源
4	Vadj	负	显示对比度调整
5	Vee	负	负电源

续表

管脚	符号	有效电平	作用
6	$\overline{WR}$	低	写信号
7	$\overline{RD}$	低	读信号
8	$\overline{CE}$	低	片选信号
9	A0	高/低	高:写命令字或读数据 低:写数据参数或读状态
10	NC	—	无联接
11	$\overline{RST}$	低	复位信号
12～19	DB0～DB7	高/低	数据线
20	NC	—	无联接

4. 更多的图形式液晶模块介绍

点阵图形式液晶模块种类繁多，这里介绍香港精电点阵图形液晶模块(前缀 MDLS)的一些资料，使读者对图形液晶的型号、尺寸、显示点数与点大小、电性能参数等有一些基本了解，供读者在选用液晶时参考(仅供参考，不一定选用精电产品)。

精电点阵图形式液晶模块均内藏控制器，均可选带背光型(LED 背光或 EL 背光，有些型号可选 CCFL 背光) 及宽温型(－20～＋70℃)，个别型号可达－45～＋80℃。有单色和四色两类。

1)单色液晶模块

单色液晶模块见表 5.3.19。

表 5.3.19　精电点阵图形式液晶模块(单色)

型号	点阵数	点大小	模块尺寸/mm	视屏尺寸/mm	控制器
8032B	80×32	0.43×0.43	84.0×44.0	46.0×18.0	HD61830
8464	84×64	0.50× 0.50	90.0×60.0	51.0×40.0	HD61830
10032A	100×32	0.50×0.60	75.0×54.0	60.0×26.5	SED1520
10032B	100×32	0.62×0.56	98.0×50.0	76.0×25.2	SED1520
12032A	120×32	0.60×0.425	75.0×54.0	60.0×26.5	SED1520
12032B	120×32	0.56×0.55	98.0×50.0	76.0×25.2	SED1520
12864	128×64	0.39×0.55	78.0×70.0	62.0×44.0	HD61202
12864T	128×64	0.39×0.55	78.0×70.0	62.0×44.0	T6963C
128128T	128×128	0.50×0.50	92.0×106	73.0×73.0	T6963C
16080	160×80	0.39×0.39	87.0×54.0	72.3×37.8	HD61830
160128	160×128	0.54×0.54	129×102.0	101×82.0	T6963C

续表

型号	点阵数	点大小	模块尺寸/mm	视屏尺寸/mm	控制器
19264	192×64	0.36×0.36	100×60.0	84.0×31.0	HD61202
24064	240×64	0.48×0.48	176×65.0	132×39.0	T6963C
240128	240×128	0.40×0.40	144×104.0	114×64.0	HD61830
240128T	240×128	0.40×0.40	144×104.0	114×64.0	T6963C
32064	320×64	0.36×0.36	165×45.0	137×33.60	HD61830
320200	320×200	0.27×0.27	110×75.0	98×63.0	SED1330
320240A	320×240	0.33×0.33	174×112.0	122×92.0	GD6245,QPYD 系列,M6255,SED1330
320240B	320×240	0.27×0.27	139×120.0	103×79.0	GD6245,QPYD 系列,M6255,SED1330
640200	640×200	0.24×0.30	200×87.0	181×76.0	SED1330

2)香港精电四色液晶模块(前缀 CCSTN)

精电公司所产四色液晶具有高亮度、低功耗的特点,有黄、绿、橙、紫四种颜色,是介于单色与彩色之间的低价位经济型模块。此类模块均内藏 SED1330 控制器,均可选带 CCFL 背光。具体型号、性能见表 5.3.20。

表 5.3.20　四色液晶模块

型号	点阵数	点大小	视屏尺寸/mm	模块尺寸/mm
CCSTN12864	128×64	0.39×0.55	62×44.00	85.0×70.00
CCSTN128128	128×128	0.50×0.50	73×73.00	96.5×106.00
CCSTN24064	240×64	0.39×0.50	131×38.00	180.0×67.00
CCSTN240128	240×128	0.40×0.40	114×64.00	144.0×104.00

除了上述香港液晶模块,国外也有多家液晶模块生产厂家,这里介绍日本的一些液晶模块,见表 5.3.21。

表 5.3.21　日本公司点阵图形式液晶模块

型号	点阵数	点大小	模块尺寸/mm	视屏尺寸/mm	控制器
OPTREX 5001NYL－EB	160×128	0.54×0.54	129.0×102.0	101.0×82.0	内藏 T6963C
OPTREX 5002NY－EB	128×112	0.50×0.49	110.0×90.6	77.0×66.0	内藏 T6963C

续表

型号	点阵数	点大小	模块尺寸/mm	视屏尺寸/mm	控制器
夏普 LM32019T	320×240	0.33×0.33	166.0×109.0	122.0×92.0	GD6245,QPYD 系列 M6255,SED1330
OPTREX 50081NB-FW	320×240	0.27×0.27	139×120.0	103×79.0	GD6245,QPYD 系列 M6255,SED1330
OPTREX 50174NB-FW	320×240	0.33×0.33	174×112.0	122×92.0	GD6245,QPYD 系列 M6255,SED1330
KCS057QV1AJ 京瓷 STN 彩色	320×240 (6.0in)	12×RGB ×0.36	154.6×114.8	118.24×89.38	QPYD 系列、MSM6255 GD6245
夏普 LM64P11	640×480 (6.0in)	0.19×0.19	167.7×116.8	125.6×95.2	QPYD 系列、MSM6255 GD6245
夏普 LM64183P	640×480 (9.4in)	0.27×0.27	253×174.0	196×147.6	QPYD 系列、MSM6255 GD6245
夏普 LM64P89	640×480 (10.4in)	0.33×0.33	268×190	215.2×162.4	QPYD 系列、MSM6255 GD6245
LM10V33 夏普 STN 彩色	640×480 (10.4in)	09×RGB ×0.31	264×193.0	220×167.0	QPYD 系列、GD6245
KCB6448AC 京瓷 STN 彩色	640×480 (5.7in)	0.063×0.189	154.5×106.0	122.94×92.70	QPYD 系列、GD6245

5.3.4 图形液晶显示器的程序编制方法

液晶显示器的程序编制方法主要有以下内容:在使用液晶前首先要对液晶进行初始化,初始化主要包括清屏、设置图形区首地址及宽度、设置文本区首地址及宽度、设置显示方式、设置显示开关。然后就可对图形区和文本区进行读写,进行图形和文本的显示。在此以使用T6963C控制器的240128液晶模块为例,以C语言编程,介绍显示编程方法。

1. 地址设置

首先将液晶数据及指令地址设置为外部数据区,以方便对数据及指令的读写。

```
#define wclcd XBYTE[0xf201]   //设置指令地址
#define wdlcd XBYTE[0xf200]   //设置数据地址
```

2. 检查液晶显示器内部忙否

在液晶进行读写前必须读状态寄存器以检查液晶是否准备好,在这里我们编写了测试子程序:

```
void try(void)
{
```

```
    unsigned char send;
    try:
    send=wclcd;
    if(send&0x03! =0x03)    //看是否准备好,若未准备好重新进行检查
    goto try;
}
```

这主要是检测数据的读写是否准备好。若准备好,就可进行下一步操作;若没有准备好,则继续检测。

3. 在显示前首先进行清屏

实质就是对液晶的64KB存储区进行清零,以消除上次操作时液晶存储区的数据,为显示做好准备。

```
void clear()
{
    try();
    wdlcd=0x00;
    try();
    wdlcd=0x00;
    try();
    wclcd=0x24;    //首先将指针指到存储区的首地址0000H处
    try();
    wclcd=0xb0;    //设置为自动写方式
    send=wclcd;    //检测数据自动写状态是否准备好
    while(send&0x08! =0x08);
   for(i=0;i<0xffff;i++)
      {wdlcd=0x00;}    //对存储区清零(将其所有存储单元设置为0)
    try();
    wclcd=0xb2;    //关自动写方式
}
```

4. 初始化图形区及文本区

```
void init()
{
    try();
    wdlcd=0x00;
    try();
    wdlcd=0x00;
    try();
    wclcd=0x40;    //设置文本区的首地址为0000H
    try();
```

```
    wdlcd=30;
    try();
    wdlcd=0x00;
    try();
    wclcd=0x41;    /设置文本区的宽度为 30
    wdlcd=0x00;
    try();
    wdlcd=0x10;
    try();
    wclcd=0x42;    /设置图形显示区的首地址为 1000H
    try();
    wdlcd=30;
    try();
    wdlcd=0x00;
    try();
    wclcd=0x43;    //设置图形显示区的宽度为 30
    try();
    try();
    wclcd=0x80;    //图形显示与文本显示为逻辑或方式合成
    try();
    wclcd=0x9c;    //文本与图形同时打开显示
}
```

240128 型液晶，宽度为 240 像素点，在 RAM 中也就是 30 字节的宽度，这是液晶的物理显示宽度。在这里的宽度一般设为 30，也可以设为小于 30，这样在显示时只在液晶的可见部分显示。若大于 30，实际显示还是 30 字节的宽度，但在换行等计算中就要使用所设置的宽度进行计算。

5. 文本区显示

T6963C 控制器内已包含了部分常用字符的字模，所以在文本区显示只须要将各字符所用的代码，写入相应的地址就可以显示 8×8 的字符。常用字符代码表如表 5.3.22 所示。

表 5.3.22　常用字符代码表

	0	1	2	3	4	5	6	7	8	9	A	B	C	D	E	F
0		!	“	#	$	%	&	‘	(	)	*	+	,	—	.	/
1	0	1	2	3	4	5	6	7	8	9	:	;	<	=	>	?
2	@	A	B	C	D	E	F	G	H	I	J	K	L	M	N	O
3	P	Q	R	S	T	U	V	W	X	Y	Z	[	\	]	^	_
4	`	a	b	c	d	e	f	g	h	i	j	k	l	m	n	o
5	p	q	r	s	t	u	v	w	x	y	z	{	|	}	~	

若要显示“!”号，只须在指定地址内写入代码 01H，就可以显示出 8×8 点阵的感叹号。

```
Void  text()
{
try();
   wdlcd=00h;  //所要显示位置的低地址
   try();
   wdlcd=00h;   //所要显示位置的高地址
   try();
   wclcd=0x24;  //将地址指针指向该位置
   try();
   wdlcd=01H;   //将感叹号的代码写入该地址
   try();
   wclcd=0xc0;  //写入数据
}
```

在这里要注意存储器绝对地址与显示位置的关系。存储器的绝对地址为文本区首地址加上所要显示的位置所在行乘以行宽(初始化时设置为 30)，加上显示位置所在的列得到。在显示前要计算好存储器的地址，然后再向相应地址 RAM 写入数据。

6. 图形方式显示汉字

因为文本方式只能显示控制器已提供的 8×8 点阵的字符，不能显示汉字，所以我们只能以图形方式来显示汉字。汉字显示前必须建立字模，也就是要向存储器内写入的数据。我们以 16×16 点阵方式显示汉字为例，一行要使用两个字节，共 16 行才能显示出这个汉字。如“铁”字的字模为“0x00，0x00，0x00，0x20，0x08，0x20，0x18，0x20，0x10，0x20，0x3C，0xB8，0x21，0x60，0x79，0x20，0x88，0x78，0x1C，0xE0，0x70，0x50，0x10，0x90，0x14，0x88，0x19，0x06，0x16，0x00，0x00，0x00”，显示时先将地址指针指向所要显示的位置(RAM 的绝对地址算法与文本区显示的地址算法类似)，写入第一行的两个字节，然后连续进行空写操作，使地址连续增加(行宽减去 2 个字节，相当于换行)，再写入第二行的两个字节，再换行，这样反复写入 16 次，就将一个 16×16 点阵的汉字完全显示出来。

程序如下：

X 为所要显示位置的横作标；Y 为所要显示位置的纵作标；* S 为存放汉字字模数组的首地址；n 为所要显示汉字的字数；gotoadd(unsigned char addl，unsigned char addh)为将指针指向相应地址的子函数。

```
void tuhz(unsigned char x,unsigned char y,unsigned char  * s,unsigned char n)
{  unsigned int address;
   unsigned char addh,addl;
   for(i=0;i<n;i++)
   {
      address=x * 30+(i * 2+y)+0x1000;//算出液晶 RAM 的绝对地址
      addl=address&0x00ff;
      addh=(address&0xff00)/0x0100;//分出高地址字节和低地址字节
```

```
        gotoadd(addl,addh);              //指向当前地址
      for(k=0;k<0x10;k++)
        {
          try();
          wdlcd= * s;
          try();
          wclcd=0xc0;
          s++;
          try();
          wdlcd= * s;
          try();
          wclcd=0xc0;
          s++;              //显示每行字模内容
          for(m=0;m<0x1c;m++)
            {
              try();
              wclcd=0xc1;
            }              //进行换行
          }
      }
}
```

5.4 声响器件接口电路

仪器在使用中常需要发出声音提示,例如告警、键盘输入时按键有效声等,有些要定时发出某些声音信息,因此需要安装合适的发声器。适用于仪器的发声器有两种:一种是小型喇叭或微型喇叭,可以在程序控制下发出各种声音或音乐;另一种是蜂鸣器,有连声的,有间断鸣响的,这一类主要用于报警或提示。

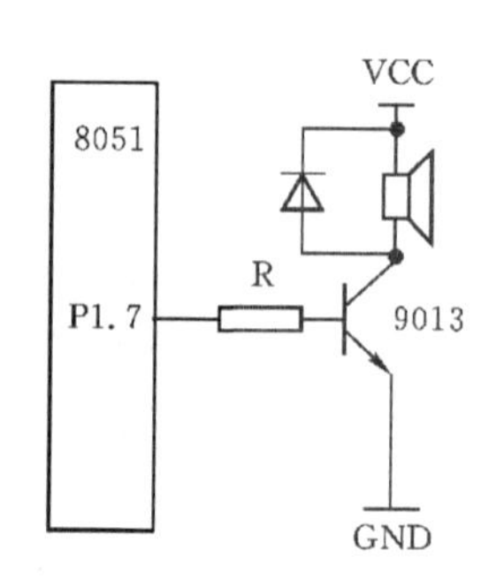

图 5.4.1 喇叭与蜂鸣器接法

小型喇叭、微型喇叭与 8051 的连接见图 5.4.1。这种小喇叭由一只 9013 三极管就可以驱动,图中与喇叭并联一只二极管是因为喇叭中的负载是线圈,而且是有磁芯的线圈,属于感性负载。如果在某时刻其线圈上的感生电压为上负下正,若没有这个二极管,则电源电压 VCC 再加上感生电压一下子加在三极管 9013 上,有可能会损坏三极管。9013 由 8051 的 P1.7 驱动,三极管基极串接一只限流电阻。

在放一定频率的一种声音时,由程序控制 P1.7 输出所需频率的连续脉冲即可。如果发声器是蜂鸣器,则需要鸣响时只需要将 P1.7 置为高电平即可。要停止鸣响,将 P1.7 置低即可。

思考题与习题

5-1　I/O接口电路的作用是什么？什么叫端口？它的作用是什么？

5-2　I/O寻址方式有哪几种？各有什么优缺点？MCS-51系列单片机采用哪种寻址方式？

5-3　主机与外部设备的数据传送方式有哪几种？试说明它们各自的优缺点并指出各种数据传送方式的适用场合。

5-4　有一键盘，其输出的按键ASCII码通过图5.1.2所示的接口送至8051单片机。现键入一命令字(由6个字符所组成)，要求将此命令存放在内部RAM以20H为首地址的连续单元中。试按此要求编写相应的程序。

5-5　设有一采用8155芯片的接口电路，用它的PA口作输入，在其每根口线上接一个按钮开关；PB口作输出，在其每根口线上接一个驱动器驱动LED。按钮开关与LED一一对应。要求当某开关按下时，相应位的LED亮1s。试根据上述要求画出接口电路并编写相应的程序。

5-6　一个仪器采用图5.2.4所示的接口电路，8155的PA口作数码管选通输出口，PB口作显示数据输出口，试对8155初始化编程。

5-7　要求在图5.2.4所示的动态扫描显示器中进行8字闪烁显示，即6个显示器同时显示“8”1s，暗1s，不断重复。试编写相应的程序。

5-8　根据图5.2.4，试编写七段LED显示器的测试程序(即用软件测试每一个七段LED的好坏，该亮的段应亮，该暗的段应暗)。

5-9　设在8051单片机内RAM的50H单元中存放一ASCII码。若其内容为0～9的ASCII码，则在图5.2.4所示的接口电路中从左到右不断地依次显示8；否则不断地依次显示4。编制其程序。

第6章 智能仪器设计实例

本书前面章节介绍了智能仪器的电路及接口技术，那么智能仪器设计开发的流程是怎样规划和安排的？设计开发的各个阶段要进行哪些工作？这是本课程学习中需要了解的重要知识。本章将通过应用实例进行说明。

6.1 智能仪器设计开发流程

1. 仪器功能要求的确定与仪器设计开发立项

首先，任何一种产品都是由某种社会需求提出的，要求产品具有一定的功能。仪器也不例外。要设计一种仪器，首先要有这种社会需求，或者能预测到有潜在的社会需求，而且这些需求是正当合法的、对社会和人民是有益的。例如，铁轨的参数是否合乎要求对安全行车具有重要意义，为了保证铁路列车的安全行驶，在铁路建筑时要对铁轨的轨距、两条轨道的高差、轨道的水平度、两轨的平行度等按照规定进行铺设和调校，在铁路投入运行后，列车的碾压、地基的变化等也会造成铁轨变形以至于影响行车安全。因此，在铁路建筑和铁路日常维护中都有一项重要的工作，就是对铁轨的各项参数诸如轨距、水平度、平行度、三角坑等进行检测，判别铁路的病害程度，以便及时维修调校。这就需要一种能够方便快速的进行检测，还能显示、记录、打印检测结果，并能将现场检测获得的大量数据通过计算机通信传输给PC计算机，以便在PC计算机上进行数据的进一步分析处理及存入PC机中的海量数据库的仪器。根据这些功能要求，才能有的放矢，设计仪器。仪器设计开发流程通常如图6.1.1所示。

2. 方案设计

根据功能要求，对仪器进行方案设计，要比现有的同类仪器性价比更好，这就需要进行多种方案的设计与比较，确定最佳方案。方案设计主要包括宏观的机械结构、宏观的电路结构、上位机和下位机选型、电源选型、通信方式选择(或现场总线选择)、上位机系统软件和工作软件及下位机系统软件和工作软件的选择等全局性、总体性工作内容的确定。

3. 机械结构设计

机械结构设计是仪器设计的重要工作，涉及到外观造型、操作机构、内部器件的安装固定等，要求造型美观，操作简便，内部器件的安装、固定简便牢靠，维修时拆卸方便。由于机械结构件的制作周期较长，因此机械结构设计工作在方案确定后就应开始进行。

4. 电路设计

根据功能要求和设计方案画出电路结构框图，再对框图中的每一部分选用什么元件进行设计选型；然后使用专用的电路设计软件画出电原理图，之后画出印刷电路板图(PCB图)，并交至印刷电路板厂去加工；最后根据电路图的材料清单去购买元器件，等电路板回来后就可以焊接元件、接线等。

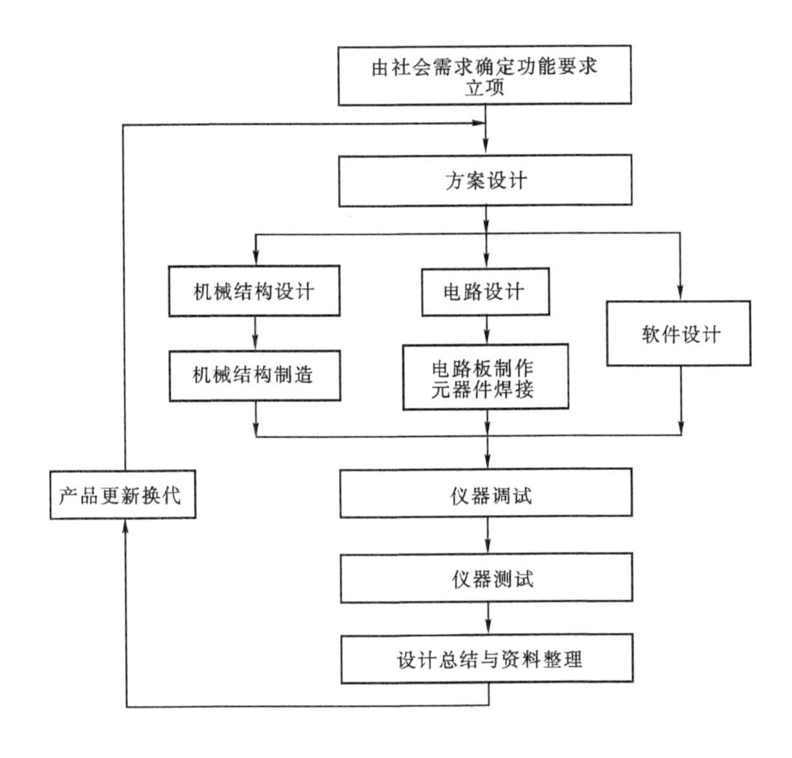

图 6.1.1　仪器设计流程图

在电路设计中，对实现同样功能的仪器可以按不同的电路去设计。在实现同样功能的条件下，水平越高的设计，其电路越简单；电路设计越复杂的，其水平越差。比较优秀的设计是使用元件少，元件新颖，功能较多，电路板较小，元件布局合理，走线合理规范，焊点少，过孔少，接头少，费用低，可靠性好。比较差的设计是电路设计非常复杂，使用的元件多，元件老旧，功能单一，电路板较大，元件布局乱，走线差乱，焊点多，过孔多，接头多，费用大，故障率较高。

5. 软件设计

根据功能要求和设计方案中所确定的上位机软件功能和下位机软件功能，画出各自的程序流程图，再按程序流程图设计各自的程序。

以上 3,4,5 三项工作可以组织不同的人员同时进行。

6. 仪器调试

电路板焊好后，先用万用表测量电路板的电源的正负极对其地线的电阻是否正常，有无短路等。在确定没有短路、电阻在正常范围的情况下，进行电源加载，打开电源开关，检查所有器件的温度，有无发热发烫，用手触摸其表面(不可碰触到其引脚，以防人体静电击坏器件)，并闻有无特殊气味(例如焦糊味等)。在排除了所有发热问题后，检测电源空载电压和带载电压。在电压全部正常时，再测量电路板电流，看是否在设计范围内。在电压、电流全部正常后，就可以进行硬件每一单元电路的调试，调试内容包括各单元电路的工作点、线性度、增益等(有些单元电路很简单，没有多少调试工作)。在硬件调试的基础上，进行软件调试，加载软件进行调试。

7. 功能测试

此项工作包括仪器的各项功能测试、高低温试验、振动试验，有些水下工作的仪器还必须作高压水防水试验和防潮试验。

8. 设计总结与资料整理

要将全部设计资料，包括设计方案、机械设计的全部图纸、电路设计的全部图纸、上位机下位机的全部软件、仪器测试的全部测试数据资料等，整理归档，以便产品检修及后续开发、升级换代设计时参考。

下面以铁轨参数检测仪设计为例，介绍智能仪器设计的全过程。为了叙述清晰，对每一项设计将另列一节进行介绍。

6.2 铁轨参数检测仪功能要求与方案设计

铁轨参数是铁道部门对铁轨建造、维护、检修的依据，特别是在日常的维护中其参数起着非常重要的作用。目前，对于其参数的获取有两种方式。一种是专用检测列车，因为其价格昂贵(每台车 500 万元)，目前应用很少，而且在铁路铺设现场和维修现场无法使用。而这种现场检测需求遍布于全国所有铁路局的所有工务段的维修检测现场，因此研制一种简便的检测仪器势在必行。本例就是应铁路部门的要求，研究开发便携式铁轨参数检测仪。

1. 铁轨参数检测仪的主要功能要求

(1)实现手持式或便携式符合国家铁轨建造标准的检测与数值分析系统。主要是利用单片机对铁轨技术参数值进行采集(信号处理部分、调零、放大倍数的计算与调整、A/D 转换、数字滤波)、分析(对比、历史对照、延伸至数值的图形化)、保存和打印，并可上传 PC 机。

(2)实现数值的图形化。利用上位机对下位机传来的数据进行处理，以图形的方式进行显示，供用户直观地观察、对比数据，了解铁轨技术状况，方便地得到故障点。同时，在 PC 机上建立数据库，对所有的数据进行归类存放，方便用户查询、打印等。

(3)实现 USB 通信。上、下位机的通信采用现在手持式或便携式仪器常用的 USB 通信方式，完成内容包括下位机的固化程序和上位机的驱动程序、操作应用软件。

(4)便携式仪器电源的研究设计工作。主要研究对仪器电池的充放电管理、电压和电流的监测，以保证为系统提供充足的电能，实现对电池进行最安全、合理、低耗的智能化使用管理，发挥电池最大的使用效能。

2. 铁轨参数检测仪方案设计

根据功能要求确定的最终方案框图如图 6.2.1 所示。图中，各信号流向如下：三路传感器转换出的电信号经过信号处理电路后，进入 8051f 内进行 A/D 转换。转换完毕后由 CPU 采集、处理，完毕后将数据存入非易失存储器。同时，由液晶显示器显示当前数据，供操作者查看，并且对当前数据进行判断。如果数据超出正常值，则 CPU 输出报警指示，由报警电路报警。键盘主要用于操作者进行各项操作：参数设定、信号采集、数据查询等。下位机与上位机通信采用当前流行的 USB 通信方式，大量的数据上传至 PC 机后由 PC 机进行数据分析，包括采用多种方式的查询、直观的图形对比显示方式并整理成不同的报表，供操作者打印、分析、判断轨道的运行状态。

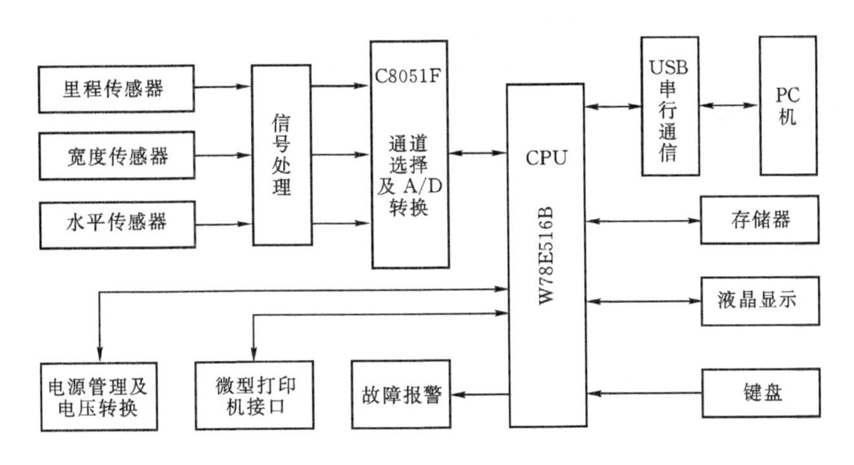

图6.2.1　铁轨参数检测仪方案

6.3　铁轨参数检测仪机械结构设计与电路设计

6.3.1　铁轨参数检测仪机械结构设计

这里给出已经完成的铁轨参数检测仪的外观图，如图6.3.1所示。

图6.3.1　铁轨参数检测仪

从图6.3.1可以看出，该仪器要放在铁轨上，由人手推行前进。在有火车时，必须能方便地移开。搬移都是人工扛持，因此仪器必须轻巧灵活，能够折叠，便于携带，对总重量必须限制。仪器的核心是测量盒，就放置在仪器的上部，内置电路板、蓄电池，表面上有开关、液晶显示器、键盘、通信接口、微型打印机接口等。由于是靠振动信号来检测轨道的不平度，因此仪器的轮子不能做成防震的，必须让它随着路轨振动。但是，测量盒是电路单元，要减少振动，因此测量盒安装要有防震结构。由于是在野外作业，阳光照射，液晶就不能选彩色或蓝背光的液晶，否则就看不清字符和数字，只能选用绿背光单色液晶。

由于本书侧重于仪器的电路设计，因此机械结构设计从略。

6.3.2 铁轨参数检测仪电路设计

在硬件电路设计中，通常要先确定仪器所测量的物理量的参数，再根据设计方案选择确定各部分电路的部件和元件型号，画出电原理图、印制板图，作出电路板，焊好元件，做好连线。

1. 铁轨参数检测仪硬件电路设计技术参数指标要求

1)里程

测量精度：1m/km；测量范围：0～9999.999km。

2)水平

测量精度：0.1mm；测量范围：±150.0mm。

3)轨距

测量精度：0.1mm；测量范围：(1450±10)mm。

4)供电电压

锂离子电池组 3×3.6V，5A·h。

5)正常行进检测步长

每推进 6m 对轨道的水平值和宽度值测量一次。也可以随时按下检测按钮进行检测。

根据以上参数，下面讨论如何设计制作符合要求的硬件电路。为了更好地讨论硬件电路设计制作，把硬件分为数据采集及外围电路和电源管理两部分来讨论。

2. 数据采集及外围电路实现

数据采集电路包括传感器、信号放大调理电路、A/D 转换电路、单片机等电路。下面就对这些电路进行讨论，并设计出可行的应用电路。

1)传感器的选择

本系统中主要采集量是里程值、轨道水平值和轨道宽度值，因此系统必须采用三个不同的传感器来进行非电量到电量的转换。

(1)里程传感器的选择。根据实际操作使用要求，本测量系统在轨道上行进的速度不会超过 10km/h，相对来讲速度较低，所以选用霍尔传感器。同时，在滚轮上装磁性元件，滚轮滚动一周，霍尔传感器触发一次。由于要求的测量过程为每 6m 自动测量一次，所以首先要确定好滚轮的直径。这里因为机械装置不是设计的重点，直接给出滚轮的直径 D=70mm。

由此可以计算出其周长

$$L = D \times 3.14 = 70 \times 3.14 = 219.8 \text{ mm} \tag{6.3.1}$$

所以要测量的 6m 所需要的触发次数为

$$n = 6000/219.8 = 27.29 \text{ 次} \tag{6.3.2}$$

这里取整数次为 27。因此，存在的误差为

$$6000 - 27 \times 219.8 = 65.4 \text{ mm} \tag{6.3.3}$$

这就说明每测量一次就存在 65.4mm 的里程误差。根据需要这一误差必须尽量减小，但液晶显示仍以 6m 为单位递增或递减。因此，必须在软件上采取相应措施，减小由触发次数只能为整数而带来的误差。

触发次数由单片机累计，然后用累计次数乘以滚轮周长即可得到所测路段的里程数。霍尔传感器的具体型号为东崎电气公司的 KF005，其电气参数为：

输入电压：10～30V(DC)；

输出电压：0～5V(DC)。

(2)水平传感器的选择。水平传感器主要用于测量两轨顶平面与水平面的夹角。根据技术参数要求，选择北京通磁伟业传感技术有限公司生产的倾角传感器。有两种可供选择：WQ36-10S 和 WQ36-45，前一种是小角度测量的，后一种是大角度测量的。两个型号的传感器技术参数分别如下：

WQ36-10S：线性量程为±10°，输出信号变化率大于 85mV/(°)(5V)，分辨率为±0.001°。

WQ36-45：线性量程为±45°，输出信号变化率大于 50mV/(°)(5V)，分辨率为±0.002°。

根据现场使用要求，两侧轨道在转弯处水平高度差最大可达 150mm，则可以得到角度测量范围为

$$\beta = \arctan \frac{h_1 - h_2}{1450} \tag{6.3.4}$$

式中，$h_1 - h_2 = 150$，则可以得到

$$\beta \approx 5.9° \tag{6.3.5}$$

所以设计测量的范围为±6°。设计时初步选择了 WQ36-10S，但当进行传感器性能测试试验时，WQ36-10S 重复性很差，达不到使用要求。而适当选取 WQ36-45 的测量区间时，其技术性能满足要求，只是当在±6°范围内变化时，电压变化仅为

$$50\text{mV}/(°) \times 12° = 600\text{mV} \tag{6.3.6}$$

而设计的显示范围为±150.0mm，显示精度为 0.1mm，所以每显示单位(0.1mm)对应的传感器电压变化量为

$$U_{0.1\text{mm}} = 600\text{mV}/3000 = 0.2\text{mV} \tag{6.3.7}$$

式(6.3.7)说明当传感器电压每变化 0.2mV 时，将会引起系统输出量变化 0.1mm(1 个显示单位)。很显然设计的信号处理电路，其灵敏度将会很高，才能达到设计要求。这就说明在设计信号处理电路时，减小外部干扰，提高电路的稳定性将是考虑的工作重点。

本设计中选用传感器型号为 WQ36-45，该倾角传感器利用重力摆结构，可无触点地测量倾斜角度。WQ36-45 具有体积小、灵敏度高、寿命长、耐环境污染、抗振动等特点。特别适合于运动频繁的场合，可耐水、油和各种恶劣环境，应用于水平姿态角度的测控，平面定位等需要。

(3)宽度传感器的选择。宽度传感器主要检测两轨道之间的距离，这里用直线位移传感器来检测这一参数。为了尽量减少数据处理的复杂性，对轨距的计算与显示作如下处理：把铁轨的修建标准宽度(1450mm)作为一个基准，规定这一个基准标定显示值为 0，则在采集测量过

程中，大于这一基准为正值，小于这一基准为负值。这样测量显示的数据范围为±10.0mm。选择直线位移传感器型号为HKWDC-100，其参数为：

线性量程：0～80mm；

精度：0.05%～0.5%；

输出：0～8V；

激励电压：9V(DC)；

输出电压变化率：100mV/mm。

宽度信号处理系统的输入与输出的关系为：宽度传感器输入电压每变化10mV，采集数据最终值将会变化1个显示单位(0.1mm)。这里就很明显，由于传感器的输出电压变化率大(10mV/显示单位)，信号处理电路设计起来非常容易，不需要很高的灵敏度就可以达到设计要求。

2)信号放大器的选择与外围电路设计

放大器是任何一台现代测量仪器不可缺少的基本电路。越灵敏的仪器，越是需要高增益、高性能的放大器。根据本检测系统研究开发指标，这里选择常用的运算放大器LM224。LM224为内部集成四运算放大器，14引脚DIP封装，其引脚功能如图6.3.2所示。技术参数如下：

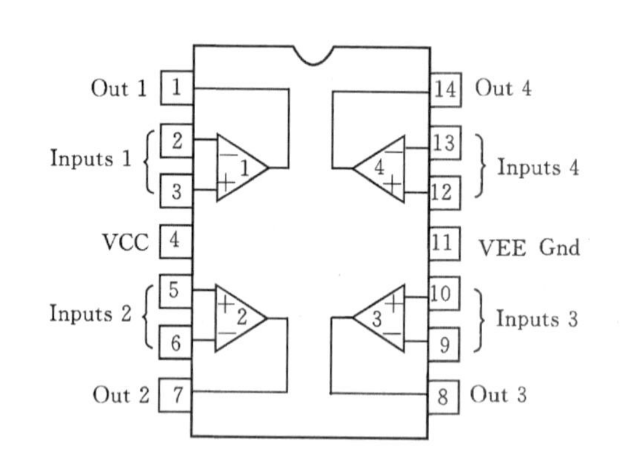

图6.3.2 LM224引脚功能图

工作电压(VCC)：±1.5～±16V或3～32V；

工作温度(t)：－25～＋85℃；

输入失调电压(V_{IOS})：±2mV；

输入失调电流(I_{IOS})：3.0nA；

输入偏置电流(I_{IB})：45nA；

差模电压增益(A_{VD})：100dB；

共模拟抑制比(K_{CMR})：70～80dB；

差模输入电阻(R_{ID})：2MΩ；

电源电流(I_S)：0.7mA；

差模输入电压范围(V_{IDM})：±32V；

共模输入电压范围(V_{ICM})：±15V。

根据以上参数，可以看出LM224完全满足设计要求，因此初步选定LM224。这里有三路信号要分别进行处理放大，所以从电路也可以看出选择内部集成四个运算放大器的集成运放，可以进一步简化电路。

下面直接给出在讨论中设计的三路放大电路，并在此对其原理进行分析。

(1)里程信号放大处理电路。图6.3.3是选用LM224设计的里程传感器信号处理电路。很明显，本电路利用运算放大器的正反馈，形成了典型的斯密特电压比较器，加快了对开关量采集的速度。

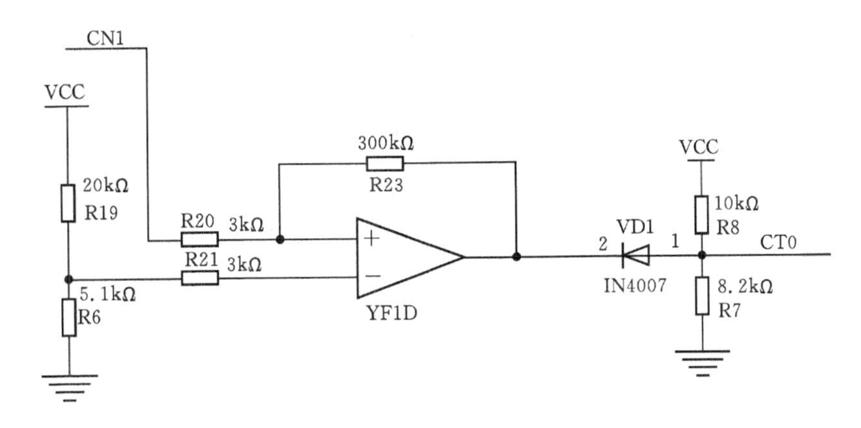

图 6.3.3　里程信号放大处理电路

工作过程是这样的：霍尔传感器的信号(CN1)经输入电阻 R20 接入 LM224 的第 12 引脚，LM224 的 13 脚由 R19 和 R6 提供一基准电压。当 CN1 电压在上升过程中，一旦电压大于这一基准电压，则运放的输出端第 14 脚电压立即上升。这一电压经反馈电阻加入到运放的同相输入端第 12 引脚，加快了同相输入端的电压上升速度，这又引起了运放输出端的电压上升，直到 14 引脚电压达到运放的最大输出。可以看到电路中接入了一个隔离二极管，则当 14 引脚为高电平时，CT0(与 CPU 中断引脚相连)与之被隔离，其电平由 R8 和 R7 分压决定，R8，R7 选取适当的电阻值使得此时的 CT0 为高电平。而当 CN1 电压下降时，其工作过程与之相反，当运放输出电压达到最低(0V)时，CT0 电压被 14 引脚拉至 0.7V 左右(为低电平)(LM224 采用单 12V 供电时)。可以计算出

$$U_{13} = 12 \times R_6/(R_6 + R_{19}) = 12 \times 5.1/25.1 = 2.43\ \text{V} \qquad (6.3.8)$$

且 VCC=5V，则当 LM224 第 14 引脚为高电平时

$$\text{CT0} = \text{VCC} \times R_7/(R_8 + R_7) = 5 \times 8.2/(10 + 8.2) = 2.25\ \text{V} \qquad (6.3.9)$$

所以，当 CN1 信号在 2.43V 以下变动时，LM224 的第 14 引脚为低电压；只有当 CN1 电压高于 2.43V 时，LM224 的第 14 引脚电压才上升为高电平。

(2)水平信号放大处理电路。图 6.3.4 为水平信号放大处理电路原理图。由于水平传感器(倾角传感器)输出信号变化率小，为 50mV/1°，因此电路的放大倍数可计算得到

$$\beta = 12\text{V}/(0.05\text{V}/1^\circ \times 12^\circ) = 20 \qquad (6.3.10)$$

①放大电路原理。从图 6.3.4 可以看出放大器 YF1B 和其外围电路组成了一个放大倍数为 2 的放大电路，其主要作用是为主放大器 YT1C 的负输入端提供一稳定的基准电压值。其电压值大小由电阻 R8，RP6，R33 和 C17 组成的分压电路决定，其电压范围为

$$U_{\min} = 12(R_{33} + 0/R_8 + R_{33}) = 12 \times (10/110) = 1.09\ \text{V} \qquad (6.3.11)$$

$$U_{\max} = 12((R_{33} + R_{P6})/(R_{33} + R_{P6} + R_8)) = 12 \times (15/115) = 1.56\ \text{V} \qquad (6.3.12)$$

其具体的电压值可通过调整 RP6 得到。

设计这一可调整的基准电压，其主要原因是由于选用的传感器，当角度从 −45°～+45°变化时，输出电压为 1.7～3.5V，且对放大器的供电采用的是单电源供电，所以必须为放大器提供一基准电压(要测量负的最大角度时，传感器输出的电压值)。这样，当传感器角度为要测量的负的最大值时，放大器输出为 0，再经过其他的处理，可以得到相应的角度值。

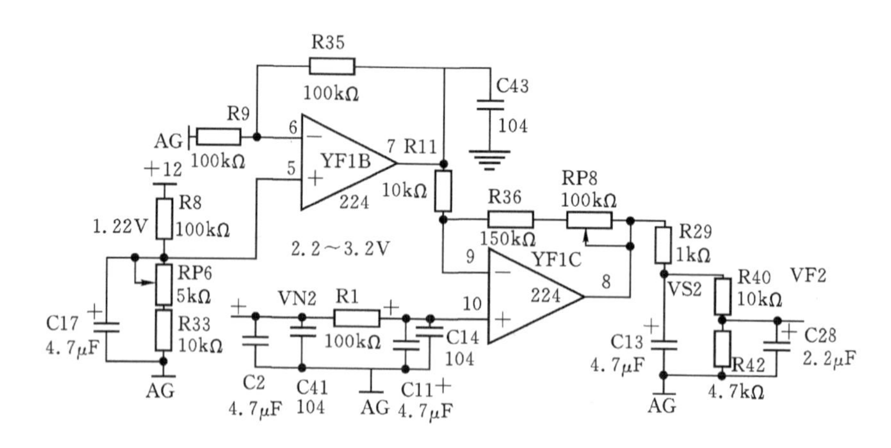

图 6.3.4 水平信号放大处理电路

图中 R11,R36,RP8 决定了主放大器的放大倍数,由其阻值可以算出放大倍数为

$$\beta = 1 + (R_{36} + R_{P8})/R_{11} \tag{6.3.13}$$

即

$$\beta_{max} = 1 + (150 + 100)/10 = 26 \tag{6.3.14}$$

$$\beta_{min} = 1 + (150 + 0)/10 = 16 \tag{6.3.15}$$

所以,放大倍数由 RP8 在调试过程中调整决定,其大小在 16～26 之间。

由于处理后的信号要进行 A/D 模数转换,且 A/D 允许的输入电压为 0～3.3V,所以为了电路的配合,由电阻 R29,R40,R42 和电容 C28 组成了分压电路。当放大器输出电压在 0～12V 变化时,VF2 电压为 0～3.3V 之间变化。

②电路抗干扰措施。非电量经传感器转换成的电信号,一般都混杂有不同频率成分的干扰,在严重情况下,这种干扰信号会淹没待提取的有用信号。因此,需要有一种电路能选出有用的频率信号,滤除无用的信号。

本系统用于对铁轨检测,但由于铁轨附近的干扰较大——轨道上有不断变化的电流、电压信号,轨道上空有电能输送线,火车在轨道上运行时与输电线之间产生高压放电,在整条轨道附近也会产生强大的脉冲干扰——而且由于传感器输出电压变化量小,电路的灵敏度高(0.2mV/显示单位),因此,本系统电路中必须采取适当的抗干扰电路,确保本系统的正常运行。本电路中首先采用了常用 RC 网络组成的 π 型滤波器,其组成的元件有 C2,C41,R1,C11,C14。C2 和 C11 是 4.7μF 的钽电容,主要用于滤掉低频脉冲干扰;C41 和 C14 是 0.01μF 的瓷片电容,用于滤掉较高频率的干扰。同时,信号的流通线路上也加入了多个电容 C17,C43,C13,C28 用来滤除干扰。

再次,为了防止干扰信号从传输线上串入,对倾角传感器的信号输出端至信号采集电路板之间选用了专用的屏蔽线,并把屏蔽层接机壳,让外界干扰的信号直接流入大地,能显著地减小干扰。同时,还对电路板信号放大调理模块进行电磁屏蔽,再次阻止空间电磁波干扰信号串入被测信号中。

(3)宽度信号处理电路。图 6.3.5 为铁轨宽度信号处理放大电路原理图。其原理与水平信号放大电路相同,只是由于宽度信号每显示单位输入电压高(10mV/显示单位),所以其自身的抗干扰能力强,设计的电路也相对简单。图中 R26,RP4,R3 组成分压电路,为运算放大

器 YF1A 负输入端提供一基准电压。电路可调整的放大倍数为

$$\beta_{min} = 1 + (R_{P5} + R_{27})/R_4 = 1 + (0 + 50)/20 = 3.5 \tag{6.3.16}$$

$$\beta_{max} = 1 + (R_{P5} + R_{27})/R_4 = 1 + (100 + 50)/20 = 8.5 \tag{6.3.17}$$

放大后的电压再次经由 R28,R16,R41 组成的分压电路,分压后送入 A/D 转换电路进行转换。

电路中 C4,C15,C16,C10,C27 也是对信号进行滤波处理,进一步滤除干扰信号,提高信噪比。

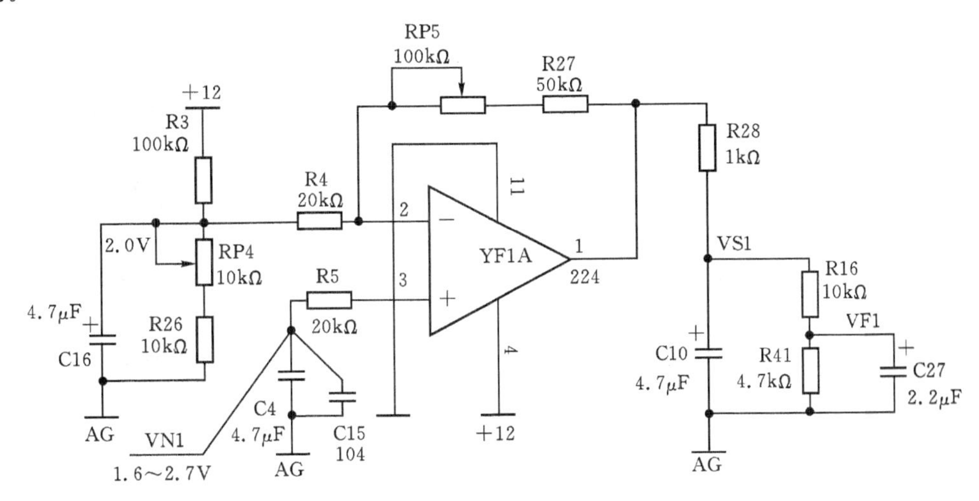

图 6.3.5　宽度信号放大处理电路

3)A/D 转换的选择及电路设计

由于本测量系统在轨道上行进的最大速度为 10km/h,且测量速度为 6m/次,所以可以得到测量时间间隔最长为

$$t = (6/10000) \times 3600 = 2.16 \text{ s/次} \tag{6.3.18}$$

这一参数说明本测量系统对 ADC 的速度要求不高,因此选择 ADC 元件时可以不考虑其转换速度,主要是考虑 A/D 的转换精度及其分辨率。

分辨率是 ADC 对微小输入量变化敏感程度,即二进制数的末位变化 1 所需的最小输入电压对满量程值之比称为分辨率。分辨率越高,转换时对输入量微小变化的反应越灵敏。通常用数字量的位数表示,如 8 位、10 位、12 位,它们可分别对满刻度量程值的 $1/2^n$,即 1/256,1/1024,1/4096 做出反应。对于 n 位的 ADC,其分辨率 $=1/2^n$ 满刻度值,实际上就是等于 1LSB。

在前几节的分析中,已经给出了实际测量对本系统的要求。在三路信号中,水平信号和宽度信号要经过 A/D 转换,且水平信号满量程为±150mm,精度为 0.1mm,对应的满量程电压为 3.3V;宽度信号满量程为±10mm,精度为 0.1mm,对应的满量程电压为 3.3V。因此,可以看出,两路信号 A/D 输入端最小变化量分别为

$$\Delta_{水} = 3.3/3000 = 0.0011\text{V} = 1.1 \text{ mV} \tag{6.3.19}$$

$$\Delta_{宽} = 3.3/200 = 0.0165\text{V} = 16.5 \text{ mV} \tag{6.3.20}$$

所以选择 ADC 的最小分辨率应该小于 1.1mV/位。

而当选择 10 位的 ADC 时,其最小变化量为

$$\Delta_{A/D} = 3.3/2^{10} = 3.3/1024 = 0.0032\text{V}/1\text{ 位} = 3.2\text{mV}/\text{位} \tag{6.3.21}$$

很明显，当选择 10 位的 ADC 时，不能满足要求。当选择 12 位 A/D 时

$$\Delta_{A/D} = 3.3/2^{12} = 3.3/4096 = 0.0008\text{V}/1\text{ 位} = 0.8\text{mV}/\text{位} \tag{6.3.22}$$

经过以上的分析可以得出，选择大于或等于 12 位 ADC 可以满足设计要求。因此从成本方面考虑，选择带有 12 位 ADC 的 8051F206 单片机作为专用 ADC。

(1)8051F206 简介。为了进一步说明 A/D 转换电路的工作原理，在这里对 8051f206 进行简介。

8051f206 是属于 Cygnal 公司的 8051F 系列单片机，是完全集成的混合信号系统级芯片(SOC)，具有与 8051 指令集完全兼容的 CIP-51 内核。它在一个芯片内集成了构成一个单片机数据采集或控制系统所需要的几乎所有模拟和数字外设及其他功能部件。这些外设或功能部件包括 ADC、可编程增益放大器、DAC、电压比较器、电压基准、温度传感器、SMBus/I^2C、UART、SPI、定时器、可编程计数器/定时器阵列(PCA)、片内振荡器、看门狗定时器及电源监视器等。这些外设部件的高度集成为设计小体积、低功耗、高可靠性、高性能的单片机应用系统提供了方便，也可使系统的整体成本大大降低。

(2)本设计开发中 A/D 转换电路原理。本研究中采用 8051F206 单片机来完成 A/D 转换，主要是因为其使用简单、方便，而且价格低(西安的市场价 2016 年 10 月为 9 元人民币/片)，而且其电气性能完全满足技术要求，为工业级芯片。

①A/D 转换电路工作原理。采用 8051F206 单片机完成 A/D 转换的器件引脚连线图如图 6.3.6 所示。

其工作过程如下：

本检测系统在轨道上行进过程中，滚轮每滚动一圈，里程传感器发一个计数脉冲，由主单片机(W78E516B)计数。当计数到 27 个时，计算出里程值，并计数值清零。同时，向 A/D 转换单片机(8051F206)发出宽度检测和水平度检测信号，之后等待其检测完毕，并采回检测转换的数据。这一过程总共需要时间约 25μs，而由检测系统的行进速度约为 10km/h，可以算出 25μs 可行进距离

$$L = SV = 25 \times ((10 \times 10^9)/(3600 \times 10^6)) = 69.44\ \mu\text{m} \tag{6.3.23}$$

由于轨道是由钢性材料制造而成，其铁轨的参数发生变化只是一个渐变过程，不会产生突变，因此不会对本系统的检测结果造成影响。

②A/D 转换电路原理图。图 6.3.6 为以 8051F206 为核心的 A/D 转换电路原理图，图中 VF1 为宽度信号输入，VF2 为水平信号输入，VS3 为备用端。三路信号进入 8051F206 内进行 A/D 转换，转换完毕后经 74HC573 送入主单片机(W78E516B)内进行处理。

JTEG1 为 8051F206 的在系统编程接口，可对 8051F206 进行在系统仿真和下载程序。RTNC 是对 8051F206 的悬空引脚进行接地处理，减少干扰。R10，R43，C20，C33 组成 8051F206 的复位电路。C18，C19 和晶振 TF2 组成时钟电路。8051F206 的 8 位数据总线经排电阻上拉，并经 74HC573 锁存器接入主单片机的总线，同时可起到隔离总线的作用。

8051F206 通过其引脚 23，24 与主 CPU 进行通信。当主 CPU 脉冲数累加到 27 时，就把 8051F206 的第 24 引脚拉低。8051F206 检测到这一低电平后，就进行通道选择并进行 A/D 转换，转换完毕则把数据送到总线上，并将 23 引脚拉低。主 CPU 检测到 23 脚变低后，就把总线上的数据读入，从而完成 A/D 转换。

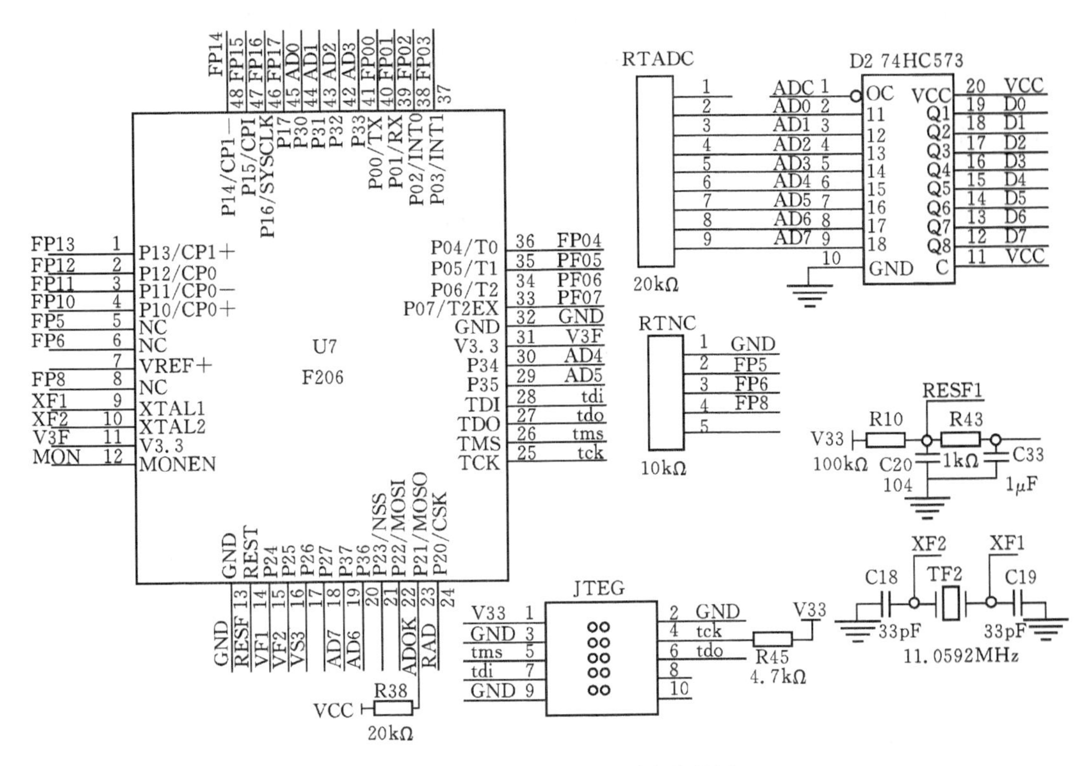

图 6.3.6　A/D 转换电路引脚接线图

4)存储器选择及电路设计

(1)存储器选择。很显然,由于本系统较为复杂,外围设备也较多,不仅要进行数据采集,而且包括液晶显示处理、键盘处理(功能操作、参数调整、查询、数据删除)、打印处理、通信处理、报警处理等,所以需要大量的程序存储器空间。为了简化电路,选择了具有 64KB 程序存储空间的 W78E516B。W78E516B 的片外数据存储器的扩展也很容易,并行接口的存储器可以扩充到 64KB,串行接口的存储器可以扩展到更大容量。根据开发技术要求,本系统需要能够保存检测一天时间的数据。因此可以这样计算,巡检工人手推本检测装置在轨道上行进速度为 5km/h,一天按 7h 计算(按 8h 工作日减去 1h 休息时间),则可行走 35km,且每 6m 检测一次,每次的数据量为 5B(里程和水平各占两个字节,宽度占一个字节),那么需要的数据容量为

$$5 \times (35 \times 10^3 / 6) \approx 29.2 \times 10^3 \mathrm{B} \tag{6.3.24}$$

即所需的容量约为 30KB。由于本系统在工作时,两次检测之间的时间间隔较长(每 6m 才检测一次,即时间间隔约为 2.16s),所以选择体积小且接线方便的串行非易失性存储器 CAT24WC256。CAT24WC256 存储器是一种采用 CMOS 工艺制成的具有 32K×8bit 容量的串行可用电擦除/写入的数据存储器,其寿命可达 10 万次。采用单一的 5V 电源,低功耗工作电流 1mA,备用状态只 10μA,三态输出与 TTL 电平兼容,采用 8 引脚 DIP(双列直插)封装。

为了使本检测系统使用上更加便捷,在设计中采用了软件调节参数的方案,可以通过键盘调整参数、设定初始值。这不但增加了使用的灵活性,而且也使系统在调整时更加方便。因此,在电路中要另加一块非易失性的数据存储器,这里仍选用串行存储器,即 CAT24WC02。该存储器具有 256 字节 8 位的存储空间,主要用于保存在线修改的系统参数。

对于 I²C(双向二线制串行总线)存储器芯片的读写操作这里不作介绍,可参考有关文献。根据需要这里还选用常用的具有 8KB 存储空间的数据存储器 6264。

(2)存储器电路介绍。如图 6.3.7 所示为本检测系统存储器扩展原理图。图中两片 I²C 存储器芯片直接由 CPU(W78E516B)的 I/O 口(P1 口)与之进行通信。其中,24WC256 占用 CPU 的 P11,P12 口,24WC02 占用 CPU 的 P16,P17。临时数据存储器(6264)属于快速存储器,其地址总线直接与 CPU 的 P0,P2 组成的 16 位地址总线相连,数据总线经锁存器 74HC573 之后挂接到 CPU 数据总线上。片选信号由 GAL20V8 对 CPU 高 8 位地址总线进行逻辑处理后(选通地址为 0000H～1FFFH),接入 CE 引脚来控制存储器 6264。经过上述处理后,就方便地得到 32KB＋256B＋8KB 的片外数据存储空间。其中,8KB 为随机存取数据存储器,32KB＋256B 为非易失性数据存储器。

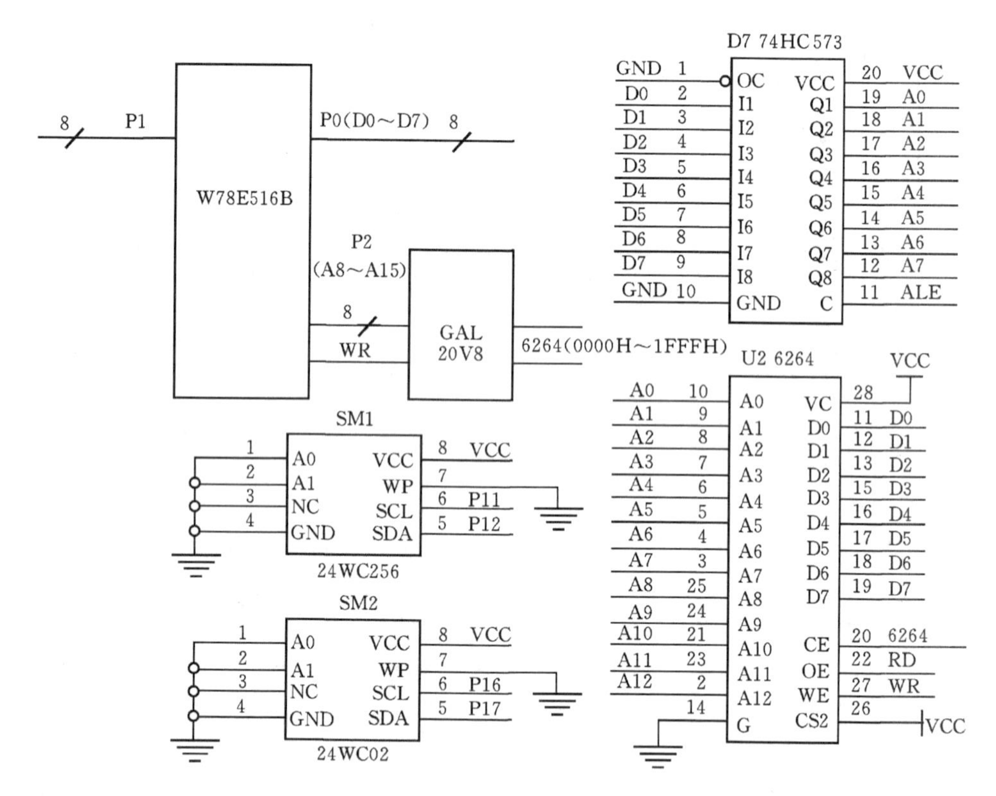

图 6.3.7　存储器扩展

5)液晶显示器与键盘的选择及控制电路设计

在设计选择液晶显示器与键盘时,要立足于让键盘功能与显示信息画面更加人性化,简便易用。

经过比较,选择了由东芝公司出品的 T6963C 芯片控制的 240128 型液晶显示器。考虑野外作业,选择绿背光单色显示器,该显示器由 240×128 个像素点构成,内有 64KB 存储空间,可进行图形和字符的显示。其可视窗口为 115mm×65mm,字符可以 5×8,6×8,7×8,8×8,16×16 等多种方式显示。其工作电压只需 5V 电源,工作电流为 330mA。

操作键盘采用自行设计制作的六键控制方式,其主要功能如下:设置、上行、下行、返回、测量、复位。其中设置、上行、下行、返回为多功能键，测量(手动测量键)和复位为单功能键。液晶显示器与键盘电路原理如图 6.3.8 所示。

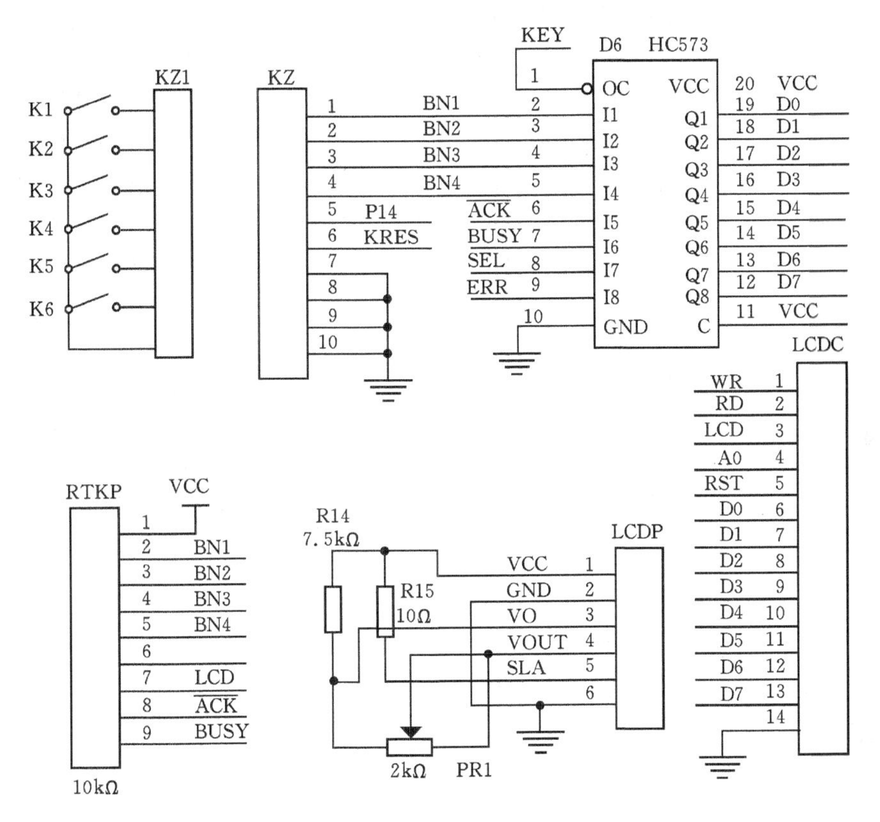

图 6.3.8　液晶显示与键盘电路

图中，KZ1 与 KZ 是一对插头/插座，KZ1 是键盘电路，六个键的初始状态被排电阻 RTKP 上位为高电平。当 K1～K4 按下键盘时，相应的管脚被下拉为低电平，这个低电平经锁存器 HC573 接入总线。在 CPU 读入键值后，经过识别即可确定按下的键，则可做出相应的处理。从图中可以看出，K5 直接接入 CPU 的 P14，这样处理主要是利用 CPU 多余的 I/O 口直接快速处理相应的键值。当按下此键被 CPU 识别后，CPU 立即执行测量程序(即为手动测量功能)。K6 为 CPU 复位键，当按下此键后，主 CPU(W87E516B)和从 CPU(8051F206)及液晶显示器同时被复位。图中 LCDP，LCDC 为接入液晶显示器的插头。LCDP 为液晶显示器的电源处理电路，为液晶显示器提供相应的电源电压，同时图中的可调电位器可调整液晶显示器的对比度。LCDC 中第 3 脚为液晶显示器的片选控制信号，由 GAL20V8 经逻辑处理后提供此信号。第 4 脚为命令/数据识别信号线，其值为“0”时向液晶显示器写入数据，为“1”时向液晶显示器写入命令。第 5 脚为复位引脚，此引脚变低则液晶显示器被复位。

6)CPU 的选择及外围电路设计

经过前面讨论研究，已经完成了部分硬件电路设计，这里主要是选择单片机及其外围电路。从前面可以看出，整个系统采用的是主-从式双处理器的方式。主处理器使用的是 W78E516B 单片机，主要是其内部带有 64KB 的程序存储器，方便了外围电路的设计，简化了电路。该单片机所有指令与51系列完全兼容。从处理器采用的是8051F206单片机,其作用主要是进行A/D转换和电源管理(其性能在前面已讨论过)。W78E516B是常用单片机,其内部电路特点及其特性这里不做讨论(具体可参考文献)。本节主要是对其外围电路进行开发设计,使其达到良好的运行状态,满足本系统要求。

(1)复位电路。本系统中,采用的是主-从式单片机方式,两个单片机的供电电压不相同(W78E516B供电电压为5V,8051F206为3.3V),且复位方式也不同,一个高电平复位,一个低电平复位。为了使电路能正常工作,当按下操作面板上的复位键时,整个系统全部都能正常复位,采用了如图6.3.9所示的电路。图中KRES是键信号,接下复位键时KRES为低电平,经三极管T1反相后的RES为高电平,RES给主单片机复位,RST给液晶显示器复位,RESFI给从单片机复位。

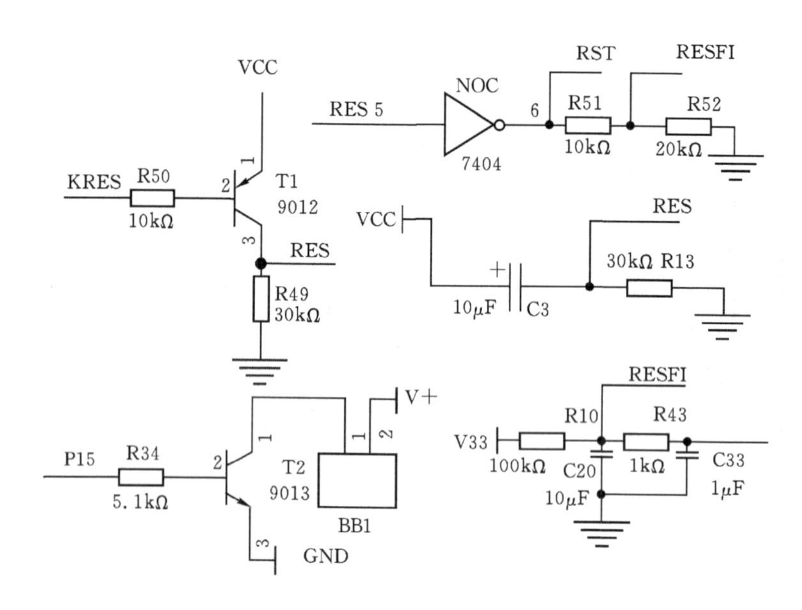

图6.3.9 复位与报警电路

(2)报警电路。本系统报警电路的作用主要有如下几个:

①在操作过程中,当操作者按错键时,发出报警声,提醒操作者;

②当电源电压不足时,发出报警声,提醒操作者及时保存数据;

③当检测到的数据超出范围时,发出报警声提醒操作者做好相应的措施。主要是利用单片机的I/O口,经9013放大后驱动一个蜂鸣器发声。

(3)微型打印机接口电路。为便于操作者使用,本检测系统上设计了微型打印机接口,使用者可以用检测仪直接打印出检测结果和有关的信息,为现场分析铁轨状态提供依据。其接口电路原理图如图6.3.10所示。打印数据总线经锁存器D3(HC574)之后接入打印接口PRZ,其控制信号($\overline{ACK}$,BUSY,SEL,ERR)也经过锁存器D6(HC573)之后进入打印接口,且打印接口控制信号$\overline{ACK}$,BUSY经10kΩ排电阻上拉至高电平。锁存器D3,D6的控制信号也由GAL20V8对高8位地址数据进行逻辑处理后提供。

(4)实时时钟电路。根据系统设计要求,系统检测到的数据要以每日时间为分类进行保存,送入PC机中供查询、建立报表等。因此,本系统中要对时间数据进行保存。为减化电路设计，采用常用时钟芯片 DS12C887。其具体的操作方法可查阅 DS12C887 相关资料。

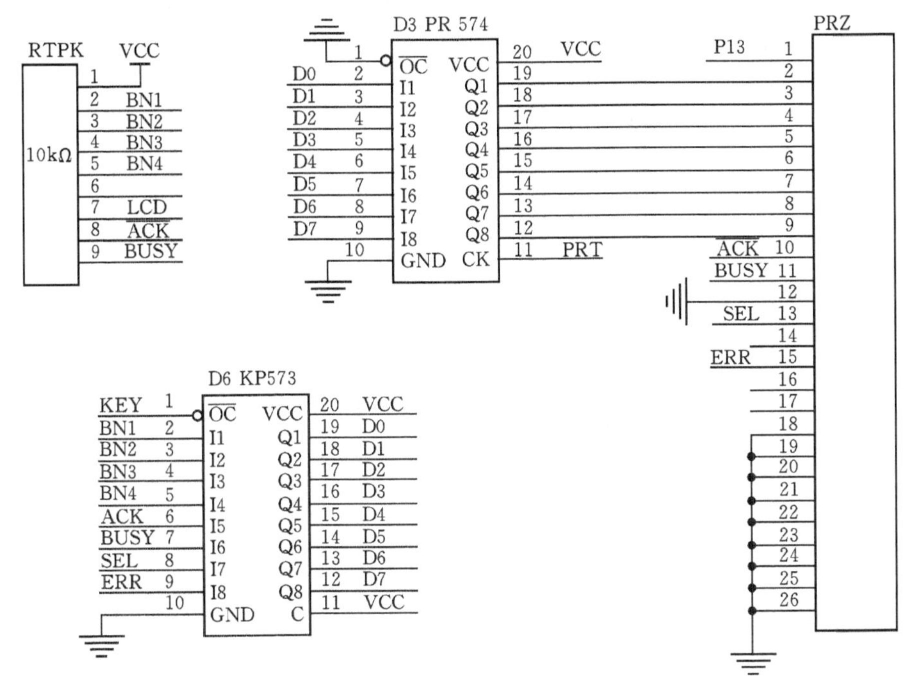

图 6.3.10　打印机接口连线图

6.3.3　电源管理、电压转换芯片的选择及其电路设计

随着社会的发展，电子技术的提高，人们对产品设备提出了更高的要求，特别是对使用电池供电的便携式电子产品设备，人们总是希望其单次充电使用时间更长，电池更耐用，但事实上，在使用过程中往往达不到应有的使用时间。究其原因，除了电池本身的性能外，最主要的是没有对电池充放电进行智能化管理，电池的效能没有得到最大的发挥。所以，电源的智能化管理也是便携式电子产品设备开发研究的重要工作之一。

1. 电源硬件电路的实现

1)电源管理电路

这里介绍本设计所采用的以电源管理芯片 DS2770 为核心组成的电源管理电路，用它实现电量监测、充放电管理。DS2770 是 DALLAS 公司制造的最新的便携式仪器电池充放电管理专用芯片，该芯片在使用中可以对电池进行充/放电状态、电流、电压、温度和容量的实时检测，所有的数据都能永久保存，并能以单总线的方式传送给 CPU，供 CPU 进行处理和显示。尤其是 DS2770 一改传统的以电池电压为准来判断电池容量的方法，而采用电荷流入、流出量计量的方法，来判断电池容量，使得电池容量的计量更加准确。DS2770 采用 16 脚扁平封装，接线简单，是电池充/放电管理中的首选芯片。

电源管理电路如图 6.3.11 所示，从图中可以看出，本电路简单，采用的元件少，实现容易。硬件原理图中，R8 是 CPU 的上拉电阻，VCC 即为 CPU 的＋5V 供电电源。图中 R7 的选取：R7 是检测电阻，其值选取大值可提高分辨率，但降低了电流检测的最大值；选取小值可扩大检测电流，但降低了检测分辨率。使用中注意其两端电压不能超过 51.2mV。使用中可依据最大电流与电流分辨率范围选取，本设计选取 100mΩ，则可检测的最大电流是 51.2mV/0.1Ω=512mA，电流分辨率是 1.56μV/0.1Ω=15.6μA。

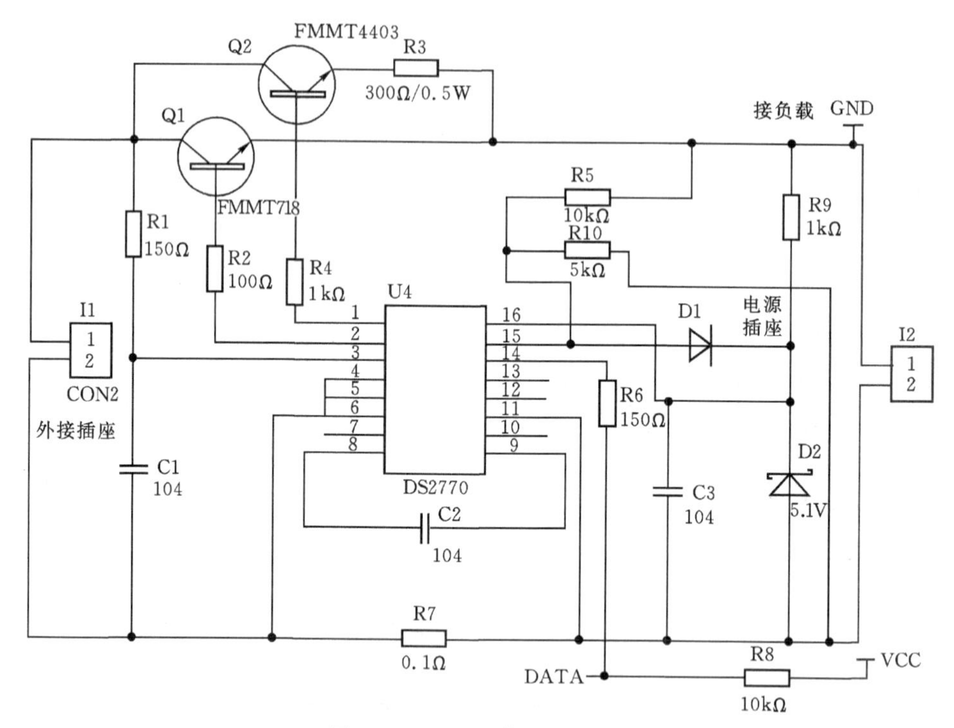

图 6.3.11　电源管理原理图

2) DC/DC 变换电路

图 6.3.12 为本系统电源变换电路原理图。从图中可以看出，采用了分布式 DC/DC 变换电路，图中 ADG1 为一线绕电感，用于连接数字地和模拟地。P1，P2 分别为宽电压输入的 12V 和 5V 输出的 DC/DC 变换器件；P5C3 为 5V 输入、3.3V 输出的 DC/DC 变换器件；7809 为三端集成稳压器件，给传感器提供 9V 工作电压。

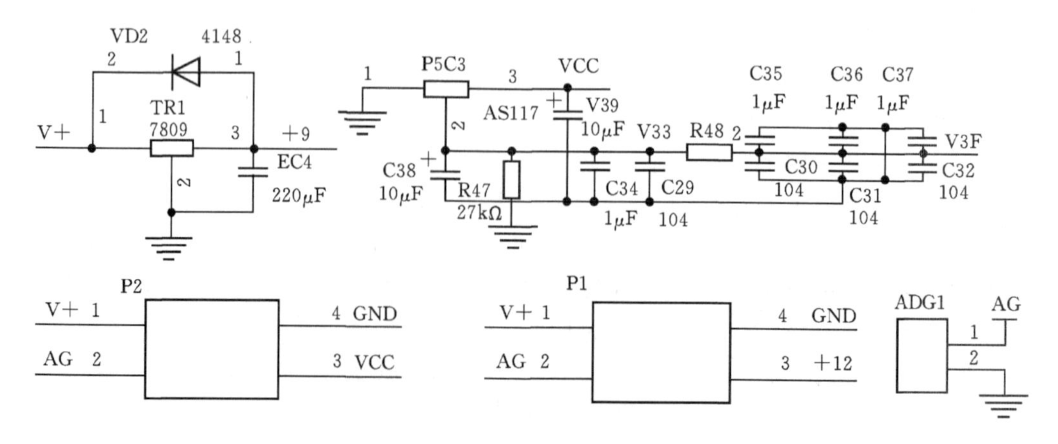

图 6.3.12　电源转换原理图

2. 工作原理描述

当外接电源接通时，DS2770 首先经第 3 引脚检测到外接电源已接上，接着会自行根据记载的数据，判断电池是否需要充电。如果需要充电，则启动充电电路，经 Q1 对电池先以恒流方式进行充电，同时，DS2770 对电池进行电流、电压、温度和容量监测。当达到电池满容量的 90%时，则关闭 Q1、启动 Q2，以涓流的方式对电池进行充电至结束。放电过程中，DS2770 对放电电流进行监测，记录放电的电流、电压、温度和容量的监测。整个过程中，每个数据 DS2770 都会记录下来，并保存在芯片内部，通过第 14 引脚与 CPU 通信，传给 CPU 供 CPU 进行显示和处理。

6.3.4　通信接口设计

从设计方案可知，本仪器要使用 USB 接口与上位计算机通信，实现测量数据的传送。

现在的 USB 芯片生产厂商很多，几乎所有的硬件厂商都有 USB 的产品。USB 控制器一般有两种类型：一种是 MCU 集成在芯片里面的，如 Intel 的 8X930AX，CYPRESS 的 EZ-USB，SIEMENS 的 C541U 以及 MOTOLORA，National Semiconductors 等公司的产品；另一种就是纯粹的 USB 接口芯片，仅处理 USB 通信，如 PHILIPS 的 PDIUSBD11（I^2C 接口），PDIUSBP11A，PDIUSBD12(并行接口)，National Semiconductor 的 USBN9602，USBN9603，USBN9604 等。前一种由于开发时需要单独的开发系统，因此 开发成本较高；而后一种只是一个芯片与 MCU 接口实现 USB 通信功能，因此成本较低，而且可靠性高。本设计使用 PHILIPS 公司的 PDIUSBD12 器件。

PDIUSBD12 为 28 管脚 DIP 封装。对于管脚功能说明，可在网上下载该芯片的 PDF 资料查看。

D12 与 CPU 应用的连接图如图 6.3.13 所示。

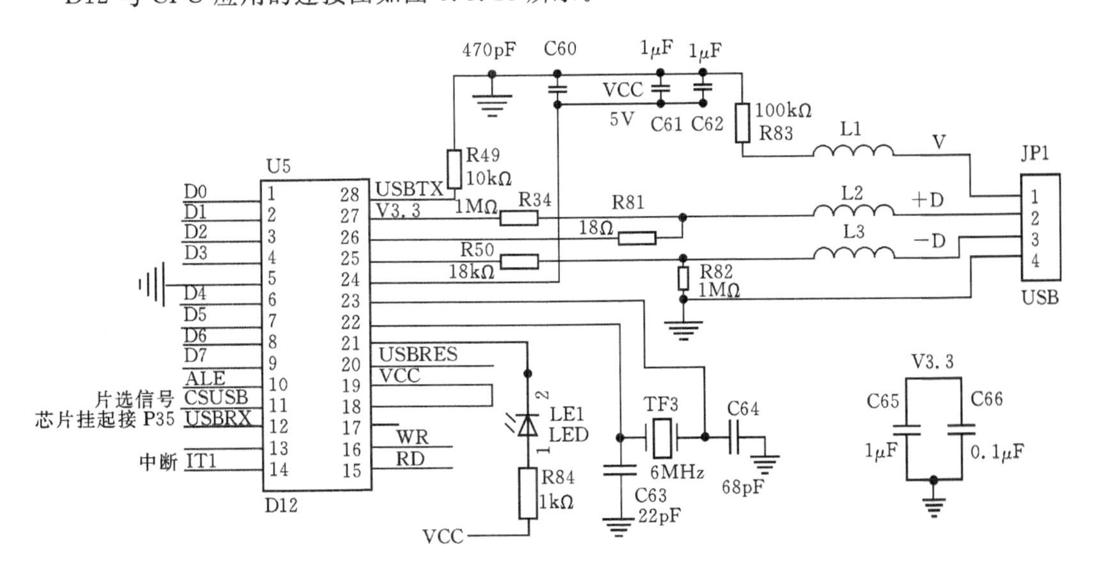

图 6.3.13　PDIUSBD12 应用连接图

6.3.5　电路设计总成

用电路板专用设计软件 Protel 进行电路板设计。根据以上分析所确定的铁轨参数检测仪的电路原理如图 6.3.14 和图 6.3.15 所示，所制做的电路板如图 6.3.16 所示。仪器装配好后的控制盒如图 6.3.17 所示。

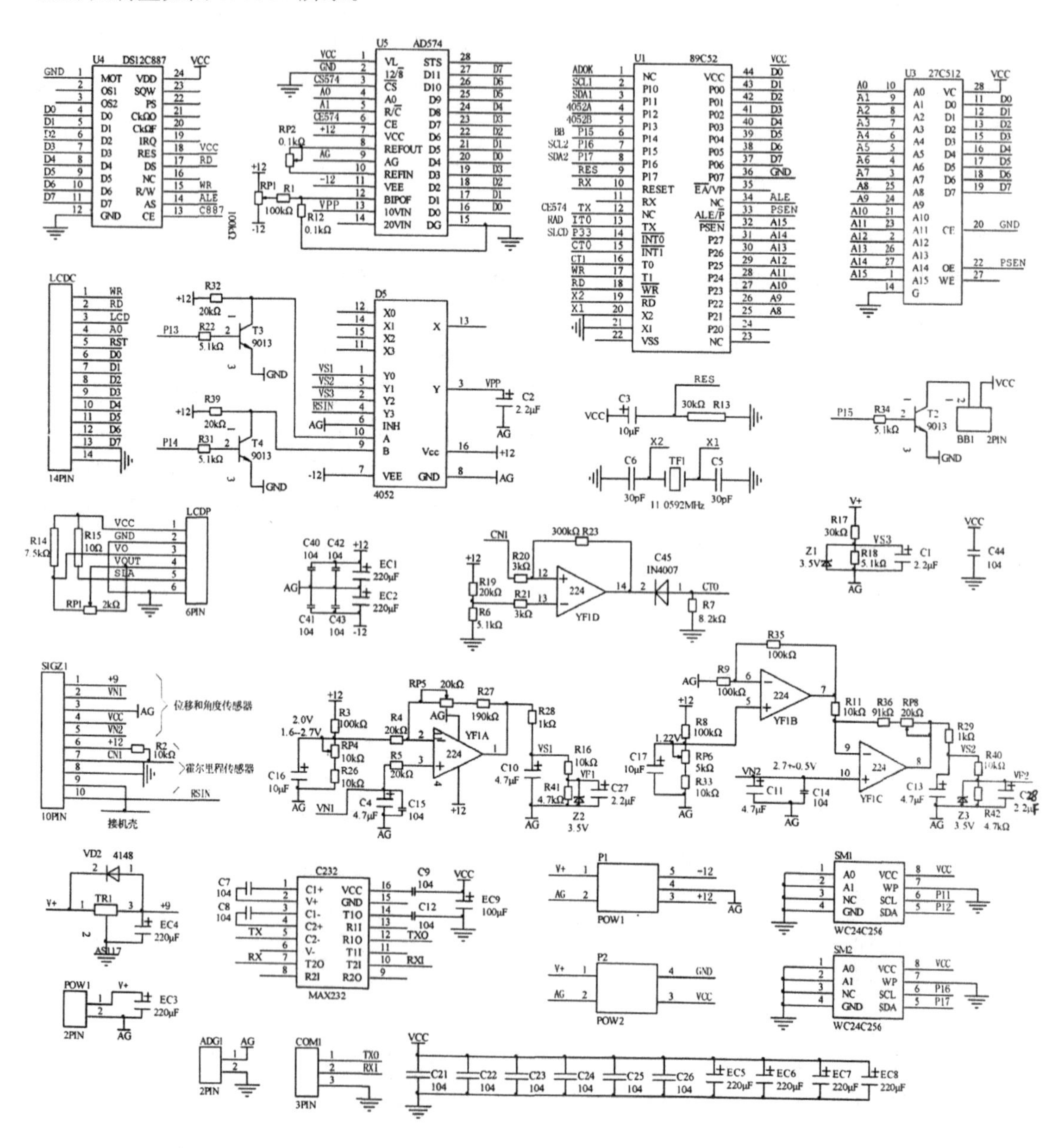

图 6.3.14　铁轨参数检测仪的电路原理图(上)

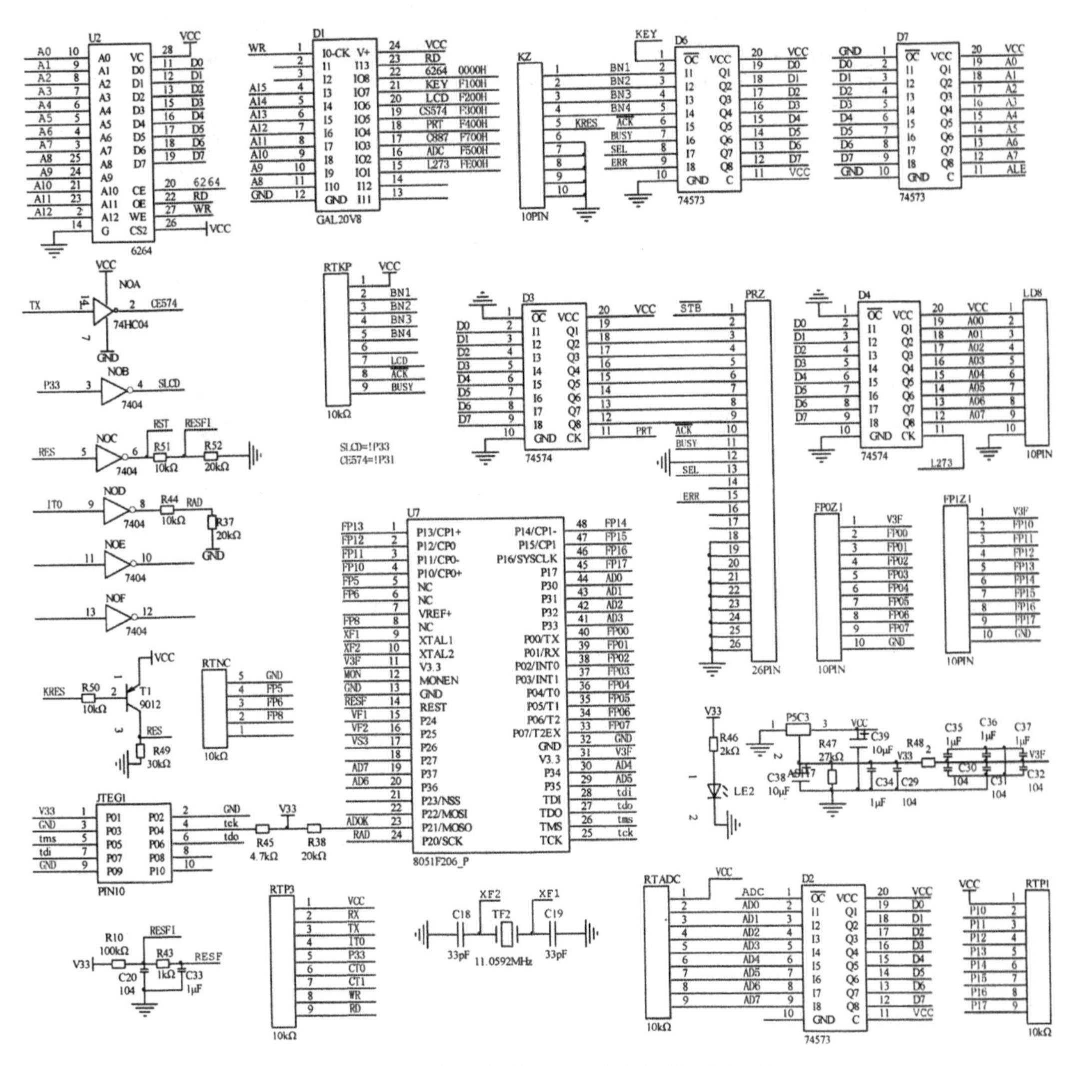

图 6.3.15　铁轨参数检测仪的电路原理图(下)

图 6.3.16　铁轨参数检测仪的电路板

图 6.3.17　装配好的仪器控制盒

6.4　铁轨参数检测仪软件设计

软件设计通常是仪器、控制器设计中工作量最大的部分，涉及到各种算法。在数据采集中涉及到滤波方法、各种数据分析方法与算法，在控制中涉及到所选用控制方法的算法，而这些方法是否合适可行，往往还要在调试中反复试验，有可能还会改变算法，因此这是周期最长、最繁复的工作。

对铁轨参数检测仪，根据设计方案可知，该仪器的软件分为上位机软件和下位机软件两大部分。分别叙述如下：

6.4.1　下位机软件功能

下位机软件就是测量盒中电路的处理器使用的软件，主要有以下模块：

①初始化模块；

②数据采集模块，包括 A/D 转换、数据处理等；

③显示模块，包括所有测量数据的实时显示，参数设置显示，报警信息显示，打印、通信等操作信息显示；

④打印模块；

⑤通信模块，包括 USB 通信的全部程序包；

⑥键值处理模块；

⑦电源管理模块。

由于其处理器都属于 51 单片机，因此其软件设计都采用 C51 语言进行。由于主处理器是 W78E516B，负责大部分功能模块，因此其程序设计工作量大，程序代码也很大，采用了伟福公司的集成化仿真开发平台 WAVE6000，在 PC 机上进行程序的快速开发设计。

仪器中负责 A/D 转换、数据处理和电源管理的处理器是 C8051F206，该处理器内含 12 位 ADC。采用其专用的集成化仿真开发平台 CYGNALIDE，在 PC 机上进行快速开发设计。

6.4.2　下位机系统主程序框图

软件编写，采取自顶向下的设计方法，先设计出整个系统程序流程框图，再进行各个模块的程序流程设计。对于整个系统的程序流程图，可先根据整个系统所要完成的全部功能，进行程序流程的编写。整个系统的功能主要有数据采集、数据处理、键盘处理、液晶显示、数据查询、数据打印、报警电路、通信以及电源管理。根据以上功能设计的本检测系统主程序流程图如图 6.4.1 所示。

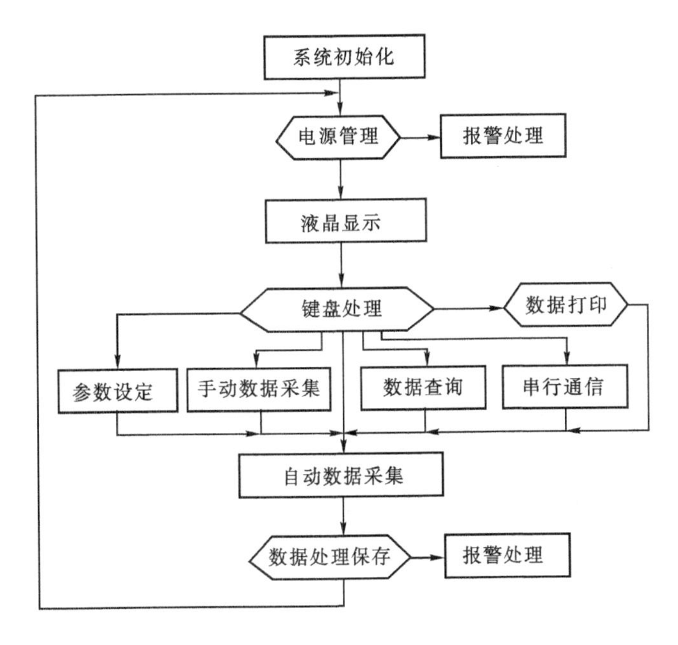

图 6.4.1　系统主程序流程图

图中各功能模块的功能与作用如下：

电源管理模块：主要是对电池进行充放电管理，同时对电池的电量、电压、电流和环境温度进行监控。上述各值如超出正常范围，则把报警信号送入报警电路进行报警，提醒操作者及时采取措施。

液晶显示与键盘处理模块：主要是对键盘的各个键值进行相应的处理，并显示相应的操作窗口界面。同时，在键盘处理程序中也包含了参数设定模块（其功能分别为设定数据采集的初始化参数，如初始里程值、检测轨道方向、系统时间调整等）、手动数据采集模块（在进行数据采集过程中，若要对某一处进行测量，只需按下此键即进行一次数据采集）、数据查询模块（为操作者提供简单数据查询功能）、通信模块（上传数据给 PC 机）、数据打印（可对查询的结果进行打印）。

自动数据采集模块：检测装置在轨道上行进过程中，自动按照一定的条件进行检测并采集铁轨参数。

数据处理模块：对采集到的数据进行处理，如数字滤波、抗干扰处理等，并对数据进行分析保存。若有超出范围的数据，则向报警电路发出报警信号，提醒操作者。

以下对各模块的编程作简单介绍。

6.4.3　键盘处理模块程序设计

键盘处理模块程序编写是本系统中的复杂工作，键盘相当于本系统的控制中心，通过键盘操作，可以选择不同的程序模块运行，执行不同的功能，达到使用的要求。其流程框图如图6.4.2所示。

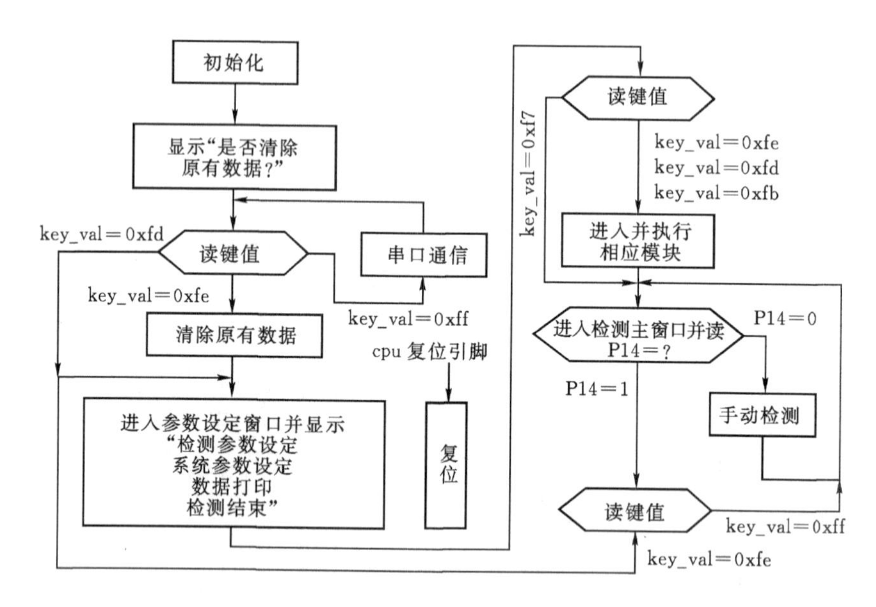

图 6.4.2　键盘处理程序流程图

本系统中键盘为六个键，从左至右依次为"设置"、"上行"、"下行"、"返回"、"手动测量"、"复位"。

在程序编写中，首先根据硬件定义键盘地址为

```
#define key      XBYTE[0xf100]
intkey_val=0;
```

然后利用语句

```
key_val=key;
if(key_val! =0){yanshi(1000); key_val=key;}       //去抖动
```

即可读取键盘的值，根据键盘值即可判断程序的走向，执行不同的功能。

从图 6.4.2 中可以看出，除复位键和手动检测键为单功能键外，其他四个键均为多功能键。手动复位键由于其特殊性，只能具有复位功能；手动检测键接入 P14，这样设计可以使操作者在需要手动检测时，只需按下此键盘一次，系统便可直接执行检测功能。

图中，系统进行初始化完毕后，主窗口显示"是否清除原有数据?"，同时对键盘进行扫描。如果键值为 0xff，无键按下，则不清除原有数据且直接进入通信模块。通信完毕或通信端口无数据，则再次进入键扫描程序。若仍无键按下，则重复执行上述过程。如果键值为 0xfe，则对原有数据进行清除，并进入参数设置主窗口。如果键值为 0xfd，则不清除原有数据直接进入

参数设置主窗口。

在参数设置主窗口中，再次读取键值，根据键值决定程序的流向。如果键值为 0xf7，则表示直接进入检测主窗口，否则，如果表达式“key_val ==0xfe| key_val ==0xfd| key_val ==0xfb”为真，则程序进入相应的参数设定处理程序。执行完毕也将进入检测主窗口准备数据采集。

在数据采集主窗口中，系统读取 P14 端口。如果为“0”，则执行手动检测程序。执行一次手动检测后，将再次读取 P14 端口状态。若为“0”，则重复执行上述程序；否则 P14 为“1”，则对键盘进行扫描。若键值为 0xff，则再次读 P14 重复执行小循环，同时等待中断，进行自动检测。如果键值为 0xfe，则再次进入参数设定主窗口，重复执行上述程序。

上面对键盘的主要程序流程进行了框图设计，根据上述流程就可以编写符合要求的键盘处理程序。

6.4.4 数据采集、处理及其程序设计与编写

本系统最终的技术性能，主要依靠于对数据采集、处理模块的设计是否合理，方法是否得当。在前面已经对硬件电路进行了优化设计，这里再讨论在软件上采用一定的数据处理方法，对数据进行处理，并讨论如何实现程序设计及编写。

1. 数据采集程序设计

根据前面的硬件电路原理可以知道，数据采集的 A/D 转换是由单片机 C8051F206 负责执行的，而转换所得到的数据要传给主单片机 W78E516B，是在主单片机的中断程序中进行数据传输的。

2. 数据处理

根据前面的研究分析，已经可以得到采集的数据，但这数据并不是最终的数据。由于这些数据里面包含有随机误差、干扰信号等无用成分，如果直接进行数据值计算，则会引起很大的误差，因此要经过一定的处理方法去掉这些无用的成分后，采集的数据才能满足要求。

在前面硬件电路部分，已经讨论并采用了抗干扰的电路。为了更好地剔除这些干扰信号，在软件上也要采用一定的滤除方法。根据两路传感器信号的特性，这里在软件上分别采用算术平均滤波法，进一步减少数据中干扰成分。

数据采集处理的软件流程如图 6.4.3 所示。

使用公式为

$$E = \min\left[\sum_{i=1}^{N}(y - x_i)^2\right] \tag{6.4.1}$$

由一元函数求极值的原理，可得

$$y = \frac{1}{N}\sum_{i=1}^{N} x_i \tag{6.4.2}$$

式(6.4.2)即为算术平均滤波的基本算式。

根据以上计算原理，即可编写工作程序。

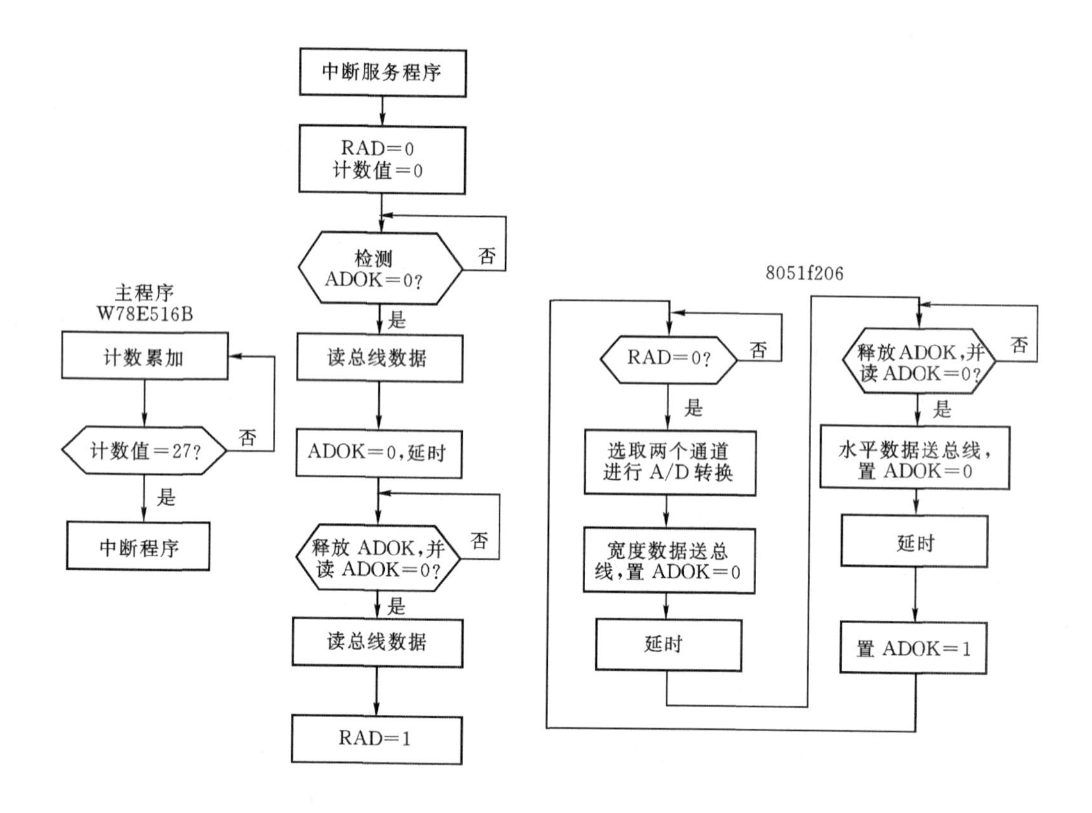

图 6.4.3　数据采集程序流程图

6.4.5　电源管理模块程序设计及编写

根据前面硬件电路分析,电源管理功能主要由电源管理芯片 DS2770 和 8051F206 完成,因此,电源管理的程序主要是在 C8051F206 内运行。正常运行时,由 8051F206 分时读取 DS2770 内部寄存器的数据。当数据超出范围时,8051F206 向主单片机发出中断申请,并将数据传给主单片机,由主单片机在中断程序中进行处理,发出相应的报警信息。

1. 电源管理程序框图

由上述分析过程可以设计出电源管理程序流程图,根据电源管理流程图,即可进行程序的编写。其程序的编写是在 Cygnal 公司的 IDE(集成开发环境)中进行的。Cygnal 公司的 IDE 具有如下特点:

①源码编辑器;

②项目管理器;

③集成的 8051 宏汇编器;

④编程器;

⑤Cygnal 的全速、非侵入式在系统调试逻辑;

⑥源码级调试;

⑦支持第三方开发工具;

⑧MCU 配置向导。

为了方便软件的编写，将第三方软件 Keil 8051 工具集成到 Cyngal 公司的 IDE(集成开发环境)中，这样就可以直接采用 C 语言编写程序，并可方便地进行编辑、编译、下载和调试。

电源管理程序流程如图 6.4.4 所示。

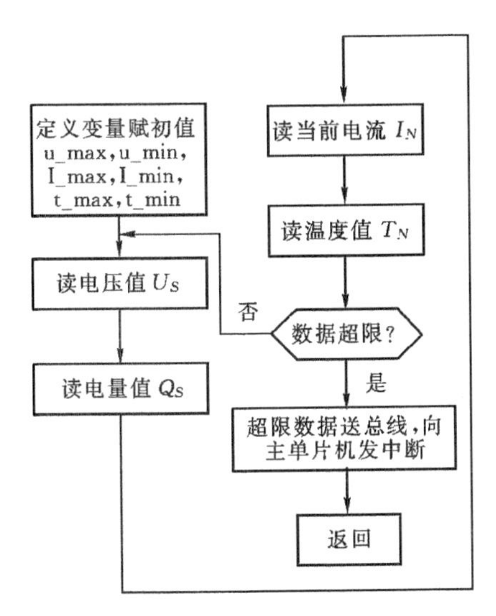

图 6.4.4　电源管理程序流程图

2. 软件的编写

首先要定义几个超限变量，主要用于对电源正常运行状态进行判断，并赋初值：

int u_max=4200,u_min=3000,I_max=700,I_min=500,t_max=50,t_min=−10;

上述变量中，u_max 是由电源电路决定的。若电源电压因意外情况大于 4200mV，则认为电路工作不正常；若小于 3000mV，则认为电压过低，必须进行充电操作。I_max=700 是由于本系统正常运行时的总电流为 650mA，所以当电流大于 700mA 时认为电路出现短路故障，必须停止操作；当电流小于 500mA 时，认为电路中有断路故障发生，也必须停止操作。对于 t_max=50，t_min=−10 定义当环境温度在 −10～+50℃ 时本检测系统可正常工作，当超出这一限值后，也必须停止工作。当然，这几个参数在最后调试时，可根据现场条件进行调整，以更好地符合实用要求。

为了精确地控制单总线数据传输，必须先建立几个关键的函数。第一个是延时函数，它是所有的读和写控制的重要组成部分。这个函数完全依赖于微处理器的速度。为了更好地理解，本设计采用 8051F 处理器，工作时钟为 11.0592MHz，则编写一延时函数如下：

```
void yanshi(int cu)
```

延时时间为 21+16×cu，单位为 μs。使用过程中，根据时序图适当调整 cu 的值满足要求即可。

```
//读电压值
{ unsigned char v1,v2;
  unsigned int v;
```

```
a：fuwei()；
    if(fmai!=0) goto a；
    write_byte(0xcc)；
    v1=0；
    write_byte(0x69)；//读数据
    write_byte(0x0C)；
//电压值高8位
    v1=read_byte()；
b：fuwei()；
if(fmai!=0) goto b；
    write_byte(0xcc)；
    v2=0；
    write_byte(0x69)；//读数据
write_byte(0x0D)；
//电压值低8位
v2=read_byte()；
v=0；
v=((v1*8)+((v2&0xE0)/32))*4.88；
//得到电压值
return(v)；}
```

再依据上述电源电压采集程序编写的方法，就很容易编写出完整的工作电流、温度和电量采集程序

int read_i(void),int read_t(void),int read_q(void)

得到了上述值之后，就可以依据表达式

$$(u_{min}<u<u_{max})\&(I_{min}<I<I_{min})\&(t_{min}<t<t_{min})\&(0<q<q_{max})$$

来判断程序的流向。若为“1”，表示本检测系统运行正常，程序将返回重新向DS2770读数据；若为“0”，则表示系统运行不正常，则将超出范围的数据送到总线上，并向主单片机发出中断请求，由主单片机进行处理。

以上对本系统的主要程序编写进行了讨论，其他的程序也可采用上述方法进行编写。所有的程序编写、调试、连接完成后，主单片机采用专用程序烧写器将生成的文件(*.bin)烧写到其内部的ROM中，从单片机用仿真器直接下载即可。

6.4.6　USB接口总线软件设计

USB接口总线的软件设计主要包括下位机(设备端)单片机的固件编程和上位机的驱动程序及上位机应用程序的编写。

1. 单片机的USB程序

对于单片机控制程序，目前没有任何厂商提供自动生成固件(firmware)的工具，因此所有程序都要由自己手工编制。USB单片机控制程序通常由三部分组成：

(1)初始化单片机和所有的外围电路(包括 PDIUSBD12)。

(2)主循环部分,其任务是可以中断的。

(3)中断服务程序,其任务是对时间敏感的,必须马上执行。

2. USB 上位机驱动程序和应用程序

在调试 USB 设备时,可使用 UsbView 程序检测设备是否能被 Windows 枚举并配置。如果成功,还可在该程序中查看设备描述符、配置描述符和端点描述符是否正确。之后可以使用 Driver Wizard 生成一个通用驱动程序,在 Windows 提示安装驱动程序时,选择 Driver Wizard 生成的驱动程序。其实 Driver Wizard 生成的仅是一个 Windows 控制台的应用程序,它会调用安装 Driver Wizard 时安装在系统中的通用 USB 驱动程序。使用该程序就可测试设备是否能够正确传输数据以及传输速率。该程序也可作为最终产品 USB 传输部分的框架;如果不能满足要求,也可用 WDM 重新编制驱动程序,用调试好的 USB 设备来开发、调试主机软件。

6.5　上位机数据分析系统应用软件的编写

上位机应用软件的编写,选择在功能强大也容易入手的 C++Builder 集成开发环境中进行。C++Builder(简称 BCB)是 Borland 公司继 Delphi 之后开发的又一个通用的 Client/Server 结构的开发工具。C++Builder 的集成开发环境(IDE)比 Delphi 融入了更多的 Windows 组件,也可以建立更多的对象。作为 32 位 Windows 环境下的快速开发工具(RAD),C++Builder基于最流行的面向对象的设计(OOP)语言 C++,采用领先的数据库技术,并结合使用了图形用户界面(GUI)的先进特性和设计思想,使得 C++Builder 成为目前继 Visual Basic,Delphi 之后在 32 位 Windows 环境下最具吸引力的开发工具。它把完全的可视化与真正的面向对象和 C++的高效率、高性能完美地结合起来,在大大地简化了开发过程的同时,并没有降低代码的效率。从开发操作系统级的系统软件到高层企业级的应用,C++Builder 都是最合适的选择。在此简要介绍利用 C++Builder 开发线路静态检测分析系统的结果。

所设计的操作界面如图 6.5.1 所示。在操作主窗口中,下拉菜单“文件”中设计了数据备份、数据恢复、数据删除、退出四个菜单;在“数据通信”中设计了通信参数设置、数据接收两个菜单;在“数据查询”菜单中设计了主查询、分级查询、分项查询三个菜单;在“数据分析”菜单中设计了主查询图形显示、重复性对比图形显示两个菜单;在“打印”菜单中设计了主查询打印、分级查询打印、分项查询打印三个菜单;在“系统设置”菜单中设计了用户设置、密码修改两个菜单,在“帮助”菜单中也设计了两个菜单帮助文件和关于。另外,还在主窗口中,设计了七个快捷按钮,分别为数据接收、主查询、分级查询、分项查询、主图形、对比图形、用户设置,方便用户操作使用。建立了完整的主窗体之后,则对其进行保存。

完成了主窗口的设计,接着进入各个菜单项和按钮控件事件响应的设计和代码编写。在 C++Builder 中,每一个菜单或控键都是一个组件,都包含属性、事件和方法。一般来说,菜单项都响应鼠标单击事件,即每个菜单项都有一个事件响应函数 NameClik()(这里的 Name 表示菜单项的名称)。每当单击菜单项时,C++Builder 就调用 NameClick 事件响应函数,执行这一函数的代码。

图 6.5.1　线路静态检测分析系统主界面

1. 数据查询功能实现

数据库查询应用程序是最常用的应用之一，C++Builder 具有强大的数据库支持功能，利用它来开发数据库应用程序，快速简便而且功能丰富。

本应用软件主要的功能之一，即能以各种方式对数据库数据进行查询。在实现数据库查询功能之前，要先用数据库软件 Microsoft Access 生成如图 6.5.2 所示格式的数据表。

Microsoft Access — landdata：表

No	Direct	Mileage	Width	Heigh	Data	sjkz	gsxiar	gxxiar	ssxia	sxxian
0	上行	979.7	-1.2	-.6	04-7-26	-.6	8	-2	4	-4
1	上行	979.7	2.3	2.2	04-7-27	2.2	8	-2	4	-4
1	上行	979.706		-.4	04-7-26	.2	8	-2	4	-4
2	上行	979.706	.5	2.1	04-7-27	-.1	8	-2	4	-4
2	上行	979.712	2.2	-2.4	04-7-26	-2	8	-2	4	-4
3	上行	979.712	1.8	-1.3	04-7-27	-3.4	8	-2	4	-4
3	上行	979.719	3.7	-2.7	04-7-26	-.3	8	-2	4	-4
4	上行	979.719	3.6	-.2	04-7-27	1.1	8	-2	4	-4
4	上行	979.725	3.1	-.4	04-7-26	2.3	8	-2	4	-4
5	上行	979.725	3.1	2.8	04-7-27	3	8	-2	4	-4
5	上行	979.731	.9	-2	04-7-26	-1.6	8	-2	4	-4
6	上行	979.731	.8	.9	04-7-27	-1.9	8	-2	4	-4
6	上行	979.737	1.3	-1.7	04-7-26	.3	8	-2	4	-4
7	上行	979.737	.8	1	04-7-27	.1	8	-2	4	-4
7	上行	979.743	-1.5	.1	04-7-26	1.8	8	-2	4	-4
8	上行	979.743	-1.1	3.2	04-7-27	2.2	8	-2	4	-4
8	上行	979.749	2.4	-.9	04-7-26	-1	8	-2	4	-4
9	上行	979.749	2	1.5	04-7-27	-1.7	8	-2	4	-4
9	上行	979.755	1.2	4	04-7-26	4.9	8	-2	4	-4
10	上行	979.755	.7	6	04-7-27	4.5	8	-2	4	-4
10	上行	979.762	-.9	2.9	04-7-26	-1.1	8	-2	4	-4
11	上行	979.762	-1.3	6.3	04-7-27	.3	8	-2	4	-4
11	上行	979.768	1.1	1.9	04-7-26	-1	8	-2	4	-4
12	上行	979.768	1.7	3.8	04-7-27	-2.5	8	-2	4	-4
12	上行	979.774	3.5	6.2	04-7-26	4.3	8	-2	4	-4

记录：1　共有记录数：562

"数据表"视图

图 6.5.2　建立的数据表

先要用数据库软件 Microsoft Access 生成两个数据表，一个是主数据表用于存放数据（如图 6.5.2），另一个用于存放对主数据表进行管理的数据。生成好的两个数据表在同一数据库内，然后进入 Windows 系统的控制面板，打开系统 ODBC（数据库管理）进行相应的设置，使系统能连接上数据库。

数据表建立完毕，就可以在 C++Builder 开发环境中编写代码实现数据库的查询了。在子窗口中，选取 Table，Datasource，Query，DBGridl 等数据库管理组件，并对各个组件的属性做相应的设置，再根据要求对整个窗口界面布局进行设计并调整到最佳。完成之后，进入相应的单元（Unit）文件中加入相应的代码。图 6.5.3 即为设计完成的主查询操作窗口。

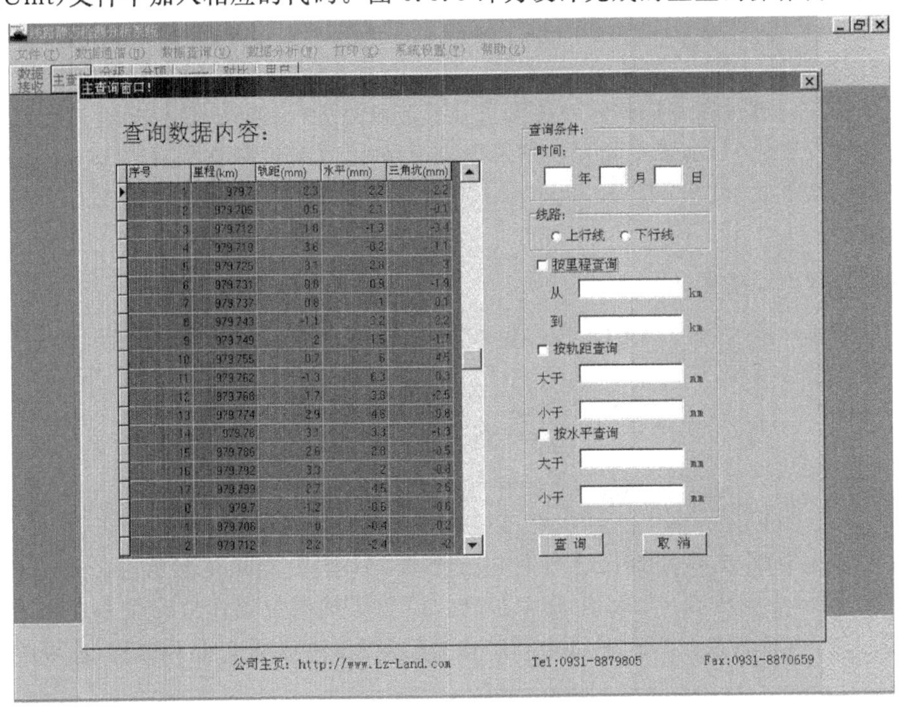

图 6.5.3　主查询操作界面

在此操作窗口中，可以多种方式来查询所希望的结果，可分别单独以时间、里程、轨距、水平进行查询，也可以任何两个或三个为条件来组合查询，也可以全部为条件来查询，所以对数据进行查询非常方便。

按照相同的设计，就可以完成其他的查询操作窗口设计和代码的编写。

2. 图形方式显示数据功能的实现

以图形方式显示数据，是对数据进行分析的一种方法，主要让操作者根据由数据组成的曲线图来判断铁轨的运行状态和发展变化趋势。这种分析方法简洁直观，并且从图上可以直接看出铁轨参数是否超限。同时，还可实现对同一路段多次测量的数据以图形方式进行对比，从而使操作者很容易就可判断出本路段铁轨状态的变化趋向。

3. 报表输出功能实现

铁轨参数报表，是各铁路工务段向上级单位提供的铁轨历史状态数据。本系统里的报表，是指把条件查询的结果以报表的方式打印输出。这些报表输出之前，要在数据查询操作窗口中，对数据按一定的条件进行查询，才能得到相应的报表。

6.6 现场软硬件统调及实测数据分析

在前面几节，详细地研究讨论并设计制作了本系统的硬件电路和软件系统。在本节里，主要讨论研究软、硬件现场统一调试。软、硬件调试也是设计产品的关键环节，方法得当，操作规范，就可能顺利完成，否则也许会在这一环节花费大量时间。下面，将对本系统的主要电路部分调试过程进行讨论研究。

6.6.1 软硬件调试

对本系统的调试是在专用的铁轨检测量具校准仪上进行的。铁轨检测量具校准仪是一套精度非常高的校准仪，其水平度和高度都采用数字显示，且精度都达到 0.01mm。当进行调整时，其高度差（水平度）可在正－10.00～＋200.00mm 之间变化；宽度也可在(1450±20.00) mm 之间变化。

1. 调试过程理论依据

根据电路原理图和前面讨论的标度转变式，可以把整个系统的水平数据采集环节，用如下的数学方程式进行模拟：

$$\left[(U_{调} - U_{传}^{0})\times\frac{R_{P8}+150}{10}\right]\times\frac{4096}{12}\times\frac{3000}{4096}\times a_1 - 1500a_0 = 0 \qquad (6.6.1)$$

$$\left[(U_{调} - U_{传}^{100})\times\frac{R_{P8}+150}{10}\right]\times\frac{4096}{12}\times\frac{3000}{4096}\times a_1 - 1500a_0 = 100 \qquad (6.6.2)$$

式中，$U_{调}$ 是调整 RP6 在放大器负端产生电压值；$U_{传}^{0}$，$U_{传}^{100}$ 分别是传感器在校准仪显示 0.00 和 100.00 时输出的电压值。RP8 为放大器放大倍数调整电位器；a_1，a_0 为系统可调节参数，这里设其为 1。很显然在上两式中，$U_{传}^{0}$，$U_{传}^{100}$ 均为已知值，所以联立上两方程，即可解得 $U_{调}$ 与 RP8 的值。

2. 调试过程

在调试前，首先按要求安装好选定的倾角传感器和直线位移传感器，接好连线并检察整个系统。确定无误之后，打开电源开关。然后按照如下步骤进行调试：

(1)调整高度调整旋钮，使校准仪高度显示为 0.00。在调整时要注意，首先调整旋钮，使显示为最小，然后按同一方向旋转调整旋钮，使显示数据字按要求连续增大，这样可减小校准仪的机械间隙误差。

(2)微调倾角传感器安装角度，使其输出电压为 2.4V 左右。由图 6.6.1 倾角传感器性能曲线(图中曲线为传感器性能，直线为加入的便于对比)可以看出，只有当倾角传感器角度在 60°～80°之间变化时才有较好的线性。而由前面的分析可知，检测范围约为±6°，所以此传感器能满足检测要求，没有必要对其数据进行拟合。

(3)参照前述的电路原理图调整可调电阻 RP6，并同时按本系统“手动检测”按键，对水平信号进行采集，直到采集到的数据为 0.0 即可。

(4)将校准仪高度调整旋钮按相同方向旋转，使其显示为 100.00，然后参照电路原理图再调整 RP8(放大倍数调整电阻)，并同时按本系统“手动检测”按键，再次对水平信号进行采集，直到采集到的数据为 100.0 即可。

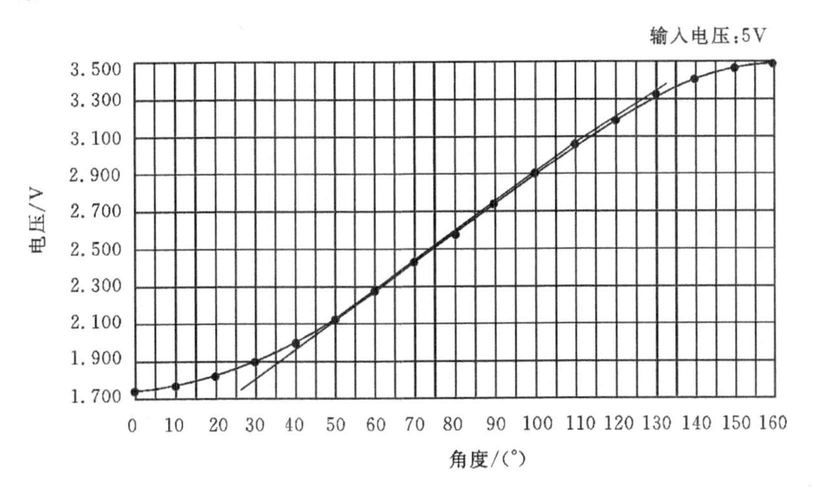

图 6.6.1　倾角传感器性能曲线图

(5)按步骤(1)到步骤(4)重复调整,直到当校准仪从 0.00 到 100.00 调整时,不调整 RP6 和 RP8,本检测系统采集到的数据也能从 0.0 到 100.0 作相应变化为止。

对于霍尔传感器信号和位移传感器信号的硬件电路调试,与上述方式相同,经过调试也可得到较好的调试结果。

6.6.2　现场实测数据分析

现场测试数据分析是对产品性能鉴定的一种有效的方法。这里的数据分析分为两步进行,先在室内利用高精度仪器进行调整校正后,再到现场进行实测检验。

1. 室内对比检测数据精度分析

为了检验本系统的性能,在本系统调试完毕的情况下,直接在校准仪上进行了检测对比。即:完成了调试后,使校准仪显示为 0.00,此时按下本系统的"手动检测"按键后,采集到的数据也应为 0.0。为了能更好地计算本系统的性能,慢慢转动校准仪水平度调整旋钮,同时按动本系统上的"手动检测"按钮,直到采集到的数据为 10.0 时,记下这一数据,并记下此时校准仪的显示数据。记下后继续转动校准仪水平度调整旋钮,直到本检测系统采集到的数据为 20.0 时,再记下此数据和校准仪上的显示数据。这样,直到本检测系统采集到的数据为 150.0 时为止。

注意:在旋钮旋转过程中,一定要按同一方向转动,切不可来回旋转旋钮,否则会出现较大的机械传动误差。记录的数据见表 6.6.1。

表 6.6.1　精度分析数据表

序号	本检测系统采集值	校准仪显示值	序号	本检测系统采集值	校准仪显示值
1	0.0	0.00	9	80.0	80.07
2	10.0	10.01	10	90.0	90.03
3	20.0	20.09	11	100.0	100.00

续表

序号	本检测系统采集值	校准仪显示值	序号	本检测系统采集值	校准仪显示值
4	30.0	30.07	12	110.0	110.01
5	40.0	40.00	13	120.0	120.03
6	50.0	50.05	14	130.0	130.01
7	60.0	60.09	15	140.0	139.98
8	70.0	70.10	16	150.0	149.95

由于在校准仪上进行上述的数据采集非常复杂，特别是校准仪本身灵敏度和精度较高，转动高度调整旋钮时，稍不注意转动角度就会过大，因此作上述数据采集时，没有对每毫米进行对比测量，只是对每厘米进行了数据采集。由于本系统的分辨率为0.1mm，由表6.6.1中数据可以得到如下几个参量：

(1)绝对误差值δ：

$$\delta = X - X_0 = 70 - 70.10 = -0.1\text{mm} \tag{6.6.3}$$

(2)相对误差值γ：

$$\gamma = \frac{\delta}{X_0} \times 100\% = \frac{|X - X_0|}{X_0} \times 100\% = \frac{0.1}{70.10} \times 100\% = 0.14\% \tag{6.6.4}$$

式(6.6.3)和式(6.6.4)是以本检测系统的测量值为测量值，以校准仪显示值为被测量值的最大差值进行计算得到的。从绝对误差和相对误差结果可以看出，本仪器水平差值精度符合技术要求。

对于宽度信号采集处理电路，由于水平传感器的电压变化量只有50mV/(°)，而位移传感器的变化量为100mV/mm，所以采用相同电路对宽度信号进行处理，其精度和稳定度与水平信号采集处理有量的飞跃。特别是采集的数据非常稳定，也完全满足精度要求。因此，这里对宽度信号的调试就不再重复了。对于里程脉冲信号的处理电路和调试这里也不再讨论了。

2. 现场实测数据重复性分析

很显然，在室内进行检测的数据由于外界干扰少，数据很容易就可以达到使用要求，但这并不能说明在现场实际测量中，就一定很可靠。因此经过一定的准备，到铁轨上进行实际测量，进一步检验其性能。多次测量调整无误后，完整地记录一次测量的数据，然后上传到上位机线路静态检测分析系统中，并以图形的方式显示出来，再与其他标准测试方法所得到的数据进行对比。如果偏差大于技术指标要求，还要再进行调试，直到达到技术要求，就可以小批量生产，成熟后就可以批量生产。

由于篇幅所限，仪器的温度试验和振动试验从略。

6.7　设计总结与资料整理

设计开发完成后，对仪器能够实现的功能、技术特点和不足之处要进行总结，对全部设计试验资料要进行整理，归档保存，以便于以后产品维护检修或升级换代继续开发，使产品性能不断提高,技术不断更新。

6.7.1　对于铁轨参数检测仪的总结

本项目分析研究了倾角传感器和位移传感器信号采集、处理以及便携式检测仪电源管理、USB串行通信和基于Windows环境下的应用软件开发、数据库建立、管理和数据图形化分析等技术。参照常用的便携式数据采集系统,开发、设计、制作了经济、实用、轻便、性能可靠的铁轨参数检测仪和线路静态检测分析系统。经现场实测使用,达到商业化产品标准,现已成批生产。通过本项目的研究开发,取得了以下几项成果:

(1)应铁路建设和现场维修之急需,提出了适合于现场反复多次检测和可按程序推进检测的铁轨参数检测仪及其数据处理和数据库系统方案。

(2)阻碍铁轨参数检测仪发展的主要问题是传感器的精度低、现场干扰大,而高精度的传感器依靠进口也是限制我国铁轨参数检测仪发展的重要原因。本设计利用国产传感器和特种单片机组合,研究并开发完成了适应传感器信号特点、抗干扰能力强、优良可靠的信号调理电路。

(3)运用双处理器方案,成功地完成了铁轨参数信号采集、数据处理、人机交互、电源管理、数据通信等全部前台工作,完成了符合铁路建设标准的铁轨参数检测仪整个系统。

(4)成功地将USB串行数据通信嵌入到了便携式数据采集仪中,完全顺应了当前PC机与外设通信的发展趋势,提高了便携式数据采集设备的适应性。

(5)成功地将电源智能化管理移植到了便携式数据采集系统中,进一步提高了便携式采集仪的智能化、人性化及能源使用合理化。

(6)在Windows环境下成功地完成了数据库的建立与管理,并在数据分析中实现了图形化对比分析方法,使得数据的比较更为直观简洁,提高了数据处理的效率。

虽然,铁轨参数检测系统经过一年多时间的设计研究、试验,才最终成为商业化产品,但经过近半年的实际应用,仍有欠缺的地方需要进一步完善:

(1)由于器件的限制,本系统的设计作业温度只能在－10～＋50℃之间(传感器限制,控制电路全部按－40～＋85℃设计),但实际应用是在室外操作,其环境温度往往超过这一规定值。所以,随着今后宽温度传感器的开发上市,本系统的温度适应性会更好。

(2)PC机应用软件操作界面设计还不够完美。由于专业的原因,在对应用软件各个操作界面设计过程中,只注重功能的实现,对操作窗口的人性化、艺术美观化考虑不足,还应进一步开发。

(3)上位机软件数据库共享功能不足。面对快速发展的网络化资源,本软件的数据共享只能依靠U盘或硬盘进行数据转储,没有实现远程数据库的共享,因此在下一步的研究开发中,这一功能要作进一步的开发,实现远程数库共享,铁路系统各单位从网上就可以直接查询到全部铁轨各个路段的运行状态和发展变化趋势。

(4)本设计只编写了应用于Windows98系统的设备驱动程序,对于应用于Windows2000和WindowsXP的设备驱动程序还得进一步研究和开发。

6.7.2　设计资料归档

所有设计资料归档,归档的基本资料如下:

①立项书(内有详细的功能要求和技术指标要求);
②电原理图;
③元器件材料清单;
④印刷电路板图;
⑤电路板元器件插焊图;
⑥机械结构设计图;
⑦所有软件;
⑧所有测试数据。

思考题与习题

6-1　一个多路数据采集器设计,要求如下:

所设计的数据采集器,共有16路信号输入,每路信号都是直流0~20mV信号,每秒钟采集一遍,将其数据传给上位PC机。本采集器地址为50H。要求多路模拟开关用4067,ADC用ADC0809,运算放大器用OP07,单片机用89C51,通信用RS232接口,通信芯片用MAX232,数据采集器与PC机的RS232串口进行通信。

6-2　设计一个带处理器的控制电路或数据采集器。处理器类型和型号不限,电路功能自行设计,根据功能要求,设计出电原理图,用C语言编制其工作程序。

第Ⅱ部分

智能仪器电路设计实验指导书

实验 1　并行接口的存储器读写实验

1. 实验目的

掌握并行接口存储器的读写方法。

2. 实验设备

智能仪器实验仪 1 台，PC 机 1 台，实验软件 1 套。

3. 实验原理

并行接口存储器的数据口线按数据位数的多少，分为 8 位、16 位、32 位等多种。在与处理器连接时，其数据端口线与处理器的数据总线一一对应连接，其地址总线也与处理器的地址总线一一对应连接，其片选信号与系统的地址译码电路的某一口线相连，其读写信号与处理器的读写线相连。其数据的读写是一次性读出或写入。在选用并行接口存储器时，要注意选用读写速度与处理器相适应的芯片，如果存储器速度较慢，读写时可以在软件上加延时。有些处理器没有读写过程中加延时的功能，就要选用速度相近的存储器芯片。

在存储器没有被选通时，或在存储器被选通但读写信号还没有到来时，存储器的内部数据总线的输入输出端口对外部呈现高阻态，与外部数据总线互相隔离。

图 1-1 表达了 8051 单片机对并行接口外部数据存储器的存取时序。该时序图表明，在访问片外数据存储器时，主要由地址总线、片选线、ALE、$\overline{RD}$、$\overline{WR}$等信号控制，$\overline{RD}$是读片外数据存储器(包括 I/O 设备)的控制线，通常与存储器的输出允许端$\overline{OE}$相连。在数据存储器被选通且$\overline{RD}$或$\overline{WR}$信号有效期间，存储器的输出端口才与数据总线接通；在其他时间，其数据输出

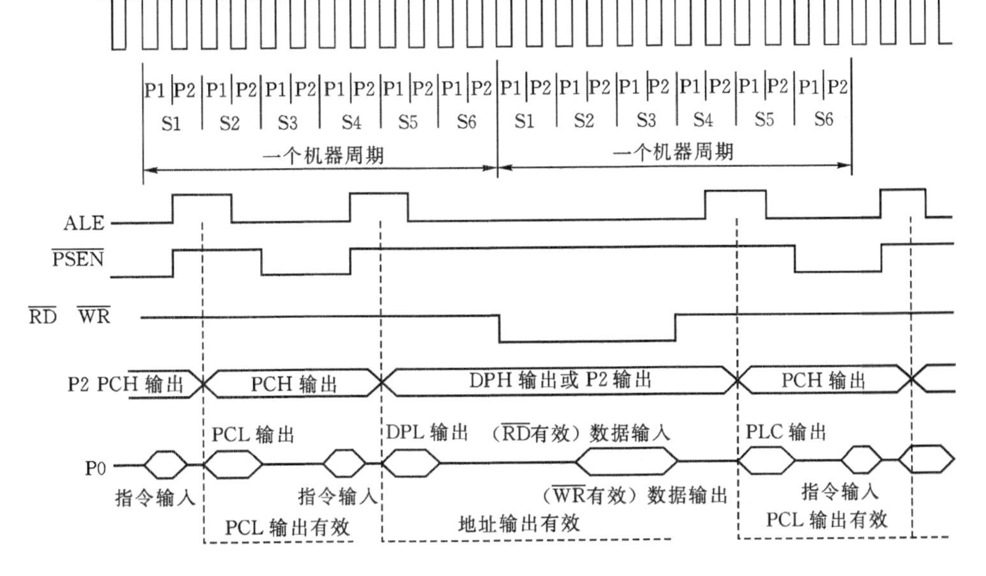

图 1-1　8051 访问外部数据存储器时序图

端口都呈现高阻态。在执行读片外数据存储器指令期间，首先是地址与片选信号有效，将所选的存储器内由地址决定的单元与芯片的内部数据总线连通，此时$\overline{RD}$负脉冲还没有到来，$\overline{RD}$还是高电平，该数据存储器的数据端口对外还是高阻态。在$\overline{RD}$有效的低电平期间，被选通的数据存储器的数据端口与外部数据总线接通，把数据送到数据总线上，再由 CPU 从 P0 口将总线上的数据读入到累加器 A 中，$\overline{RD}$的上跳变封锁数据存储器的数据端口，使其又恢复平常的高阻态，然后，地址与片选信号消失，完成一次读操作。不读片外数据存储器时，$\overline{RD}$一直为高电平。$\overline{WR}$是向片外数据存储器(包括 I/O 设备)写数据的控制线。在执行写片外数据存储器指令期间，出现一次$\overline{WR}$负脉冲。在$\overline{WR}$负脉冲上跳变之前，CPU 已把数据送给 P0 口且稳定在外部数据总线上，并持续到$\overline{WR}$上跳变之后一段时间。$\overline{WR}$有效期间的低电平将被写的片外数据存储器的内部数据总线与外部数据总线接通，把 P0 口的数据送到此数据存储器内部由地址确定的存储单元，然后，利用$\overline{WR}$的上跳变把数据锁存在数据存储器里。在不对片外数据存储器进行写操作时，$\overline{WR}$一直为高电平(无效)。

存储器 6264 是 64Kb(8KB)的可读写存储器。其读写速度与 8051 单片机的读写速度相同。在 8051 为 CPU 的系统中，大都采用 6264A 作为其随机数据存储器 RAM，其与 8051 单片机的连接如图 1-2 所示。其片选信号由译码器 GAL20V8 输出，低 8 位地址由地址锁存器 74HC573 锁存输出，高 5 位地址由 8051 的 P2 口直接输出，其数据线与 8051 的 P0 口相连。其$\overline{OE}$与$\overline{WE}$分别与 8051 的$\overline{RD}$与$\overline{WR}$相连。

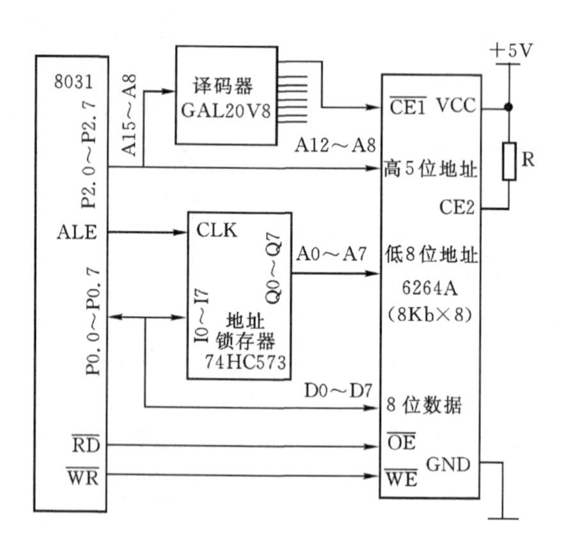

图 1-2　8051 与 6264 的连接

其存储器地址为 0000H～1FFFH。

设某变量 AR1 地址为 0010H，则对该变量进行定义、赋值的程序如下：

```
#define   uchar unsigned char    /* 宏定义 */
#define   uint   unsigned int
#define   _Nop()   _nop_()       /* 定义空指令 */
#include <Reg51.h>  /* 包含头文件指令 */
#include <Intrins.h>
```

```
#include <VIIC_C51.h>
#include <Absacc.h>
#include <Stdio.h>
#include <Math.h>
#include <String.h>
#define  AR1      XBYTE[0x0010]
#define  DAT      XBYTE[0x0020]
uchar xdata dat1[200] _at_ 0x0100;
uchar xdata dat2[200] _at_ 0x0200;
uchar xdata dat3[200] _at_ 0x0300;
uchar xdata stt[100] _at_ 0x0400;
uchar xdata stu[100] _at_ 0x0500;
void  main()
{
SP = 0x60;  /*设置堆栈指针,在现代编译器中,不用设置SP,由编译系统根据编译结
              果中变量的放置情况自行决定*/
AR1=0x00; AR1=0xff;  /*向存储器写数据*/
DAT=AR1;  /*从存储器先读出数据,再写到存储器另外的单元中去*/
{  unsigned char j;  /*数组读写  */
     for(j=0;j<100;j++)
          {
       dat1[j]=0xAA;
       }
  }
}
```

4. 实验步骤

(1)运行 AR1=0x00 这一句,之后看 XDATA 窗口中的 0010 单元的内容,是不是 00。

(2)运行 AR1=0xff 这一句,之后看 XDATA 窗口中的 0010 单元的内容,是不是 FF。

(3)运行 DAT=AR1 这一句,之后看 XDATA 窗口中的 0020 单元的内容,是不是 FF。

(4)运行循环赋值语句 dat1[j]=0xAA,之后看 XDATA 窗口中的 0100 单元到以后 100 个单元的内容,是不是 AA。

(5)自行编制一段数组读写程序,用循环语句对一个数组的每一个单元进行赋值,并在 XDAT 窗口中观察该数组所在单元的数据变化情况。

5. 实验报告要求

(1)总结并行接口存储器读写原理与方法。

(2)列出自己编写的对 6264A 中数组读写的程序清单。

实验2 I^2C 串行接口的存储器读写实验

I^2C 总线，是 INTER-IC 串行总线的缩写。INTER-IC 意思是用于相互作用的集成电路，这种集成电路主要由双向串行时钟线 SCL 和双向串行数据线 SDA 两条线路组成。I^2C 由荷兰菲利浦公司于上世纪 80 年代研制开发成功，主要进行数据串行通信。SDA 和 SCL 都是双向线路，连接到总线的器件的输出级必须是漏极开路或是集电级开路，必须通过一个电流源或上拉电阻连接到正的电源电压。当总线空闲时，这 2 条线路都是高电平。在标准模式下，数据传输的速率可为 0～100kb/s。本实验主要介绍 I^2C 的基本原理和工作方法，并通过美国 CATALYST 公司出品的 24WCXX 系列 I^2C 总线存储器的使用来掌握 I^2C 总线协议。

1. 实验目的

(1)掌握 I^2C 总线的基本原理。

(2)掌握 I^2C 元件的基本使用方法。

(3)掌握 I^2C 元件电路的基本连接方式。

2. 实验设备

智能仪器实验仪 1 台，PC 机 1 台，实验软件 1 套。

3. 实验原理

在 I^2C 总线上每个器件都有一个唯一的地址，而且都可以作为一个发送器或是接收器。此外，器件在执行数据传输时也可以被看作是主机或是从机。

发送器：本次传送中发送数据(不包括地址和命令)到总线的器件。

接收器：本次传送中从总线接收数据(不包括地址和命令)的器件。

主机：初始化发送、产生时钟信号和终止发送的器件，它可以是发送器或接收器。主机通常是微处理器，在这里就是我们使用的单片机。

从机：被主机寻址的器件，它可以是发送器或接收器，在这里就是 I^2C 接口的存储器。

I^2C 总线上每传输一个数据位，必须产生一个时钟脉冲。

在实验仪中所使用的 I^2C 接口的串行 E^2PROM 是 24WC02，它与单片机的连接如图 2－1 所示，由于它的 SDA 和 SCL 分别与单片机的 P1.2 和 P1.1 相连，由图可知 A2A1A0＝000，WP＝0 数据可读可写(没有写保护)，且根据数据手册可知，24WC02 内部的高 4 位地址 A7A6A5A4＝1010。

4. I^2C 实用软件包介绍

此软件包是使用单片机的 I/O 口模拟 I^2C 的总线。它是 I^2C 操作平台(主方式的软件平台)的底层的 C 子程序，如发送数据及接收数据，应答位发送，并提供了几个直接面对器件的操作函数，能够很方便地与用户程序连接并扩展。

注意：函数是采用软件延时的方法产生 SCL 脉冲，对高晶振频率要作一定的修改以保证必要的延时。本实验仪使用是 11.0592MHz 的晶振，机器周期约为 1μs。

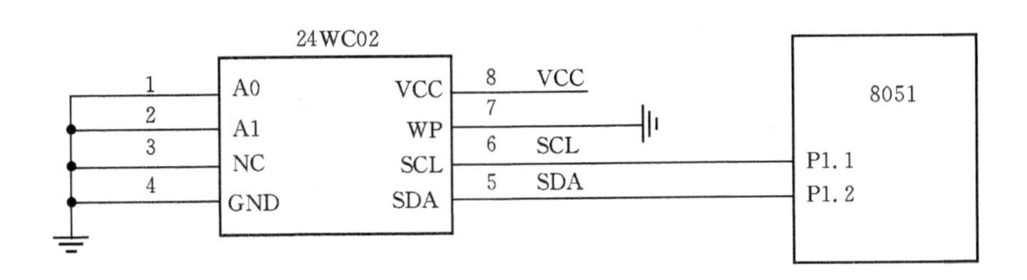

图 2-1　硬件原理图

I^2C 软件包包括以下软件：

(1)初始化定义文件：VI^2C_C51.C；

(2)起动总线函数：void　Start_I^2C()；

(3)结束总线函数：void Stop_I^2C()；

(4)字节数据传送函数：void　SendByte(uchar c)；

(5)字节数据接收函数：uchar　RcvByte()；

(6)应答子函数：void Ack_I^2C(bit a)；

(7)向无子地址器件发送字节数据函数：bit　ISendByte(uchar sla,ucahr c)；

(8)向有子地址器件发送多字节数据函数：

bit　ISendStr(uchar sla,uchar suba,ucahr * s,uchar no)；

(9)从无子地址器件读字节数据函数：bit　IRcvByte(uchar sla,ucahr * c)；

(10)从有子地址器件读取多字节数据函数：

bit　IRcvStr(uchar sla,uchar suba,ucahr * s,uchar no)；

上述 I^2C 软件包可以从网上下载，各单片机网站都有。

5. 实验内容及步骤

(1)建立新工程，将 I^2C 软件包加入工程文件中。

(2)使用 ISendStr()函数向存储器中写入数据。

(3)使用 IRcvStr()函数从存储器中读出数据。

(4)通过查看存储器来判断对 I^2C 存储器操作是否正确。

6. 实验报告要求

(1)总结 I^2C 接口存储器读写原理与方法。

(2)列出自己完成的实验内容清单。

实验 3　RS-232C 通信实验

1. 实验目的

掌握 RS-232 通信的基本原理和基本方法,掌握对 RS－232 通信的编程。

2. 实验设备

智能仪器实验仪 1 台, PC 机 1 台,实验软件 1 套。

3. 实验原理

1)本实验的电路原理图

在本实验中采用 MAX232 芯片作为 TTL 电平到 RS－232C 电平的转换器,MAX232 芯片内有一个泵电源,可以将芯片电源引脚输入的＋5V 电压转换为±15V 输出。从其第 11 脚(TX)输入 TTL 电平信号,在其第 14 脚(TXO)输出对应的 RS－232C 电平信号,作为数据发送之用。在其第 13 脚(RXI)输入 RS－232C 电平信号,则在其第 12 脚(RX)输出 TTL 电平信号,用于接收数据。其电路如图 3－1 所示。

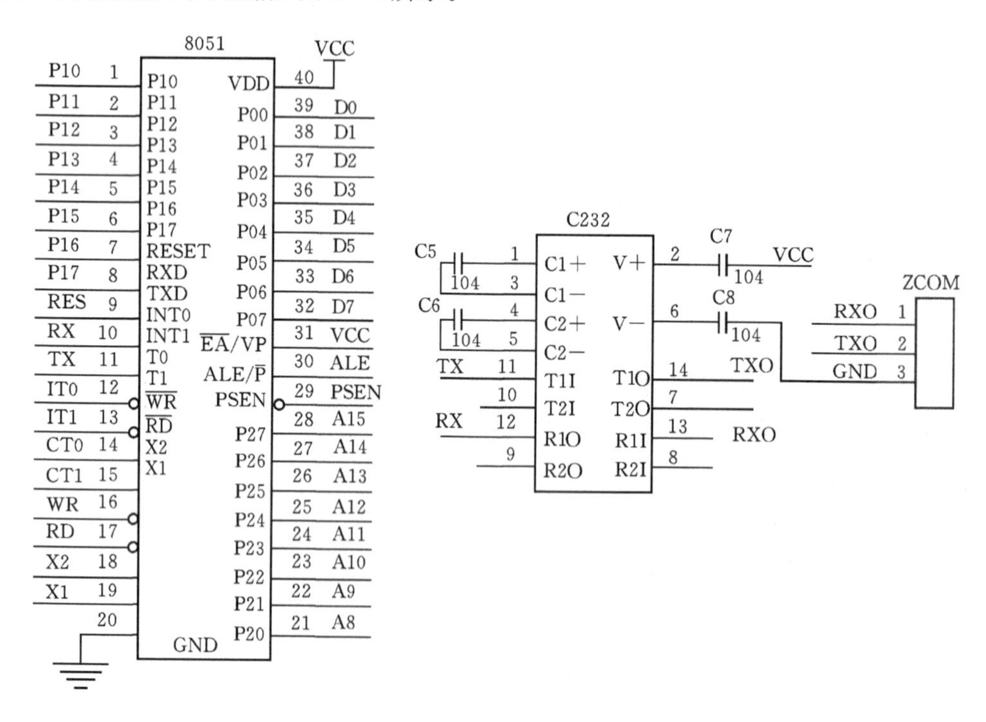

图 3－1　RS－232C 通信电路图

2)串行口控制

8051 单片串行口有 4 种工作方式。控制串行口的控制器共有 2 个,特殊功能寄存器

SCON 和 PCON，格式如下：

串行口控制寄存器 SCON（字节地址 98H，位地址由 98H～9FH）：

SCON	SM0	SM1	SM2	REN	TB8	RB8	TI	RI
位地址	9F	9E	9D	9C	9B	9A	99	97

SM0，SM1：控制串行口的工作方式。

SM2：允许方式 2 和方式 3 建立多机通信协议。

REN：允许串行接收。

TB8：为方式 2 或方式 3 中要发送的第 9 位数据。

RB8：为方式 2 或方式 3 中接收到的第 9 位数据。

TI：发送中断标志。

RI：接收中断标志。

SM0	SM1	方式	功能说明
0	0	方式 0	移位寄存器方式
0	1	方式 1	8 位 UART
1	0	方式 2	9 位 UART
1	1	方式 3	9 位 UART

特殊功能寄存器 PCON（没有位寻址功能，字节地址 87H）：

SMOD				GF1	GF0	PD	IDL

SMOD 为波特率选择位。

当选方式 0 时，波特率$=\frac{f_{OSC}}{12}$；

当选方式 1，3 时，波特率$=\frac{2^{SMOD}\times T1\text{溢出率}}{32}$。

定时器 T1 的溢出率$=\frac{f_{OSC}}{12}\left(\frac{1}{2^k-\text{初值}}\right)$（$k$ 是定时器 T1 的位数）。

若定时器 T1 为方式 0，则 $k=13$；

若定时器 T1 为方式 1，则 $k=16$；

若定时器 T1 为方式 2 或 3，则 $k=8$。

方式 1，3 的波特率$=\frac{2^{SMOD}}{32}\frac{f_{OSC}}{12}\left(\frac{1}{2^k-\text{初值}}\right)$。

当选方式 2 时，波特率$=\frac{2^{SMOD}\times f_{OSC}}{64}$。

最常用的波特率是 110，300，600，1200，2400，4800，9600 和 19200b/s。

4. 实验内容

1)编写单片机异步通信程序步骤

(1)设置串行口工作方式。需要对 SCON 中的 SM0,SM1 进行设置。PC 机与单片机的通信中,一般选择串口工作在方式 1。

(2)选择波特率发生器。选择定时器 1 作为其波特率发生器。

(3)设置定时器工作方式。当选择定时器 1 作为波特率发生器时,需设置其方式寄存器 TMOD 为定时方式并选择相应的工作方式(一般选择方式 2 以进行定时器初值重装入操作)。

(4)设置波特率参数。影响波特率的参数有 2 个,一是特殊寄存器 PCON 的 SMOD 位,另一个是相应定时器的初值。相应计算公式如下:

8051 和 PC 机通信的波特率由 SCON 和 PCON 来控制。当串口工作在方式 1 或方式 3 时,T1=EAH(250),T1 工作在方式 2,且 SMOD=1,则

$$\text{波特率}=\frac{2}{32}\times\frac{11059200}{12}\left(\frac{1}{2^8-250}\right)=9600\text{b/s}$$

(5)允许串行中断。因在程序中一般采用中断接收方式,故应设 EA=1,ES=1。

(6)允许接收数据。设置 SCON 中的 REN 为 1,表示允许串行口接收数据。

(7)允许定时/计数器工作。令 TR1=1,就开启了定时/计数器,使其产生波特率。

(8)编写串行中断服务程序。当有数据到达串口时,系统将自动执行所编写的中断服务程序。

(9)收/发相应数据。需要注意的是,每发送完一个字节,需将 TI 清零;每接收到一个字节,需将 RI 清零。

注意:仿真头上有一个跳线器,用来选择是用实验板上的晶振还是用仿真头上的晶振。仿真头上的晶振是 12MHz,而实验板上用的是 11.0592MHz。一般的,我们选用 11.0592MHz 来计算定时器的初值;如果用 12MHz 的话,计算过程中除不尽,误码太多,无法正确通信。

2)通信程序举例

```
voidmain()
{   TMOD = 0x21;        /* 定时器模式设置 */
    SCON = 0x58;        /* 通信方式 0,1 位起始位,8 位数据,1 位停止位 */
    PCON = 0x00;
    TH1 =  0xfd;        /* 9600b/s,11.0592MHz */
    TR1 = 1;            /* 启动 T1 */
    ET1 =0;             /* 禁止 T1 中断 */
    PT1 = 1;            /* T1 优先级定为 1 */
    ES = 1;             /* 允许串行口中断 */
    EA = 1;             /* 开放总中断 */
}
/* Receive data from RS-232   */
  void serial_port(void) interrupt 4 using 1
  {   uchar ii;
```

```
 EA=0;   /*关中断   */
      if(RI==1)  /*  判断是否真的串口中断 */
    {
      RI = 0;
      ii = SBUF;
      if(ii==0x41) /* 41是本机地址码 */
{ TI=0;
            for(ii=0;ii<100;ii++)
              {  SBUF = dat1[ii]; /*发送数组dat1[]中的数据*/
                 while(TI==0); /*等待发送完毕*/
                 TI = 0; /*清TI为0*/
              }
          }
        }
 EA=1;   /*开中断   */
}
```

5.实验报告要求

(1)总结RS-232C通信原理与方法。

(2)列出自己完成的实验内容清单。

实验 4　键盘输入实验

1. 实验目的

了解键盘的工作原理，掌握键盘的控制方法。

2. 实验设备

智能仪器实验仪 1 台，PC 机 1 台，实验软件 1 套。

3. 实验原理

单片机应用系统中除了复位按键有专门的复位电路，以及专一的复位功能外，其他按键或键盘都是以开关状态来设置控制功能或输入数据的。因此，这些开关不只是简单地用于电平输入。

1)键盘的输入过程与软件结构

当所设置的功能键或数字键按下时，计算机应用系统应完成该按键所设定的功能，因此键信息输入是与软件结构密切相应的过程。对某些应用系统，例如智能仪表来说，键输入程序是整个应用程序的核心部分。对一组键，或一个键盘，总有一个接口电路与 CPU 相连。通过软件了解键输入信息，CPU 可以采用中断方式或查询方式了解有无键输入并检查是哪一个键按下，当有键按下时，执行该键的功能程序。

图 4－1 是 MCS-51 单片机应用系统的键输入软件框图。

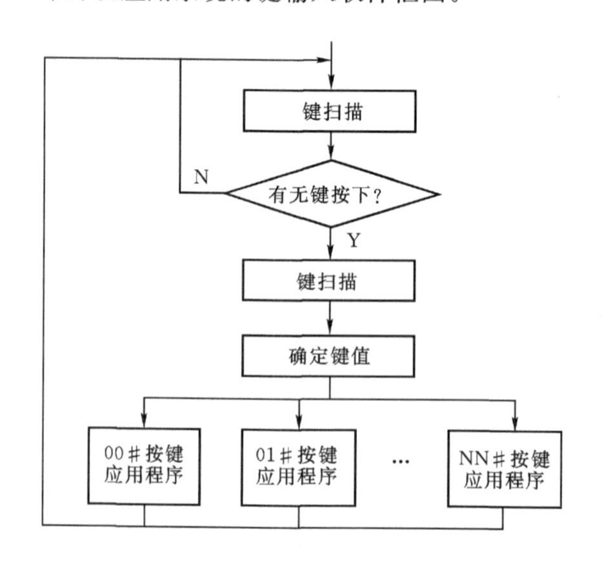

图 4－1　键输入过程框图

2)按键的结构

按键结构如图 4－2 所示。本实验中所用的键盘为独立式键盘。独立式键盘是指直接用

I/O 口线构成的单个按键电路。每个独立式按键单独占有一根 I/O 口线,每根 I/O 口线上的按键工作状态不会影响其他 I/O 口线的工作状态。独立式按键电路配置灵活,软件结构简单,但每个按键必须占用一根 I/O 口线,在按键数量较多时,I/O 口线浪费较大。因此,在按键数量不多时,常采用这种按键电路。实验中所采用的按键电路如图 4－2 所示。

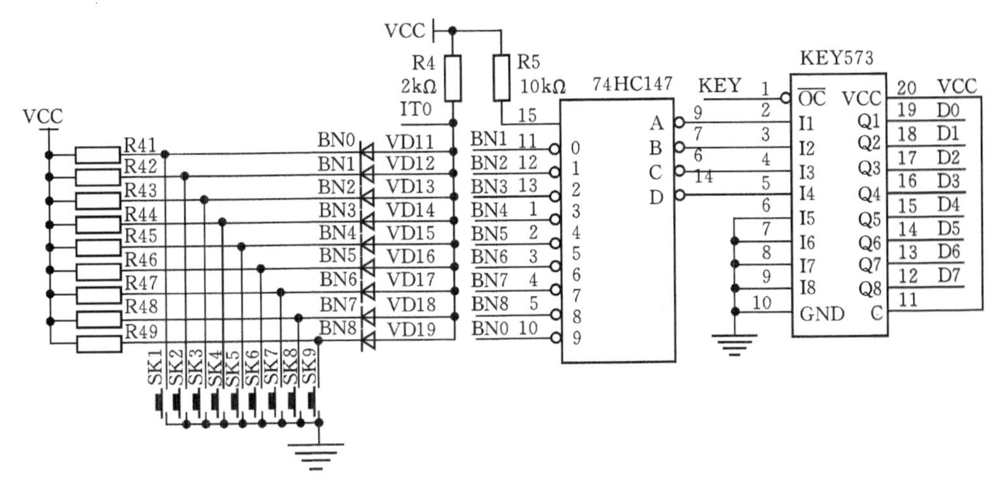

图 4－2　按键电路图

实验中按键的工作方式既可以采用中断式,又可以采用查询式。通常按键输入都采用低电平有效。上拉电阻保证了按键断开时,I/O 口线有确定的高电平。

3)如何编制好键盘程序

一个完善的键盘控制程序应具备下列功能:

(1)监测有无按键按下。

(2)有键按下后,在没有硬件去抖动电路时,应采用软件延时方法去除抖动影响。采用软件去除抖动影响的办法是:在检测到有按键按下时,执行一个 10ms 的延时程序后再确认该键电平是否仍保持闭合状态电平,如保持闭合状态电平则确认为真正键按下状态,从而消除了抖动影响。

(3)有可靠的逻辑处理方法。如 n 键锁定,即只处理一个键,其间任何按下又松开的键不产生影响;不管一次按键持续有多长时间,仅执行一次按键功能程序等。

4. 实验内容

编程读取键盘的键值,通过判断键值进行程序控制,通过仿真机观察实验结果。

(1)获取键值。本实验中键盘的地址定义为 0F100H,编程通过函数的调用获得各键的键值。其中,通过软件去除键盘抖动。

(2)根据键值进行程序控制。编程实现通过键盘控制两个以上的程序段,并且通过仿真机调试、观察实验结果是否正确,程序是否正确执行。

```
#define  uchar unsigned char          /*宏定义*/
#define  uint   unsigned int          /*宏定义*/
#define  _Nop()  _nop_()              /*定义空指令*/
#include <Reg51.h>      /*头文件的包含*/
```

```
#include <Intrins.h>
#include <VIIC_C51.h>
#include <Absacc.h>
#include <Stdio.h>
#include <Math.h>
#include <String.h>
#define  key      XBYTE[0xf200]
unsigned char xdata kdata _at_ 0x0030;
void  main()
{
  kkk:Delay();       /* 延时去抖动 */
      kdata = key;   /* 读键值 */
      goto  kkk;
}
```

(3)编制一段循环程序，将每个键值读入一个数组内的各单元中。观测读到的键值。

5. 实验报告要求

(1)总结键盘接口电路原理与读键方法。

(2)列出自己编写的读键程序清单。

实验 5　液晶图形与字符显示实验

实验仪所用液晶为由东芝公司出品的 T6963C 芯片控制的 240128 型液晶，由 240×128 个像素点构成，内有 64kB 存储空间，可进行图形和字符的显示。

1. 实验目的

(1)掌握液晶显示的基本原理。

(2)学会使用液晶进行字符显示。

(3)学会使用液晶进行图形显示。

2. 实验设备

智能仪器实验仪 1 台，PC 机 1 台，实验软件 1 套。

3. 实验原理

实验硬件电路如图 5－1 所示。地址译码器将地址选通信号接入液晶的 CE 端，由地址锁存器输出的低 8 位地址的最低位 A0 位接入液晶的指令数据选择端口 C/D，使液晶的数据和指令地址分别为 F100H 和 F101H。240128 液晶内部具有 64KB 的 RAM，这些存储区又可设置为图形显示区和字符显示区，两部分区域可以通过设置图形显示区和字符显示区首地址来自由分配在 64KB 数据区内。两区域所显示内容按一定的逻辑关系同时显示在液晶屏上，注意在分配数据区时两部分地址不可以重叠。

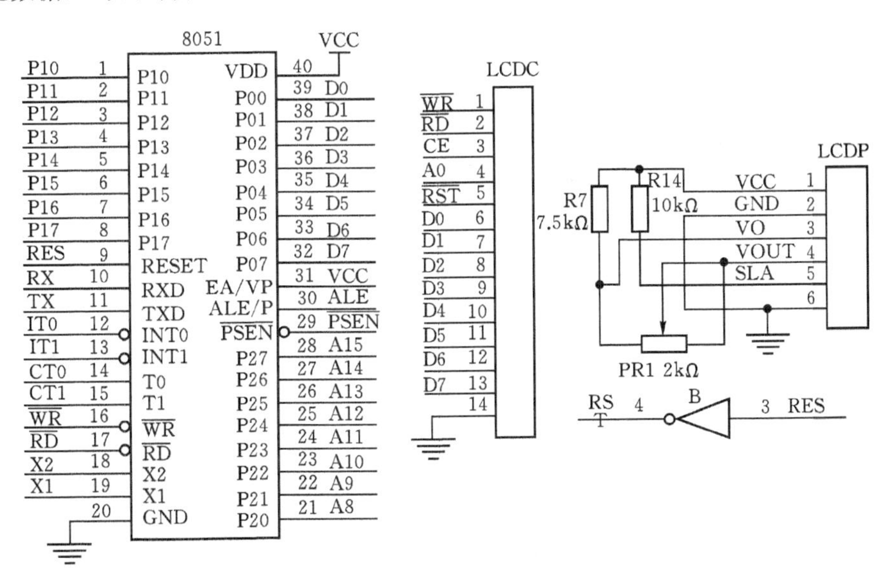

图 5－1　液晶电路连接图

4. 实验内容及步骤

在使用液晶前首先要对液晶进行初始化，初始化主要包括清屏、设置图形区首地址及宽度、设置文本区首地址及宽度、设置显示方式、设置显示开关。然后就可对图形区和文本区进行读写，进行图形和文本的显示(本程序以 C 语言为例)。

1)设置数据区

首先将液晶数据及指令地址设置为外部数据区，以方便对数据及指令的读写。

```
#define wclcd XBYTE[0xf101]//设置指令地址
#define wdlcd XBYTE[0xf100]//设置数据地址
```

2)测试液晶状态

在液晶进行读写前必须读状态寄存器以检查液晶是否准备好，在此我们编写了测试子程序如下：

```
void try(void)
{
    unsigned char send;
    try:
    send=wclcd;
    if(send&0x03! =0x03)//看是否准备好，若未准备好重新进行检查
goto try;
}
```

这主要是检测数据的读写是否准备好，若准备好进行下一步操作，若没有准备好，则继续检测。

3)清屏

首先进行清屏，实质就是对液晶的 64KB 存储区进行清零，以消除上次操作液晶屏上的部分残余显示，为显示做好准备。

4)初始化图形区及文本区

我们所使用的液晶为 240128 型，宽度为 240 像素点，在 RAM 中也就是 30 字节的宽度，这是液晶的物理显示宽度。一般将宽度设为 30，也可以设为小于 30，这样在显示时只在液晶的中间部分显示。若大于 30，实际显示还是 30 字节的宽度，但在换行等计算中就要使用所设置的宽度进行计算。

5)文本区显示

T6963C 控制器内已包含了部分常用字符的字模，所以在文本区显示只须要将各字符所用的代码，写入相应的地址就可以显示 8×8 的字符。

字符的代码为字符在字符表中所处位置的行列数。例如，若要显示“!”，只须在指定地址内写入代码 01H，就可以显示出 8×8 点阵的“!”；要显示“m”，须在指定地址内写入代码 4DH 即可。

在这里要注意存储器绝对地址与显示位置的关系。存储器的绝对地址为文本区首地址加上所要显示的位置所在行乘以行宽(初始化时我们设置为 30)加上显示位置所在的列得到。在显示前要计算好存储器的地址，然后再向相应地址 RAM 写入数据。

6)图形方式显示汉字

因为文本方式只能显示控制器已提供的 8×8 点阵的字符，不能显示汉字，所以只能以图

形方式来显示汉字。汉字显示前必须建立字模，也就是要向存储器内写入数据。以 16×16 点阵方式显示汉字为例，一行要使用两个字节，共 16 行才能显示出这个汉字。如“铁”字的字模为“0x00，0x00，0x00，0x20，0x08，0x20，0x18，0x20，0x10，0x20，0x3C，0xB8，0x21，0x60，0x79，0x20，0x88，0x78，0x1C，0xE0，0x70，0x50，0x10，0x90，0x14，0x88，0x19，0x06，0x16，0x00，0x00，0x00”，显示时先将地址指针指向所要显示的位置(RAM 的绝对地址算法与文本区显示的地址算法类似)，写入第一行的两个字节，然后连续进行空写操作，使地址连续增加(行宽减去 2 个字节，相当于换行)，再写入第二行的两个字节，再换行，这样反复写入 16 次，就将一个 16×16 点阵的汉字完全显示出来。

5. 实验报告要求

(1)编写程序，在屏幕上显示班级、姓名、学号，并让这些字符滚动上升。

(2)总结实验编程要点。

实验6　开关量输入与输出实验

1. 实验目的

(1)了解开关量的输入、输出操作。

(2)进一步熟悉单片机软件的运行及对端口操作的特点。

2. 实验器材

智能仪器实验仪1台，PC机1台，实验软件1套。

3. 实验原理

开关量作为CPU能直接识别的信号，在单片机系统中常常用到。对于8051单片机有4个8位的并行接口，记作P0,P1,P2和P3,共32根I/O线，每一个I/O口都能独立地作为输入或输出口。作输出时，数据可以锁存；作输入时，数据可以缓冲。但是，这4个端口的功能不完全相同(详细内容可参考教材)。本实验采用P0作为数据输入和输出总线。

本实验的开关量输入电路如图6-1所示。

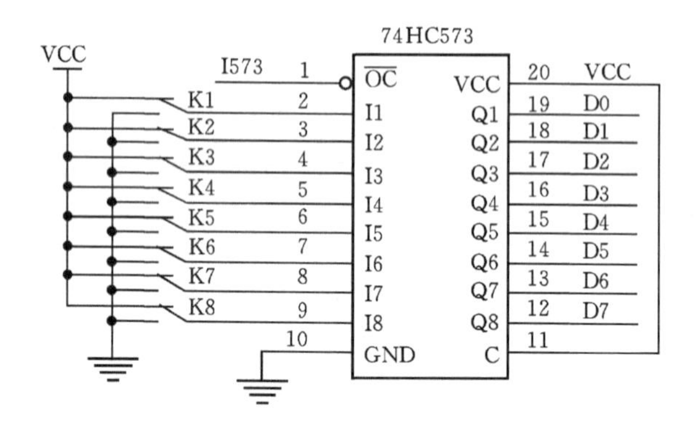

图6-1　开关量输入电路

开关量输出电路如图6-2所示。

输入电路中芯片为74HC573,其作用主要是对开关K1～K8的状态进行传递并在必要时隔离总线。74HC573的$\overline{OC}$为高电平时，其输出端口Q1～Q8呈现高阻态，使其内部总线与外部总线隔离开，外部总线被释放保证总线对其他芯片的操作；当该引脚为低电平时，74HC573的内部总线与外部总线接通，开关的状态被传递到外部数据总线，其数值被CPU读入。74HC573选通地址为F400H。

在输出电路图中的芯片是74HC574,是触发器，其作用是触发输出并锁存数据。D0～D7接单片机的数据总线，第1脚接低电平，保证芯片处于导通状态。当11脚有电平上跳沿时(其地址为F500H),则输入数据被送到输出口，并被锁存在输出端。当某输出脚为高电平时，则相应的发光二极管被点亮。图中的R1～R8是限流电阻，其作用是限制发光二极管的电流。

实验中要注意，开关量的采集要以总线的形式读入数据，点亮二极管的数据也要以总线的形式送出。

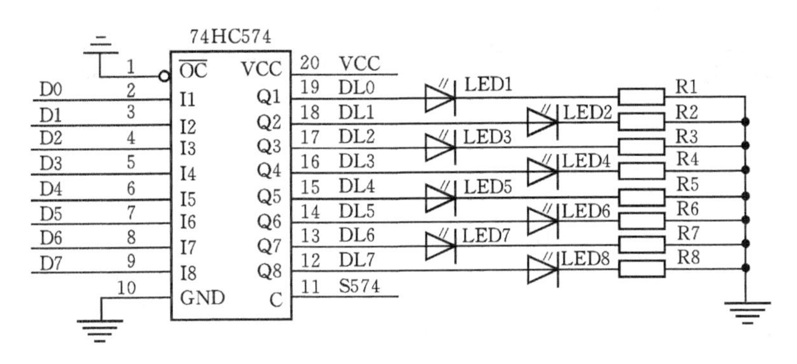

图 6-2　开关量输出电路

4. 实验内容及要求

(1)根据电路原理图,编写好相应的软件,使当拨动某一开关接地时,对应的二极管被点亮,直到开关状态改变。

(2)据电路原理图,编写好相应的软件,使当拨动某一开关接地时,8 个二极管按某一方式全部点亮。

(3)实验说明。本实验只是最基本的输入/输出的端口操作,在实际应用中,当只有少量的开关量时才使用。在系统设计中,往往采用 8255,8155 等芯片对端口进行扩展,相关的知识可参考教材或有关书籍。

5. 实验报告要求

(1)总结输入输出的电路原理。

(2)列出自己编写的开关量输入输出的程序清单。

实验 7　定时器/计数器中断实验

1. 实验目的

掌握定时器/计数器的定时用法和计数用法。

2. 实验设备

智能仪器实验仪 1 台，PC 机 1 台，实验软件 1 套。

3. 实验原理

8051 单片机内部设置有两个 16 位可编程的定时器/计数器 CT0 和 CT1，用于定时或对外部事件进行计数。在用作定时器时，对每个机器周期，内部计数器加 1，即按机器周期计数。机器周期乘以计数次数（常数）即为定时时间。由于一个机器周期包括 12 个振荡周期，因此，计数速率为振荡频率的 1/12。在用作计数器时，对外部输入口 T0，T1 上从 1 到 0 的跳变信号（即事件）进行加 1 计数。在计数状态下，每一个机器周期（或之后）采样为低电平时，内部计数器加 1，即外部事件发生。由于采样一个 1 到 0 的跳变至少需要两个机器周期，即 24 个振荡周期，因此外部计数的最快速率为振荡频率的 1/24。外部输入信号的速率向下不受限制，但脉冲宽度至少要保持一个完整的机器周期。

2 个定时/计数器共有 4 种工作方式，详见课文内容。

本实验中，使用两种方式获得脉冲计数：一种是通过手拨动开关来提供脉冲输入；另一种方式是通过 V/F 变换得到均匀的脉冲输入。电路图如图 7 - 1 所示。

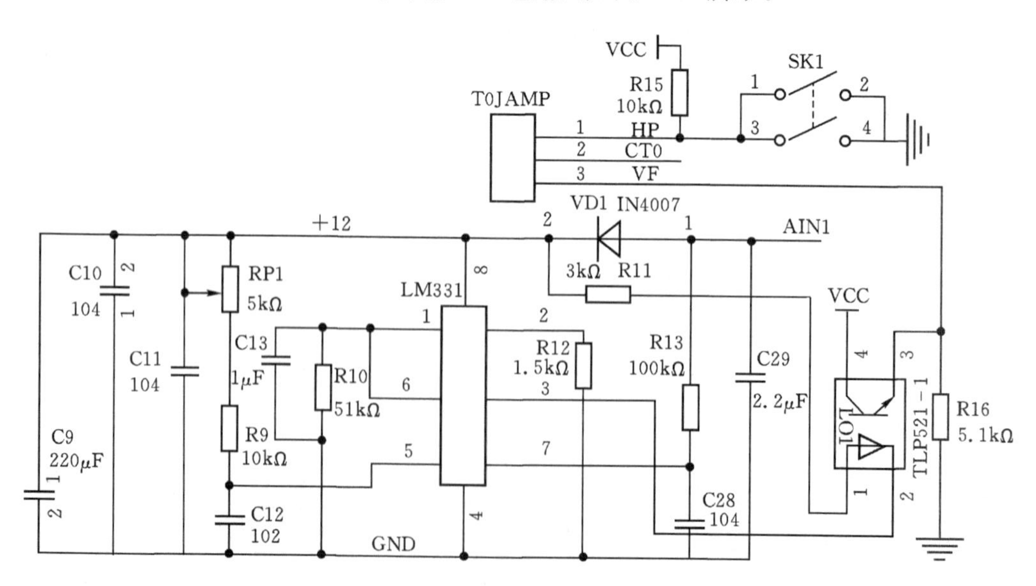

图 7 - 1　定时/计数器实验电路图

4. 实验内容

(1)编程将两个定时/计数器设定为定时器,工作方式0,并从数据输出给发光二极管观察实验结果。连续计满溢出10次时,发光管变换1次状态。

(2)编程将两个定时/计数器设定为定时器,工作方式1,并从数据输出给发光二极管观察实验结果。连续计满溢出10次时,发光管变换1次状态。

(3)编程将两个定时/计数器设定为计数器,工作方式1,计数容量为100,计数脉冲通过V/F变换产生。通过仿真机观察结果。

5. 实验报告要求

(1)总结定时/计数器设置方法。

(2)列出自己编写的计数器程序清单和计数实验结果。

实验 8 用 ADC0809 进行 A/D 转换实验

1. 实验目的

(1)了解逐位逼近模数转换的基本原理,掌握 ADC 与单片机的连接方法。

(2)了解 A/D 转换程序的设计方法。

2. 实验设备

智能仪器实验仪 1 台,PC 机 1 台,实验软件 1 套。

3. 实验原理

ADC0809 的引脚图见课本,其与单片机的连接如图 8-1 所示。图中,高 8 位地址总线通过 GAL20V8 译码,产生 ADC0809 的片选地址信号 F30XH。其中,X 所表示的是低 4 位 A3,A2,A1,A0 所产生的地址信号;A2,A1,A0 是 8 路模拟信号输入通道的地址选择线,具体见表 8-1。低 8 位地址信号 A7～A0 由地址锁存器输出,本图中省略了。

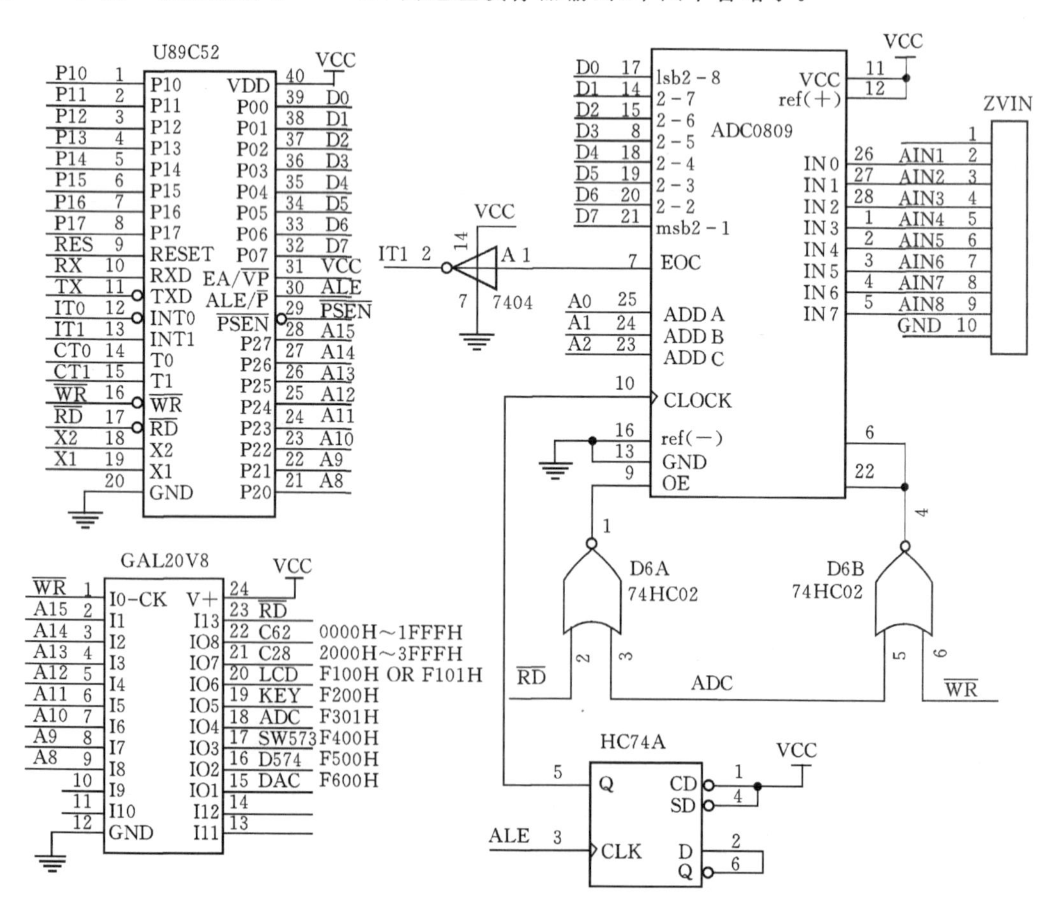

图 8-1 ADC0809 转换器的电路连接图

由图 8-1 可见，START 和 ALE 互连可使 ADC0809 在接收模拟量信号路数地址时启动工作。START 信号由 8051 的$\overline{WR}$和 GAL20V8 的输出端 ADC 经或非门 74HC02 产生。平时 START 因 GAL20V8 输出端 ADC 上为高电平而封锁。当 8051 选通 ADC 的地址 F30XH 时，ADC 输出为低电平，与$\overline{WR}$的有效信号低电平共同作用于或非门 74HC02，使其输出 1 个高电平脉冲，加在 ADC0809 的 START 上，该正脉冲启动 ADC0809 工作，ALE 上正脉冲使得 ADDA，ADDB，ADDC 上的地址得到锁存。

表 8-1　ADC0809 各信号通道地址

A2	A1	A0	AD 通道	地址
0	0	0	IN0	F300
0	0	1	IN1	F301
0	1	0	IN2	F302
0	1	1	IN3	F303
1	0	0	IN4	F304
1	0	1	IN5	F305
1	1	0	IN6	F306
1	1	1	IN7	F307

EOC 线经过反相器和 8051 的$\overline{INT1}$相连，这说明 8051 可以采用中断方式来读取 ADC0809 的转换结果。也可以用查询方式读取转换结果。在采用中断方式时，要让 INT1 中断处于开放状态；在查询方式时，要让 INT1 中断处于禁止状态。为了给 OE 线分配一个地址，将 8051 的 RD 信号和 GAL20V8 的输出端 ADC 经或非门 74HC02 与 OE 相连。

在 8051 响应中断后，使得 GAL20V8 的输出端 ADC 有效，则 OE 变为高电平，从而打开三态输出锁存器，让 8051 读取 A/D 转换后的数字量。

本实验仪的模拟信号 0～5V 是从 IN4 输入的，故 ADC 的地址须定义为 0XF304。

4. 实验步骤

(1)编制模数转换程序，按查询方式，依次选通 8 个通道，获得 8 路信号的数据。

(2)编制模数转换程序，按中断方式，依次选通 8 个通道，获得 8 路信号的数据。

5. 实验报告要求

(1)总结 ADC0809 模数转换原理。

(2)列出自己编写的两种方式的模数转换程序清单。

实验9　用V/F变换方法进行A/D转换数据采集实验

1. 实验目的

掌握用V/F变换方法进行模数转换数据采集方法。

2. 实验设备

智能仪器实验仪1台，PC机1台，实验软件1套。

3. 实验原理

用V/F变换方法进行模数转换采集数据，是工业现场对变化速度比较缓慢的信号进行数据采集的比较常用的方法。

其基本原理是对振荡频率由外加电压控制的振荡器的输出脉冲进行定时计数。这种振荡器的输出脉冲频率必须与外加电压成正比。当外加电压变化时，振荡频率随之变化，而且其输出频率与外加电压有良好的线性关系。

LM331芯片就是一款优良的V/F变换器。信号电压输入给LM331，经过LM331后，在其输出端得到对应频率的脉冲输出。再通过8051单片机的计数器按确定的时间对其脉冲进行计数，即可获得外加信号电压的大小。

V/F变换器和8051系统的接线图见本实验指导书图7-1。

图中信号电压从AIN1输入，经过R13进入LM331的7脚。转换后的脉冲信号从LM331的3脚输出，经过光电耦合器TLP521－1到达连接器IOJMP的3脚，经跳线器连接2、3脚，脉冲信号进入8051的计数器T0。注意：V/F变换电路要用12V电压才能有效地工作。由于电压不同，采用光耦隔离。

程序举例：

```
voidmain()
{   TMOD = 0x21;
    TCON = 0x45;
    SCON = 0x58;
    PCON = 0x00;
    TH0 =  0x00;
    TL0 =  0x00;
    TH1 =  0xfd;      /* 9600BPS 11.0592MHz */
    TL1 =  0xfd;
    ET0 = 1;          /* enable Timer0 interrupt */
    EX0 = 0;          /* disable external—0 interrupt */
    EX1 = 0;          /* disable external—1 interrupt */
    ES = 1;           /* enable sirial—port interrupt */
```

```
        EA = 1;            /* global interrupt enable */
    }
/* 定时计数程序   */
    void COUNT(void)
    {  int data1,data2,data3;
         unsigned char picknum[10];
    EA = 0;
    Data1 = 0;
    TR0 = 1;/* 启动计数器 0 */
    Delay(100);/* 延时 100ms */
    TR0 = 0;
    Data1 = TH0;
    Data2 = TL0;
    Data3 = data1<<8 + data2;
    /* data3 就是定时 100ms 时间的计数值,观察变量 data3 */
    }
```

4. 实验内容

(1)编写延时程序 delay(100)。

(2)用计数器 0 对输入电压信号进行数据采集并观察结果。

5. 实验报告要求

(1)总结 V/F 变换模数转换方法。

(2)列出自己在转换中,输入电压数值与对应的转换结果数值。

实验 10　海量数据存储与保存实验

1. 实验目的

(1)熟悉、了解单片机的存储空间分配及数据存储与保存操作。

(2)进一步熟悉单片机软件的编写及对数据存储空间的设置操作。

(3)熟练掌握仿真机的使用及程序调试、编译、下载、运行技能。

2. 实验相关知识

当程序中设定了一个数组时,C 编译器就会在系统的存储空间开辟一个区域用于存放该数组内容。数组就包含在这个由连续存储单元组成的存储体内。对字符数组而言,它占据了内存中一串连续的字节位置。对整型(int)数组而言,它们将在存储区中占据一串连续的字节对的位置。对长型(long)或浮点(float)数组,一个成员将占有 4 个字节的存储空间。对于多维数组来说,一个 10×10×10 的三维浮点数组将需要大约 4KB 的存储空间,而一个 25×25×25 的三维浮点数组就需要大于 64KB 的存储空间(8051 单片机的最大可寻址空间只有 64KB)。

当数组、特别是多维数组中大多数元素没有被有效地利用时,就会浪费大量的存储空间。8051 单片机这样的嵌入式控制器,不像复用式系统那样拥有大量的存储区,其存储资源极为有限,无论如何不能被不必要地占用。因此,在进行编程开发时要仔细地根据需要来选择数组的大小。

8051 系列单片机在物理上有 4 个存储空间:

①片内程序存储空间;

②片外程序存储空间;

③片内数据存储空间;

④片外数据存储空间。

8051/8751 单片机存储单元地址分布如图 10-1 所示。

对于 8051 和 8751 系列单片机,其片内、片外的 ROM 空间的地址从 0000H～0FFFFH 是重叠的。外加一个电平信号到 8051 系列单片机芯片的 EA 引脚上,可以选择地址重叠区中的片内地址或片外地址。

8051 系列单片机的数据存储空间也分片内和片外两种,二者的地址空间彼此是独立的,各有不同的指令。由于片外数据存储器的地址指针 DPTR 是 16 位的,因此片外 RAM 扩展的最大地址空间为 64KB,地址从 0000H～0FFFFH。

总之在 8051 系列单片机中,程序存储器与数据存储器严格分开,特殊功能寄存器与片内数据存储器统一编址,这是其特点之一。

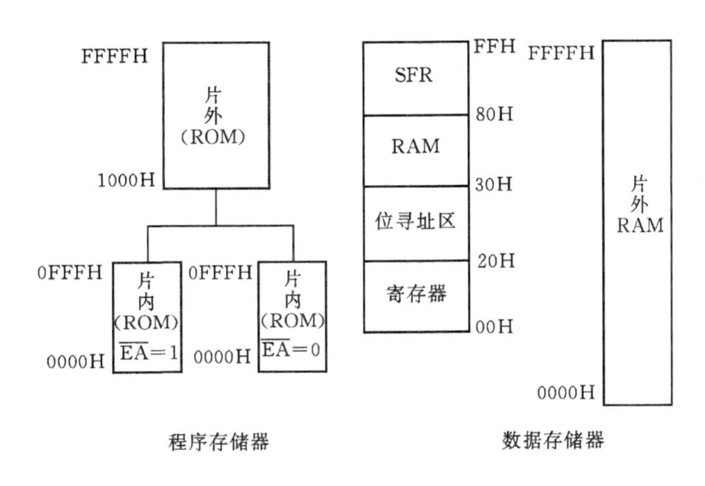

图 10-1　8051 单片机的存储空间分布

C51 编译器完全支持 8051 单片机硬件结构，可完全访问 8051 硬件系统的所有部分。该编译器通过将变量、常量定义成不同的存储类型的方法，将它们定位在不同的存储区中。存储类型（data，bdata，idata，pdata，xdata，code）与 8051 单片机实际存储空间的对应关系见表 10-1。

表 10-1　存储类型与存储空间对应关系表

存储类型	与存储空间的对应关系
data	直接寻址片内数据存储区，访问速度快(128 字节)
bdata	可位寻址片内数据存储区，允许位与字节混合访问(16 字节)
idata	间接寻址片内数据存储区，可访问片内全部 RAM 地址空间(256 字节)
pdata	分页寻址片外数据存储区(256 字节)由 MOVX@R0 访问
xdata	片外数据存储区(64KB)，由 MOVX@DPTR 访问
code	代码存储区(64KB)，由 MOVC@DPTR 访问

3. 实验器材

智能仪器实验仪 1 台，PC 机 1 台，实验软件 1 套。

4. 实验步骤

1）实验电路组成及工作原理

本实验的电原理图在实验 1 中已经介绍过了。6264 空间大小为 8KB，地址为 0000H～1FFFH。2864 与 6264 的区别是 2864 是非易失性存储器 E^2PROM，掉电后数据能有效的保存，但其数据固化速度比 6264 慢得多，在写入一个字节后必需延时 10ms 才能再次写入数据。2864 的接线如图 10-2 所示。

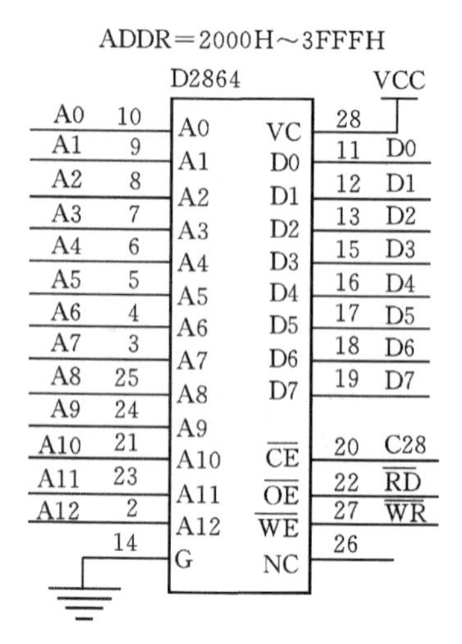

图 10-2　2864 接线图

由于 2864 是非易失性存储器，因此实验中数据库的开发主要对本芯片地址存储区进行操作。其空间大小为 8KB，地址为 2000H～3FFFH。

2）实验内容及要求

（1）按实验要求连接好实验电路板及仿真机；编写程序在 D6264 存储区间地址（0000H～1FFFH）内开辟数组空间；对数组值进行改写，并通过仿真机观察数组地址内容的变化情况。

（2）按实验要求连接好实验电路板及仿真机；编写程序在 D2864 存储区间地址内（2000H～3FFFH）开辟数据库空间；对数据库初始化赋值，特别注意在每个字节写入语句后边，必须调用延时 15ms 的延时程序，以保证可靠的写入。通过仿真机观察存储单元内容的变化情况。保存数据库内容并按规定程序关掉仿真机及实验板电源；按规定程序再打开仿真机及实验板电源，再次读出 D2864 数据库地址内容，并比较是否与上次保存的值相同。

3）注意事项

（1）在实验过程中，要注意地址分配情况，各数组地址不得重叠，否则重叠地址内的值只能是最后改写的值。读写时会有误。

（2）开发数组与数据库时，先要算好数组与数据库的大小，最好各数据段之间留有几个字节的空间，便于观察与区别。

5. 实验报告要求

（1）总结 6264 存储器读写原理与方法。

（2）列出自己编写的 2864 中数据库的程序清单。

参考文献

[1] 毕宏彦,张日强,张小栋.计算机测控技术[M].西安:西安交通大学出版社,2010.

[2] 毕宏彦,徐光华,梁霖.智能理论与智能仪器[M].西安:西安交通大学出版社,2010.

[3] 唐俊杰,高秦生,俞光昀.微型计算机原理及应用[M].北京:高等教育出版社,1993.

[4] 王福瑞.单片微机测控系统设计大全[M].北京:北京航空航天大学出版社,1998.

[5] 杜德基.动力装置微机控制[M].上海:上海交通大学出版社,1991.

[6] 窦振中.单片机外围器件实用手册[M].北京:北京航空航天大学出版社,1998.

[7] 毕宏彦,杨杰,蔡兵强.蓄电池组的计算机监测技术研究:电力直流在线监测与控制技术研究之一[J].自动化与仪表, 2003, 18(1):58-64,66.

[8] 毕宏彦,蔡兵强,杨杰. 直流母线电压的计算机测控技术研究:电力直流在线监测与控制技术研究之二[J]. 自动化与仪表,2003,18(2):58-60.

[9] 毕宏彦,于利宏. 直流在线监测计算机信息系统研究:电力直流在线监测与控制技术研究之三[J]. 自动化与仪表,2003,18(3):52-54.

[10] 于光波,毕宏彦. 基于 CPLD 的条形码译码电路设计[J]. 自动化与仪表,2003,18(5):10-13.

[11] 毕宏彦,刘玉清. 电力直流分路绝缘监测技术研究:电力直流在线监测与控制技术研究之四[J]. 自动化与仪表,2003,18(6):72-74.

[12] 张亮,孟庆昌,华正权,等.Σ-△模数转换器基本原理及应用(1)[J].电子技术应用,1997(2):57-59.

[13] 张亮,孟庆昌,华正权,等.Σ-△模数转换器基本原理及应用(2)[J].电子技术应用,1997(3):50-52.

[14] ST 公司.STM8S Reference Book[EB/OL].[2016-05-04].http://www.st.com/content/st_com/en.html.

[15] ST 公司.STM32F10xxx hardware development getting started[EB/OL].[2016-05-04].http://www.st.com/content/st_com/en.html.